Photoshop +Python 设计自动化

电商美工 + 新媒体视觉营销 + 短视频制作

创锐设计　编著

SPM 南方传媒 | 广东经济出版社

·广州·

图书在版编目（CIP）数据

Photoshop+Python 设计自动化：电商美工 + 新媒体视觉营销 + 短视频制作 / 创锐设计编著 .—广州：广东经济出版社，2023.1

ISBN 978-7-5454-8511-0

Ⅰ. ① P… Ⅱ. ①创… Ⅲ. ①图像处理软件②软件工具—程序设计 Ⅳ. ① TP391.413

中国版本图书馆 CIP 数据核字 (2022) 第 184458 号

策　　划	颉腾文化	**责任校对**	赵小丽
责任编辑	李孜孜	**封面设计**	创锐设计

Photoshop+Python 设计自动化：电商美工 + 新媒体视觉营销 + 短视频制作

Photoshop+Python SHEJI ZIDONGHUA：DIANSHANG MEIGONG+XINMEITI SHIJUE YINGXIAO+DUANSHIPIN ZHIZUO

出 版 人　李　鹏
出版发行　广东经济出版社（广州市环市东路水荫路 11 号 11 ～ 12 楼）
经　　销　全国新华书店
印　　刷　三河市中晟雅豪印务有限公司（河北省廊坊市三河市泃阳镇错桥村）
开　　本　710 毫米 ×1000 毫米　1/16
印　　张　19
字　　数　393 千字
版　　次　2023 年 1 月第 1 版
印　　次　2023 年 1 月第 1 次
书　　号　ISBN 978-7-5454-8511-0
定　　价　89.00 元

图书营销中心地址：广州市环市东路水荫路11号11楼
电话：（020）87393830　邮政编码：510075
如发现印装质量问题，影响阅读，请与本社联系
广东经济出版社常年法律顾问：胡志海律师
·版权所有 翻印必究·

前 言
Preface

对于美工人员来说，在日常的工作中经常需要处理大量的图片和视频，如何提高工作的效率一直都是他们比较关心的问题。随着人工智能技术的发展，借助 Photoshop 中的自动化技术和 Python 程序，设计也可以自动化了。

本书立足于广大美工从业人员的工作场景，借助日趋成熟的人工智能技术和编程技术，让美工人员摆脱枯燥乏味的基础图像和视频编辑工作，在提高自己工作效率的同时，更自由地释放自己的创意。

◎内容结构

全书分为“基本知识”“智能图像处理”和“智能视频处理”三大部分，共包含 12 章的内容。

“基本知识”部分包括第 1、2 章，主要讲解 Photoshop 和 Python 的基础知识。

★第 1 章主要讲解 Photoshop 中动作、批处理、图像处理器以及 JavaScript 脚本语言等内容。

★第 2 章主要讲解如何启用 Jupyter Notebook、创建 Python 文件以及 Python 模块的安装、基本的语法知识。

“智能图像处理”部分包括第 3 ～ 9 章，主要讲解如何使用 Photoshop 的动作和批处理功能，以及 JavaScript 脚本程序和 Python 程序，以批处理的方式完成重复度较高的图像处理任务。

★第 3 ～ 7 章主要讲解如何使用 Photoshop 的自动处理技术，结合 Photoshop 中的动作、变量、JavaScript 脚本程序以及 Python 程序，以批处理的方式完成主图、促销海报、商品陈列区、分类导航、搭配区以及详情图的设计。

★第 8、9 章主要讲解如何以智能化的方式快速完成手机海报、日签、电子证件照和邀请函的制作。

“智能视频处理”部分包括第 10 ～ 12 章，主要讲解如何以流行的编程语言 Python 为开发工具，通过编写程序来完成主图视频、详情视频以及营销推广视频的制作。

★第 10 章主要讲解主图视频的制作，包括用图片合成主图视频、裁剪主图视频尺寸等。

★第 11 章主要讲解详情视频的制作，包括如何拼接视频、在详情视频中添加随机显示的字幕和店铺徽标等。

★第 12 章主要讲解营销推广视频的制作，以全流程的方式展示营销推广视频的制作过程。

◎编写特色

本书完全脱离了传统电商多媒体图书的编写思路，坚持以应用为导向，对实际工作场景中的图像和视频处理任务进行精心整理和归纳，提炼出一个个极具代表性的案例，并选用最简单、便捷的方式进行操作，真正帮助读者解决实际工作中的问题。

◎读者对象

本书适合广大图像处理从业者，特别是平面设计师、UI 设计师、网店美工、新媒体美术编辑等阅读，对图像处理爱好者来说也是非常实用的参考资料。

由于编者水平有限，书中难免有错误之处，恳请广大读者批评指正。

编　者

2022 年 11 月

如何获取学习资源

扫描关注微信公众号

在手机微信的“发现”页面点击“扫一扫”功能，进入“扫一扫”界面，将手机摄像头对准封底左上方的二维码，扫描识别后，点击“关注”按钮，关注我们的微信公众号。

获取资源下载地址和提取码

点击微信公众号主页面左下角的小键盘图标，进入输入状态。在输入框中输入关键词“设计自动化”，点击“发送”按钮，即可获取本书学习资源的下载地址和提取码，如右图所示。

打开资源下载页面

在计算机的网页浏览器地址栏中输入前面获取的下载地址（输入时注意区分大小写），如右图所示，按 Enter 键即可打开资源下载页面。

四 输入提取码并下载文件

在资源下载页面的“请输入提取码”文本框中输入前面获取的提取码（输入时注意区分大小写），再单击“提取文件”按钮。在打开的资源下载页面中单击打开资源文件夹，在要下载的文件名后单击“下载”按钮，即可将其下载到计算机中。如果页面中提示需要登录百度账号或安装百度网盘客户端，则按提示操作（百度网盘注册为免费用户即可）。下载的资料如果为压缩包，可使用 7-Zip、WinRAR 等软件解压后再使用。

提示

读者在下载和使用学习资源的过程中，如果遇到自己解决不了的问题，请加入 QQ 群：111083348，下载群文件中的详细说明，或者向群管理员寻求帮助。

目 录

Contents

第2章 Python 高效工作利器

第3章 网店主图设计

第4章 店铺促销设计

第5章 商品陈列区设计

第6章 分类导航与搭配专区设计

第7章 商品详情展示设计

第8章 手机海报与日签设计

第9章 电子证件照与邀请函设计

第10章 主图视频设计

第11章 详情视频设计

第12章 营销推广视频设计

[第 1 章]

Photoshop 自动化技术

Photoshop 作为设计师必须掌握的图像处理软件，除了帮助设计师更流畅地进行设计工作外，还可以处理大量的图像或图形。如何在重复的任务上节省宝贵的时间？ Photoshop 提供了两种自动化处理方法：一种是通过录制动作或设置批处理命令，实现很大一部分工作的自动化；另一种则是使用 JavaScript 脚本语言，让图像处理变得更智能。本章将介绍如何用这两种方法实现图像的自动化处理。

1.1 动作：自动化处理文件

使用 Photoshop 中的动作来使工作流程自动化，是目前大多数人都知道并且已经在使用的方法。动作是指对单个文件或一批文件执行的一系列任务。对于一些需要重复处理的工作，可以将其录制为动作，然后通过载入并播放动作，让 Photoshop 执行自动化操作，从而帮助我们更加高效地完成工作。下面就来讲解利用 Photoshop 中的动作处理文件的具体操作。

1.1.1 创建动作组

使用动作之前先要创建和记录动作。Photoshop 已经预先定义了一些动作，这些动作存储在“默认动作”动作组中。如果“默认动作”动作组中的动作不能满足需求，就需要新建符合需求的动作。在创建动作前，一般需要先创建一个动作组，用于管理创建的新动作。

在 Photoshop 中，单击“动作”面板中的“创建新组”按钮，如下左图所示；或单击“动作”面板右上角的扩展按钮，在展开的面板菜单中选择“新建组 ...”命令，如下右图所示。

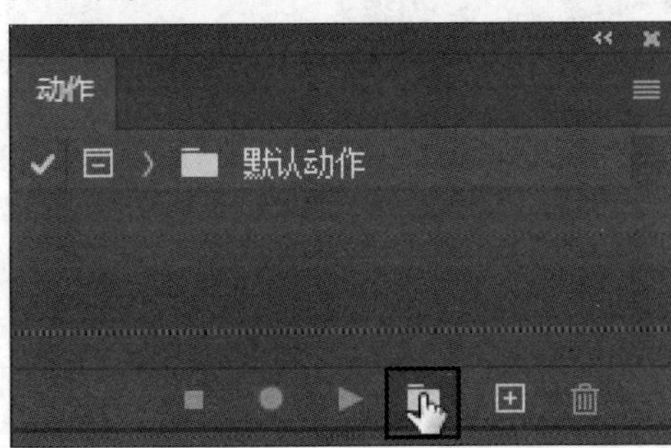

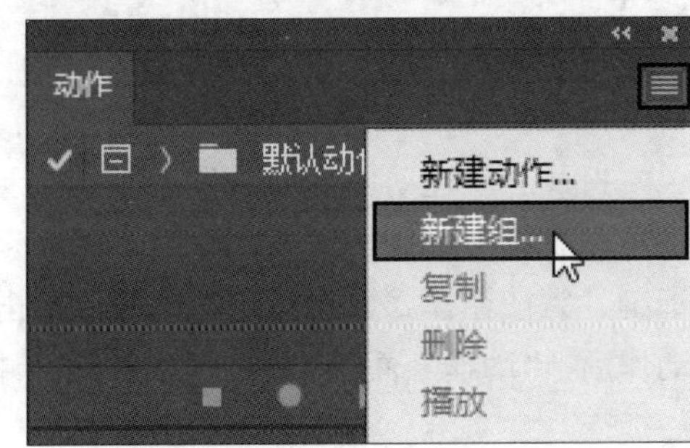

打开“新建组”对话框，在“名称”右侧的文本框中输入要创建的动作组名称，如下左图所示；单击“确定”按钮，创建新动作组，如下右图所示。创建动作组后，还可以双击动作组，更改动作组名称。

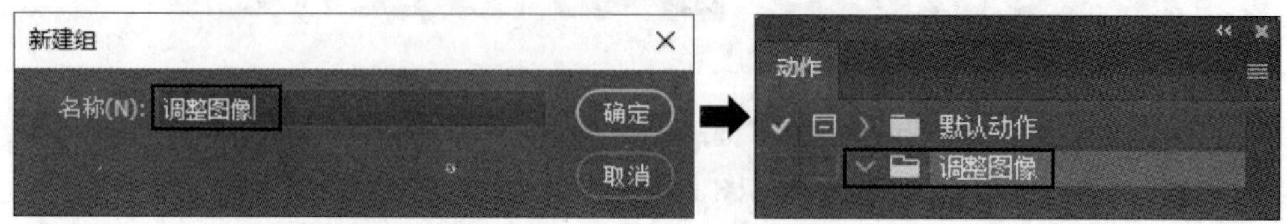

1.1.2 创建并录制动作

创建动作组后，接下来就可以在动作组中创建新动作，即录制操作过程。动作录制过程中，所用的命令和工具都将添加到动作中，直到停止记录为止。

创建新动作时，如果需要将“打开文件”的操作添加到新动作中，需要先创建动作，再执行“文件 > 打开”命令；如果不需要在新动作中添加“打开文件”这个操作，就可以先打开文件，再创建新动作。这里以先“打开文件”为例，打开一张图片，如右图所示。

单击“动作”面板中的“创建新动作”按钮，如下左图所示；或者单击“动作”面板右上角的扩展按钮，在展开的面板菜单中选择“新建动作 ...”命令，如下右图所示。

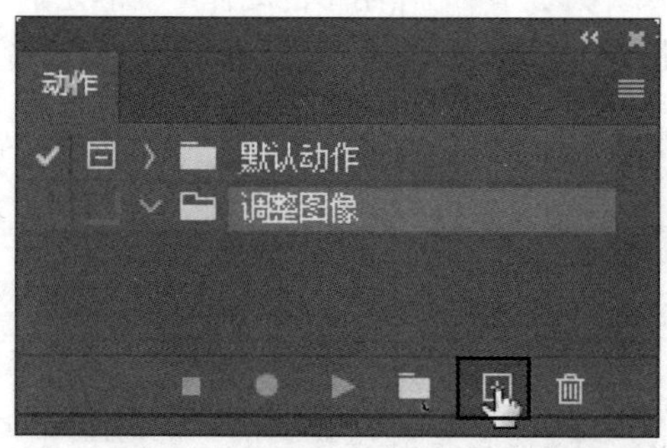

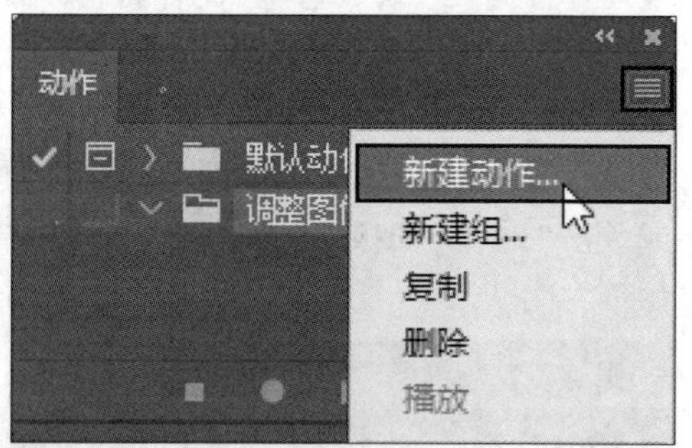

打开“新建动作”对话框，在“名称”右侧的文本框中输入动作名称，在“组”下拉列表框中选择相应的动作组，然后设置附加选项，即为该动作指定一个键盘快捷键、为按钮模式显示指定颜色等，单击“记录”按钮，如下页左图所示。创建新动作后，“动作”面板中的“开始记录”按钮变为红色，如下页右图所示。

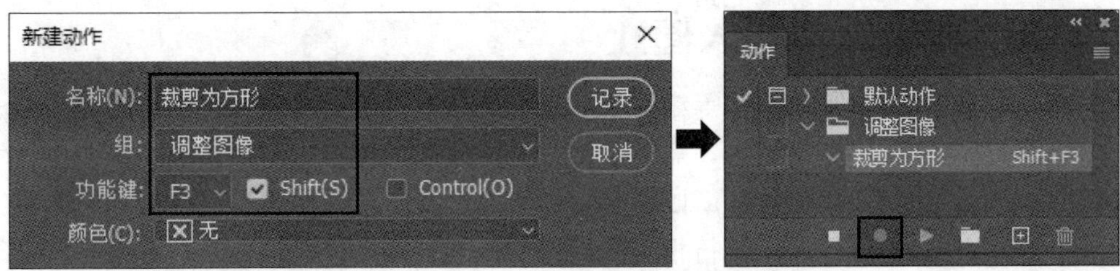

接下来执行要录制的操作和命令。这里以录制“将图片裁剪为正方形”的动作为例。执行“图像 > 图像大小”菜单命令，打开“图像大小”对话框，设置“分辨率”为 72 像素 / 英寸、“高度”为 800 像素，如下左图所示，单击“确定”按钮。再选择工具箱中的“裁剪工具”，在选项栏中选择预设的“1 ∶ 1（方形）”比例，单击选项栏中的“提交当前裁剪操作”按钮，或按下 Enter 键，裁剪图像，如下右图所示。

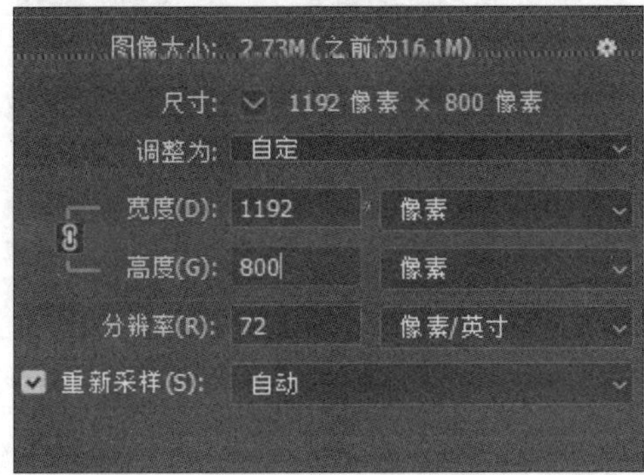

记录完操作后，单击“停止播放 / 记录”按钮，或从“动作”面板菜单中选择“停止记录”，如下左图所示，停止记录动作。此时在创建的新动作中会显示录制过程中的所有操作，如下右图所示。需注意的是，并不是动作中的所有操作都能够被直接记录下来，如果遇到没有被记录的操作，可以通过“动作”面板菜单中的命令插入大多数无法被记录的操作。

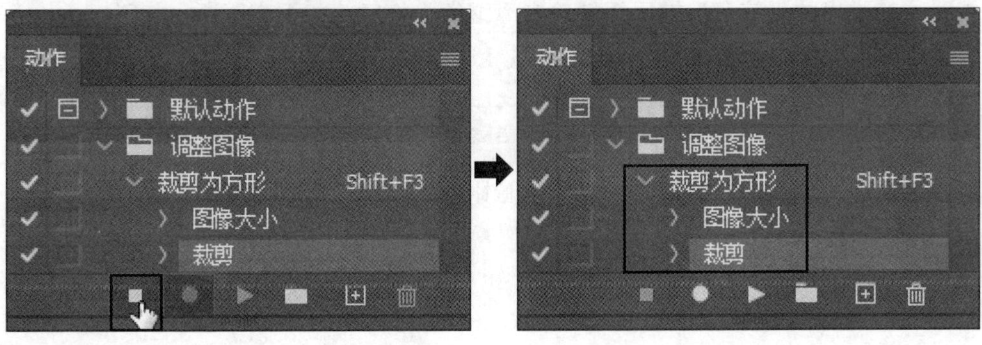

1.1.3 在动作中插入停止

在录制动作时，使用铅笔等绘图工具进行的图形绘制、将文字转换为图形后的个性化设计等操作不能被记录，需要在动作停止后手动进行相应操作，待这些操作完成后才能再执行后续操作。所以在录制动作的过程中遇到这一类操作时，需要在动作中插入停止，以便手动执行相应的操作。

首先要选择插入停止的位置，可以选择在一个动作或命令之后插入停止。在“动作”面板中选择“调整图像”动作组中的“图像大小”命令，然后选择“插入停止...”命令，如下左图所示。在打开的“记录停止”对话框中输入想要显示的信息，如下右图所示，单击“确定”按钮。

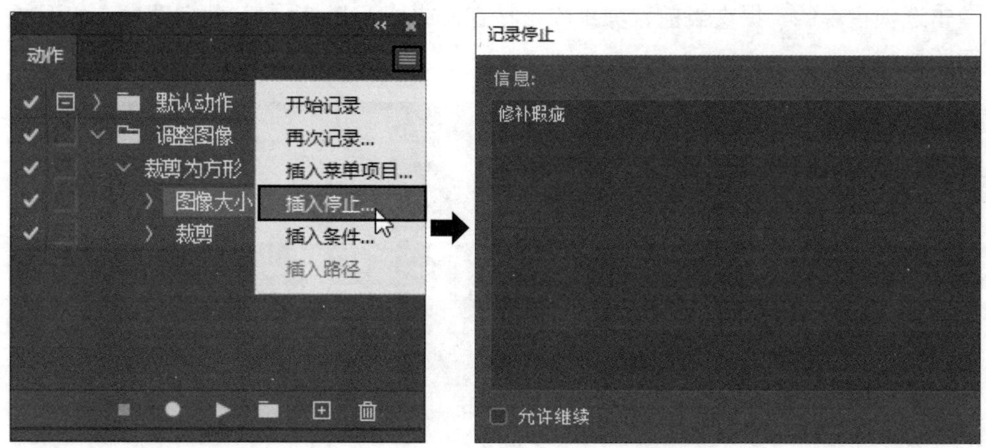

插入停止后，当动作执行到“停止”时，会弹出“信息”提示框，显示在“记录停止”对话框中输入的信息，如下左图所示。按照提示进行操作后，再选择“动作”面板中“停止”之后的操作，单击“播放选定的动作”按钮，Photoshop 才会执行后续操作。如果在使用该动作处理某些图像时不需要停止以进行手动操作，可以勾选“记录停止”对话框中的“允许继续”复选框，当动作执行到插入的“停止”位置时，在弹出的“信息”提示框中单击“继续”按钮，如下右图所示，Photoshop 将继续执行后续操作。

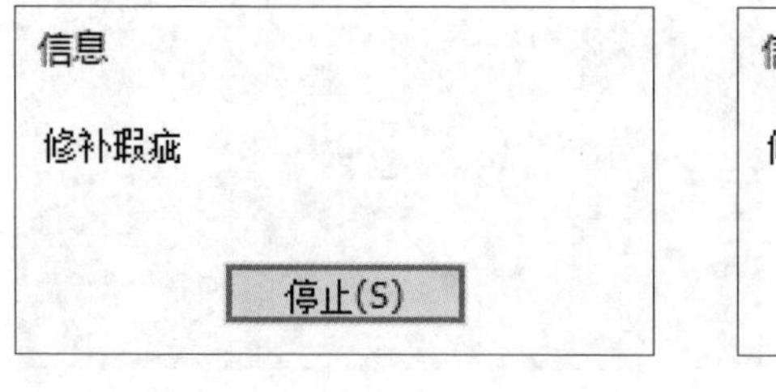

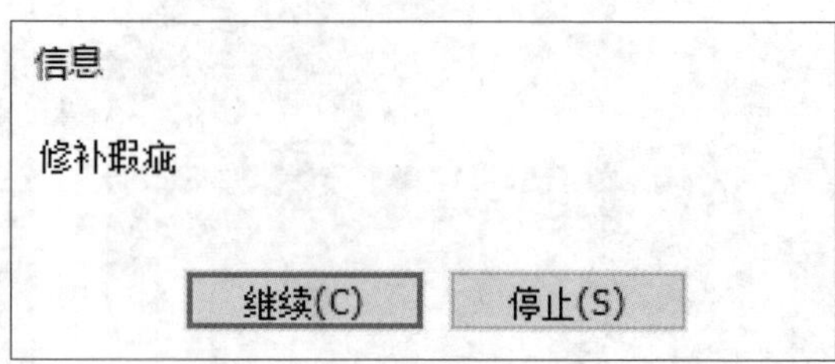

1.1.4　存储动作

“动作”面板中会显示创建的所有动作，为了便于在不同计算机中应用这些动作进行图像的自动化处理，可以将这些动作存储到计算机的指定文件夹中。存储动作也可以避免误删“动作”面板中的动作后，还要重新录制的麻烦。

选择要存储的动作组，在“动作”面板菜单中选择“存储动作...”命令，如下左图所示；打开“另存为”对话框，选择存储路径并输入文件名，单击“保存”按钮，如下右图所示，即可存储所选的动作组中的所有动作。如果要存储单个动作，需要先创建一个动作组，然后将此动作移动到新动作组中，再执行“存储动作...”命令。

需要使用存储的动作时，只需要通过“动作”面板菜单中的“载入动作...”按钮，将相应的动作载入到“动作”面板中即可。

1.2　“批处理”命令

“批处理”命令可以对同一文件夹中的多个文件进行快速处理。对于自动化处理来说，创建动作只是准备工作，真正实现“自动”，是将创建好的动作应用于多个文件的“批量”处理，这就需要将动作与“批处理”命令结合起来。

执行“文件 > 自动 > 批处理”菜单命令，打开“批处理”对话框，该对话框显示了批处理图像的几步简单操作过程，下面进行详细介绍。

1.2.1　选择动作

首先，在“批处理”对话框中的“组”和“动作”下拉列表框中指定要播放的动作，Photoshop 会默认选择最新创建的动作，如下页图所示。如果要选择其他动

作组中的动作，可以依次单击“组”和“动作”右侧的下拉按钮，分别在展开的下拉列表中进行选择。

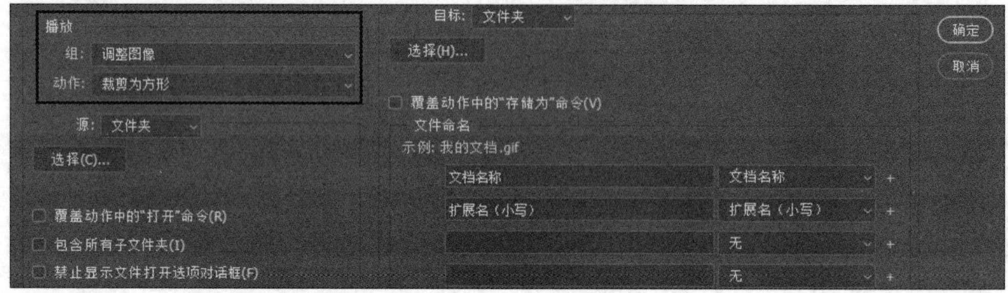

1.2.2 设置要处理的源文件或文件夹

选择动作之后，接下来要在“源”下拉列表框中指定要处理的文件，默认选择“文件夹”选项。此时单击下方的“选择 ...”按钮，如下左图所示。在打开的“选取批处理文件夹 ...”对话框中选择要处理的图片所在的文件夹，如下右图所示。如果要批处理多个文件夹中的文件，可以将需要处理的多个文件夹拖动到一个新文件夹中，然后勾选“选择 ...”按钮下方的“包含所有子文件夹”复选框。

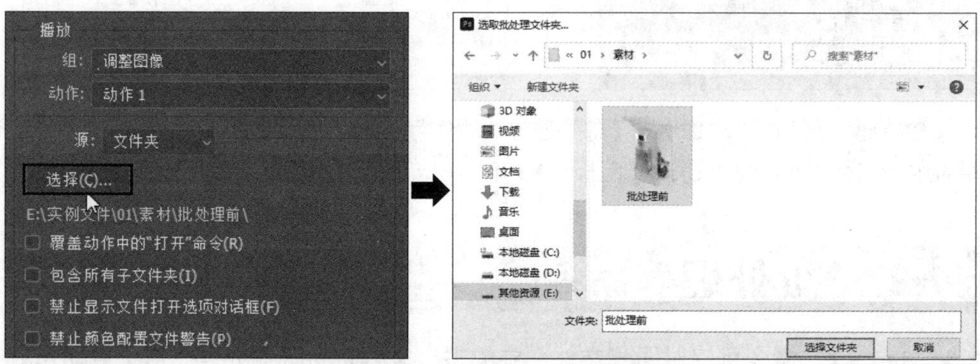

知识扩展 在“批处理”对话框中进行设置时，若指定的动作中包含用于打开文件的“打开”命令，但并未勾选“批处理”对话框中的“覆盖动作中的‘打开’命令”复选框，此时“批处理”命令就只会打开和处理记录动作时所打开的文件。这是因为在打开“批处理”源文件夹中的每个文件之后，“批处理”命令都会重新打开动作中指定的文件。由于最新打开的文件是动作中指定的文件，因此“批处理”命令将在该文件上执行动作，而不会处理“批处理”源文件夹中的任何文件。如果动作中没有“打开”命令，但却勾选“覆盖动作中的‘打开’命令”复选框，“批处理”命令则不会打开设置好的需要进行批处理的文件。

1.2.3 设置批处理后图像的存储位置

选定要处理的文件或文件夹后，还要在“目标”下拉列表框中设置批处理后图像的存储位置，包含“无”“存储并关闭”和“文件夹”3 个选项。选择“无”选项，会使文件保持打开且不存储更改，除非动作包含“存储为”命令；选择“存储并关闭”选项，会将文件存储在当前位置，并覆盖原来的文件，一般不建议选择此选项；选择“文件夹”选项，可将处理过的文件存储到另一位置，这是最重要的一个选项。选择“文件夹”选项后，单击下方的“选择 ...”按钮，如下左图所示，将打开“选取目标文件夹 ...”对话框，如下右图所示，在此对话框中指定存储处理后文件的文件夹。

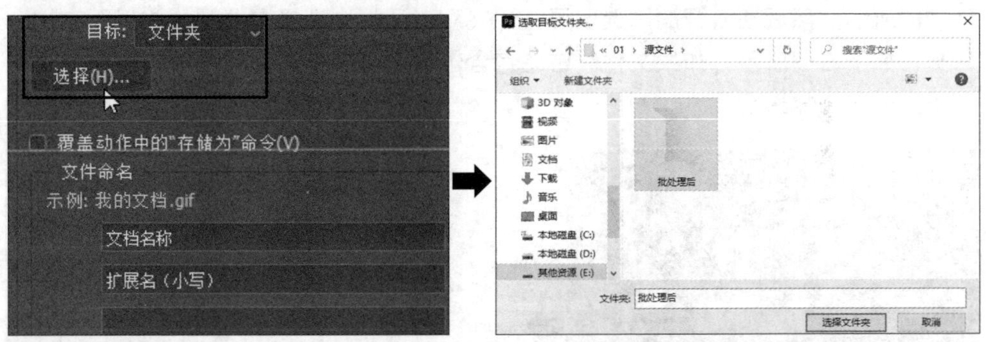

知识扩展 在“批处理”对话框中进行设置时，若指定的动作中包含“存储为”命令，但并未勾选“批处理”对话框中的“覆盖动作中的‘存储为’命令”复选框时，“批处理”命令则会将处理后的文件存储到录制动作时的“存储为”命令指定的文件夹，而不会将文件存储到“批处理”命令中指定的文件夹。此外，如果未勾选“覆盖动作中的‘存储为’命令”复选框，并且动作中的“存储为”命令指定了文件名，则“批处理”命令每次处理图像时，都会覆盖相同的文件，即动作中指定的文件。如果动作中没有“存储为”命令，但却勾选“覆盖动作中的‘存储为’命令”复选框，“批处理”命令则不会存储已处理的文件。

经过以上几步操作后，单击“确定”按钮，Photoshop 就会根据设置自动处理源文件夹中的文件，然后将处理后的文件存储到目标文件夹中。如果需要重新设置存储文件的名称，则在“批处理”对话框中的“文件命名”选项卡中输入新的文件名并指定命名方式即可。

1.3 “图像处理器”命令

在日常工作中，为了便于查看编辑后的图像效果，常常需要将 PSD 格式的文

件转换为 JPEG 格式。在 Photoshop 中，使用“图像处理器”命令可以轻松转换并处理多个文件。但与“批处理”命令不同的是，“图像处理器”命令不需要提前创建好动作，就可以直接转换图像的文件格式。

执行“文件 > 脚本 > 图像处理器”菜单命令，打开“图像处理器”对话框，对话框中显示了调整图像大小的 4 个步骤，下面进行详细介绍。

1.3.1 选择要处理的图像

首先在“图像处理器”对话框中选择要处理的图像。可以单击“使用打开的图像”单选按钮，选择处理任何打开的文件；也可以单击“选择文件夹 ...”按钮，如下左图所示。然后在打开的“选取源文件夹”对话框中选择要处理的文件所在的文件夹，如下右图所示。如果文件夹中还包含子文件夹要处理，就需要勾选“包含所有子文件夹”复选框。

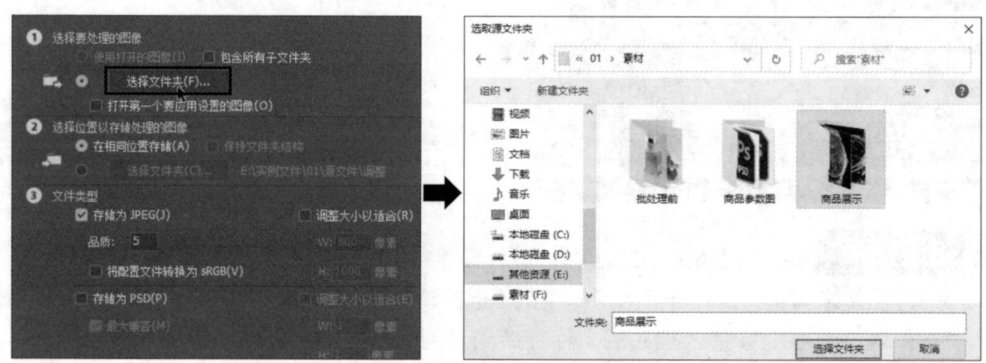

1.3.2 指定图像的存储位置

“图像处理器”对话框中的第 2 步为指定处理后的图像的存储位置。当选择“在相同位置存储”时，Photoshop 会自动在当前文件夹下创建一个子文件夹，用于保存处理后的图像，不必担心会覆盖原始文件。如果同名的子文件夹已存在且其中包含相同名称的图像，Photoshop 则会将处理后的图像保存到该子文件夹，但会为处理后的图像添加相应的序号。单击“选择文件夹 ...”按钮，则可以将处理后的图像存储到指定文件夹。

1.3.3 设置文件类型和大小

选择好要处理的文件及图像的存储位置后，接下来将进行较为重要的一步操作，即选择图像的文件类型。对于放到网页上展示的图片，“存储为 JPEG”是最佳选择。

因为 JPEG 格式采用有损压缩方式去除了冗余的图像数据，图像相对较小，读者在浏览的时候，可以大大减少下载图像的等待时间。

将图片格式存储为 JPEG 时，可以设置图片的品质。图片品质的取值范围是 0 到 12，其中 12 是最高品质，0 是最低品质，数值越大得到的图像体积就越大。如下左图所示，设置“品质”值为 4，转换后的图像体积大小不足 1 MB；如下右图所示，设置“品质”值为 10，转换后的图像体积大小则超过 2 MB。为了在网页上展示图片时获得更好的颜色效果，在存储时还可以勾选“将配置文件转换为 sRGB”复选框，以便将配置文件与图像一起保存。

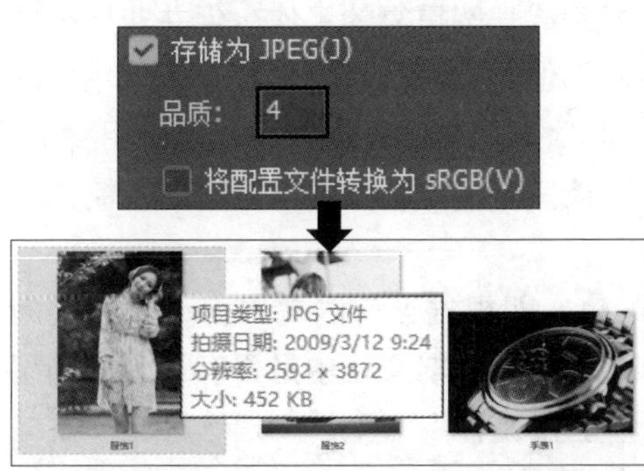

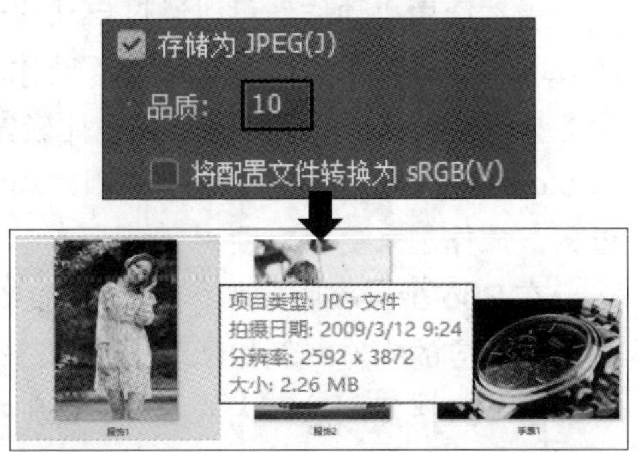

设置文件类型时还可以通过勾选“调整大小以适合”复选框，然后在下方的“W”和“H”数值框中输入数值，为最终的图像设置所需的最大宽度和高度。例如，为宽度键入“300”，为高度键入“300”，则将调整图像大小，使图像的最长边都为 300 像素。当然，设置的宽度和高度值不必相同。例如，我们可以设置宽度为 800 像素、高度为 1000 像素。可以看到，转换后的所有图像都没有宽度大于 800 像素或高度大于 1000 像素的情况，如下图所示。

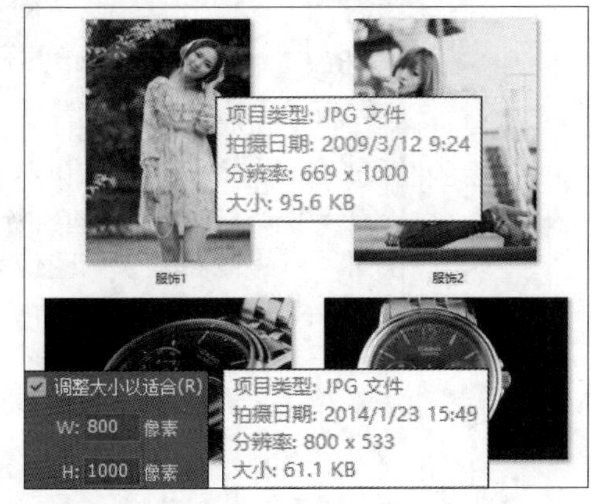

经过以上几步操作后，就可以单击“运行”按钮，让 Photoshop 自动打开图像、调整大小并以指定的格式存储到目标文件夹中。

1.4 认识 Photoshop Script 脚本

脚本是一系列命令，用来告知 Photoshop 执行一组指定的操作。这些操作可以只影响 Photoshop 文档中的某一个对象，也可以影响多个对象。脚本使重复的任务自动化，并且经常作为一种创造性的工具来简化那些难以手动完成且过于耗时的任务。

1.4.1 为什么要使用脚本

虽然使用“动作”可以通过自动化的方式完成一些重复的工作，但并非所有的 Photoshop 操作都可以被记录到“动作”中。即便可以使用“动作”面板菜单中的命令插入部分操作，但处理起来也比较复杂，此时更简单的处理方式就是使用脚本。Photoshop 脚本可以完成一些使用“动作”不能完成的操作，并且不需要录制处理过程，操作起来更加方便。

在 Photoshop 脚本中，可以添加条件逻辑，即根据当前的情况自动进行判断并执行相应的操作。例如，可以编写一个脚本，判断当前文档中是否有选区，如果有选区就直接复制选区内的图像；否则执行“选择主体”命令，创建选区选择主体对象，再复制选区内的主体对象。演示代码如下：

```
var docRef = app.activeDocument  // 获取当前活动文档
var as = docRef.activeHistoryState  // 获取活动文档中的历史记录信息
docRef.selection.deselect()  // 清除活动文档中的选区
if (as != docRef.activeHistoryState)  // 判断历史记录中是否有创建选区操作
{
    docRef.activeHistoryState = as   // 如果历史记录中有操作，就表示文档中已有选区
    docRef.selection.copy()  // 复制选区图像至剪贴板
    var shoesLayer = docRef.artLayers.add()  // 创建一个新图层（以“商品鞋子”图像为例）
    docRef.paste()  // 将剪贴板中的内容粘贴到新图层
}
else
{
    var action = new ActionDescriptor()  // 创建新动作
    executeAction(stringIDToTypeID('autoCutout'), action,
```

```
    DialogModes.ALL)  // 执行“选择主体”命令，创建选区
    docRef.selection.copy()
    var shoesLayer = docRef.artLayers.add()
    docRef.paste()
}
```

此外，脚本还提供了更多自动打开文件的方式。在“动作”中打开或存储文件时，只能使用固定的文件路径；而在脚本中，可以使用变量指定文件路径，并且文件路径是可以更改的。下面的脚本演示了如何将一个 PNG 格式的文件另存为 JPEG 格式。

```
1 var fileRef = new File("E:\\实例文件\\01\\素材\\男鞋.png") // 获取源文件路径
2 var docRef = app.open(fileRef)  // 打开文件
3 var jpgFile = new File("E:\\实例文件\\01\\源文件\\白色背景.jpeg")  // 指定存储路径
4 var jpgSaveOptions = new JPEGSaveOptions()  // 保存为JPEG格式
5 jpgSaveOptions.embedColorProfile = true  // 嵌入颜色配置文件
6 jpgSaveOptions.matte = MatteType.NONE  // 清除杂边
7 jpgSaveOptions.quality = 5  // 设置图像品质
8 app.activeDocument.saveAs(jpgFile, jpgSaveOptions, true, Extension.LOWERCASE)  // 保存文件
```

上述脚本中，第 3 行代码即用于指定文件保存的路径，用户可以根据实际需求更改文件的存储路径。

1.4.2　Photoshop 中的脚本支持

Photoshop 支持 AppleScript、VBScript 和 JavaScript 三种脚本语言。AppleScript 和 JavaScript 在 macOS 上运行，JavaScript 和 VBScript 在 Windows 上运行。下表所示为这三种脚本语言及其扩展名等信息。

脚本类型	文件类型	扩展名	运行平台
AppleScript	OSAS	.scpt	macOS
JavaScript	text	.js/.jsx	macOS & Windows
VBScript	text	.vbs	Windows

这三种脚本语言中使用最广泛的是 JavaScript。本书的所有 Photoshop 脚本都是采用 JavaScript 脚本语言。

知识扩展 要让 Photoshop 将 JavaScript 文件识别为有效的脚本文件，JavaScript 文件必须使用“.js”或“.jsx”扩展名。在 Windows 平台，如果脚本文件是在 Photoshop 中打开的，那么使用“.js”或“.jsx”扩展名没有区别。但是，如果脚本是通过双击启动的，扩展名为“.js”的脚本是使用 Microsoft JScript 引擎解释，此时将无法启动 Photoshop。所以，对于 Windows 而言，最好使用“.jsx”扩展名，因为它使用 ExtendScript 引擎解释脚本。

1.5 脚本编写工具：Adobe ExtendScript Toolkit

Adobe ExtendScript Toolkit 是 Adobe 公司开发的一款脚本语言工具包。Adobe ExtendScript Toolkit 为所有支持 JavaScript 的 Adobe 应用程序提供了交互式的开发和测试环境，包括功能齐全、语法高亮的文本编辑器，具有 Unicode 功能和多种撤销 / 重做支持。在 Adobe ExtendScript Toolkit 中编写的脚本文件扩展名为“.jsx”。

1.5.1 配置 Toolkit 窗口

使用 ExtendScript Toolkit 编写脚本前，先要下载 ExtendScript Toolkit 脚本语言工具包，并双击“ExtendScript Toolkit.exe”工具包，启动 ExtendScript Toolkit.exe 应用程序，进入应用程序主窗口。

初次打开 ExtendScript Toolkit 时所显示的应用程序界面称为“默认”工作区。在“默认”工作区中，顶端为菜单栏，菜单栏下方分别是编写脚本的文档窗口和选项卡面板，如下图所示。用户也可以根据自己的喜好调整工作区的布局。

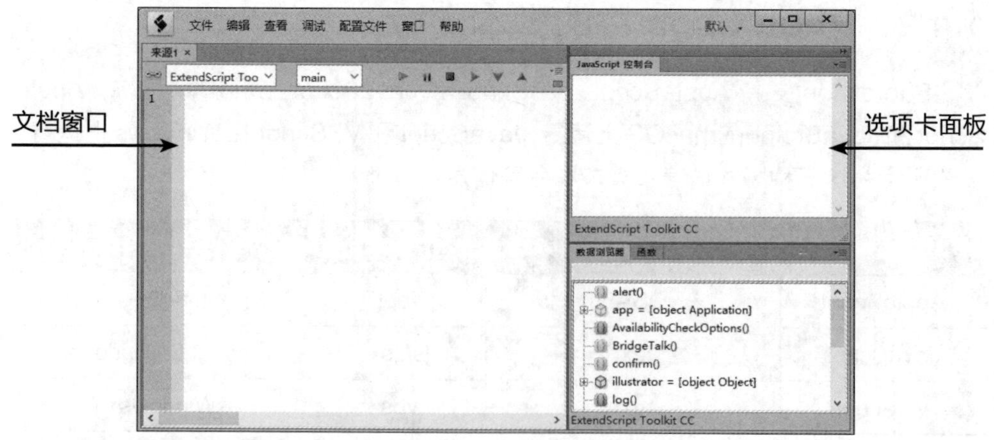

一、移动文档窗口

打开脚本文件时，文档窗口将以选项卡的方式显示打开的脚本文件。我们也可以将这些打开的脚本文件从文档窗口中拖出，使其成为一个独立的浮动窗口。

执行“文件 > 打开”菜单命令，打开一个新的脚本文件，如下左图所示。将鼠标指针移到这个文件对应的选项卡上，然后按住鼠标左键并拖动，即可将这个文档窗口转换为浮动窗口，如下右图所示。以浮动窗口显示脚本文件，可以帮助我们在应用程序界面查看不同的脚本文件内容。

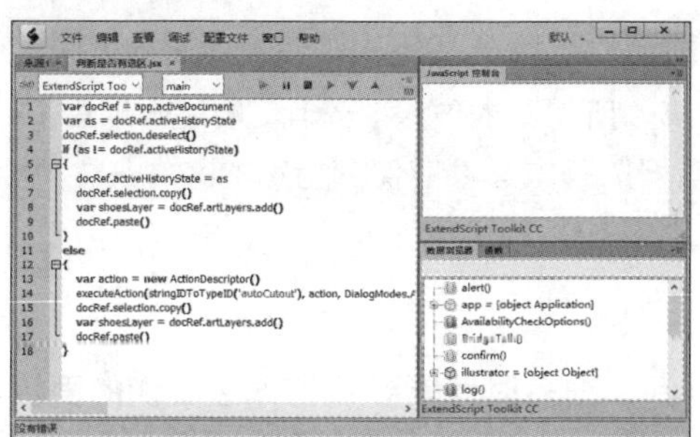

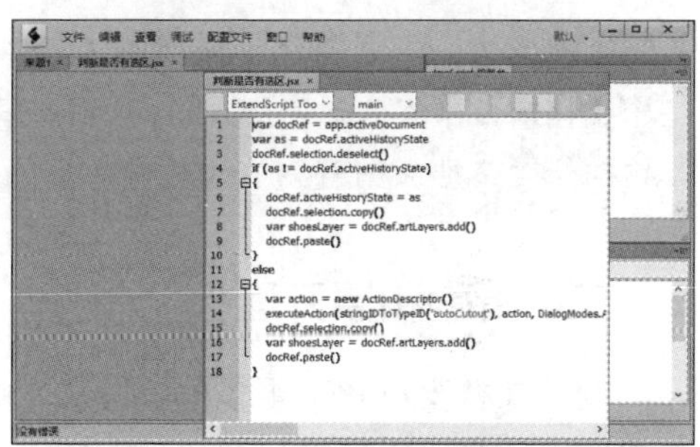

二、平铺显示多个文档

如果想要同时显示多个文档，但又不想采用浮动窗口的方式显示，则可以选择以平铺的方式来显示。

在 ExtendScript Toolkit 中打开两个文档，执行“窗口 > 平铺文档”菜单命令，如下左图所示。执行命令后，当前打开的这两个文档就并排显示在文档窗口中，如下右图所示。

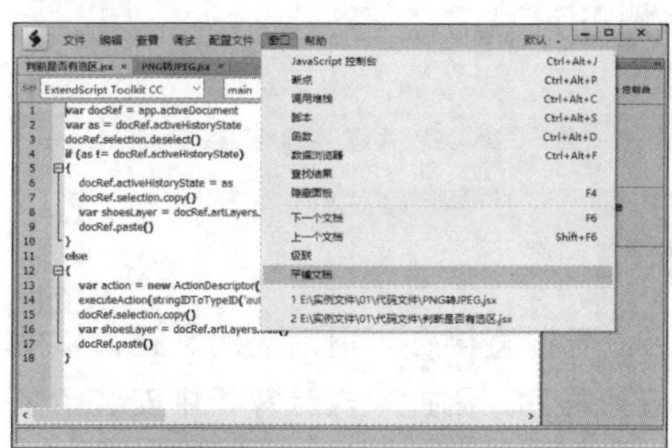

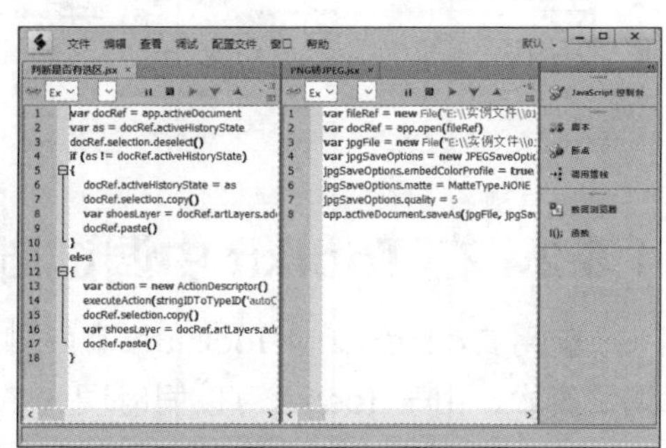

知识扩展　在 ExtendScript Toolkit 中打开编写好的脚本文件，若要复制这个文件中的所有脚本到一个新文件中，可以直接单击文档窗口中的“打开文档的副本”按钮，如下页左图所示，这样就可创建一个副本文档，如下页右图所示。

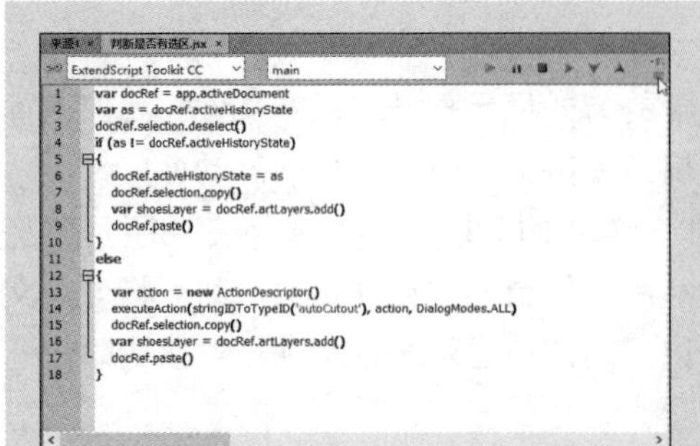

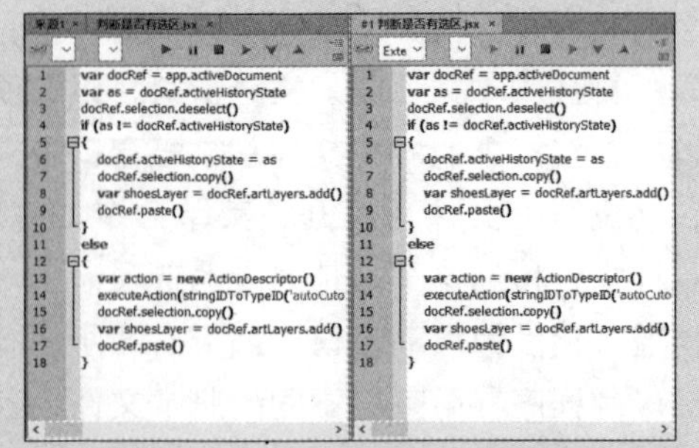

在创建的副本文档中修改脚本并不会影响原文档中的脚本，而且还可以在两个文档窗口中同时运行脚本，以观察不同的脚本所得到的效果。当确定最终效果后，再执行“文件 > 另存为”菜单命令，将编写好的脚本文件存储到指定的文件夹中。

三、折叠和展开面板

为给文档窗口留出更多的编写脚本的空间，很多时候需要将工作区右侧的面板折叠起来。将鼠标指针移到面板右侧的折叠按钮，如下左图所示，单击该按钮即可折叠面板，折叠后的效果如下右图所示。如果需要重新显示折叠的面板，可以再次单击面板右侧的展开按钮。

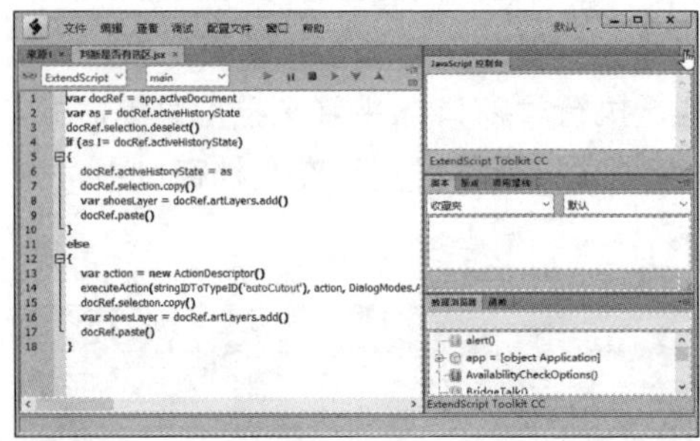

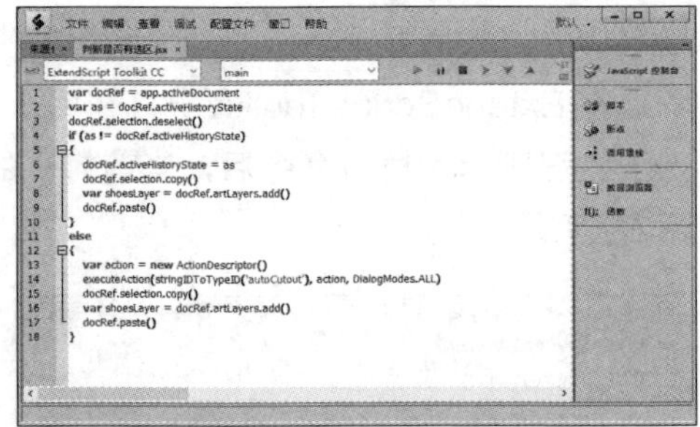

1.5.2 在 Toolkit 中调试脚本

使用 ExtendScript Toolkit 编写好脚本后，可以直接在当前活动的文档窗口中调试脚本。由于 Toolkit 可以同时调试多个应用程序，因此，当计算机中安装了多个 Adobe 应用程序时，在调试代码之前就要先选择调试脚本的目标应用程序。

单击文档窗口左上角的“选择目标应用程序”下拉按钮，在展开的下拉列表框中选择对应的目标应用程序。因为本书编写的代码针对的目标程序都是 Photoshop，所以在“选择目标应用程序”下拉列表框中选择 Photoshop，如下页图所示，否则在运行脚本时会提示语法错误。

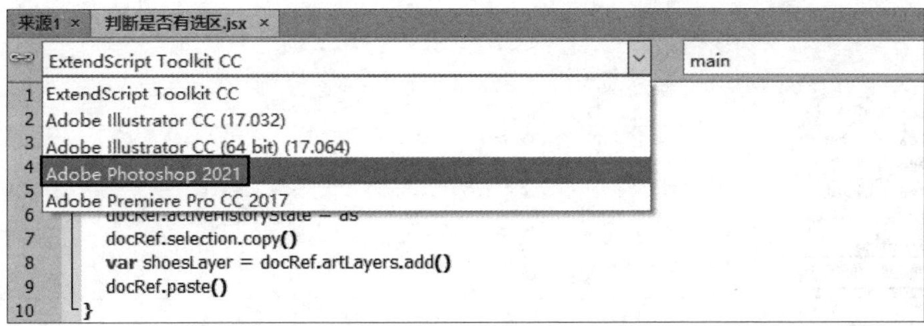

选定目标应用程序后，接下来就可以执行“调试 > 运行”菜单命令，如下左图所示；或单击文档窗口右侧的“开始运行脚本”按钮，如下右图所示，调试运行编写好的脚本。

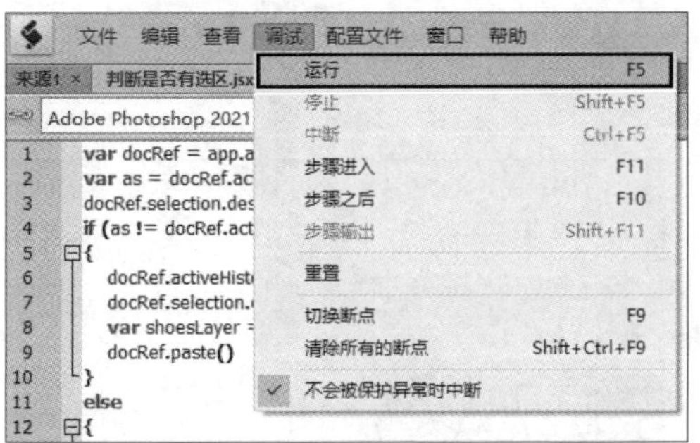

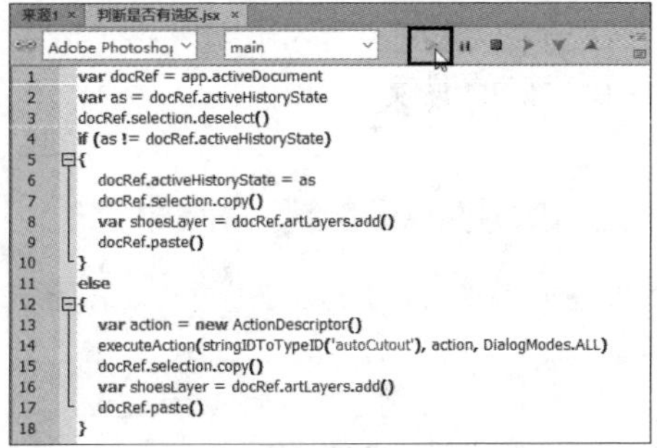

如果脚本在运行时遇到错误，Toolkit 将停止执行该脚本，以橙色突出显示当前脚本的运行，并在状态行中显示错误信息。我们可以借助错误信息来对代码做相应的修改。

1.6　在 Photoshop 上运行 JavaScript 脚本

对于编写好的脚本，除了可以在 Adobe ExtendScript Toolkit 中进行调试运行外，也可以在 Photoshop 中启动并运行脚本。但需要注意的是，脚本文件的扩展名必须为“.js”或“.jsx”，否则 Photoshop 将不能识别。

1.6.1　安装脚本

通过 Photoshop“文件”菜单中的“Scripts”（脚本）子菜单，可以快速访问安装好的 JavaScript 脚本。我们也可以将编写好的 JavaScript 脚本安装到 Scripts 菜单中。操作方法就是将脚本存储到 Scripts 文件夹中，默认文件夹路径为：C:\Program Files\Adobe\Adobe Photoshop 2021\Presets\Scripts，如下页图所示。

← → ⌄ ↑ › 此电脑 › 本地磁盘 (C:) › Program Files › Adobe › Adobe Photoshop 2021 › Presets › Scripts

名称	修改日期	类型	大小
Load DICOM.jsx	2022/1/6 15:28	JSX 文件	10 KB
Load Files into Stack.jsx	2022/1/6 15:28	JSX 文件	4 KB
Merge To HDR.jsx	2022/1/6 15:28	JSX 文件	20 KB
Photomerge.jsx	2022/1/6 15:28	JSX 文件	40 KB
Script Events Manager.jsx	2022/1/6 15:28	JSX 文件	48 KB
Statistics.jsx	2022/1/6 15:28	JSX 文件	7 KB
判断是否有选区.jsx	2022/1/28 16:43	JSX 文件	1 KB

在 Scripts 菜单中可以安装任意数量的脚本，并且所有安装的脚本都将直接作为菜单项列出。安装脚本后，执行“文件 > 脚本”菜单命令，在弹出的下一级菜单中可以看到安装的脚本，如下左图所示。单击脚本名称即可运行脚本，如下右图所示，即为运行脚本抠取主体对象后的效果。需要注意的是，运行 Photoshop 时添加到 Scripts 文件夹中的脚本不会出现在“脚本”子菜单中，只有在下一次启动应用程序的时候才会出现。

1.6.2 运行其他脚本

如果想要在 Photoshop 中运行尚未安装到 Scripts 文件夹中的脚本，需要执行“文件 > 脚本 > 浏览 ...”菜单命令，如下左图所示。在打开的“载入”对话框中找到要运行的脚本文件，可以看到，“载入”对话框中只显示了扩展名为“.js”或“.jsx”的脚本文件，如下右图所示。

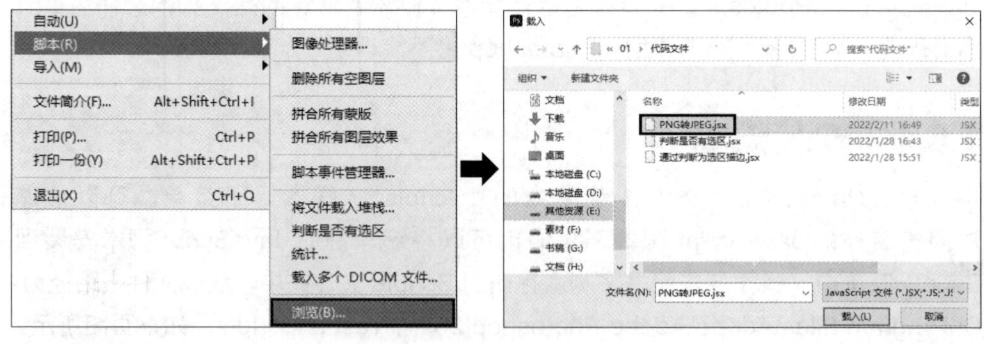

在“载入”对话框中选择要运行的脚本文件后，单击“载入”按钮，即可载入并运行脚本。如下左图所示为运行脚本时打开的透明背景的商品主图，下右图所示为脚本运行完成后生成的白色背景图片效果。

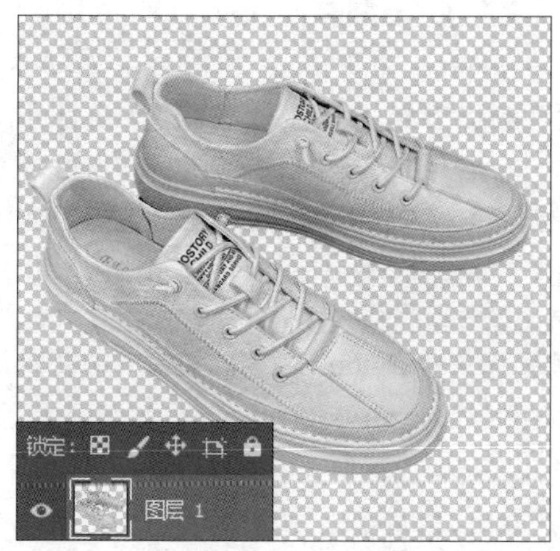

[第 2 章]

Python 高效工作利器

有读者可能会有疑问，本书作为一本美工处理的书，怎么还会讲编程？设计师的工作是否和编程距离有点儿远？告诉大家，一点儿都不远。作为设计师，在日常的工作中会和各种类型的素材（如图像、视频等）打交道，如何才能够高效运用这些素材来完成设计呢？ Python 这门编程语言，上手容易，通过安装相关的第三方模块就能够帮助实现我们的需求，将编程语言灵活运用到设计工作中，可以让设计工作事半功倍，极大提升工作效率。本章将讲解一些 Python 的基础知识，带领初学者迈入 Python 编程的大门。

2.1 Jupyter Notebook 的使用

Jupyter Notebook 是 Anaconda 自带的一款适合 Python 初学者的优秀编辑器，可用于在线编写并运行代码。下面就来讲解 Jupyter Notebook 的启动、创建 Python 文件和代码的编写与运行操作。

2.1.1 启动 Jupyter Notebook

Jupyter Notebook 的启动方式有两种：一种是在 C 盘环境下启动；另一种是在指定文件夹下启动。下面以 Windows 为例，分别介绍两种启动方式。

一、在 C 盘环境下启动

单击桌面左下角的“开始”按钮，在打开的“开始”菜单中选择“Anaconda（64-bit）”文件夹中的“Jupyter Notebook”。随后会弹出 Jupyter Notebook 的管理窗口（一个命令行窗口），如下图所示。需注意的是，这个管理窗口是不可以关闭的，否则 Jupyter Notebook 会无法启动。

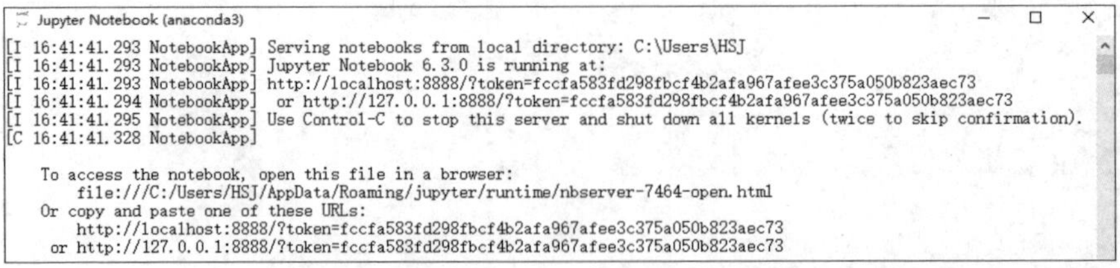

```
Jupyter Notebook (anaconda3)
[I 16:41:41.293 NotebookApp] Serving notebooks from local directory: C:\Users\HSJ
[I 16:41:41.293 NotebookApp] Jupyter Notebook 6.3.0 is running at:
[I 16:41:41.293 NotebookApp] http://localhost:8888/?token=fccfa583fd298fbcf4b2afa967afee3c375a050b823aec73
[I 16:41:41.294 NotebookApp]  or http://127.0.0.1:8888/?token=fccfa583fd298fbcf4b2afa967afee3c375a050b823aec73
[I 16:41:41.295 NotebookApp] Use Control-C to stop this server and shut down all kernels (twice to skip confirmation).
[C 16:41:41.328 NotebookApp]

    To access the notebook, open this file in a browser:
        file:///C:/Users/HSJ/AppData/Roaming/jupyter/runtime/nbserver-7464-open.html
    Or copy and paste one of these URLs:
        http://localhost:8888/?token=fccfa583fd298fbcf4b2afa967afee3c375a050b823aec73
     or http://127.0.0.1:8888/?token=fccfa583fd298fbcf4b2afa967afee3c375a050b823aec73
```

等待一段时间，在浏览器中会自动打开如下图所示的 Jupyter Notebook 界面。界面中显示的是 C 盘中的文件和文件夹，我们可以在其中的任意一个文件夹下创建 Python 文件。具体的创建方法将在后面介绍。

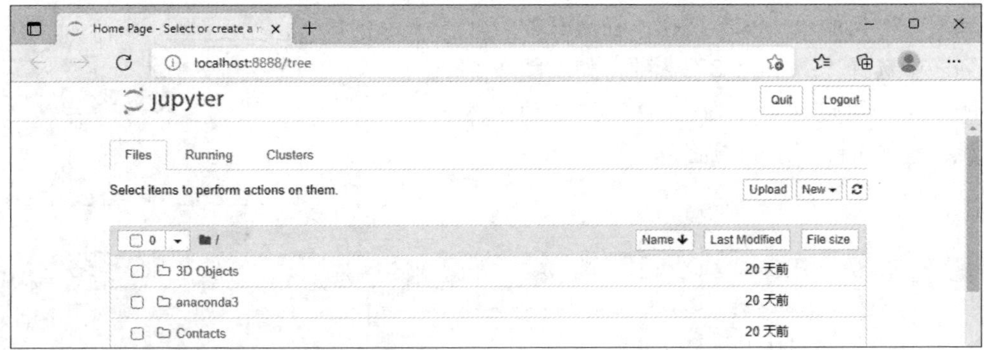

二、在指定文件夹下启动

如果把 Jupyter Notebook 创建的 Python 文件（扩展名为“.ipynb”）存储到其他磁盘中，如存储在 E 盘的“文件”文件夹中，若要打开这些文件，就需要在指定文件夹下启动 Jupyter Notebook。

具体的操作方法为：从资源管理器中进入目标文件夹，然后在路径框内输入“cmd”，如下左图所示，然后按 Enter 键。在弹出的命令行窗口中输入“jupyter notebook”，如下右图所示，然后按 Enter 键。

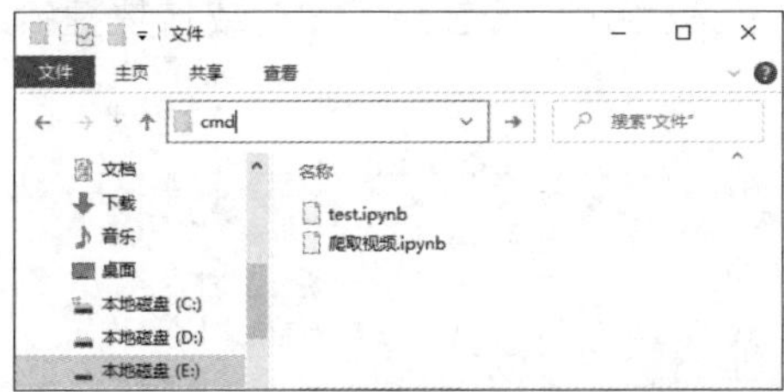

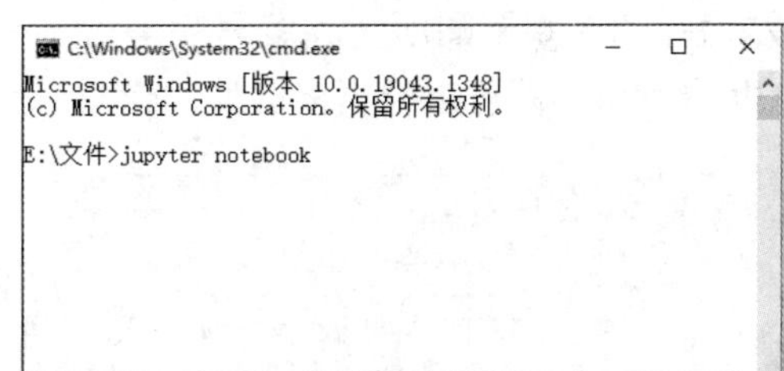

随后便能在打开的浏览器中看到如下图所示的界面，单击所需的 Python 文件即可将其打开。

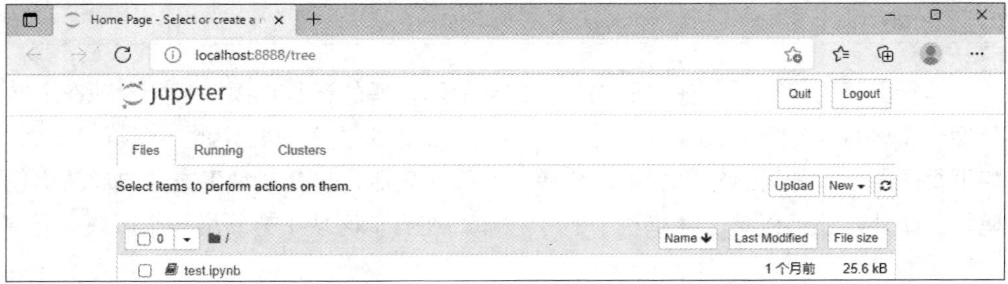

2.1.2 创建 Python 文件

在编写代码前，首先需要新建一个 Python 文件。单击 Jupyter Notebook 界面右上角的“New”按钮，在展开的列表中选择“Python 3”选项，如右图所示，即可创建 Python 文件，并自动跳转至如下图所示的界面。

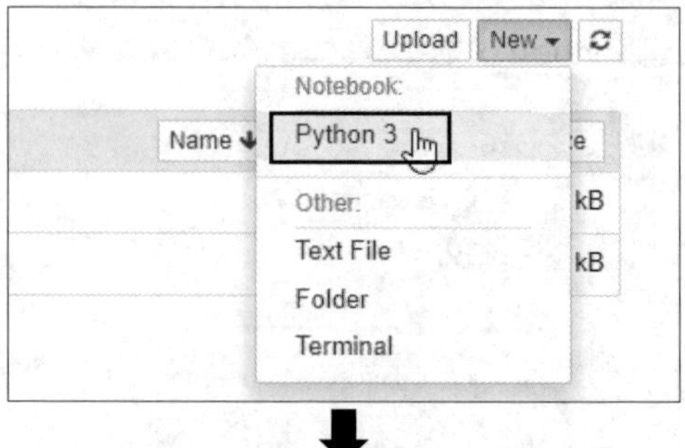

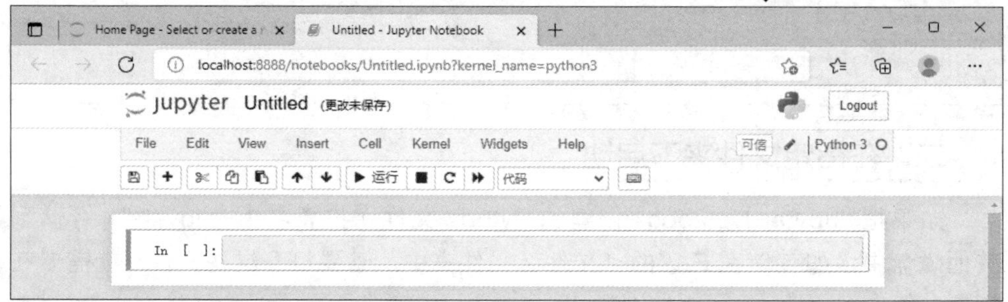

2.1.3 代码的编写与运行

创建新的 Python 文件后，即可在区块中编写代码。编写代码时区块边框显示为绿色，如下图所示。编写完毕后，单击工具栏中的“运行”按钮或按快捷键 Ctrl+Enter，即可运行当前区块的代码。

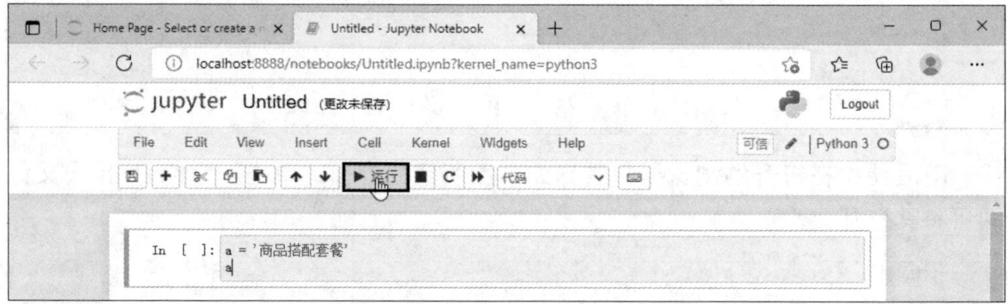

运行上面的代码后，在代码块的下方会显示代码的运行结果，且会自动在下方新增一个区块。继续在新增区块中输入代码，然后单击工具栏中的“运行”按钮，如下页图所示，即可运行区块中的代码。运行代码后，该代码块下方会自动新增代码块。此外，还可以单击菜单栏中的+按钮，在当前区块下方新增一个区块。

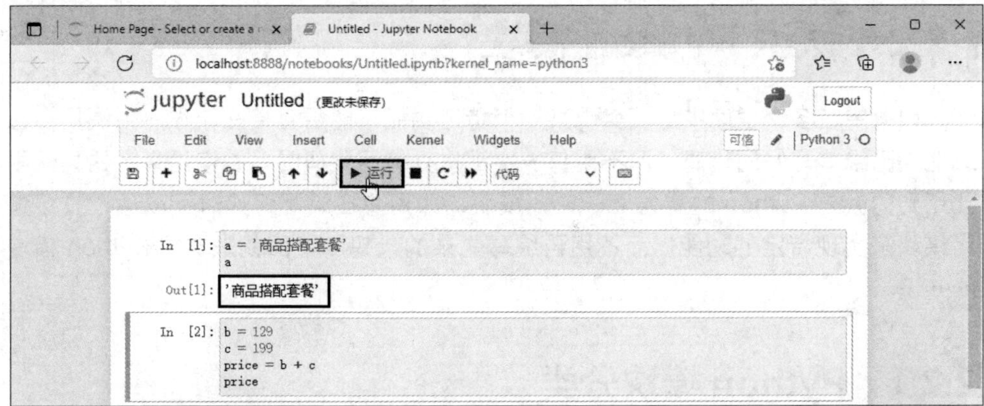

完成代码的编辑和运行后，还需要对文件进行重命名操作。单击标题栏中的“Untitled”按钮，如下图所示。

弹出“重命名笔记本”对话框。在“请输入新的笔记本名称：”下的文本框中输入新的文件名，如输入“example”，单击“重命名”按钮，如下图所示，即可完成文件的重命名操作。

重命名笔记本

请输入新的笔记本名称:

example

取消　重命名

2.2 认识 Python 模块

如果要在多个程序中重复实现某一个特定功能，能否直接在新程序中调用自己或他人已经编写好的代码，而不用每一次都重复编写代码呢？答案是肯定的。这里要用到的就是 Python 的魅力之一——模块，即用户在编写代码时可以通过直接调用模块来实现特定的功能，而不用再编写复杂的代码。下面就来介绍 Python 模块的知识。

2.2.1 Python 模块分类

模块又称为“库”或“包”。简单来说，每一个扩展名为“.py”的文件都可以称为一个“模块”。Python 的模块主要分为以下 3 种。

一、内置模块

内置模块是指 Python 自带的模块，不需要安装就能直接使用，如 time、math、pathlib 等。

二、自定义模块

Python 用户可以将自己编写的代码或函数封装成模块，以便于在编写程序时调用，这样的模块就是自定义模块。需要注意的是，自定义模块不能和内置模块重名，否则将不能再导入内置模块。

三、第三方的开源模块

通常所说的模块就是指第三方模块。这类模块是由一些程序员或企业开发并免费分享给大家使用的。通常一个模块可用于实现某一个大类的功能。例如，MoviePy 模块专门用于剪辑视频，pathlib 模块专门用于完成文件和文件夹路径的相关操作。

Python 风靡全球的一个很重要的原因，就是它拥有数量众多的第三方模块，这相当于为用户配备了一个庞大的工具库——当我们要实现某种功能时，不再需要自己制造工具，而是可以直接从工具库中取出相应的工具来使用，这就大大提高了开发效率。

安装 Anaconda 时会自动安装一些第三方模块，而有些第三方模块需要用户自行安装。2.2.2 节会讲解模块的安装方法。

2.2.2　安装 Python 模块

我们通常使用 pip 命令来安装第三方模块。pip 是 Python 提供的一个命令，用于管理第三方模块，包括第三方模块的安装、卸载和升级等。用 pip 命令安装第三方模块的方法最简单也最常用。下面以 MoviePy 模块为例，介绍使用 pip 命令安装第三方模块的方法。

按快捷键 Win + R，打开“运行”对话框，❶在对话框中输入“cmd”，❷单击“确定”按钮，如下左图所示。随后会打开命令行窗口，❸在窗口中输入命令“pip install moviepy”，如下右图所示。命令中的“moviepy”是需要安装的模块的名称，如果需要安装其他模块，将“moviepy”改为相应的模块名称即可。按 Enter 键，等待一段时间，当窗口中出现“Successfully installed”的提示文字，说明第三方模块安装成功。之后在编写 Python 代码时，就可以使用 MoviePy 模块的功能了。

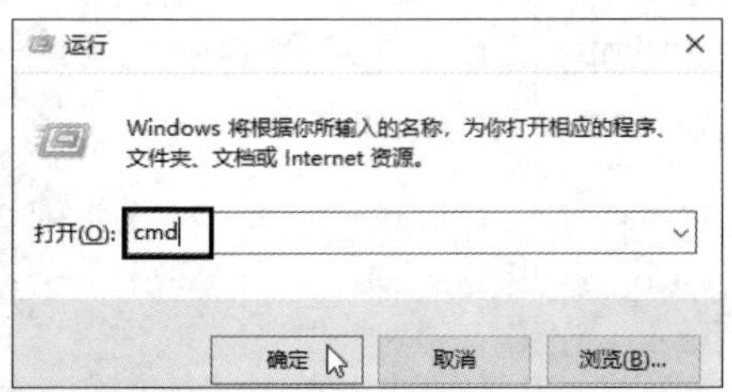

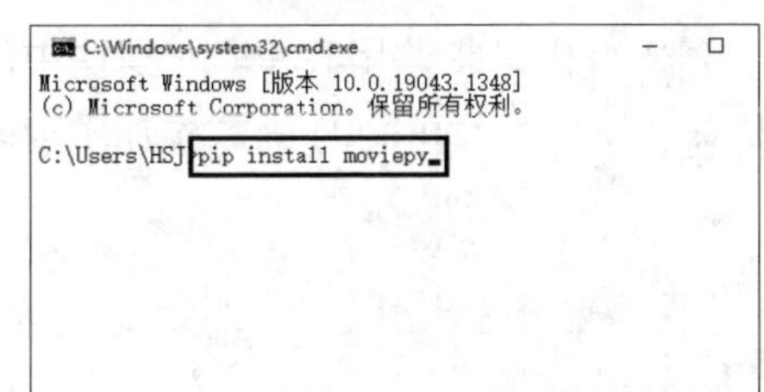

知识扩展　pip 命令默认从设在国外的服务器上下载模块。由于网速不稳定、数据传输受阻等原因，可能会安装失败。解决办法之一就是通过国内的企业、院校、科研机构设立的镜像服务器来安装模块。例如，通过清华大学的镜像服务器安装 MoviePy 模块的命令为“pip install moviepy -i https://pypi.tuna.tsinghua.edu.cn/simple”。命令中的“-i”是一个参数，用于指定 pip 命令下载模块的服务器地址；“https://pypi.tuna.tsinghua.edu.cn/simple”则是由清华大学设立的模块镜像服务器的地址。读者可以自行搜索更多镜像服务器的地址。

2.2.3　导入 Python 模块

安装好模块后，还需要在代码中导入模块，才能调用模块的功能。这里主要讲解两种导入模块的方法：import 语句导入法和 from 语句导入法。

一、import 语句导入法

import 语句导入法会导入指定模块中的所有函数，适用于需要使用指定模块中的大量函数的情况。import 语句的基本语法格式如下：

```
import 模块名
```

演示代码如下：

```
import random  # 导入random模块
import pathlib  # 导入pathlib模块
```

使用该方法导入模块后，在后续编程中如果要调用模块中的函数，则要在函数名前面加上模块名作为前缀。演示代码如下：

```
1 import random
2 a = random.randint(100, 850)
3 print(a)
```

第 2 行代码要调用 random 模块中的 randint() 函数从 100 到 850 之间取一个随机数，所以为 randint() 函数添加了前缀 random。运行结果如下：

```
427
```

二、from 语句导入法

有些模块中的函数较多，如果用 import 语句全部导入，会导致程序运行速度较慢。如果只需要使用模块中的少数几个函数，可以使用 from 语句导入法，这种方法可以导入指定的函数。from 语句的基本语法格式如下：

```
from 模块名 import 函数名
```

演示代码如下：

```
from random import randint  # 导入random模块中的单个函数
from moviepy.editor import VideoFileClip, TextClip  # 导入MoviePy模块的子模块editor中的多个函数
```

使用 from 语句导入模块的最大好处，就是在调用函数时可以直接写出函数名，不需要添加模块名前缀。演示代码如下：

```
from random import randint  # 导入random模块中的randint()函数
```

```
2 a = randint(100, 850)
3 print(a)
```

因为第 1 行代码中已经写明了要导入哪个模块中的哪个函数，所以第 2 行代码中可以直接用函数名调用 randint() 函数生成随机数。运行结果如下：

```
285
```

这两种导入模块的方法各有优缺点，根据实际需求选择即可。

此外，如果模块名或函数名很长，可以在导入时使用 as 关键字简化函数名，以便于后续代码的编写。通常用模块名或函数名中的某几个字母来代替模块名或函数名。演示代码如下：

```
import pandas as pd  # 导入pandas模块，并将其简写为pd
from itertools import combinations as cb  # 导入itertools模块中的combinations()函数，并将其简写为cb
```

知识扩展　使用 from 语句导入法时，如果将函数名用通配符“*”代替，写成“from 模块名 import *”，则和 import 语句导入法一样，会导入该模块的所有函数。演示代码如下：

```
from moviepy.editor import *  # 导入editor子模块中的所有函数
```

这种方法的优点是，在调用模块中的函数时，不需要添加模块名前缀，缺点是不能使用 as 关键字来简化函数名。

2.3　Python 的基础语法

学习任何一门编程语言都必须掌握其语法知识，学习 Python 也不例外。本节将讲解 Python 的基础语法知识，包括变量、数据类型、运算符等内容，带领初学者迈入 Python 编程的大门。

2.3.1　变量

变量是程序代码不可缺少的要素之一。简单来说，变量是一个代号，它代表的

是一个数据。在 Python 中，定义一个变量的操作分为两步：首先要为变量起一个名字，即变量的命名；然后要为变量指定其所代表的数据，即变量的赋值。这两个步骤在同一行代码中完成。

变量的命名不能随意而为，而是需要遵循如下规则：

■ 变量名可以由任意数量的字母、数字、下划线组合而成，但是必须以字母或下划线开头，不能以数字开头。本书建议用英文字母开头，如 a、b、c、a_1、b_1 等。

■ 不要用 Python 的保留字或内置函数来命名变量。例如，不要用 import 或 print 作为变量名，因为前者是 Python 的保留字，后者是 Python 的内置函数，它们都有特殊的含义。

■ 变量名对英文字母区分大小写。例如，D 和 d 是两个不同的变量。

■ 变量名最好有一定的意义，这样能够直观地描述变量所代表的数据内容或数据类型。例如，变量 name 可以用于代表内容是姓名的数据，变量 list 可以用于代表类型为列表的数据。

变量的赋值用等号“=”来完成。“=”的左边是一个变量，右边是该变量所代表的数据。Python 有多种数据类型，但在定义变量时并不需要指明变量的数据类型，在变量赋值的过程中，Python 会自动根据所赋的值的类型来确定变量的数据类型。定义变量的演示代码如下：

```
1  x = 1
2  print(x)
3  y = x + 25
4  print(y)
```

上述代码中的 x 和 y 就是变量。第 1 行代码表示定义一个名为 x 的变量，并赋值为 1；第 2 行代码表示输出变量 x 的值；第 3 行代码表示定义一个名为 y 的变量，并将变量 x 的值与 25 相加后的结果赋给变量 y；第 4 行代码表示输出变量 y 的值。

代码的运行结果如下：

```
1
26
```

2.3.2 数据类型

Python 中有数字、字符串、列表、字典、元组和集合 6 种基本数据类型。本节将对其中较为常用的 3 种数据类型进行讲解。

一、数字

Python 中的数字又分为整型和浮点型两种。

整型数字（用 int 表示）与数学中的整数一样，都是指不带小数点的数字，包括正整数、负整数和 0。下列代码中的数字都是整型数字。

```
a = 10
b = -80
c = 8500
d = 0
```

使用 print() 函数可以直接输出整数，演示代码如下：

```
print(10)
```

运行结果如下：

```
10
```

浮点型数字（用 float 表示）是指带有小数点的数字。下述代码中的数字就是浮点型数字。

```
a = 10.5
pi = 3.14159
c = -0.55
```

浮点型数字也可以用 print() 函数直接输出，演示代码如下：

```
print(10.5)
```

运行结果如下：

```
10.5
```

二、字符串

顾名思义，字符串（用 str 表示）就是由一个个字符连接起来的组合。组成字符串的字符可以是数字、字母、符号（包括空格）、汉字等。字符串的内容需置于一对引号内，引号可以是单引号、双引号或三引号，但必须是英文引号，并且要统一。

定义字符串的演示代码如下：

```
print(520)
print('520')
```

运行结果如下：

```
520
520
```

输出的两个 520 看起来没有任何差别，但是前一个 520 是整型数字，可以参与加减乘除等算术运算；后一个 520 是字符串，不能参与加减乘除等算术运算，否则会报错。

三、列表

列表（用 list 表示）是 Python 中最常用的数据类型之一。它能将多个数据有序地组织在一起，并可以方便地对数据进行调用。

1．创建列表。列表是 Python 内置的可变序列，是包含若干元素的连续内存空间。在形式上，列表的所有元素放在一对方括号 [ ] 中，相邻元素之间用逗号隔开。例如，要把 5 件商品存储在一个列表中，演示代码如下：

```
class1 = ['中筒运动袜', '四季袜', '薄款船袜', '彩虹袜子', '纯黑色棉袜']
```

从上述代码可以看出，定义一个列表的语法格式如下：

```
列表名 = [元素1, 元素2, 元素3, …]
```

列表的元素可以是字符串，也可以是数字，甚至可以是另一个列表。如下所示的这行代码定义的列表就含有 3 种元素：整型数字 1、字符串 '123'、列表 [1, 2, 3]。

```
a = [1, '123', [1, 2, 3]]
```

利用 for 语句可以遍历列表中的所有元素，演示代码如下：

```
class1 = ['中筒运动袜', '四季袜', '薄款船袜', '彩虹袜子', '纯黑色棉袜']
for i in class1:
    print(i)
```

运行结果如下：

```
中筒运动袜
四季袜
薄款船袜
彩虹袜子
纯黑色棉袜
```

2. 统计列表的元素个数。如果需要统计列表的元素个数（又称为“列表的长度”），可以使用 len() 函数。该函数的语法格式如下：

```
len(列表名)
```

演示代码如下：

```
class1 = ['中筒运动袜', '四季袜', '薄款船袜', '彩虹袜子', '纯黑色棉袜']
a = len(class1)
print(a)
```

因为列表 class1 有 5 个元素，所以代码的运行结果如下：

```
5
```

3. 添加列表的元素。用 append() 函数可以给列表添加元素，演示代码如下：

```
score = []  # 创建一个空列表
score.append('长筒地板袜')  # 用append()函数给列表添加一个元素
print(score)
score.append(39.80)  # 给列表再添加一个元素
print(score)
```

运行结果如下：

```
['长筒地板袜']
['长筒地板袜', 39.8]
```

知识扩展 使用 Python 内置的 str() 函数、int() 函数和 float() 函数可以实现数据类型的转换。其中，str() 函数用于将数据转换成字符串，无论数据是整型数字还是浮点型数字，都可以用 str() 函数将其转换成为字符串。int() 函数用于将字符串或数字转换为整型数字，如果是用 int() 函数把浮点型数字转换为整数，在转换时取整处理方式不是四舍五入，而是直接舍去小数点后面的数，只保留整数部分。float() 函数可以将整型数字和内容为数字（包括整数和小数）的字符串转换为浮点型数字。整型数字和内容为整数的字符串在用 float() 函数转换后会在末尾添加小数点和一个 0。

2.3.3 运算符

运算符主要用于对数据（数字和字符串）进行运算及连接。常用的运算符有算术运算符、字符串运算符、比较运算符、赋值运算符和逻辑运算符。

一、算术运算符和字符串运算符

算术运算符是最常见的一类运算符，其符号和含义见下表。

符号	名称	含义
+	加法运算符	计算两个数相加的和
-	减法运算符	计算两个数相减的差
	负号	表示一个数的相反数
*	乘法运算符	计算两个数相乘的积
/	除法运算符	计算两个数相除的商
**	幂运算符	计算一个数的某次方
//	取整除运算符	计算两个数相除的商的整数部分（舍弃小数部分，不做四舍五入）
%	取模运算符	常用于计算两个正整数相除的余数

“+”和“*”除了能作为算术运算符对数字进行运算外，还能作为字符串运算符对字符串进行运算。“+”用于拼接字符串，“*”用于将字符串复制指定的份数，

演示代码如下：

```
a = 'hello'
b = 'world'
c = a + ' ' + b
print(c)
d = 'Python' * 3
print(d)
```

运行结果如下：

```
hello world
PythonPythonPython
```

二、比较运算符

比较运算符又称为“关系运算符”，用于判断两个值之间的大小关系，其运算结果为 True（真）或 False（假）。比较运算符通常用于构造判断条件，以根据判断的结果来决定程序的运行方向。比较运算符的符号和含义见下表。

符号	名称	含义
>	大于运算符	判断运算符左侧的值是否大于右侧的值
<	小于运算符	判断运算符左侧的值是否小于右侧的值
>=	大于等于运算符	判断运算符左侧的值是否大于等于右侧的值
<=	小于等于运算符	判断运算符左侧的值是否小于等于右侧的值
==	等于运算符	判断运算符左右两侧的值是否相等
!=	不等于运算符	判断运算符左右两侧的值是否不相等

下面以小于运算符“<”为例，讲解比较运算符的运用。演示代码如下：

```
price = 120
if price < 150:
    print('低于商品成本价')
```

因为 120 小于 150，所以运行结果如下：

```
低于商品成本价
```

初学者需注意不要混淆“=”和“==”：前者是赋值运算符，用于给变量赋值；后者是比较运算符，用于比较两个值（如数字）是否相等。演示代码如下：

```
a = 1
b = 2
if a == b:  # 注意这里是两个等号
    print('a和b相等')
else:
    print('a和b不相等')
```

此处 a 和 b 不相等，所以运行结果如下：

```
a和b不相等
```

三、逻辑运算符

逻辑运算符一般与比较运算符结合使用，其运算结果也为 True（真）或 False（假），因而也通常用于构造判断条件决定程序的运行方向。逻辑运算符的符号和含义见下表。

符号	名称	含义
and	逻辑与	只有该运算符左右两侧的值都为 True 时才返回 True，否则返回 False
or	逻辑或	只有该运算符左右两侧的值都为 False 时才返回 False，否则返回 True
not	逻辑非	该运算符右侧的值为 True 时返回 False，为 False 时则返回 True

例如，只有同时满足“月份数大于 0”和“小于等于 9”这两个条件时，才在月份的前面加入一个 0。演示代码如下：

```
month = 8
if (month > 0) and (month <= 9):
    print('要在月份前加0')
else:
    print('不在月份前加0 ')
```

第 2 行代码中，“and”运算符左右两侧的两个判断条件都加上了括号，其实不加括号也能正常运行，但是加上括号能让代码更易于理解。

因为代码中设定变量 month 的值同时满足“月份数大于 0”和“小于等于 9”这两个条件，所以运行结果如下：

```
要在月份前加0
```

如果把第 2 行代码中的“and”换成“or”，那么只要满足一个条件，就会在月份前面加 0。

四、赋值运算符

赋值运算符其实在前面已经接触过，为变量赋值时使用的“=”便是赋值运算符的一种。赋值运算符的符号和含义见下表。

运算符	名称	含义
=	简单赋值运算符	将运算符右侧的运算结果赋给左侧
+=	加法赋值运算符	执行加法运算并将结果赋给左侧
−=	减法赋值运算符	执行减法运算并将结果赋给左侧
*=	乘法赋值运算符	执行乘法运算并将结果赋给左侧
/=	除法赋值运算符	执行除法运算并将结果赋给左侧
**=	幂赋值运算符	执行求幂运算并将结果赋给左侧
//=	取整除赋值运算符	执行取整除运算并将结果赋给左侧
%=	取模赋值运算符	执行求模运算并将结果赋给左侧

下面先以加法赋值运算符“+=”为例，讲解赋值运算符的运用。演示代码如下：

```
1 price = 100
2 price += 10
3 print(price)
```

第 2 行代码表示将变量 price 的当前值（100）与 10 相加，再将计算结果重新赋给变量 price，即 price = price + 10。运行结果如下：

```
110
```

接下来以“*=”乘法赋值运算符为例，进一步讲解赋值运算符的运用，演示代码如下：

```
1 price = 100
2 discount = 0.5
3 price *= discount
4 print(price)
```

第 3 行代码相当于 price = price * discount，所以运行结果如下：

```
50.0
```

2.3.4 控制语句

Python 的控制语句分为条件语句和循环语句。条件语句是指 if 语句，循环语句是指 for 语句和 while 语句。本节将主要介绍本书经常会用到的 if 语句、for 语句及它们的嵌套使用。

一、if 语句

if 语句主要用于根据条件是否成立来执行不同的操作。其基本语法格式如下：

```
if 条件:  # 注意不要遗漏冒号
    代码1  # 注意代码前要有缩进
else:  # 注意不要遗漏冒号
    代码2  # 注意代码前要有缩进
```

在代码运行过程中，if 语句会判断其后的条件是否成立：如果成立，则执行代码 1；如果不成立，则执行代码 2。如果不需要在条件不成立时执行指定操作，可省略 else 及其后的代码。

前面的学习其实已经多次接触到 if 语句，这里再做一个简单的演示。代码如下：

```
price = 299
if price >= 200:
    print('商品单价过高')
```

```
else:
    print('商品单价适中')
```

因为变量 price 的值为 299，满足“大于等于 200”的条件，所以运行结果如下：

```
商品单价过高
```

如果有多个判断条件，可使用 elif（else if 的缩写）语句处理，演示代码如下：

```
price = 80
if price >= 200:
    print('商品单价过高')
elif (price >= 100) and (price < 200):
    print('商品单价适中')
else:
    print('调整商品单价')
```

因为变量 price 的值为 80，既不满足“大于等于 200”的条件，也不满足“大于等于 100 且小于 200”的条件，因此运行结果如下：

```
调整商品单价
```

二、for 语句

for 语句常用于完成指定次数的重复操作，其基本语法格式如下：

```
for i in 序列:  # 注意不要遗漏冒号
    要重复执行的代码  # 注意代码前要有缩进
```

演示代码如下：

```
class1 = ['款式1', '款式2', '款式3']
for i in class1:
    print(i)
```

for 语句在执行过程中，会依次取出列表 class1 中的元素并赋给变量 i，每取一个元素就执行一次第 3 行代码，直到取完所有元素为止。因为列表 class1 有 3 个元素，所以第 3 行代码会被重复执行 3 次。运行结果如下：

```
款式1
款式2
款式3
```

这里的 i 只是一个代号，可以换成其他变量。例如，将第 2 行代码中的 i 改为 j，则第 3 行代码就要相应改为 print(j)，得到的运行结果是一样的。

上述代码用列表作为控制循环次数的序列，还可以用字符串、字典等来作为序列。如果序列是一个字符串，则 i 代表字符串中的字符；如果序列是一个字典，则 i 代表字典的键。

此外，Python 编程中还常用 range() 函数创建一个整数序列用于控制循环次数。演示代码如下：

```
1 for i in range(3):
2     print('第', i + 1, '次')
```

range() 函数创建的序列默认从 0 开始，并且该函数具有“左闭右开”特性：起始值可取到，而终止值取不到。因此，第 1 行代码中的 range(3) 表示创建一个整数序列——0、1、2。

运行结果如下：

```
第 1 次
第 2 次
第 3 次
```

[第 3 章]

网店主图设计

在很多时候，商品主图影响了消费者对商品形成的第一印象，决定了消费者是否会点击打开商品详情页面，并对商品产生购买欲望。因此，商品主图设计的专业性和视觉吸引力直接影响着商品的点击率和转化率。

一、主图设计规范

当消费者在电商平台中搜索商品时，显示在搜索结果页面中的若干张商品图片就是商品主图，如下图所示。如果消费者对搜索结果页面中的某款商品感兴趣，就可能会单击对应的主图，从而进入商品详情页面。以淘宝为例，商品的主图采用的是 6 张图的布局，每张主图的作用和要求各不相同。下面就分别来介绍这些图片的设计规范。

1. 主图（前 4 张）。前 4 张主图的文件大小不能超过 3 MB，建议为“正方形”图片，即图片长宽比为 1 ∶ 1。如果上传的主图尺寸大于 800 像素 ×800 像素，商品详情负面就会自动提供放大镜功能。将鼠标指针移到商品主图上时，主图的右侧就会显示局部放大的效果，这样便于消费者查看商品细节，如下页图所示。

2. 3 ：4 主图。3 ：4 主图要求图片的宽度大于或等于 750 像素，高度大于等于 1000 像素。3 ：4 主图多用于服饰类目的商品，相对于 1 ：1 的长宽比，3 ：4 的比例能更好地展示模特上身穿着的效果。如下所示的两个商品主图就是采用的 3 ：4 主图效果。

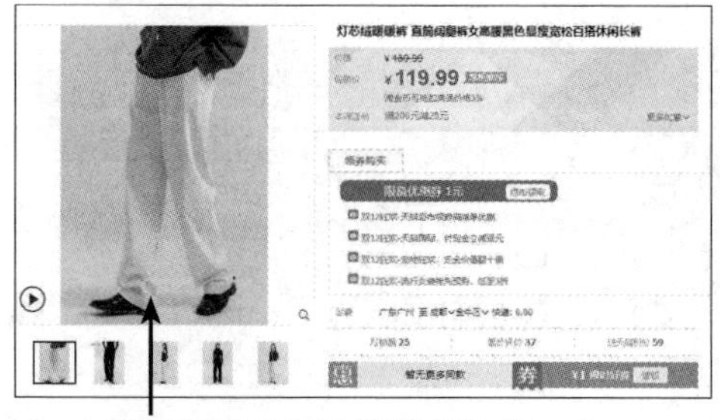

3：4主图从视觉上拉长腿部线条

3：4主图突显服饰修身效果

3. 白底图。5 张主图中，应尽量准备一张白底图，淘宝平台建议第 5 张图为白底图，如下左图所示；京东平台则建议首图为白底图，如下右图所示。白底图尺寸建议是 800 像素 ×800 像素，文件大小需要大于 38 KB 且小于 300 KB。白底主图的背景必须是纯白色，不能有多余的背景、线条等未处理干净的元素。

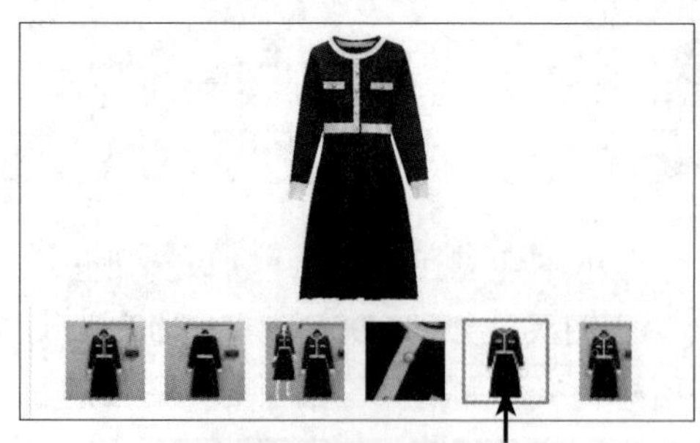

淘宝第5张图为白底主图

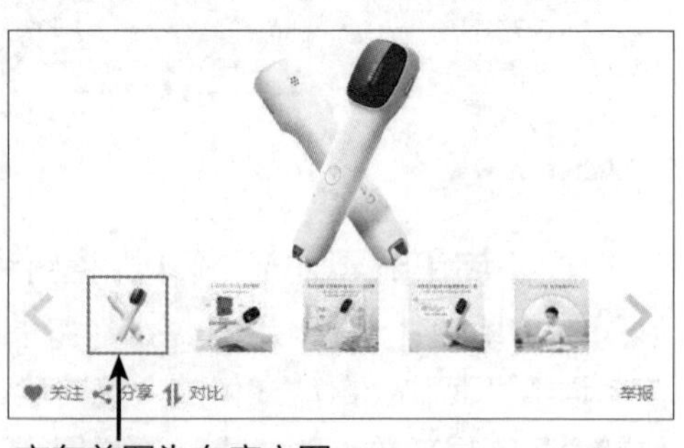

京东首图为白底主图

淘宝的白底图并不是强制性要求的。但是，如果想获得在手机淘宝首页展现的机会，白底图就是必须要保留的。只有符合要求的白底图才有机会在手机淘宝首页中的“猜你喜欢”“有好货”等渠道获得展示的机会。

4. 长图。除了基础的 5 张主图外，淘宝还有第 6 张主图，即宝贝长图。宝贝长图一般用于手机端显示，长宽比必须是 2 ∶ 3，最小的长度是 480 像素，建议使用 800 像素×1200 像素的图片。如果不上传宝贝长图，那么“搜索列表”“市场活动”等页面的竖图模式将无法展示该商品。

此外，当商家报名参加淘宝官方活动时，平台会要求商家上传一张透明底的主图。透明底主图为 PNG 格式，图片尺寸也是 800 像素×800 像素，分辨率要求为 72 dpi，图片体积要小于 3 MB。

二、主图设计要点

商品主图是商品与消费者的“初次见面”，所以商品主图的设计非常重要，它既要展示商品的功能和特点，又要包含相应的推广营销信息。下面介绍主图设计的一些要点。

1. 突出商品卖点。在设计主图时一定要突出商品的卖点。当然，商品的卖点不止一个，商家可以把所有卖点总结在一张表格中，然后选取最能吸引消费者的卖点放在主图中。这个过程需要不断测试和优化，才能找到最能打动人的卖点组合。右图所示即为精选了几个卖点进行展示的商品主图。

优惠活动的卖点也很有吸引力，这类信息可以刺激消费者更快地做出购买选择。所以，在设计主图的时候，可以在图片上添加“限时优惠”“加购赠礼”“买二赠一”等活动信息，以吸引更多消费者点击。如下所示的两个主图就在图片中添加了相应的优惠活动信息。

2. 展示局部细节。网上购物和线下消费最大的区别就是消费者不能直接接触商品实物，因而主图中对商品局部细节的展示也是非常重要的。例如，服饰类的局部细节图可以展示衣服的面料、包袋的五金，这些细节的制作工艺会影响消费者是否决定购买。如下所示的几幅图为儿童裤子主图，除首张主图外，另外几张图都是展示内里、裤兜、裤口的细节图。

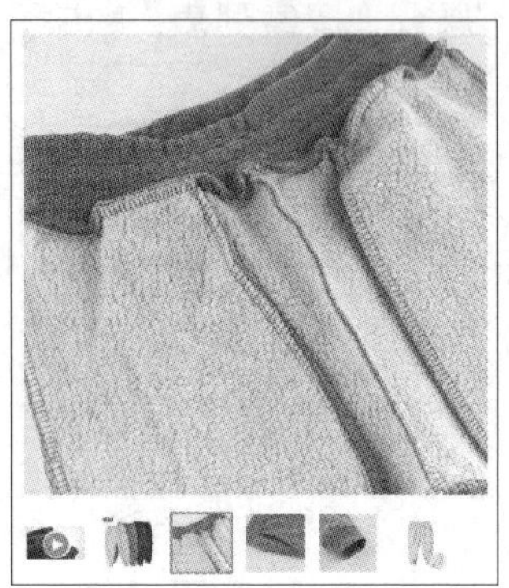

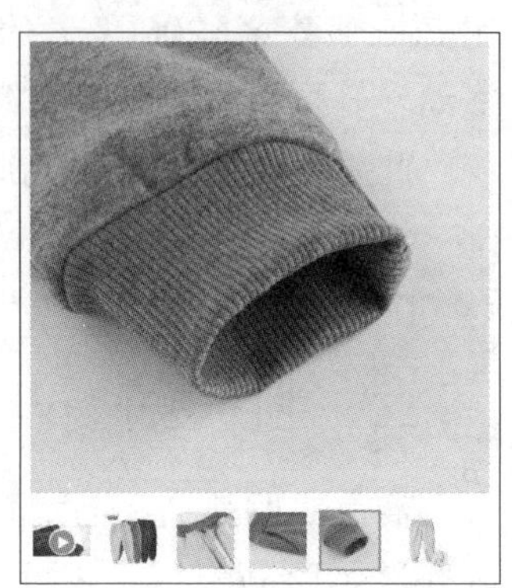

案例 01　批量压缩商品照片

◎ 应用场景

网店主图中经常会使用到一些商品实拍图，但是我在拍摄时为了保证图片清晰，一般都会先选择以较高像素保存这些图片，这就导致图片所占的存储空间比较大。当我的计算机中存储了成千上万张商品实拍图时，就会占用很多的磁盘空间。牛老师，如何能够在保证图片高质量的同时，节约存储空间呢？

想要保证图片的质量，并在不改变其清晰度的情况下减小图片体积，可以借助 Photoshop 的脚本快速实现无损压缩的操作。下面就来看看具体的转换过程吧。

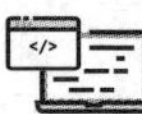

◎ 素材文件：实例文件\03\素材\保温杯
◎ 源 文 件：实例文件\03\源文件\压缩后的照片
◎ 代码文件：实例文件\03\代码文件\批量压缩商品照片.jsx

◎ 实现代码

```
var inputFolder = Folder.selectDialog("选择要压缩的图片文件夹：")  //指定要压缩的输入文件夹
```

```
2  var outputFolder = Folder.selectDialog("选择存储压缩图片的文
   件夹：") //指定存储压缩后图像的输出文件夹
3  if (inputFolder != null && outputFolder != null)  //判断输
   入和输出文件夹是否存在
4  {
5      var fileList = inputFolder.getFiles()  //获取输入文件夹
       中的所有文件
6      for (var i = 0; i < fileList.length; i++)  //遍历文件夹
       中的所有文件
7      {
8          if (fileList[i] instanceof File && fileList[i].
           hidden == false)  //判断是否为正常显示的文件
9          {
10             var docRef = open(fileList[i])  //打开文件
11             var exportOptions = new ExportOptionsSaveFor-
               Web()  //创建一个新的Web保存选项
12             exportOptions.format = SaveDocumentType.JPEG
               //导出为JPEG格式
13             exportOptions.quality = 40  //图像压缩质量
14             var file = new File(outputFolder +  "/保温杯"
               + i + ".jpg")  //新文件导出路径
15             docRef.exportDocument(file, ExportType.SAVE-
               FORWEB, exportOptionsSaveForWeb)  //导出文件
16             docRef.close(SaveOptions.DONOTSAVECHANGES)
               //关闭文件
17         }
18     }
19 }
```

◎代码解析

第 1 行代码定义了变量 inputFolder，表示输入文件夹。调用 selectDialog() 函数，弹出文件夹选择窗口，提示用户选择要压缩的素材文件夹。

第 2 行代码定义了变量 outputFolder，表示输出文件夹。调用 selectDialog() 函数，弹出文件夹选择窗口，选择存储压缩图像的文件夹。

第 3 行代码添加 if 语句，判断所选的输入文件夹和输出文件夹是否存在，如果存在就继续执行后面的代码。

第 5 行代码定义变量 fileList，使用 getFiles() 函数获取输入文件夹中的所有图片，把获取的图片赋给变量 fileList。

第 6 行代码添加 for 循环语句，用于遍历该文件夹下的所有图片，每循环一次就将变量 i 的数值增加 1，直到变量 i 的值等于文件夹中的文件数量时才跳出循环，从而确保对文件夹中的所有图片进行压缩。

第 8 行代码添加 if 判断语句，用来判断输入文件夹中获取的文件及子文件夹。当获取的对象是文件而非文件夹，并且这个文件处于非隐藏状态时，才能执行后续操作。

第 10 行代码定义变量 docRef，使用 open() 函数打开遍历到的文件。

第 11 ～ 13 行代码用于设置文件的存储格式和压缩质量。其中，第 11 行代码定义的变量 exportOptions，用于创建一个导出文档为 Web 格式的保存选项；第 12 行代码用于设置导出图片为 JPEG 格式；第 13 行代码用于设置导出时图片的压缩品质为 40，默认值是 60。设置的数值越小，压缩后的图像就越小，占用的存储空间就越少。

第 14 ～ 15 行代码用于将图片存储到指定的目标文件夹中。其中，第 14 行代码定义的变量 file 用于表示压缩图像导出的路径；第 15 行代码用于调用 exportDocument() 函数，按照第 11 ～ 13 行代码设置的属性导出图片。

第 16 行代码使用 close() 函数关闭当前打开的文件，关闭文件时不保存对文件的修改。

运行代码后，Photoshop 将按照指定格式和设置，压缩源文件中的图片。打开文件进行对比，可以看到在压缩之前一张图片就有 14.7MB，而压缩后的图片分辨率不变，图片大小变为了 2.16 MB，如下图所示。由于主图大小限制在 3 MB 以内，如果再把压缩后的这些图片裁剪为正方形主图，图片大小就一定不会超过限制的 3 MB 了。

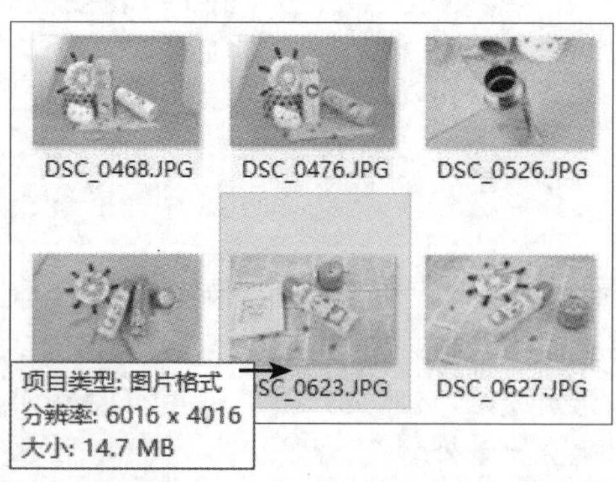

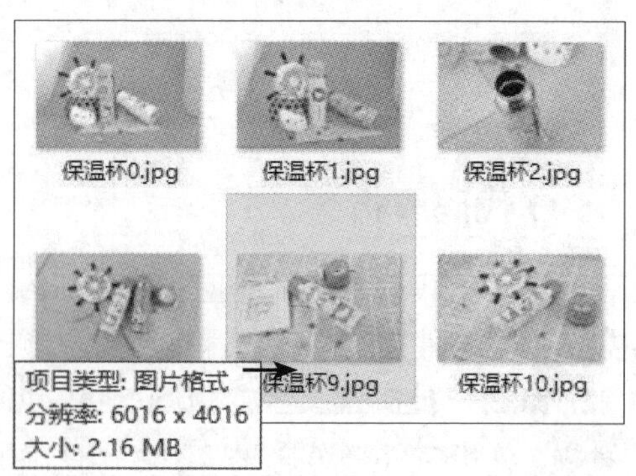

案例 02　快速更改为指定分辨率和宽度 / 高度

◎ 应用场景

我在电商平台上经营店铺时发现，图片展示的位置不同，对图片素材的要求也不太相同。通过相机拍摄的许多素材，照片尺寸都比较大，且这些照片的分辨率也可能各不相同。一些是 300 像素 / 英寸，一些又是 72 像素 / 英寸。有没有便捷的方法，可以把这些照片的分辨率统一调整为 72 像素 / 英寸，再将横版和竖版窄边像素尺寸统一为 800 像素呢？

如果要调整的照片都为横版或都为竖版，只需要录制一个动作就可以批量调整它们的尺寸和分辨率；但是，如果要处理的照片既有横版又有竖版，在处理的时候就需要针对横版和竖版照片分别录制动作。在动作中可以对分辨率进行统一设置，并且将照片的窄边尺寸固定为 800 像素，最后再单独创建一个智能调整的动作，先判断出需要调整的照片是横版或是竖版，再来选择对应的调整操作，这样就可以极大地减少筛选素材的时间。下面就来详细讲解操作的过程。

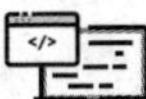

◎　素材文件：实例文件\03\素材\饰品
◎　源 文 件：实例文件\03\源文件\饰品照片调整尺寸

◎ 步骤解析

步骤 01　启动 Photoshop，打开“动作”面板，单击“创建新组”按钮，打开“新建组”对话框，输入动作组名称“调整照片尺寸”，单击“确定”按钮，创建动作组，如下图所示。

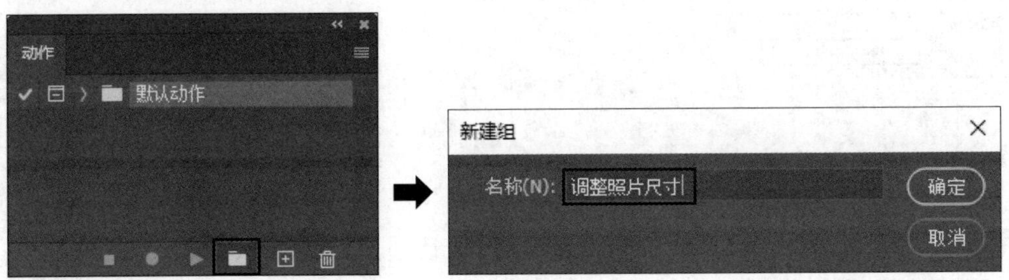

步骤 02　打开一张横版照片，打开“动作”面板，选中上一步创建的“调整照片尺寸”动作组，单击“创建新动作”按钮，打开“新建动作”对话框，输入动作名称“横版照片”，单击“记录”按钮，开始记录横版照片调整大小的操作过程，如下页图所示。

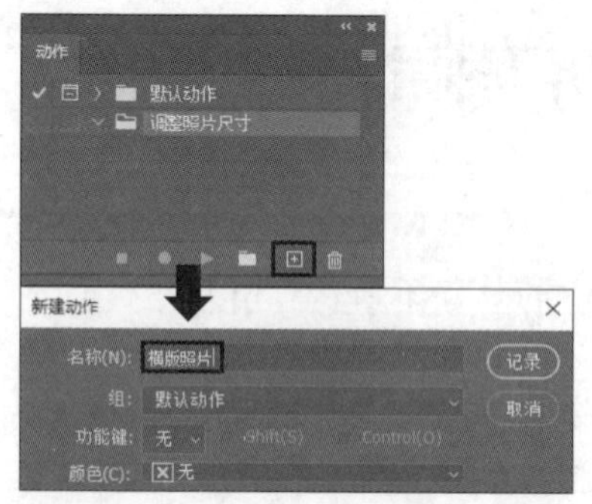

步骤 03 执行“图像 > 图像大小”菜单命令，打开“图像大小”对话框。由于图片是用于网店商品的展示，所以将“分辨率”设为 72 像素 / 英寸，再调整图片宽度和高度，这里我们先把图片较短的一条边的长度设为 800 像素，因为是横版照片，所以设置“高度”为 800 像素，如下图所示。

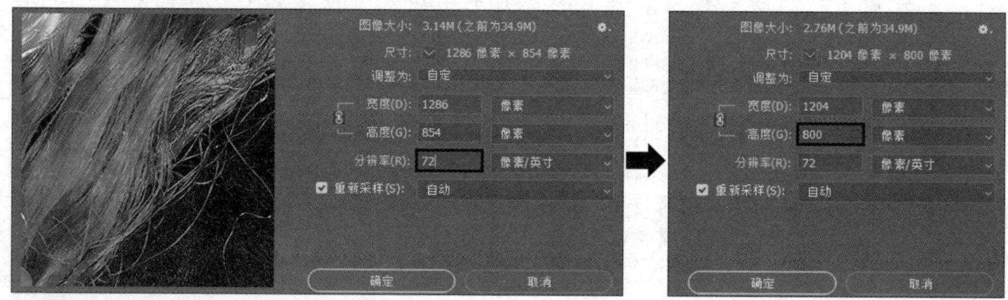

步骤 04 调整照片分辨率和尺寸后，执行“文件 > 存储为”菜单命令，打开“另存为”对话框，选择存储图片的目标文件夹，单击“保存”按钮，保存文件。关闭调整大小后的图像窗口，单击“动作”面板中的“停止播放 / 记录”按钮，停止记录动作，如下图所示。

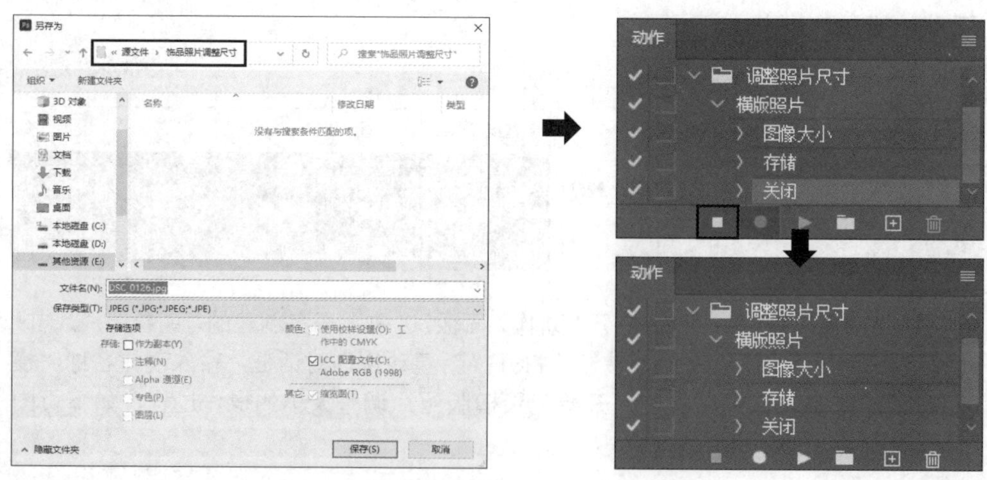

步骤 05 设置好横版照片的调整方式后，接下来是设置竖版照片的调整方式。先打开一张竖版的照片。打开“动作”面板，单击“创建新动作”按钮，打开“新建动作”对话框，输入动作名称“竖版照片”，单击“记录”按钮，在“调整照片尺寸”动作组下创建一个“竖版照片”的动作，如下图所示。

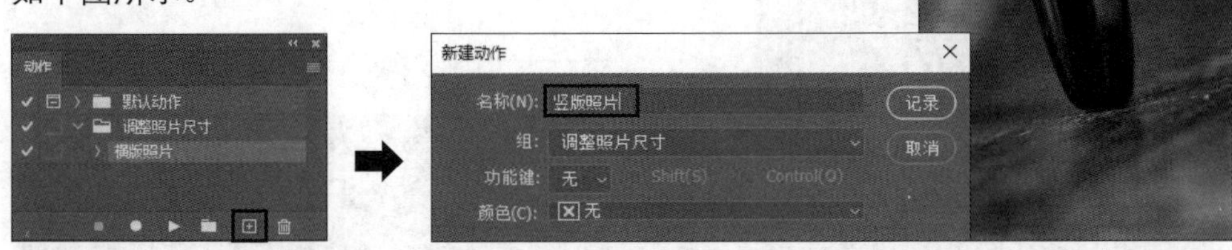

步骤 06 执行“图像 > 图像大小”菜单命令，打开“图像大小”对话框。这里同样先将图像的分辨率更改为 72 像素 / 英寸，将较短的一条边的宽度设为 800 像素，因为是竖版照片，所以将“宽度”设为 800 像素，设置后单击“确定”按钮，完成竖版照片的调整，如下图所示。

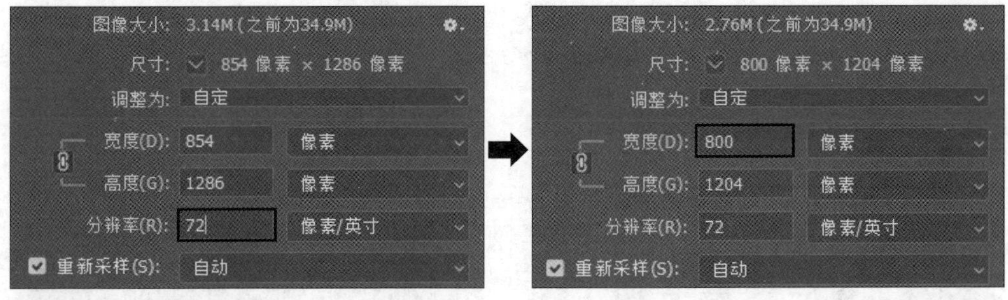

步骤 07 完成竖版照片的尺寸调整后，同样要将调整后的文件存储到目标文件夹中。执行“文件 > 存储为”菜单命令，打开“另存为”对话框，在对话框中选择与步骤 04 所选择的相同的文件夹，单击“保存”按钮。关闭调整大小后的图像窗口，单击“动作”面板中的“停止播放 / 记录”按钮，停止记录动作，如下图所示。

步骤 08 分别录制了横版照片和竖版照片的调整方式后，下面需要让 Photoshop 判断打开的照片是横版还是竖版，并选择相应的调整方式。单击“动作”面板中的“创建新动作”按钮，打开“新建动作”对话框，在对话框中输入动作名称为“智能调整”，单击“记录”按钮，在“调整照片尺寸”动作组中创建一个名为“智能调整”的动作，如下图所示。

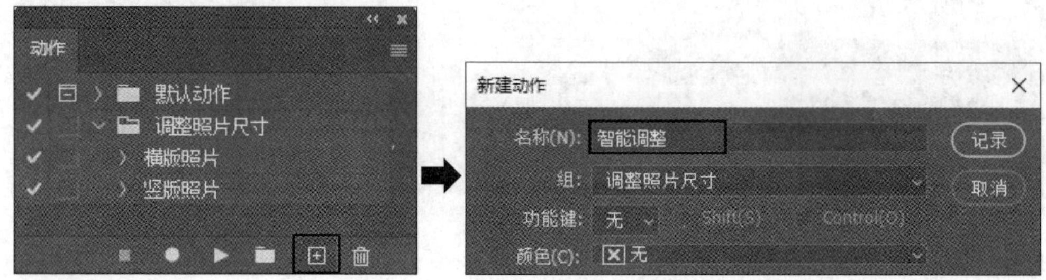

步骤 09 单击“动作”面板右上角的扩展按钮，在弹出的面板菜单中单击“插入条件...”选项，打开“条件动作”对话框，此时“如果当前”下拉列表中默认选中“文档为横向模式”，这里需先单击“则播放动作”下拉按钮，在展开的下拉列表中选择“横版照片”，如下图所示。即如果文档为横向模式，执行“横版照片”动作，否则就执行“竖版照片”动作，单击“确定”按钮。

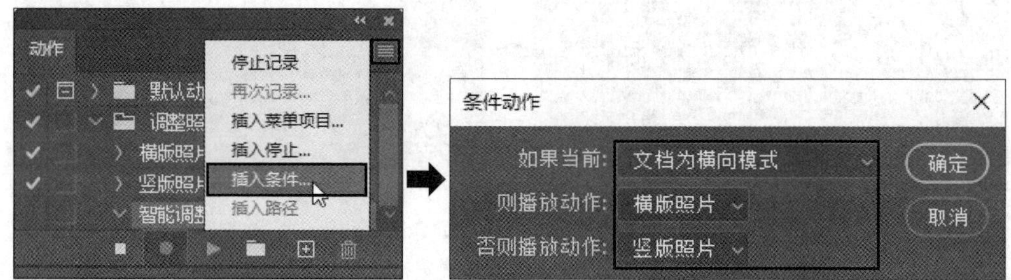

步骤 10 返回“动作”面板，单击面板中的“停止播放 / 记录”按钮，停止记录动作，如下左图所示。此时“调整照片尺寸”动作组包括“横版照片”“竖版照片”和“智能调整”3 个动作，如下右图所示。需要注意的是，这 3 个动作一定要放在同一个动作组中，否则在批处理时会提示出错。

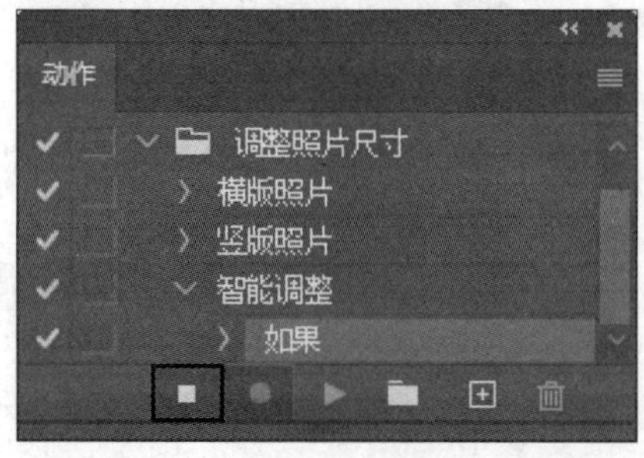

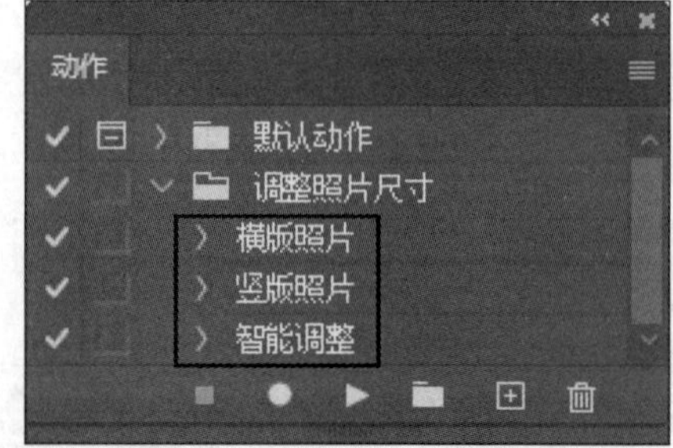

步骤 11 接下来就可以应用录制的“智能调整”动作，来根据照片的方向批量调整分辨率和大小。执行“文件 > 自动 > 批处理”菜单命令，打开“批处理”对话框，选择已创建的“智能调整”动作，指定要处理的源文件夹和目标文件夹，勾选“覆盖动作中的‘存储为’命令”复选框，设置完成后单击“确定”按钮，如下图所示。

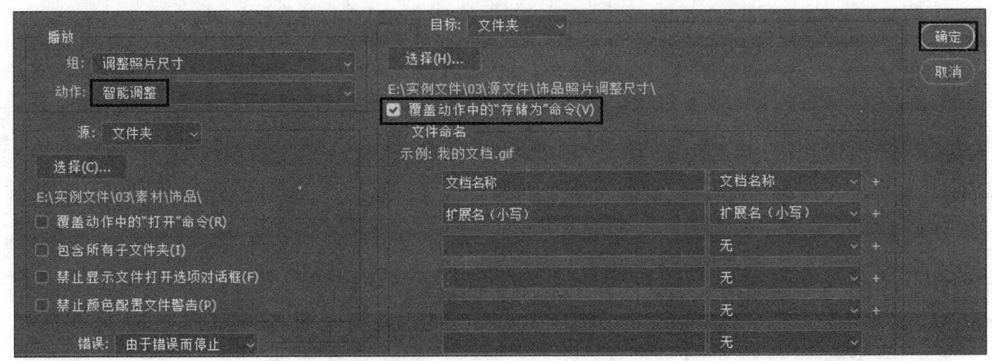

步骤 12 Photoshop 自动播放所选动作，批量调整源文件夹中的所有照片，并将调整后的照片存储到指定的目标文件夹中。读者可以根据实际需要指定相应的源文件夹和目标文件夹。处理完成后，打开目标文件夹，可以看到所有横版、竖版照片中较窄的一条边都为 800 像素，如下图所示。

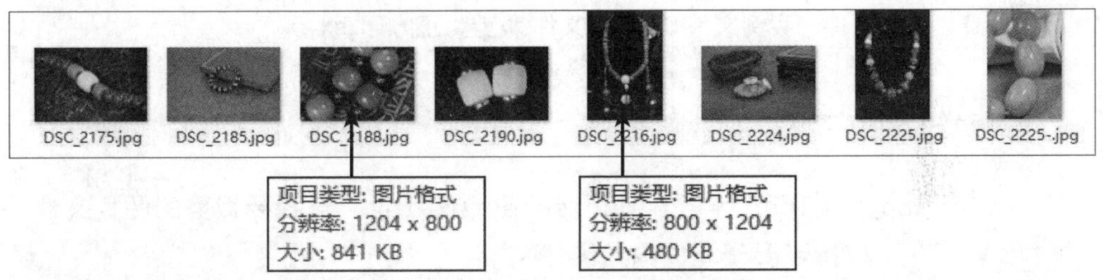

知识扩展 如果在打开图像之前就开始记录动作，那么后面执行的“打开”操作就会被记录到该动作中，因此在“智能调整”动作中也需要录制一个“打开”操作，如下左图所示；否则在运行动作时会提示动作中设置的条件不可用，如下中图所示。如果录制的动作中包含“打开”操作，在“批处理”对话框中还需要勾选“覆盖动作中的‘打开’命令”，如下右图所示。

案例 03　将图片批量裁剪为正方形

◎ 应用场景

牛老师，我已经使用上一个案例介绍的方法，把横版和竖版照片中较短的一条边的长度设为了 800 像素，接下来我想要在此基础上将这些照片统一裁剪为 800 像素 ×800 像素的正方形图片。我尝试结合“动作”和“批处理”命令来处理,但是不管是使用“裁剪工具”还是设置“画布大小”来裁剪图片，都会出现一些问题，要么就是裁剪后的图像有留白，要么就是一部分图片没有被执行裁剪操作，这是什么原因呢？

造成这个情况的主要原因是 Photoshop 无法自动判断照片为横版或竖版，所以想要得到 800 像素 ×800 像素的图片，需要分别录制横版和竖版照片的裁剪过程，然后再进行判断，这样操作起来就比较麻烦。还有一种比较简单的方式就是在脚本中应用 resizeCanvas() 函数，指定裁剪后照片的宽度和高度。下面就来看看具体的代码吧。

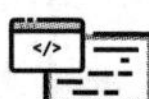

◎ 素材文件：实例文件\03\素材\饰品照片调整尺寸
◎ 源 文 件：实例文件\03\源文件\方形主图
◎ 代码文件：实例文件\03\代码文件\裁剪为正方形.jsx

◎ 实现代码

```
var inputFolder = Folder.selectDialog("选择要裁剪的图片文件夹：") //指定要压缩的输入文件夹
var outputFolder = Folder.selectDialog("选择存储裁剪图片的文件夹：") //指定存储压缩后图像的输出文件夹
if (inputFolder != null && outputFolder != null) //判断输入和输出文件夹是否存在
{
    var fileList = inputFolder.getFiles() //获取输入文件夹中的所有文件
    for (var i = 0; i < fileList.length; i++) //遍历输入文件夹中的所有文件
    {
        if (fileList[i] instanceof File && fileList[i].
```

```
        hidden == false)  //判断文件是否为正常显示的文件
9       {
10          var docRef = open(fileList[i])  //打开文件
11          docRef.resizeCanvas(800, 800, AnchorPosition.
            MIDDLECENTER)  //设置文件宽度和高度为800
12          var options = new JPEGSaveOptions()  //创建一个
            新的JPEG保存选项
13          options.quality = 8  //设置图像品质
14          var file = new File(outputFolder + "/" + docRef.
            name)  //新文件导出路径
15          docRef.saveAs(file, options,  true, Extension.
            LOWERCASE)  //存储文件
16          docRef.close(SaveOptions.DONOTSAVECHANGES)
            //关闭文件
17      }
18    }
19  }
```

◎ 代码解析

第 1 ～ 2 行代码定义变量 inputFolder 和 outputFolder，分别表示输入和输出文件夹。调用 selectDialog() 函数，弹出文件夹选择窗口，提示用户选择输入和输出图片的文件夹。

第 3 行代码使用 if 语句判断用户所选的输入文件夹和输出文件夹是否存在，如果存在，则执行后续代码。

第 5 行代码定义一个变量 fileList，使用 getFiles() 函数获取输入文件夹中的所有图片，把获取的图片赋给变量 fileList。

第 6 行代码使用 for 循环语句遍历输入文件夹中的所有图片，每循环一次就将变量 i 的数值增加 1，直到变量 i 的值等于文件夹中的文件数量时跳出循环。

第 8 行代码使用 if 语句判断输入文件夹中获取的文件，如果获取的对象是文件而非文件夹，并且这个文件处于非隐藏状态，才能执行后面的操作。

第 10 ～ 11 行代码用于调整画布大小。其中，第 10 行代码使用 open() 函数打开遍历到的文件，第 11 行代码使用 resizeCanvas() 函数调整画布大小，将画布高度和宽度都设为 800 像素。通过脚本调整画布大小时，程序能够自动判断打开的图像为横版还是竖版，如下页图所示。

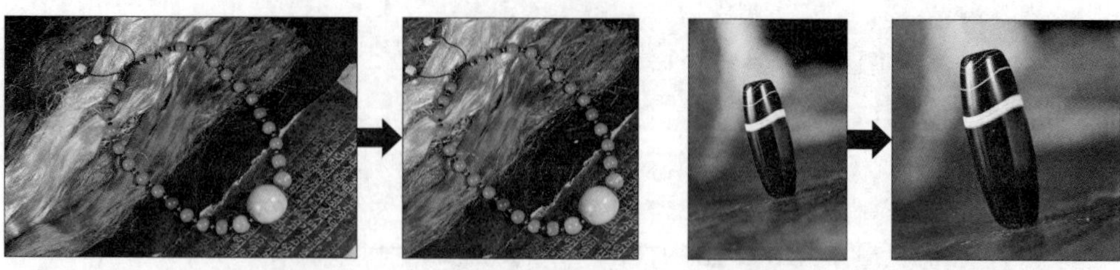

第 12 ～ 13 行代码用于设置文件的存储选项。其中，第 12 行代码定义的变量 options，用于表示存储文件为 JPEG 格式的保存选项；第 13 行代码设置存储时图像的品质，取值范围为 0 ～ 12，值越大，图像品质越高，但占用的存储空间也越多。

第 14 ～ 16 行代码用于将图片导出、存储并关闭文件。其中，第 14 行代码定义的变量 file 用来表示压缩图像导出的路径；第 15 行代码调用 saveAS() 函数，按照第 11 ～ 13 行代码设置的属性导出图片；第 16 行代码使用 close() 函数关闭当前打开的文件。

运行代码后，Photoshop 将按照上述设置自动裁剪照片，将其大小统一设置为 800 像素 ×800 像素，如下图所示。

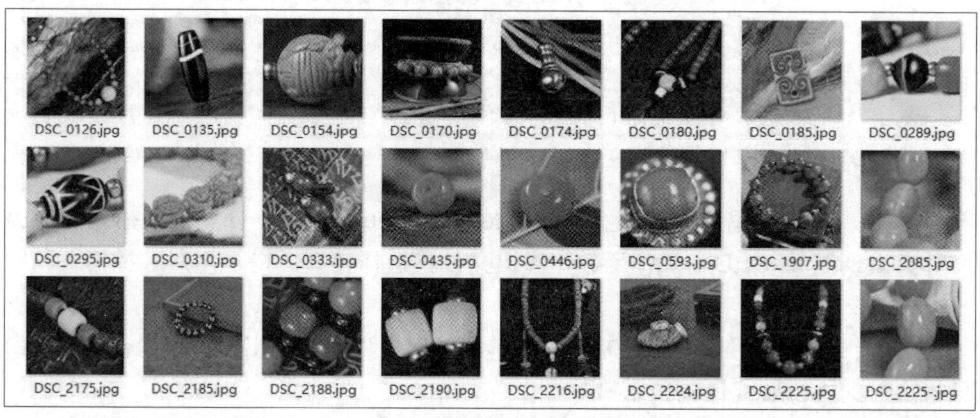

案例 04　透明主图的批量处理

◎ 应用场景

我们店铺想要报名参加淘宝官方主办的年货节活动，但是平台要求每个参加活动的商品都必须提交一张 PNG 格式的透明主图。因为店铺中要参加活动的商品很多，此时我需要为每个商品都做出一张 PNG 格式的透明图，但是逐张地手动处理相当耗费时间。牛老师，有没有什么方法可以快速得到透明背景的商品图片呢？

批量制作透明背景的主图，可以在 Photoshop 中通过动作和批处理来实现，但需要提前录制好动作。这里推荐使用脚本这种更为简单的方法，真正实现一键操作。下面就来看看具体的代码吧。

◎　素材文件：实例文件\03\素材\鞋子
◎　源 文 件：实例文件\03\源文件\透明主图
◎　代码文件：实例文件\03\代码文件\透明主图.jsx

◎ 实现代码

```
function selectSubject()  //自定义“选择主体”函数
{
    var action = new ActionDescriptor()  //创建一个新动作
    executeAction(stringIDToTypeID('autoCutout'), action, DialogModes.ALL)  //执行“选择主体”命令
}
var inputFolder = Folder.selectDialog("请选择素材文件夹：")  //指定要处理的输入文件夹
var outputFolder = Folder.selectDialog("选择输出的文件夹：")  //指定存储图像的输出文件夹
if (inputFolder != null && outputFolder != null)  //判断输入和输出文件夹是否存在
{
    var fileList = inputFolder.getFiles()  //获取输入文件夹中的文件
    for (var i = 0; i < fileList.length; i++)  //遍历输入文件夹中的文件
    {
        var docRef = open(fileList[i])  //打开文件
        var backgroundLayer = docRef.layers[0]  //通过索引获取“背景”图层
        selectSubject()  //调用自定义函数，选择主体
        docRef.selection.copy()  //复制选择的鞋子主体
        var shoesLayer = docRef.artLayers.add()  //创建一个鞋子的新图层
```

```
18          docRef.paste()  //粘贴复制的主体对象
19          backgroundLayer.visible = false  //隐藏“背景”图层
20          var option = new PNGSaveOptions()  //创建一个新的PNG保存选项
21          option.PNG8 = false  //存储时不执行PNG8压缩
22          var file = new File(outputFolder + "/" + docRef.name)  //新文件存储路径
23          docRef.saveAs(file, option, true, Extension.LOWERCASE)  //保存文件
24          docRef.close(SaveOptions.DONOTSAVECHANGES)  //关闭文件
25      }
26  }
```

◎ 代码解析

第 1 行代码自定义 selectSubject() 函数，用于选择主体。

第 3 行代码定义变量 action，应用 ActionDescriptor() 函数创建一个新动作，并赋给变量 action。

第 4 行代码使用 stringIDToTypeID() 函数将字符串“autoCutout”转换为运行时的 ID，即相当于执行 Photoshop 中的“选择主体”命令。

第 6 ～ 7 行代码定义变量 inputFolder 和 outputFolder，分别表示输入和输出文件夹。调用 selectDialog() 函数，弹出文件夹选择窗口，提示用户选择输入和输出图片的文件夹。

第 8 行代码使用 if 语句判断所选的输入文件夹和输出文件夹是否存在，如果存在才继续执行后面的代码。

第 10 行代码定义一个变量 fileList，使用 getFiles() 函数获取输入文件夹中的所有图片，把获取的图片赋给变量 fileList。

第 11 行代码使用 for 循环语句遍历这个文件夹下的所有图片。每循环一次就将变量 i 的数值增加 1，直到变量 i 的值等于文件夹中的文件数量时跳出循环。

第 13 行代码定义变量 docRef，使用 open() 函数打开遍历到的文件。

第 14 ～ 16 行代码用于选择背景中的主体对象。其中，第 14 行代码定义变量 backgroundLayer，表示“背景”图层，通过索引的方式获取当前文件中的“背景”图层；第 15 行代码调用自定义的 selectSubject() 函数，选择主体对象；第 16 行代码调用 copy() 函数把所选的内容复制到剪贴板中。下图所示即为运行代码选择主体对象的操作。

第 17 ～ 19 行代码用于复制主体对象到一个新图层中。其中，第 17 行代码定义变量 shoesLayer，表示商品鞋子所在图层；第 18 行代码应用 paste() 函数将剪贴板的内容粘贴到新建的图层中；第 19 行代码用于隐藏"背景"图层，此时就会显示抠取出来的主体对象，如下图所示。

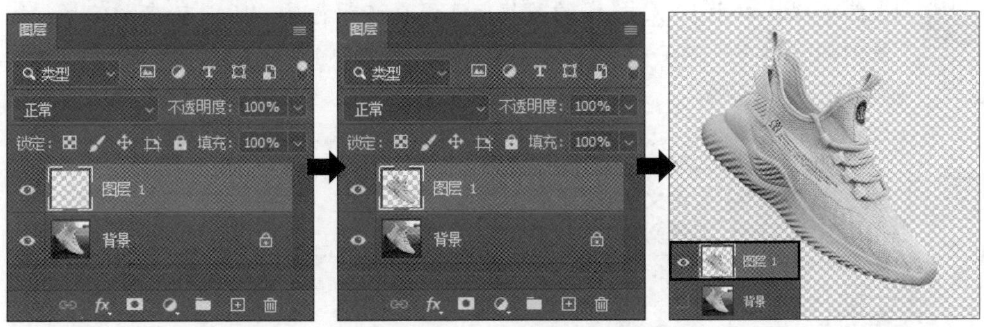

第 20 ～ 21 行代码用于设置 PNG 存储选项，存储文件。其中，第 20 行代码定义了变量 option，用来表示存储文件为 PNG 格式的保存选项；第 21 行代码设置存储 PNG 格式时不执行 PNG8 压缩，以保证图像质量。

第 22 ～ 24 行代码用于存储并关闭文件。其中，第 22 行代码定义的变量 file 用来表示输出图像的路径；第 23 行代码调用 saveAs() 函数按设置的属性输出图片；第 24 行代码使用 close() 函数关闭当前文件。

运行代码后，Photoshop 自动打开输入文件夹中的所有图片，并将这些图片中的主体对象抠取出来，同时，将其以 PNG 格式存储到指定的输出文件夹中，如下页图所示。

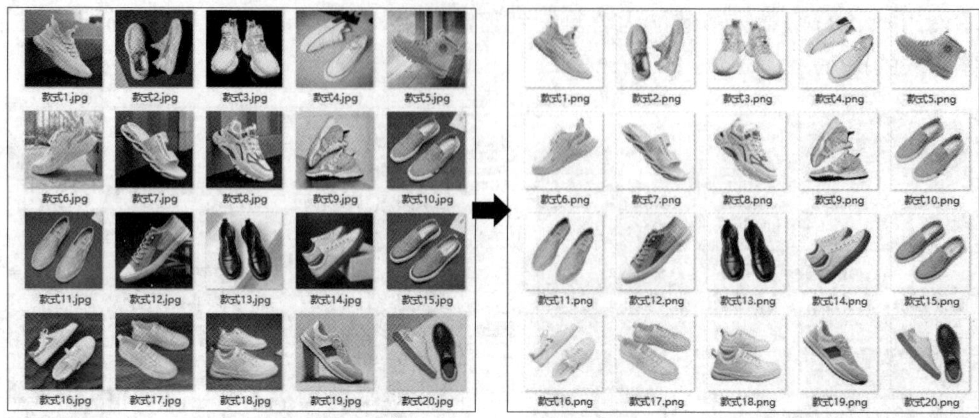

案例 05　批量获取店铺白底主图

◎ 应用场景

除了透明主图，有的平台会要求在主图中放一张白色背景的商品图片。透明背景的图片通过代码可以实现，那白色背景的图片是不是也可以通过代码来实现呢？

当然可以，由于 JPEG 格式的图片无法保存透明背景，所以只需要在上一个案例的代码中，将存储格式由 PNG 格式更改为 JPEG 格式就可以了。下面来讲解具体代码。

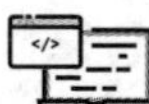

- ◎ 素材文件：实例文件\03\素材\鞋子
- ◎ 源 文 件：实例文件\03\源文件\白底主图
- ◎ 代码文件：实例文件\03\代码文件\白底主图.jsx

◎ 实现代码

```
function selectSubject()
{
    var action = new ActionDescriptor()
    executeAction(stringIDToTypeID('autoCutout'), action,
    DialogModes.ALL)
}
var inputFolder = Folder.selectDialog("请选择素材文件夹：")
var outputFolder = Folder.selectDialog("选择输出的文件夹：")
```

```
8   if (inputFolder != null && outputFolder != null)
9   {
10      var fileList = inputFolder.getFiles()
11      for (var i = 0; i < fileList.length; i++)
12      {
13          var docRef = open(fileList[i])
14          var backgroundLayer = docRef.layers[0]
15          selectSubject()
16          docRef.selection.copy()
17          var shoesLayer = docRef.artLayers.add()
18          docRef.paste()
19          backgroundLayer.visible = false
20          var option = new JPEGSaveOptions()  //创建一个新的JPEG格式设置属性
21          option.quality = 8  //设置存储图像品质
22          var file = new File(outputFolder + "/" + docRef.name)
23          docRef.saveAs(file, option, true, Extension.LOWERCASE)
24          docRef.close(SaveOptions.DONOTSAVECHANGES)
25      }
26  }
```

◎ 代码解析

第 20 ～ 21 行代码用于设置存储选项，存储文件。第 20 行代码定义了一个变量 option，用来表示存储文档为 JPEG 格式的保存选项。第 21 行代码调用 option 对象的 quality 属性，图像品质的取值范围为 0 ～ 12，这里设置为 8。值越大，得到的图像品质越好。

案例 06　批量为主图添加边框

◎ 应用场景

为了让店铺中的商品图片显得更为规范和统一，我想要为店铺中所有商品主图的首图统一添加边框效果，并且在添加的边框上还要有店铺的名称和

全场包邮这个卖点，如下图所示。牛老师，你有没有什么好的办法可以批量为这些白底主图加上边框效果呢？

如果每张图片上面的文字信息都是固定不变的，那么可以直接录制一个添加边框的动作，然后通过批处理播放该动作来实现。下面我们就来详细讲解具体的操作过程。

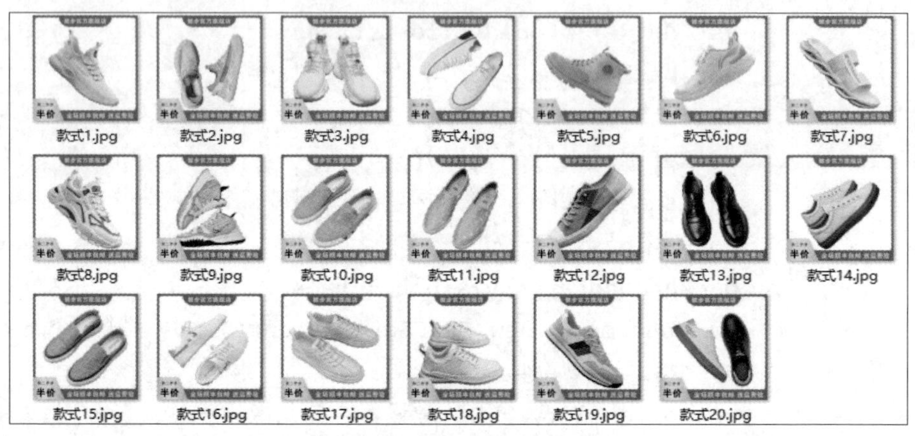

◎ 素材文件：实例文件\03\素材\白底主图、图形.png
◎ 源 文 件：实例文件\03\源文件\加边框的主图

◎ 步骤解析

步骤 01 打开一张鞋子的白底主图，我们需要为其添加边框以作为主图中的首图。创建“主图设计”动作组。在该动作组中创建一个“加边框”动作，并录制加边框的操作过程，如右图所示。

步骤 02 首先确定边框颜色，创建“颜色填充 1”图层。将填充色设置为蓝色，具体颜色值为 R60、G107、B181。应用设置的颜色填充图像，如右图所示。

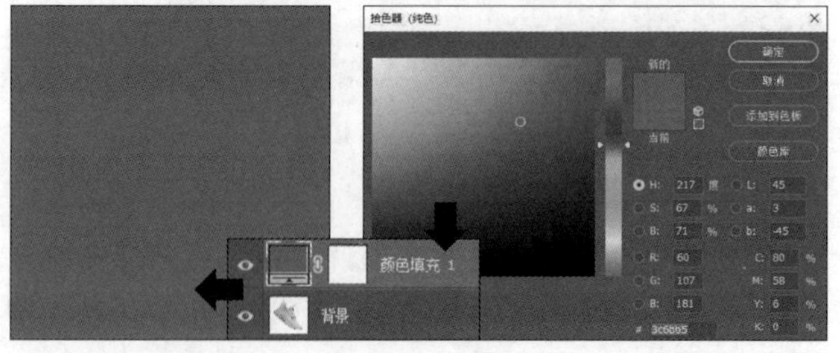

步骤 03　使用“圆角矩形工具”在文档中绘制一个白色的圆角矩形，在工具选项栏中设置圆角矩形的半径为 20 像素，让圆角的弧度小一些。再选中“背景”和“圆角矩形 1”图层，单击“选择工具”选项栏中的“水平居中对齐”按钮，将圆角矩形移到水平居中的位置，这样边框就出来了，如下图所示。

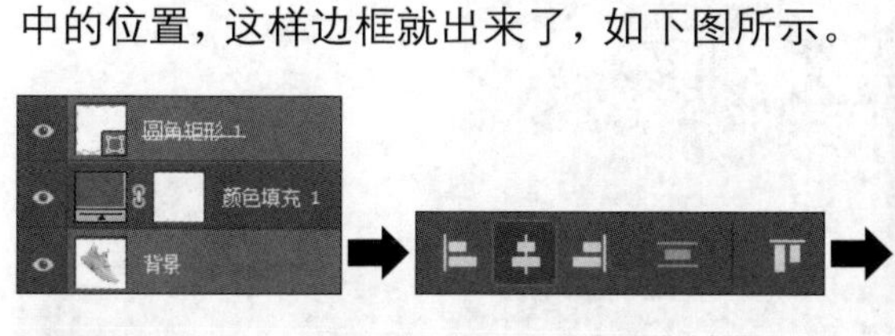

步骤 04　接下来要把鞋子图像放到上一步绘制的白色圆角矩形中。先复制“背景”图层中的鞋子图像，将复制的鞋子图像移到“圆角矩形 1”图层上方，按下快捷键 Ctrl+Alt+G，创建剪贴蒙版，将超过圆角矩形边缘的部分隐藏，再对图像的大小和位置进行调整。因为每个白底主图中鞋子的大小和位置都不一样，所以只需要大致置于白色圆角矩形的中间位置即可。如果批处理后商品图像的大小、位置不合适，可以再对生成的图像文件进行微调，如下图所示。

步骤 05　使用“圆角矩形工具”在文档顶端绘制一个圆角矩形，在“属性”面板中设置左上角和右上角半径为 0 像素，即将这两个角转换为直角，让它们与边缘重合，再设置左下角和右下角半径为 80 像素。设置后将图形移到水平居中的位置，应用“横排文字工具”在该图形上输入店铺名称，以加深品牌印象，如右图所示。

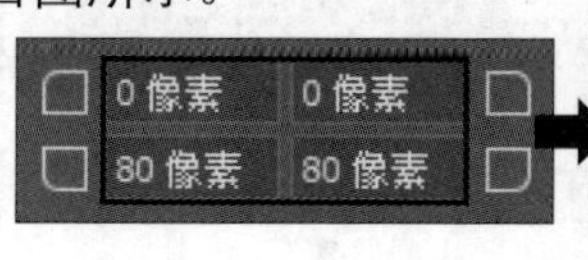

步骤 06 由于 Photoshop 的动作中不能记录用“钢笔工具”添加锚点绘制图形的操作，所以在本实例中，我们先绘制好所需的图形，并将其另存为 PNG 格式，再通过执行“文件 > 置入嵌入的对象”菜单命令，将图形置入到文档中。选中“背景”图层和置入图形图层，单击“移动工具”选项栏中的“左对齐”和“底对齐”按钮，将其对齐文档的左下角，然后添加“投影”样式，这样可以增强图形的立体感，如下图所示。

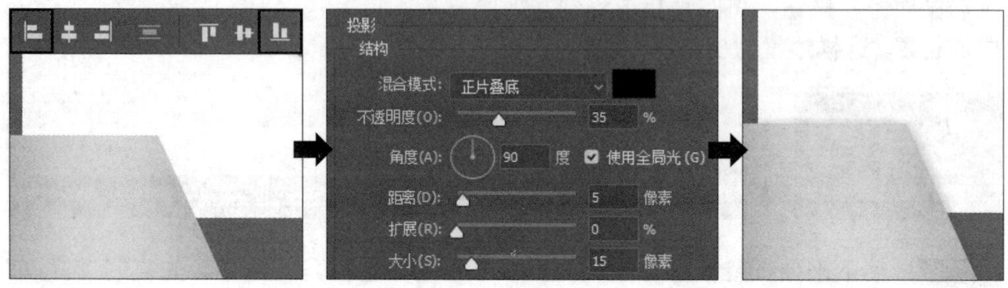

步骤 07 使用“横排文字工具”在置入的图形上输入“第二件享半价”。为突出商品的优惠力度，选中“半价”二字，将文字的字体更改为更粗一些的字体，并放大文字。设置后继续在右侧的蓝色边框上输入“全场顺丰包邮 送运费险”，完成一个主图的设计，如下图所示。

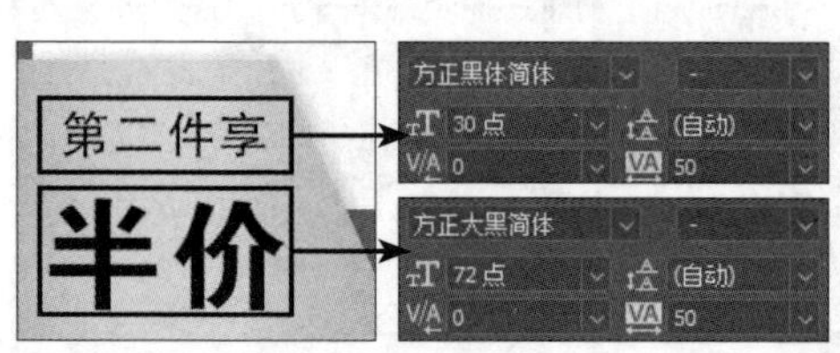

步骤 08 执行“文件 > 存储为”菜单命令，打开“另存为”对话框，在对话框中选择文件的存储位置，存储好文件后，将文件以不保存更改的方式关闭。回到“动作”面板，单击“停止播放 / 记录”按钮，停止记录，录制完成一个为主图添加边框的动作，如下图所示。

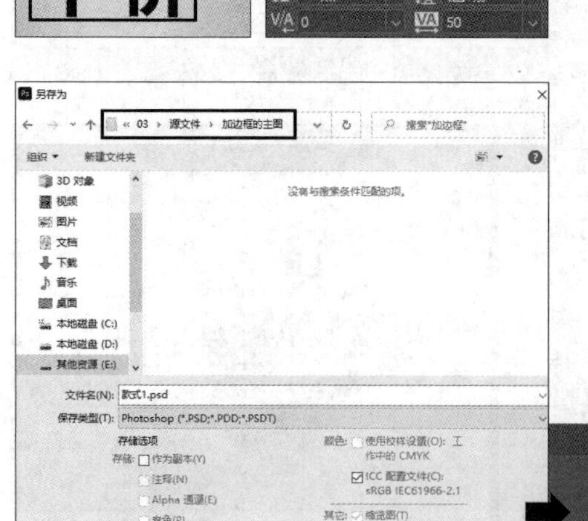

步骤 09 接下来就可以用录制好的动作批量为白底主图添加边框和文案。执行“文件 > 自动 > 批处理”菜单命令，打开“批处理”对话框，在对话框中分别选择要处理的源文件夹和存储文件的目标文件夹。因为需要将文件统一存储到动作中指定的文件夹中，所以这里勾选“覆盖动作中的‘存储为’命令”复选框，最后单击“确定”按钮，如下图所示。

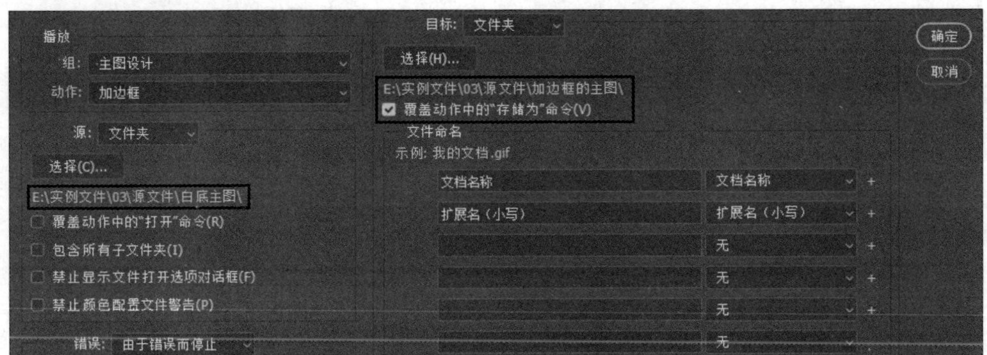

步骤 10 Photoshop 自动播放“加边框”动作，为白底主图添加边框。添加边框后生成的文件都是 PSD 格式，可以再执行“文件 > 脚本 > 图像处理器”菜单命令，打开“图像处理器”对话框，在对话框中选择所有要处理素材的文件夹，并勾选“存储为 JPEG”复选框，即可将文件转为 JPEG 格式，如右图所示。

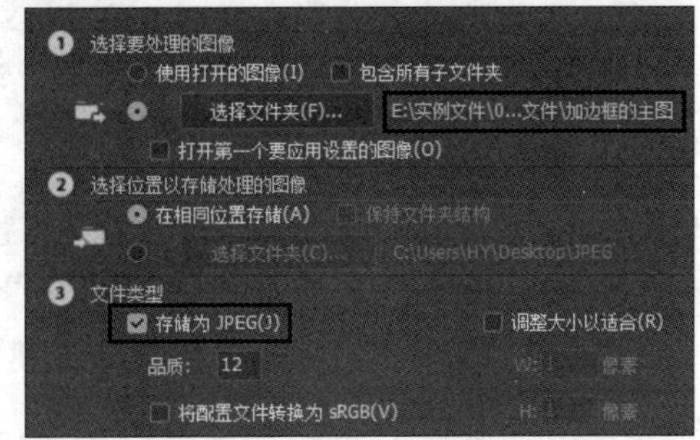

知识扩展 观察生成的 jpg 图像，能看到某些主图中的商品大小和位置不合适，如下左图所示的主图中，鞋子图像被文字遮挡了一部分。此时，可以打开对应的 PSD 文件，选择鞋子所在的图层，调整鞋子图像的大小和位置，如下右两图所示。这就是为什么在动作中保存图像时选择 PSD 格式而不是 JPEG 格式，因为 PSD 格式的图像可以直接通过 Photoshop 打开并编辑。

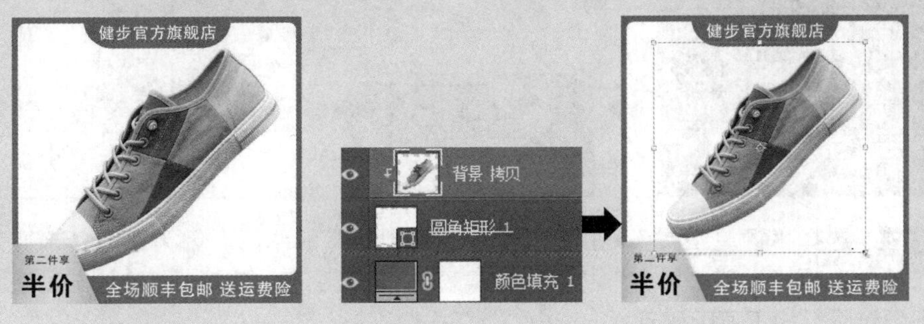

案例 07 快速生成节日促销主图

◎ 应用场景

小新：天猫年货节将近，我想要为店铺中参加本次年货节的所有商品设计一个节日促销主图，怎么设计比较好呢？

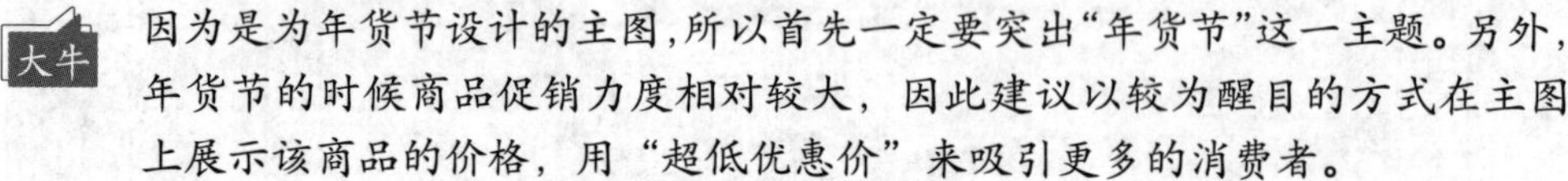

大牛：因为是为年货节设计的主图，所以首先一定要突出“年货节”这一主题。另外，年货节的时候商品促销力度相对较大，因此建议以较为醒目的方式在主图上展示该商品的价格，用“超低优惠价”来吸引更多的消费者。

小新：在主图上加入商品价格的主意倒是不错，但是每件商品的价格不同，可以使用的优惠券金额也不同，这要怎么处理呢？而且价格的计算也是一个比较麻烦的事情。

老王：商品价格计算的问题很好解决，只需要在 Excel 中录入好每件商品的价格、折扣信息，使用 Excel 中的计算公式就可以快速计算出到手价。至于每个商品价格不同的问题，只需要先设计好一个模板，再通过定义变量的方式导入数据加以替换即可。下面就来讲解具体的操作方法。

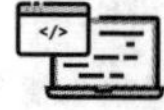

◎ 素材文件：实例文件\03\素材\透明主图、新年狂欢.png
◎ 源 文 件：实例文件\03\源文件\节日促销主图

◎ 步骤解析

步骤 01 启动 Photoshop，先来制作主图模板。创建一个新文档，将文档的“宽度”和“高度”都设置为 800 像素，然后将之前抠取出来的鞋子图像置入到新建的文档中，如下图所示。

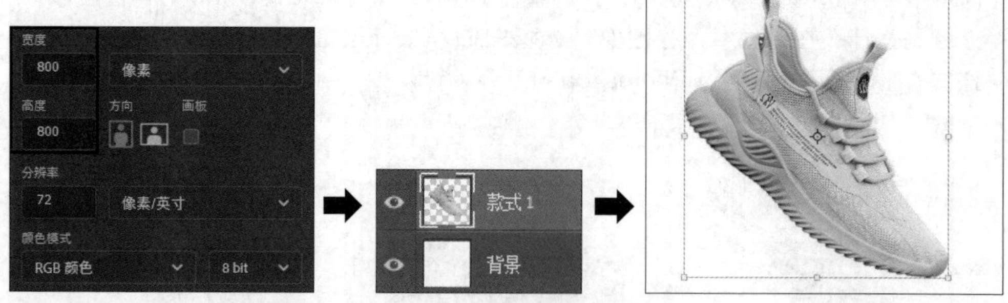

步骤 02 选择“钢笔工具”，在文档的下方绘制所需的图形。因为是年货节主题，所以单击选项栏中的“填充”选项，设置图形填充颜色为红色，以渲染节日喜庆、热闹的氛围，如下页图所示。

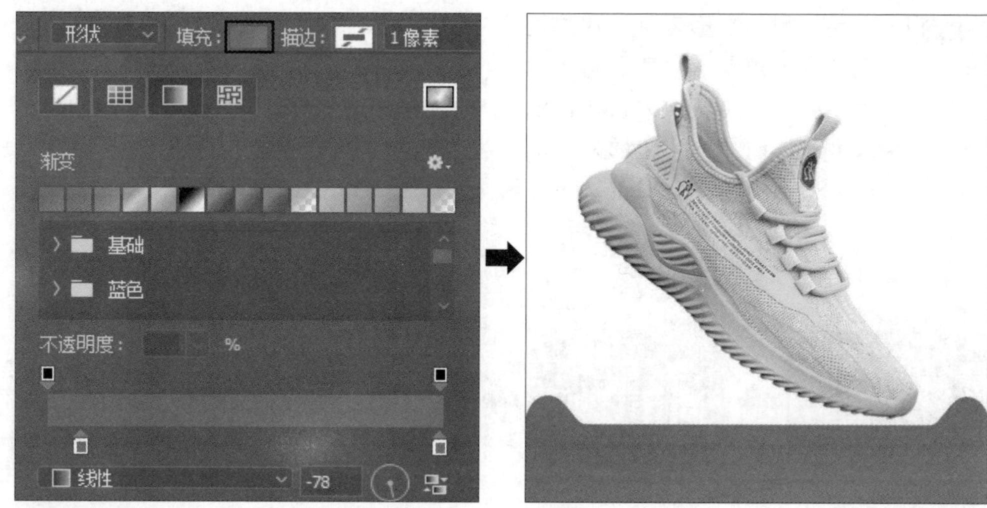

步骤 03 接下来应用“横排文字工具”在绘制的图形上输入商品价格及促销的时间段。输入文字后，放大要重点突出的商品价格文字，并用更粗一些的字体来呈现，以获得更醒目的商品价格展示效果。使用“直线工具”在输入的文字右侧绘制一条竖线，并适当调低线条的透明度，如下图所示。

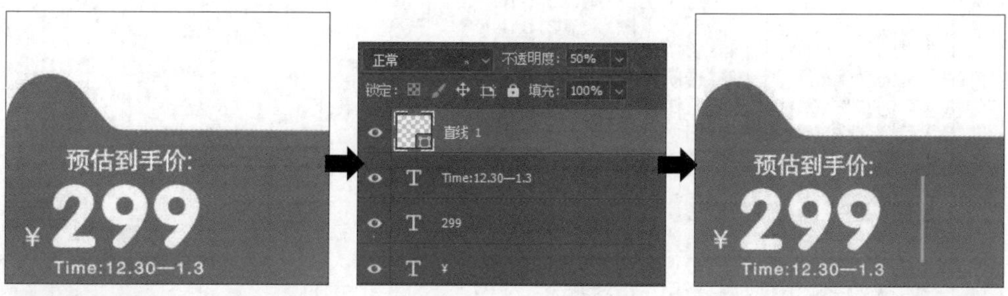

步骤 04 使用“横排文字工具”输入商品活动价格、优惠价格等内容，同样将价格部分的文字加粗显示。分别选中“活动价”“立减”和“叠加领券”3 个文本图层，单击“选择工具”选项栏中的“水平居中对齐”按钮，对齐文本。再选择 3 个价格以及“=”“—”图层，同样单击“水平居中对齐”按钮，对齐文本，得到更工整的画面效果，如下图所示。

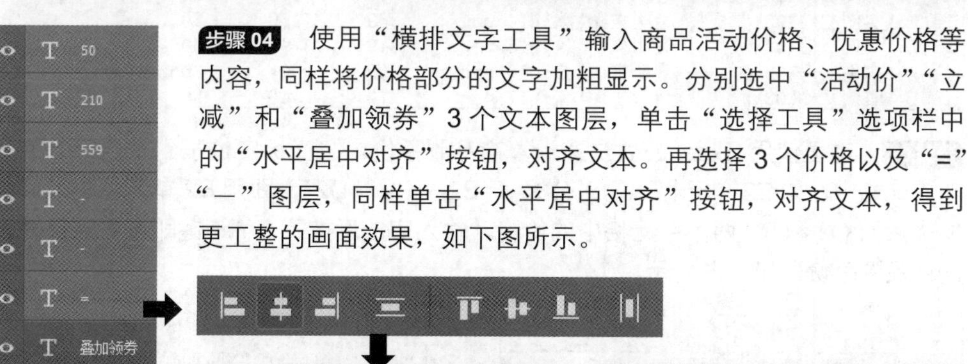

步骤 05 应用“圆角矩形工具”在文档右上角绘制一个圆角图形，然后将圆角矩形的左上角和右上角转换为直角，最后置入年货节徽标，完成一个商品主图的设计，如下图所示。

步骤 06 接下来创建一个 Excel 工作簿，在工作表中录入每件商品的活动价、单品立减的价格以及可叠加的优惠券面额，并在最后输出商品的到手价，如下图所示。

	A	B	C	D	E
1	款式图片	活动价	单品立减	叠加领券	到手价
2	E:\实例文件\03\源文件\透明主图\款式1.png	559	210	50	
3	E:\实例文件\03\源文件\透明主图\款式2.png	339	50	30	
4	E:\实例文件\03\源文件\透明主图\款式3.png	359	50	30	
5	E:\实例文件\03\源文件\透明主图\款式4.png	419	250	30	
6	E:\实例文件\03\源文件\透明主图\款式5.png	499	130	50	
7	E:\实例文件\03\源文件\透明主图\款式6.png	429	80	30	
8	E:\实例文件\03\源文件\透明主图\款式7.png	329	82	30	
9	E:\实例文件\03\源文件\透明主图\款式8.png	359	150	30	
10	E:\实例文件\03\源文件\透明主图\款式9.png	339	180	30	
11	E:\实例文件\03\源文件\透明主图\款式10.png	459	110	30	
12	E:\实例文件\03\源文件\透明主图\款式11.png	239	60	20	
13	E:\实例文件\03\源文件\透明主图\款式12.png	269	50	20	
14	E:\实例文件\03\源文件\透明主图\款式13.png	659	110	50	
15	E:\实例文件\03\源文件\透明主图\款式14.png	399	150	30	
16	E:\实例文件\03\源文件\透明主图\款式15.png	319	79	30	
17	E:\实例文件\03\源文件\透明主图\款式16.png	268	60	20	
18	E:\实例文件\03\源文件\透明主图\款式17.png	279	100	20	

步骤 07 这里使用 Excel 公式快速计算商品到手价。将光标定位于到手价下方的一个单元格中，如 E2 单元格，输入公式“=B2－C2－D2”，即用 B2 单元格的活动价减去后面 C2 和 D2 两个单元格中的价格，输入完成后按下 Enter 键即可看到计算出的商品到手价，如下图所示。

B	C	D	E
活动价	单品立减	叠加领券	到手价
559	210	50	=B2-C2-D2
339	50	30	
359	50	30	

B	C	D	E
活动价	单品立减	叠加领券	到手价
559	210	50	299
339	50	30	
359	50	30	

步骤 08 接下来复制公式就能算出更多商品的到手价。选中 E2 单元格，将鼠标指针置于该单元格的右下角，当鼠标指针变为黑色的“＋”时，单击并按住鼠标左键向下拖动，即可自动填充公式算出商品的到手价，最后将表格另存为 Photoshop 所支持的文本文件，如下图所示。

B	C	D	E
活动价	单品立减	叠加领券	到手价
559	210	50	299
339	50	30	
359	50	30	
419	250	30	
499	130	50	
429	80	30	
329	82	30	
359	150	30	
339	180	30	

B	C	D	E
活动价	单品立减	叠加领券	到手价
559	210	50	299
339	50	30	259
359	50	30	279
419	250	30	139
499	130	50	319
429	80	30	319
329	82	30	217
359	150	30	179
339	180	30	129
459	110	30	

步骤 09 返回 Photoshop，根据数据信息定义变量。执行“图像 > 变量 > 定义”菜单命令，打开“变量”对话框，在“图层”下拉列表中选择要变换的图层。首先选择鞋子图像所在的“款式 1”图层，然后勾选下方的“像素替换”复选框，再输入变量名“款式图片”。这里要保证替换的图像为相同的大小，因此在“方法”下拉列表中选择“填充”选项，如右图所示。

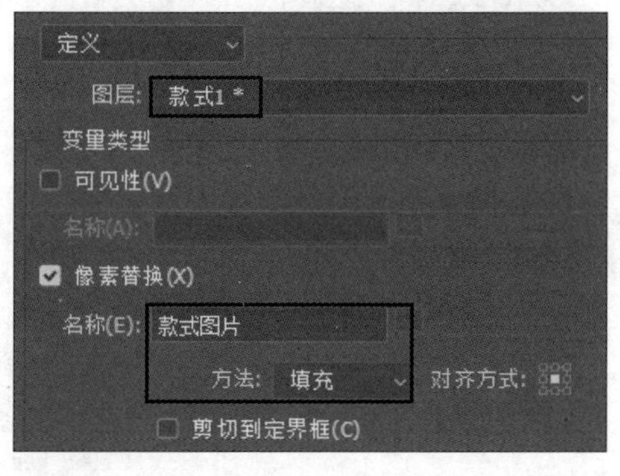

知识扩展 在“变量”对话框中定义图像变量时，若没有“像素替换”的选项，主要是因为置入图片后没有对其进行栅格化。所以，当我们通过置入的方式添加商品图片后，如果需要使用变量来替换图片内容，一定要对置入对象进行栅格化处理。

步骤 10 继续在“变量”对话框中定义变量。下面我们要定义的变量为文本变量。在“图层”下拉列表中分别选择“559”“210”“50”和“299”几个文本图层，勾选“文本替换”复选框，输入变量名，定义文本变量。不管是定义文本变量还是图像变量，输入的变量名都要与数据表中的列名相同，否则在导入数据组时会提示“无法将文件内容作为数据组解析。在当前文档中名称‘×’不是变量”，如下页图所示。

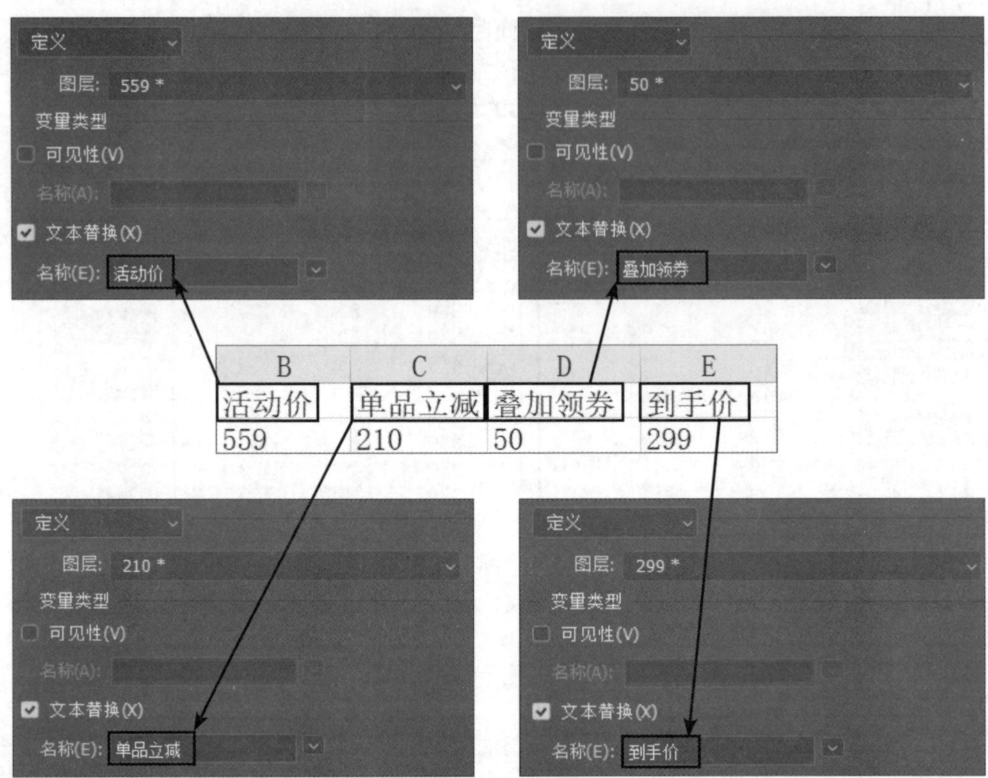

步骤 11 在“变量”对话框左上角的下拉列表框中选择“数据组”，单击“导入 ...”按钮，打开“导入数据组”对话框，单击“选择文件 ...”按钮，选择要导入的数据文件，然后选择对应的文件编码格式。如果不清楚编码格式，可以通过记事本打开文本文件来查询。这里选择“Unicode (UTF-16)”编码，单击“确定”按钮，如右图所示。

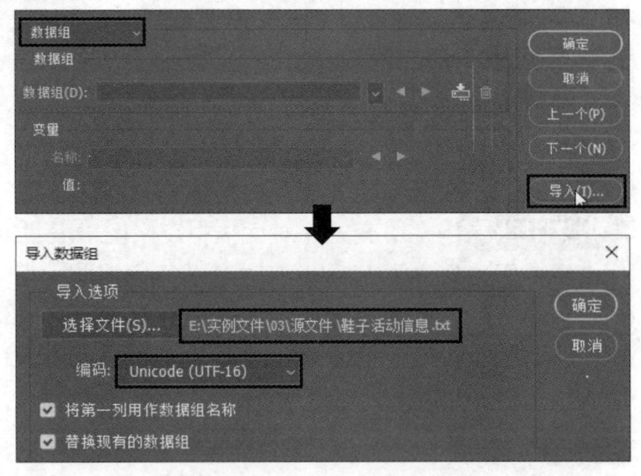

步骤 12 从文本文件中导入数据组，自动更改变量的值，生成不同折扣的优惠券。勾选“预览”复选框，预览导入数据组生成的折扣优惠券。如果需要设置其他折扣或使用时间，可以直接在文本文件中进行更改。更改后重新导入数据组时，Photoshop 会直接替换相应内容，如下页图所示。

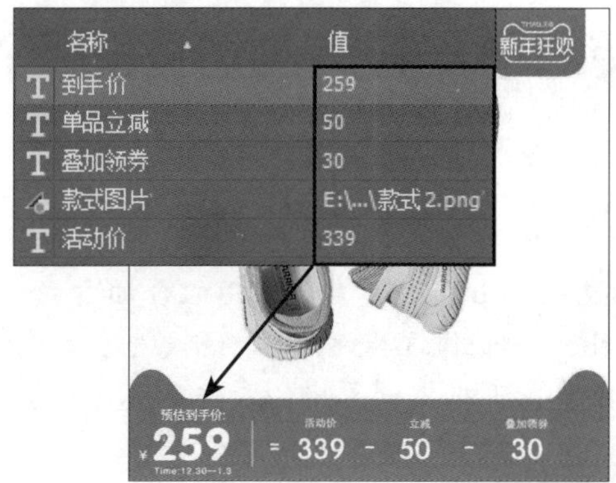

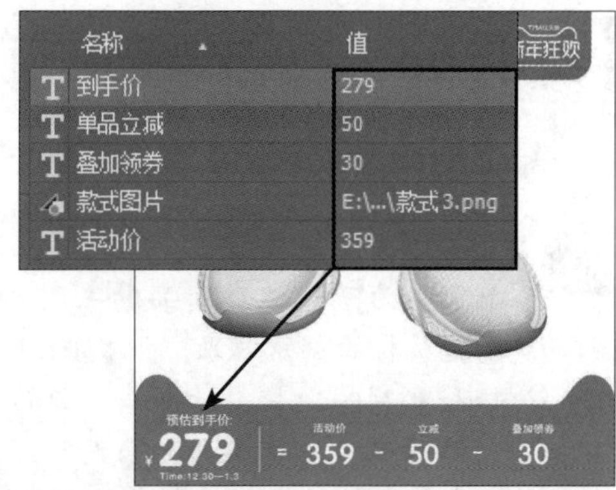

步骤 13　如果导入数据无误，就可以批量导出这些数据组文件。执行“文件 > 导出 > 数据组作为文件”菜单命令，在打开的“将数据组作为文件导出”对话框中指定批量导出文件的存储位置、文件名称，单击“确定”按钮，即可导出多个 PSD 文件，如右图所示。

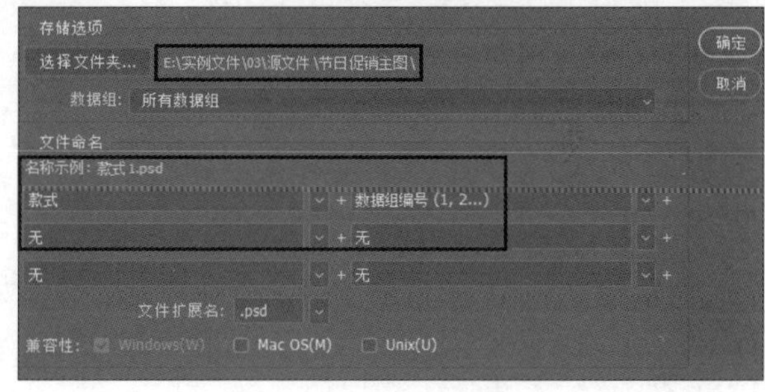

步骤 14　导出 PSD 文件后，再执行“文件 > 脚本 > 图像处理器”菜单命令，打开“图像处理器”对话框，在对话框中选择上一步导出的 PSD 文件所在文件夹，勾选“存储为 JPEG”复选框，将导出的 PSD 文件全部转换为 JPEG 文件，以便于查看制作好的主图效果，如下图所示。

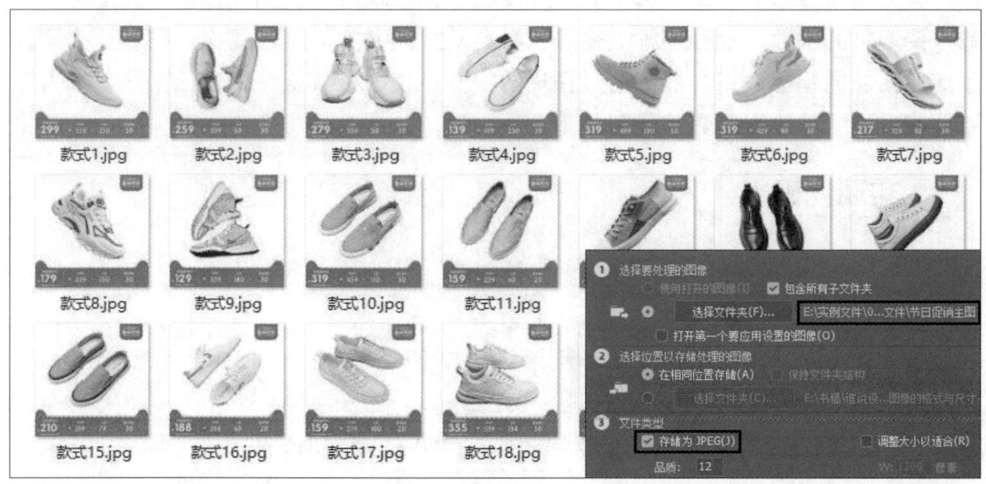

案例 08　自动复制并旋转对象，打造创意主图

◎ 应用场景

有些商品比较精致、小巧，其主图中若只展示单一的商品图像，未免显得单调。为了让这类商品的主图画面效果更出彩，通常会采用组合的方式，打造旋转的创意效果。但我在 Photoshop 中制作这类效果时，需要先确定旋转和复制的次数、计算每次旋转的角度，再根据计算出的旋转角度旋转复制的图像，这样操作起来尤为烦琐。如果旋转次数不能被 360 整除，也就不能设置精确的旋转角度。牛老师，你有没有什么比较简单的办法？

手动复制和旋转每一个元素确实非常麻烦，因此我建议用脚本代码来实现。在代码中只需要输入想要旋转的次数，让程序自动计算并执行旋转操作就行。

使用脚本只能完成单个商品主图的设计，我想要将店铺中的所有商品主图都设计成相同的效果，又该怎么处理呢？

若要批量生成相同风格的主图，建议使用智能对象的方式将商品图像置入到主图中，这样可以在程序中读取该商品图像所在的智能对象图层，通过循环的方式依次用素材图片替换主图中的商品图像即可。下面我们就来讲解具体的操作过程。

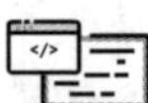

◎　素材文件：实例文件\03\素材\美妆产品、主图模板.psd
◎　源 文 件：实例文件\03\源文件\创意主图
◎　代码文件：实例文件\03\代码文件\批量旋转并替换商品图.jsx

首先编写脚本。在编写脚本时，先要获取模板文件中的商品图像所在图层，并输入要旋转的次数，让程序根据输入次数自动复制并旋转商品图像，得到一个添加了商品图像的模板效果，然后通过循环的方式批量替换模板中的商品图像，以得到不同商品的主图效果，具体代码如下。

◎ 实现代码

```
while (true)  //构造一个条件循环
{
    var n = prompt("请输入复制并旋转的次数(2～10): ", 5)
    //弹出对话框让用户输入一个值
    if (n == null)  //判断变量n的值是否为null
```

```
    {
        break  //终止循环
    }
    n = parseInt(n)  //将变量n的值转换为整数
    if ((n >= 2) && (n <= 10))  //判断变量n的值是否在2～10这个区间内
    {
        break  //终止循环
    }
    else
    {
        alert("请输入2到10之间的数字")  //弹出对话框显示提示信息
    }
}
if (n != null)  //判断变量n的值是否为null
{
    var docRef = app.activeDocument  //获取当前活动文档
    var layerRef = docRef.artLayers.getByName("商品")  //获取活动文档中的“商品”图层
    var layersetRef = docRef.layerSets.add()  //创建图层组
    layersetRef.name = "旋转组合"  //设置图层组名称为“旋转组合”
    layerRef.move(layersetRef, ElementPlacement.INSIDE)  //将“商品”图层移到“旋转组合”图层组中
    for (var i = 1; i <= n; i++)  //重复循环复制、旋转操作
    {
        newlayerRef = layerRef.duplicate(layerRef, ElementPlacement.PLACEBEFORE)  //复制“商品”图层
        newlayerRef.rotate(360 / (n + 1) * i, AnchorPosition.TOPCENTER)  //按360 / (n + 1) * i的增量旋转图层中的对象
    }
    var inputFolder = Folder.selectDialog("请选择素材文件夹：")  //指定用于替换的素材文件夹
    var outputFolder = Folder.selectDialog("请选择存储文件
```

```
        夹：")  //指定替换后存储文件的目标文件夹
32      if (inputFolder != null)  //判断是否选择输入文件夹
33      {
34          var options = new PhotoshopSaveOptions()  //指定文件保存为PSD格式
35          var fileList = inputFolder.getFiles()  //获取输入文件夹下的所有文件
36          for (var j = 0; j < fileList.length; j++)  //循环遍历文件夹中的文件
37          {
38              docRef.activeLayer = layersetRef.artLayers[0]  //设置“商品”图层为活动图层
39              var desc = new ActionDescriptor()  //创建一个动作描述
40              desc.putPath(charIDToTypeID("null"), fileList[j])  //获取遍历到的文件路径
41              executeAction(stringIDToTypeID("placedLayerRelinkToFile"), desc, DialogModes.NO)  //替换“商品”图层中的对象
42              var result_file = new File(outputFolder + "/" + fileList[j].name.split(".")[0] + ".psd")  //指定文件保存路径
43              docRef.saveAs(result_file, options, true, Extension.LOWERCASE)  //保存文件
44          }
45      }
46      docRef.close(SaveOptions.DONOTSAVECHANGES)  //关闭文件
47  }
```

◎ 代码解析

第 1 行代码使用 while 语句构造了一个条件循环。这里设置循环条件为 true，相当于构造了一个永久循环。

第 3 ～ 7 行代码用于判断用户是否输入数值。其中，第 3 行代码调用

prompt() 函数，弹出如右图所示的提示框，要求用户输入复制并旋转图像的次数，并将输入的数值赋给变量 n。如果用户在提示框中单击了“取消”按钮，prompt() 函数会返回 null。因此，在第 4 行代码中，就判断变量 n 的值是否为 null，根据判断结果执行不同的操作：如果为 null，说明用户想取消本次操作，则执行第 6 行代码中的 break 语句，提前跳出循环；如果不为 null，则继续执行循环中后续的第 8 ～ 16 行代码。

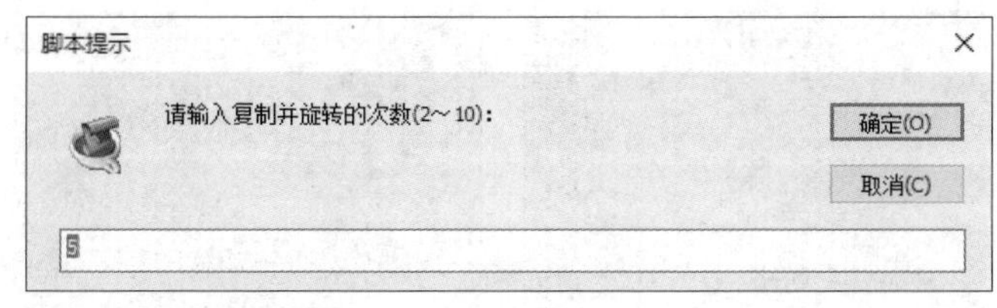

第 8 行代码调用 parseInt() 函数将变量 n 的值转换为整数，再重新赋给 n。如果变量 n 的值是一个小数，则 parseInt() 函数会直接去除小数部分，只保留整数部分。

第 9 ～ 16 行代码判断输入的值是否在指定区间内。其中，第 9 行代码判断变量 n 的值是否在 2 ～ 10 这个区间内，并根据判断结果执行不同的操作：如果在区间内，则执行第 11 行代码中的 break 语句，提前跳出循环；如果不在区间内，则执行第 15 行代码，弹出提示框，显示提示信息。随后又会重新开始循环，直到用户单击“取消”按钮或输入符合要求的值。如下图所示，假设我们在对话框中输入数字 12，此时就会弹出“脚本警告”对话框，提示用户“请输入 2 到 10 之间的数字”。

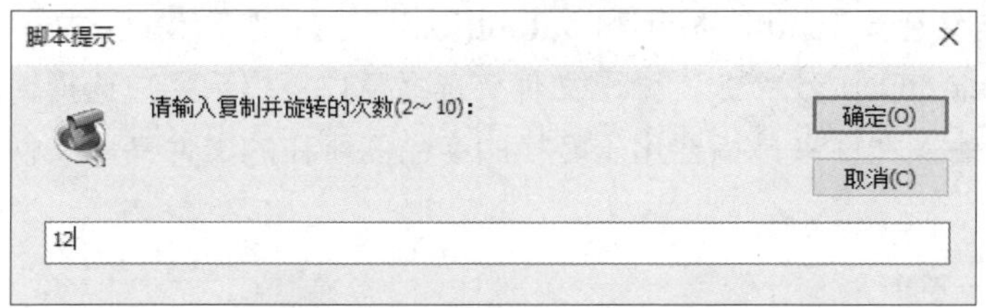

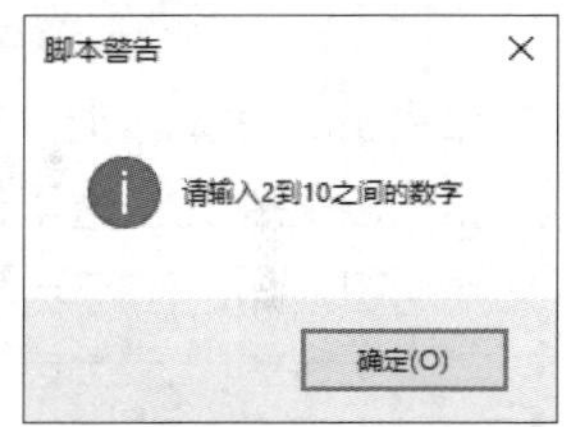

第 18 行代码用于重新判断变量 n 的值是否为 null，如果不为 null，则继续执行循环中后续的第 19 ～ 47 行代码。

第 20 行代码定义一个变量 docRef，用于表示获取 Photoshop 当前的活动文档。

第 21 行代码定义一个变量 layerRef，用于表示搜索到的图层。调用 getByName() 函数从当前活动文档的图层集合中搜索名为“商品”的图层，将其赋给变量 layerRef。

第 22 ～ 24 行代码用于创建图层组，并将“商品”图层移到创建的图层组中。其中，第 22 行代码定义一个变量 layersetRef，表示创建的图层组，如下页左图所示；第 23 行代码是将创建的图层组的 name 属性设为“旋转组合”，即更改图层组名称，如下页中图所示；第 24 行代码使用 move() 函数将“商品”图层移到“旋转组合”图层组中，如下页右图所示。

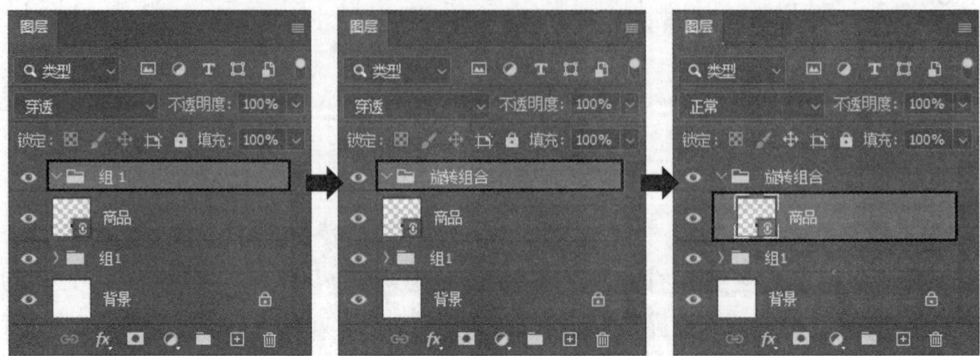

第 25 行代码使用 for 循环语句，定义变量 i，并把 i 的初始值设为 1，每次循环让变量 i 的值增加 1；当 i 的值大于 n 的值时跳出循环，即当 i 的值大于输入的次数时不再执行复制并旋转操作。

第 27 ～ 28 行代码用于复制图层，并让 Photoshop 按指定的角度旋转并复制图层中的对象。其中，第 27 行代码调用 duplicate() 函数创建一个当前所选图层的副本；第 28 行代码用于将所复制的图层的顶部中间位置作为旋转的中心点，按 360 / (n + 1) * i 的增量进行旋转。用户也可以根据实际需求重新指定旋转中心点。例如，TOPLEFT 是以图层顶部左上角为旋转中心点，TOPRIGHT 是以图层顶部右上角为旋转中心点。

第 30 ～ 31 行代码定义变量 inputFolder 和 outputFolder，分别表示输入文件夹和输出文件夹。调用 selectDialog 命令，弹出文件夹选择窗口，提示用户选择输入和输出文件夹。这里的输入文件夹是指要用于替换的商品图所在的文件夹，文件夹中的图片如下图所示。

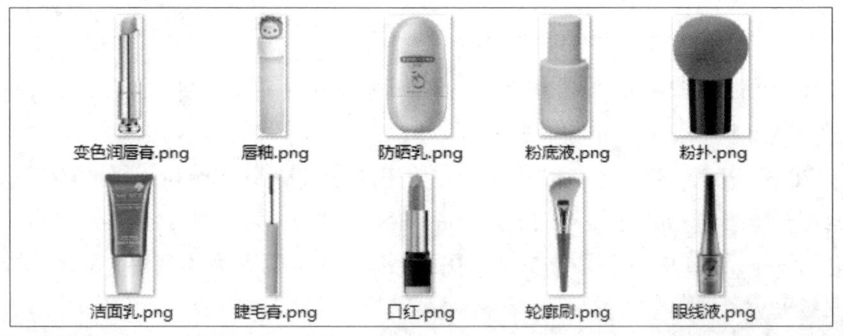

知识扩展 为避免要替换的每个商品图像大小不一，需要统一素材图像的宽度和高度。可以将使用“画布大小”命令调整图像高度和宽度录制为动作，再使用“批处理”命令批量调整指定文件夹中图片的高度和宽度，如右图所示。

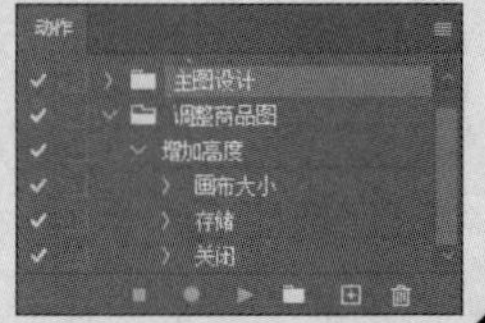

第 32 行代码使用 if 条件语句，判断是否选择输入文件夹。如果用户选择了输入文件夹，才会执行后面的操作。

第 34 行代码定义变量 options，用于表示文件存储格式为 PSD 格式。PSD 格式的好处是：如果图像效果不理想，可以在 Photoshop 中打开该文件进行修改；如果确定不需要修改，也可以直接使用 JPEGSaveOptions() 函数将图像文件存储为 JPEG 格式。

第 35 行代码定义一个变量 fileList，用于获取输入文件夹下的所有文件及子文件夹。

第 36 行代码使用 for 循环语句遍历输入文件夹中的所有文件。先定义一个变量 j，用于表示遍历到的文件的序号，每次循环时都让变量 j 的值增加 1，直到变量 j 的值等于文件夹中的文件数量 fileList.length 时，才跳出循环。

第 38 行代码用于设置当前文档中的活动图层，这里设置“旋转组合”图层组中从上往下数的第 1 个图层为活动图层，即“商品”图层。由于 JavaScript 中的索引是从 0 开始而不是从 1 开始，所以，索引 [0] 就是引用“图层”面板中从上往下数的第 1 个图层，以此类推，索引 [1] 就表示引用“图层”面板中从上往下数的第 2 个图层……

第 39 ～ 41 行代码定义了一个新动作，执行“重新链接到文件”命令替换图片，用遍历到的文件路径对应的商品图片，替换“商品”图层中的内容。

第 42 ～ 43 行代码用于存储替换商品图像后的新文件。其中，第 42 行代码定义了变量 result_file，用于表示最终输出的 PSD 文件路径；第 43 行代码调用 saveAs() 函数，使用设置的存储路径、存储格式导出文件。

第 46 行代码调用 close() 函数关闭当前文件，且关闭文件时不保存对文件的修改。

编写好自动旋转和批量替换商品图像的脚本之后，接下来就可以在 Photoshop 中运行脚本，进行创意主图的设计。下面讲解具体的操作过程。

◎ 步骤解析

步骤 01 打开“主图模板 .psd”文件，并在该文件中添加商品图像。执行“文件 > 置入嵌入的对象”菜单命令，将其中一个商品图像置入到画面中并移到合适位置。在程序中需要获取“商品”图层，因此将置入图像所在的图层名称更改为“商品”，如下图所示。

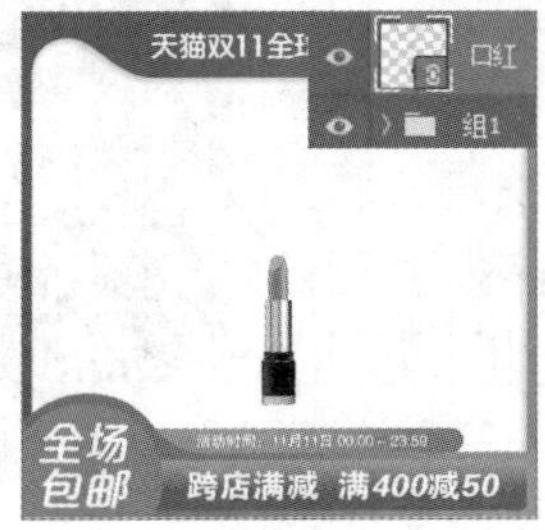

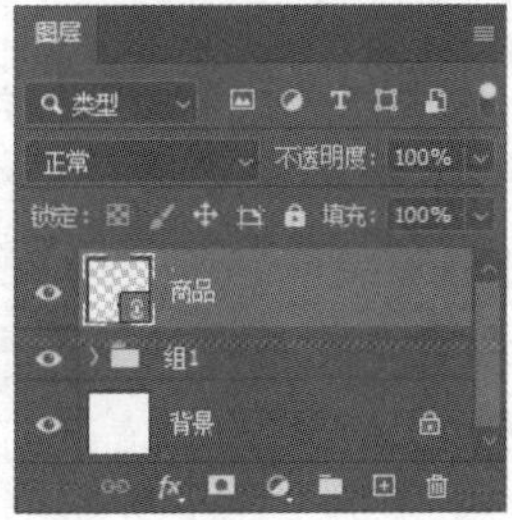

步骤 02 接下来就可以调用脚本批量旋转并替换图像。执行“文件 > 脚本 > 浏览”菜单命令，打开“载入”对话框，选择编写好的脚本文件，单击“载入”按钮，载入脚本，此时会弹出“脚本提示”对话框，提示输入复制并旋转的次数。这里先采用默认值 5，单击“确定”按钮，如右图所示。

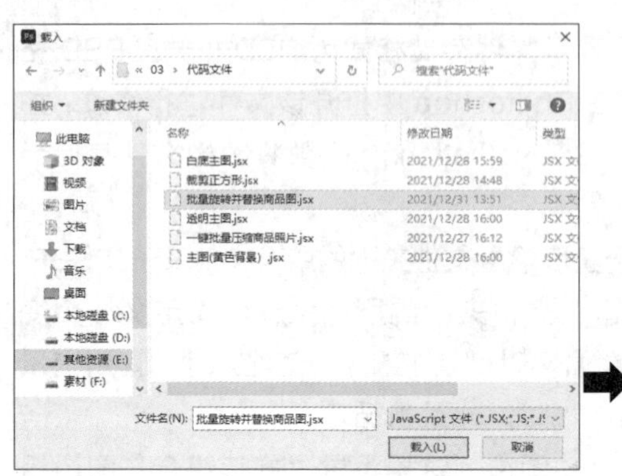

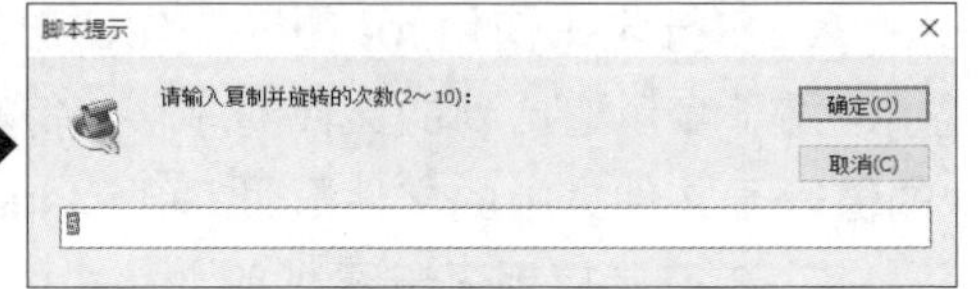

步骤 03 此时 Photoshop 会自动复制当前文档中的“商品”图层，复制完成后将弹出“请选择素材文件夹：”对话框，在对话框中选择需要替换的商品图像所在的文件夹，文件夹中的商品图像需要提前抠取出商品部分并将其调整至合适的大小，如下左图所示。单击“选择文件夹”按钮后，弹出“请选择存储文件夹：”对话框，再选择存储替换商品图像后的文件夹，如下右图所示。

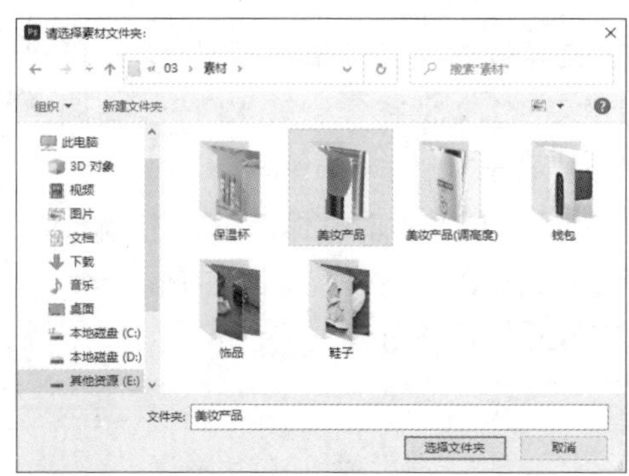

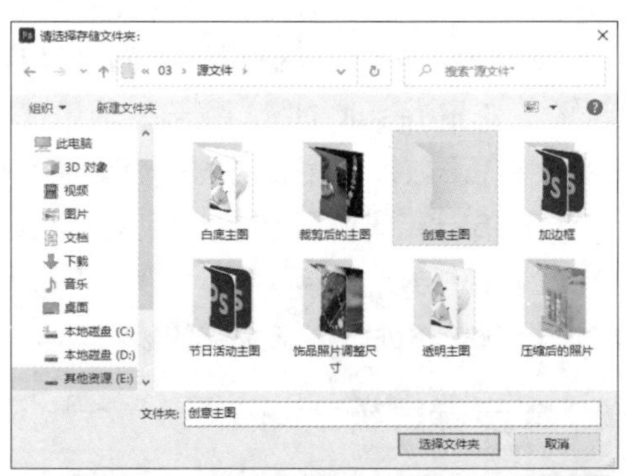

步骤 04 Photoshop 自动运行脚本，分别用素材文件夹中的商品图像替换模板中置入的商品图像，生成多个主图文件。为便于预览，可以再执行“文件 > 脚本 > 图像处理器”菜单命令，在打开的“图像处理器”对话框中设置选项，将 PSD 文件转换为 JPEG 文件，如右图所示。图片格式转换后的效果如下页图所示。

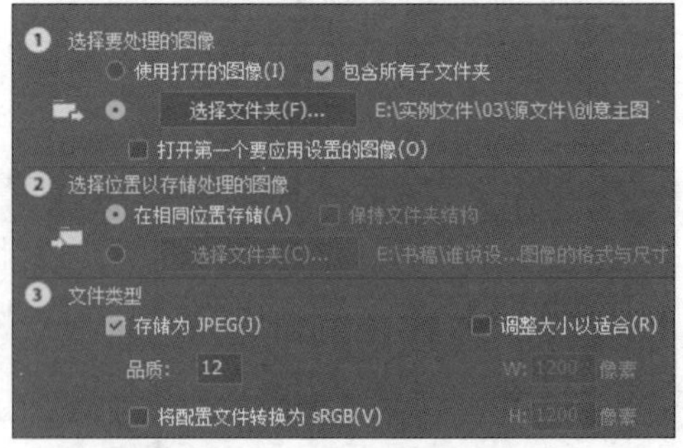

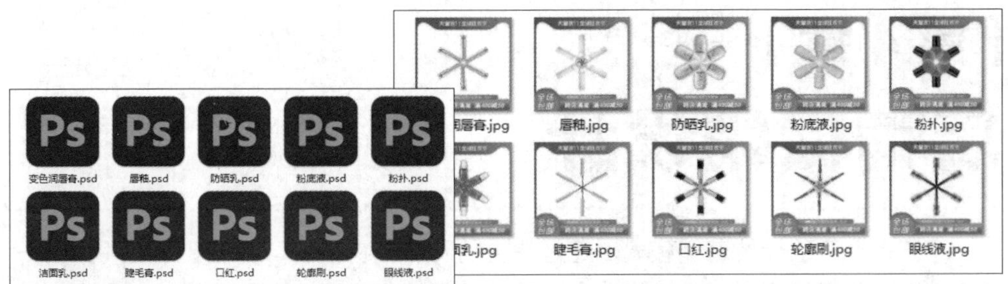

知识扩展　本案例中应用 rotate() 函数旋转并复制图层中的图像时，以图层顶部中间点的位置作为旋转的中心点，在旋转之后每个商品图像的中间位置就会出现重叠的效果，如下图所示。

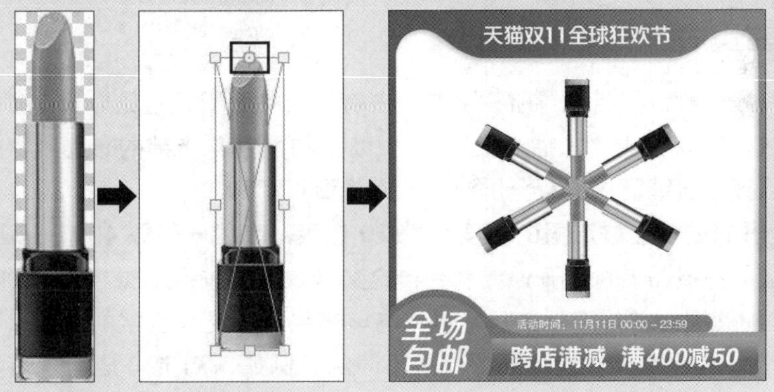

如果想要在复制并旋转后的图像中心位置留白，需要对素材图像进行调整。操作方法是：以图像的底部为基准增加画布的高度，在图像的上方留出一定的空白区域，此时在置入图像并对其进行复制、旋转操作时，旋转的中心点就会由图像顶端移到增加留白区域后的顶端位置，得到的图像中心位置就会呈留白效果，如下图所示。如果需要将商品图像调整至统一的高度或宽度，可以录制一个动作，前面已介绍过，此处不再赘述。

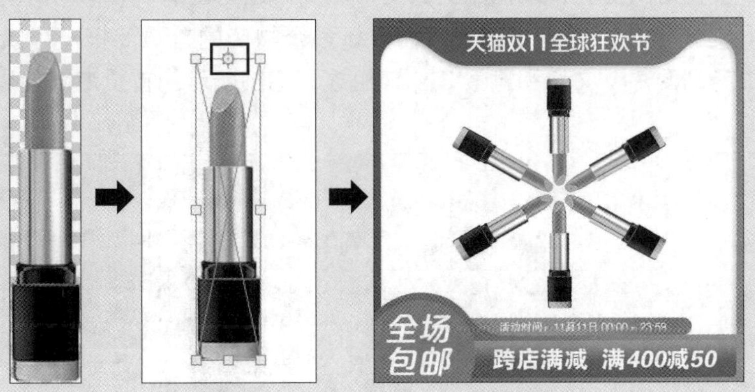

[第 4 章]

店铺促销设计

不管是线下的传统营销模式，还是线上的网络销售模式，都需要不定期推出一些促销活动来招揽顾客。电商平台中，商家的促销手段也是多种多样的。最常用的方式就是利用店铺首页发布精美的活动海报或商品促销海报。此外，部分商家还会向消费者发放一些优惠券，消费者通过领取优惠券可以得到一定价格上的减免，这样也能达到促进商品销售的目的。

一、首页海报的尺寸要求

首页海报一般位于店铺导航栏下方，占有较大的面积。常见形式为多张海报进行循环播放，所以也叫“轮播海报”。首页海报的尺寸与店铺的布局紧密相关，美工人员可以根据店铺需求设置全屏海报和常规海报两种。

1. 全屏海报。全屏海报的宽度为 1920 像素，高度一般以 400 ～ 800 像素为佳。但是全屏海报需要付费开通或利用自定义区域模块进行编辑。

2. 常规海报。常规海报的尺寸设计与电商平台有更为直接的联系，不同的电商平台对常规海报的尺寸设计要求也是不同的。例如，淘宝 C 店常规海报的宽度都是 950 像素，天猫店是 990 像素，高度要求在 100 ～ 600 像素，大小要求小于 300 KB；而京东商城首页海报的宽度与天猫店一样，也是 990 像素。

二、海报的构成要素

首页海报区是消费者进入店铺首页时最先看到的、最醒目的区域，做好首页海报的设计不仅能给消费者带来视觉上的美好感受，还能让消费者第一时间了解到店铺的活动和促销信息。通过仔细观察和分析多个网店的首页海报，可以发现首页海报一般由商品图片、文案和背景 3 部分组成。下图所示的首页海报就是由上述 3 部分组成的。

1. 商品图片。首页海报中的商品图片是商品与消费者的初次见面，它直接关系到商品的转化率。色彩得当、画质清晰的商品图片能够树立良好的商品形象。因此，海报中的商品图片一定要经过色调和光影的处理，以能够真实再现商品的色彩和品质，如下图所示。

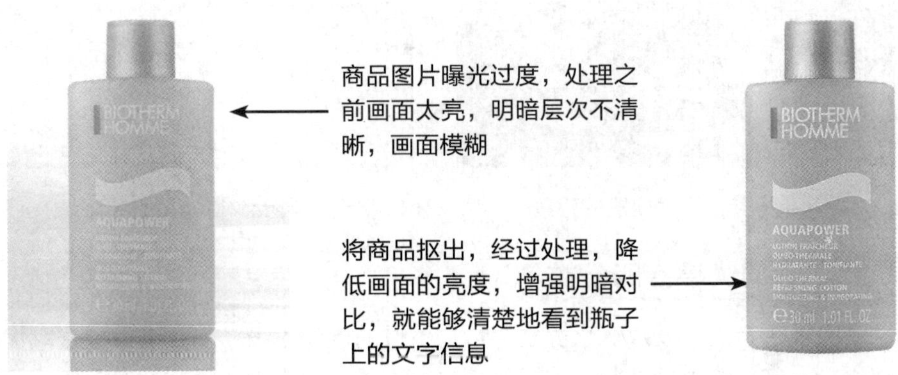

为了给消费者带来更直接的观感，可以通过模特佩戴、穿着等方式来展示商品，例如饰品、服饰等商品。这就为商品图片添加了新的对象——模特。模特自身的条件是否完美将会直接影响商品的展示。所以，很多时候商品图片中出现的模特也一定要经过精细地处理，去除其身体上的瑕疵，这样才能给消费良好的印象。

2. 文案。文案是海报中必不可少的元素，很多无法用图片表达的信息，都需要通过文案来表现，如活动内容、商品名称、价格等。因此，艺术化的文字编排就显得尤为重要。通常来说，一个海报中使用的字体最好不要超过 3 种，标题文字建议使用稍大或个性化的字体加以强调。下图所示为几种风格迥异的海报文字编排效果，从中可以看出，文字字体、字号的变化呈现出了不同的风格。

3. 背景。我们可以将除了商品图片和文字外的其他元素视为海报的背景。海报的背景图像风格一定要与商品的形象保持一致，或者是能够营造出某种特定的氛围。如下所示的两幅图分别为以网店活动和特定节日为主题的背景。从背景图像中我们能看到不同的海报主题，在背景的选择上会有较大的差别。

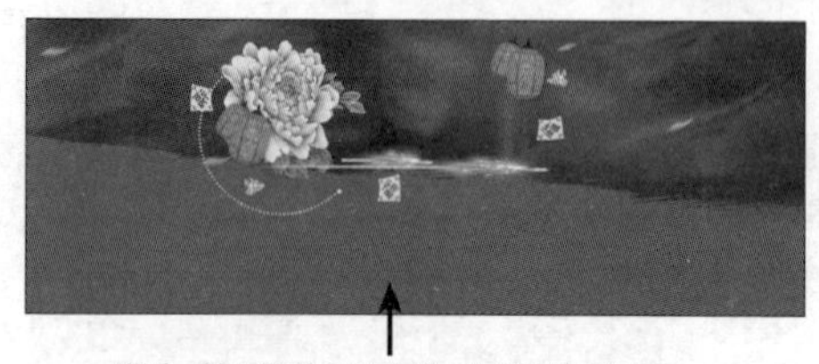

以年终盛典活动为主题的背景

以七夕节为主题的背景

三、店铺优惠券的分类

在电商平台上，发放优惠券是再常见不过的促销手段，消费者通过领取优惠券可以得到一定价格上的减免。放置优惠券的位置、优惠券的类别、领取方式等都会影响消费者对优惠券的使用。优惠券按使用功能可分为现金券、满减券、折扣券、满返券等。

1. 现金券。现金券不限制金额，即无使用门槛，可直接在结算时抵扣现金使用。现金券多针对特殊消费者和特殊场景使用，比如客服补偿发放，或作为会员权益发放等，如下两幅图所示。

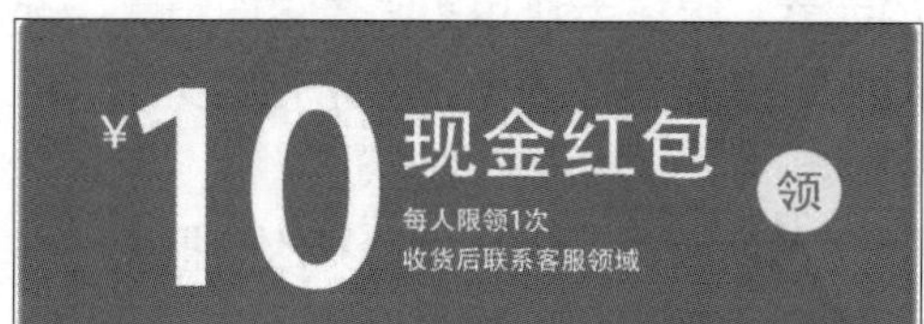

2. 满减券。满减券分为阶梯满减和每满减两种情况。阶梯满减的基础价格和满减价格均呈阶梯式增长，比如满 100 减 10，满 300 减 50，满 500 减 100，这种情况的优惠券在网店中应用得最多；每满减即每个基础价格均减去相同的满减价，比如每满 100 减 10，商品价格为 340 元，则减去 30 元，应实付 310 元。如下图所示。

3. 折扣券。折扣券可设置通用折扣、满 N 件折扣、满 Y 元折扣三种方式。与满减券一样，折扣券同样可采用阶梯式增长。比如满 2 件 8 折，满 3 件 7 折，满 4 件 6 折；满 199 元打 9 折，满 299 元打 8 折等，如下图所示。

4. 满返券。满返券是交易成功后返给消费者的一类优惠券。满返券对消费者当前购买行为的决策影响力虽然比不上其他三类优惠券，但是应用得当可以有效提升商品的复购率，如下图所示。

四、优惠券的设计要点

美工人员制作优惠券时，除了要在优惠券上用较醒目的方式表现优惠面额之外，还应涵盖优惠券的使用范围、使用条件、使用时间等内容，以让消费者更清楚地知道优惠券的使用规则，以便更好地开展商品的促销。下面就来介绍优惠券的一些制作要点。

1. 突出优惠券的面值部分。优惠券的面值大小是消费者决定是否使用优惠券的首要因素。商家一般会在店铺成本经营范围内尽量设置大面值的优惠券来刺激消费者。对于美工人员来说，就要在设计中将这个面值信息突显出来，通过让面值信息在优惠券中占据最大版面，并选择较粗的字体来呈现，以便能快速吸引消费者的视线。如下图所示的两组优惠券，消费者都能比较清楚地看到不同条件下优惠券可以优惠的金额。

2. 明确优惠券的使用条件。网店美工要明确优惠券的使用门槛，即使用优惠券应该满足的条件，如全场购物满 168 元即可优惠 10 元。这种有条件的折扣可以在刺激消费者消费的同时，最大限度地保证网店的利润空间。

3. 设定优惠券的使用范围。要明确优惠券的使用范围是全店通用，还是只能在购买店内的单品或某系列商品时使用，以此来限定消费的对象，起到引流的作用。一般情况下，如果优惠券的文案上没有标明使用的范围，默认为全店通用。如下图所示即为某饰品店的黄金和非黄金系列商品的优惠券使用范围。

4. 明确优惠券的使用时间。一般情况下，如果网店是做短期推广活动，应当限定优惠券的使用时间。一般设置优惠券的到期时间以接近消费周期为准。限制使用时间可以让消费者产生“过期浪费”的心理，从而提高优惠券的使用率。如下图所示即为某网店将满减券和满返券的使用时间都通过文案的形式同时展示在优惠券上，以刺激消费者使用优惠券购买店铺中的商品。

5. 设定优惠券的使用张数限制。明确每位消费者可以领取的优惠券数量或设置其他限制条件，以免出现乱领、多领等情况，如“每笔订单限用一张优惠券”“不可叠加使用”等。如下图所示，这张现金券就限定每个账号只能领取一张。

6. 设定优惠券的最终解释权。如“优惠券的最终解释权归本店所有”，这在一定程度上保留了商家的权利，能够避免商家与消费者在后期活动执行的过程中产生不必要的纠纷。

需要注意的是，以上信息并非一定要全部以文案的形式展示在优惠券板块。如果商家通过后台已经设置了优惠券的使用时间、使用限制等，在制作优惠券时就只需要展示使用范围、使用条件等内容即可。

案例 01　替换图像，批量生成品类促销海报

◎ 应用场景

最近，我们想要在平台上按不同的商品分类做满减活动，例如，文具类每满 199 减 35 元、美妆类每满 299 减 50 元、数码类每满 899 减 120 元、美食类每满 99 减 20 元……我想要为每个品类的商品都设计一张促销海报，若是商品分类不多还好，如果商品分类多的话，一张张地处理也太耗费时间了，有没有方法可以批量生成如下图所示的多个品类的商品促销海报呢？

若要批量生成不同品类的促销海报，可以在制作海报前先通过动作和批处理将准备好的各品类的海报背景图批量裁剪为相同大小，然后在其中一张图片中添加活动内容，再通过设置变量的方式替换图片和活动内容即可实现。下面就来看看具体的制作方法。

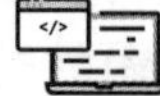

◎ 素材文件：实例文件\04\素材\背景图
◎ 源 文 件：实例文件\04\源文件\专区活动海报

◎ 步骤解析

步骤 01 在制作海报之前，先要将素材图像批量裁剪为与海报相同的尺寸。启动 Photoshop，打开“动作”面板，单击面板中的“创建动作组”按钮，打开“新建组”对话框，在对话框中指定创建的动作组名称为“海报背景处理”，完成动作组的创建，如下图所示。接下来在这个动作组中进行动作的创建和录制。

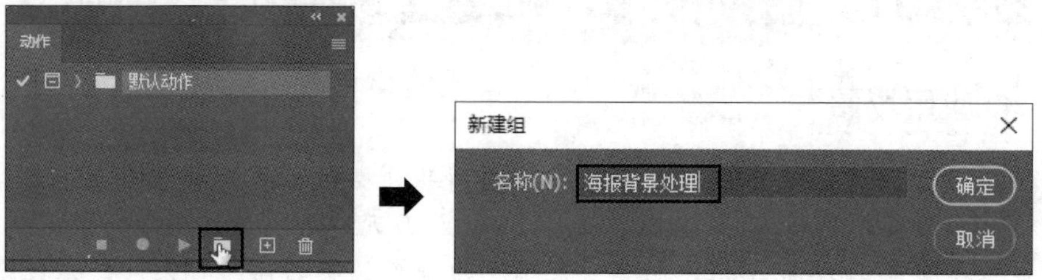

步骤 02 单击“创建新动作”按钮，打开“新建动作”对话框，在对话框中设置动作名称为“批量裁背景图”，然后单击“记录”按钮，即可开始录制动作，如下图所示。创建动作组然后在动作组中创建动作的方法，便于在后期单独导出指定动作，以应用于更多图像的处理。

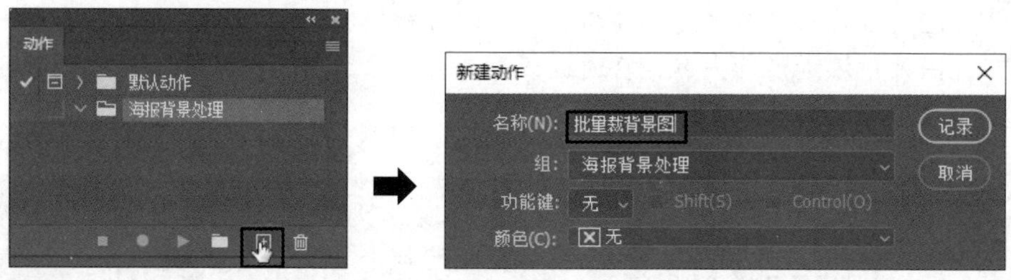

步骤 03 执行“文件 > 打开”菜单命令，打开“背景图”文件夹中的一张背景素材，这里以“文具 .jpg”素材图像为例，如下左图所示。执行“图像 > 图像大小”菜单命令，打开“图像大小”对话框，可以看到原始图像的“宽度”和“高度”分别是 5054 像素和 2847 像素，如下右图所示，这个尺寸比网店要求的图片尺寸大很多。

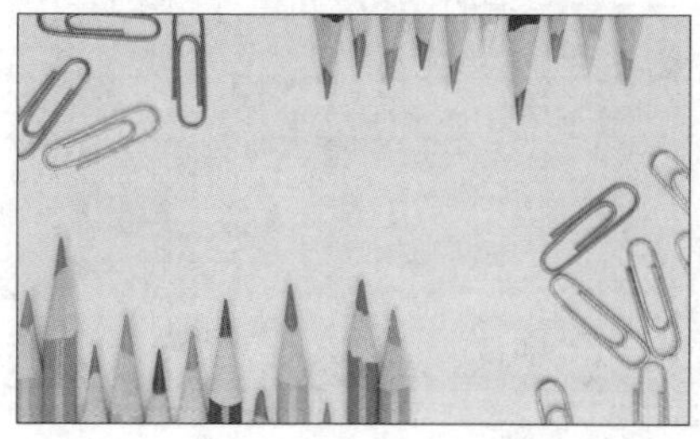

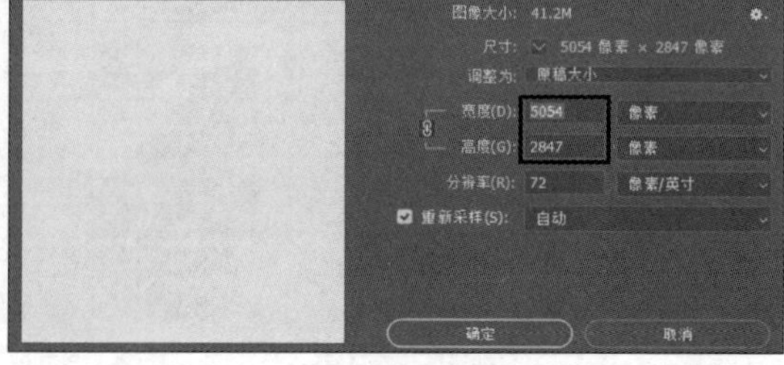

步骤 04 在“图像大小”对话框中，更改图像的宽度值，这里以淘宝 C 店为例。设置图像“宽度”为 950 像素，设置后 Photoshop 会根据比例自动调整图像的高度，可以看到图像高度变为 535 像素，单击“确定”按钮，确认调整。本案例中需要将背景图调整为统一的高度和宽度，因此还需要执行“图像 > 画面大小”菜单命令。在打开的“画布大小”对话框中对“高度”进行设置，这里将“高度”统一为 490 像素，如下图所示。读者可以根据实际的图像效果进行调整，只要保证高度在 100 ～ 600 像素以内即可。

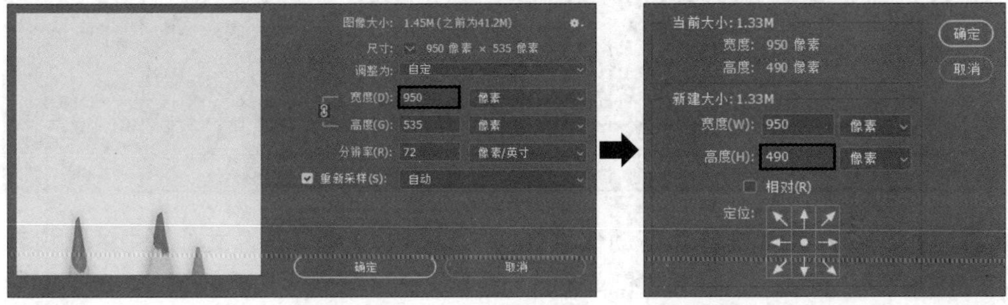

步骤 05 单击“确定”按钮，弹出“Adobe Photoshop”提示框，这里我们需要裁掉图像上下的多余内容，因此单击“继续”按钮，裁剪图像，如下图所示。

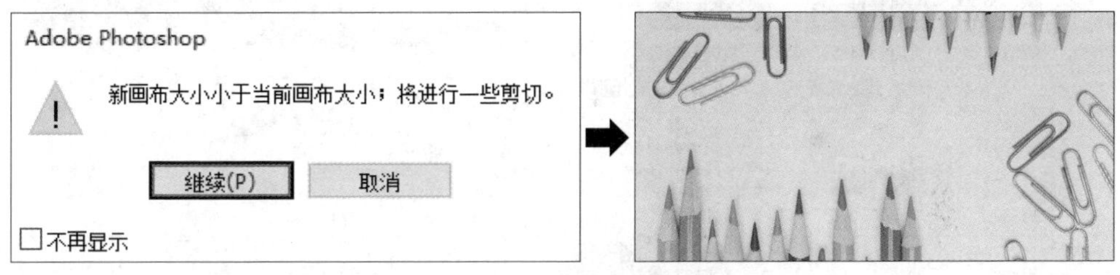

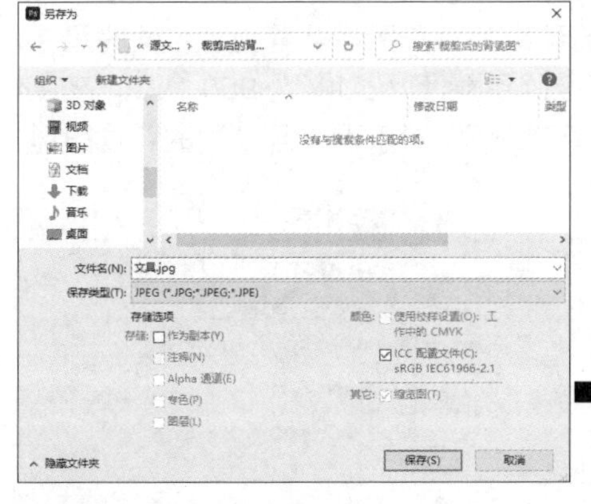

步骤 06 裁剪图像之后，执行“文件 > 存储为”菜单命令，将裁剪后的图像存储到“裁剪后的背景图”文件夹中，如左图所示，然后关闭文档窗口。返回“动作”面板，单击“停止播放 / 记录”按钮，停止记录动作，完成动作的录制，如下图所示。

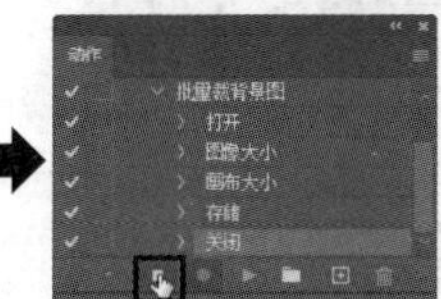

步骤 07 执行“文件 > 自动 > 批处理”菜单命令，在打开的“批处理”对话框中会默认选择新创建的动作组和动作，这里只需要分别选择要处理的源文件夹和存储

裁剪后图像的目标文件夹即可。由于动作中包含打开和存储操作，所以在选择文件夹后要勾选“覆盖动作中的‘打开’命令”和“覆盖动作中的‘存储为’命令”两个复选框，设置后单击对话框右上角的“确定”按钮，如下图所示。

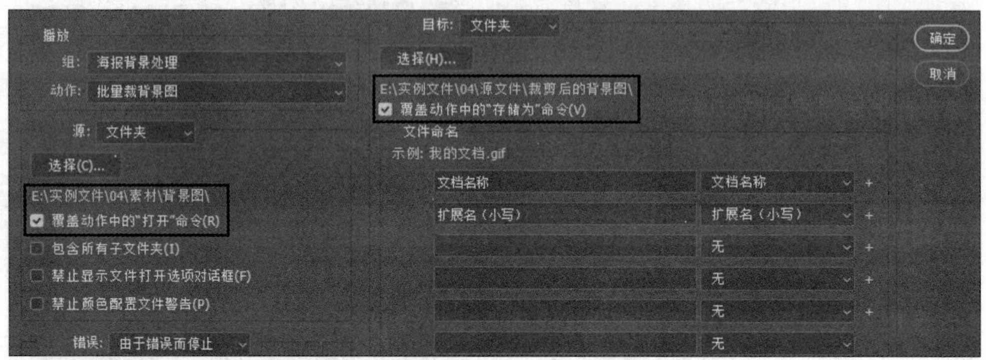

步骤 08 Photoshop 自动执行动作中录制的操作，依次打开源文件夹中的海报背景素材图像，将这些不同宽度和高度的背景素材图像裁剪为相同的尺寸，如下图所示，并存储到指定的目标文件夹中。

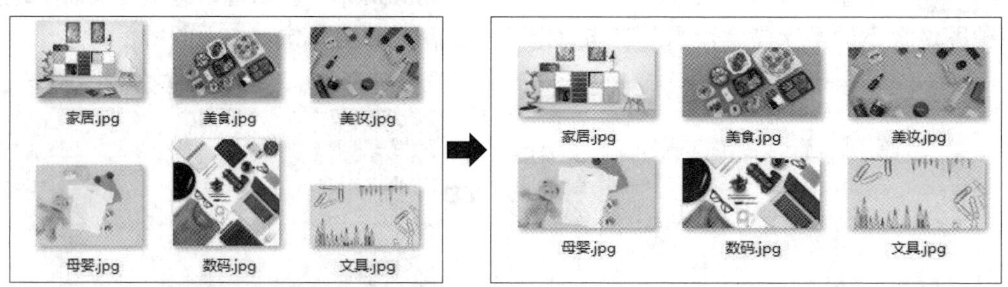

步骤 09 处理好海报背景图像之后，下面开始制作海报。执行“文件 > 新建”菜单命令，打开“新建文档”对话框，由于前面已经将背景图像裁剪为了合适的尺寸，所以这里直接将新文档的宽度和高度设为相应的参数，即“宽度”为 950 像素、“高度”为 490 像素，执行“文件 > 置入嵌入对象”菜单命令，置入调整尺寸后的背景图像，并对其进行栅格化处理，如下图所示。

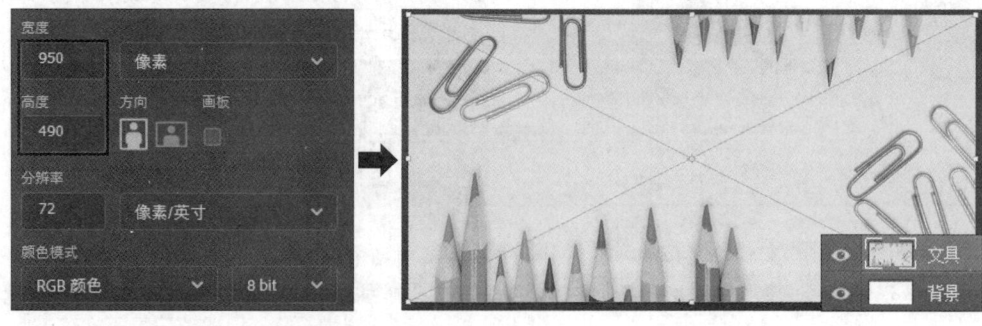

知识扩展 创建新文档时，除了要设置“宽度”和“高度”，一般还需要设置文档的分辨率。如果是用于印刷的文件，需要将分辨率设为 300 像素 / 英寸；如果只是用于展示的图像，例如淘宝、京东平台的店铺装修图片，将分辨率设为 72 像素 / 英寸就可以了。

步骤 10 利用“钢笔工具”和“矩形工具”在图像中间绘制所需的图形。然后选中白色矩形所在的“矩形 1”图层，这里需要将矩形设置为半透明效果，因此在“图层”面板中更改图层的“不透明度”为 80%，如下图所示。

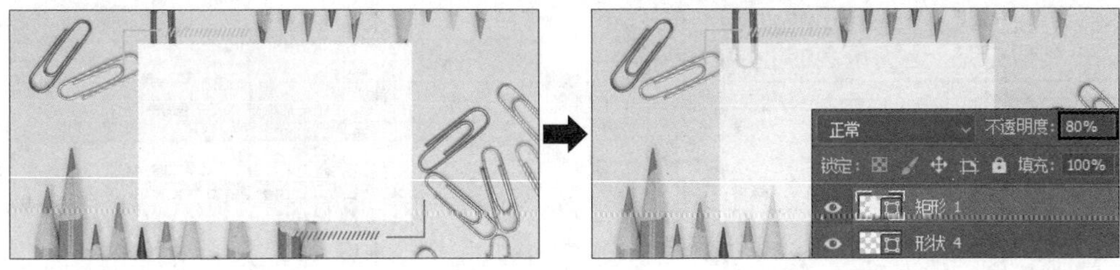

步骤 11 选择“横排文字工具”，输入文字“文具”，这里输入的文字信息需要与下方的背景图类别一致，否则在替换的时候会出现图文不统一的情况。为突出主体文字，将文字设为较粗的字体，颜色为醒目的橘色，颜色值为 R252、G148、B25，并为其添加“投影”样式，如下图所示。

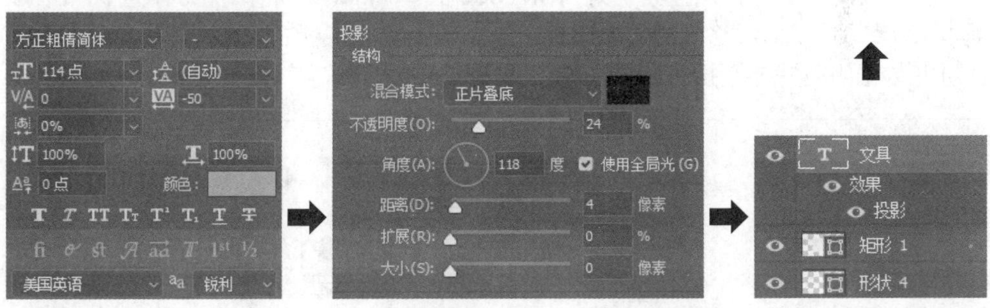

步骤 12 使用“横排文字工具”在中间半透明的矩形上输入更多的文字，然后根据层次关系调整这些文字的大小和颜色。为突出文具的具体促销内容，在文字“全场每满 199 立减 10 元”下一图层绘制圆角矩形，并将圆角矩形的颜色设为与文字“文具”相同的颜色，这样就完成了单张海报的制作，如右图所示。

步骤 13 下面我们要在单张海报的基础上进行内容的替换，批量生成不同品类的促销海报。首先创建一个 Excel 工作簿，在工作表中录入品类、活动内容等相应的数据，然后在“图片”列中添加海报背景图片对应的路径。这里的路径是批处理后图片的存储路径，如下图所示。

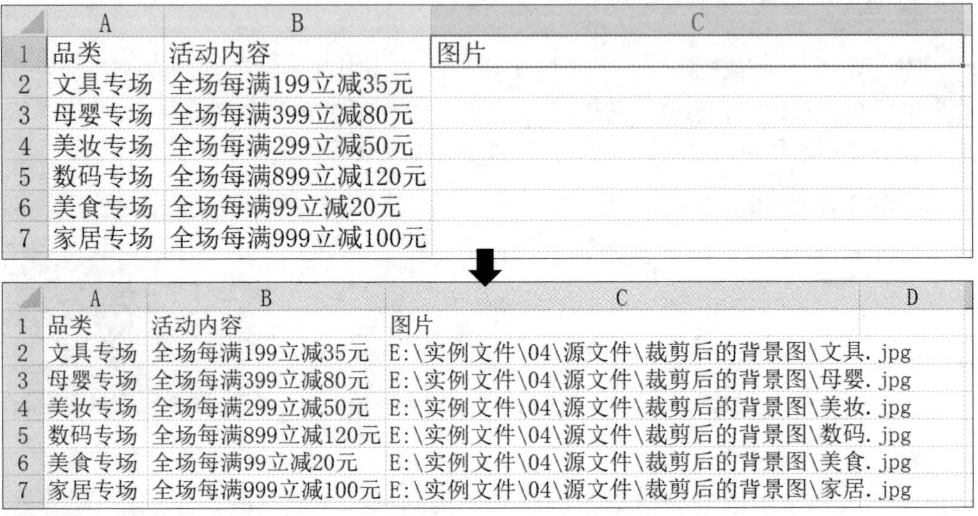

	A	B	C
1	品类	活动内容	图片
2	文具专场	全场每满199立减35元	
3	母婴专场	全场每满399立减80元	
4	美妆专场	全场每满299立减50元	
5	数码专场	全场每满899立减120元	
6	美食专场	全场每满99立减20元	
7	家居专场	全场每满999立减100元	

	A	B	C	D
1	品类	活动内容	图片	
2	文具专场	全场每满199立减35元	E:\实例文件\04\源文件\裁剪后的背景图\文具.jpg	
3	母婴专场	全场每满399立减80元	E:\实例文件\04\源文件\裁剪后的背景图\母婴.jpg	
4	美妆专场	全场每满299立减50元	E:\实例文件\04\源文件\裁剪后的背景图\美妆.jpg	
5	数码专场	全场每满899立减120元	E:\实例文件\04\源文件\裁剪后的背景图\数码.jpg	
6	美食专场	全场每满99立减20元	E:\实例文件\04\源文件\裁剪后的背景图\美食.jpg	
7	家居专场	全场每满999立减100元	E:\实例文件\04\源文件\裁剪后的背景图\家居.jpg	

步骤 14 单击“文件”菜单，再单击“另存为”按钮，切换至“另存为”选项卡，单击“浏览”按钮，在打开的“另存为”对话框中设置步骤 13 中 Excel 表的存储格式和存储位置。在 Photoshop 中导入数据组时只支持导入 txt 格式和 CSV 格式的数据，因此这里选择保存类型为“Unicode 文本 (*.txt)”，将文件另存为 txt 格式。通过 Excel 另存的 txt 格式的文本文件默认编码为“UTF-16 LE”，这个编码就是后面导入数据组时需要选择的编码，如下图所示。

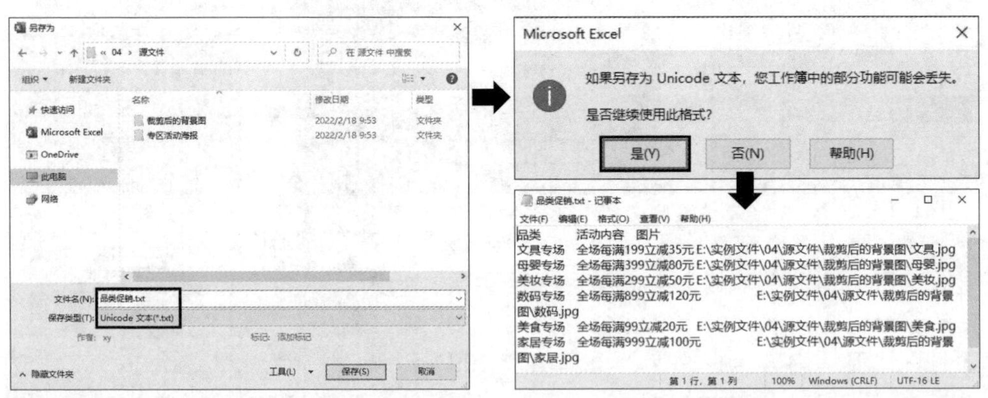

步骤 15 接下来就可以定义变量、导入数据组、批量生成海报了。回到 Photoshop，执行“图像 > 变量 > 定义”菜单命令，打开“变量”对话框，先在对话框中定义变量。

定义变量时，分别选择需要变换的图层，然后在下方设置对应的变量名称。变量名称要与表格中录入的列名相同，以避免因为变量名与列名不同导致不能导入数据组的情况。此外，由于之前已经将商品图片调整为合适的大小，所以在进行像素替换时，将“方法”设为“保持原样”，即不对替换的图像进行缩放操作，如下图所示。

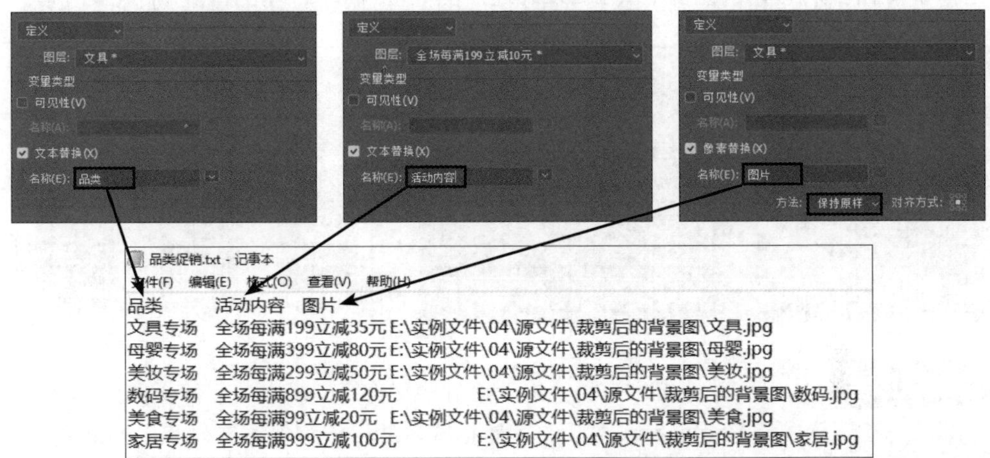

步骤 16 定义好变量后，接下来需要导入商品的数据信息。在“变量”对话框左上角的列表中选择“数据组”，单击“导入 ...”按钮，打开“导入数据组”对话框，单击“选择文件 ...”按钮，选择要导入的数据文件，这里选择的是步骤 14 中另存的 txt 文件，编码格式选择 txt 文件对应的编码格式“Unicode (UTF-16)”，单击“确定”按钮，如右图所示。

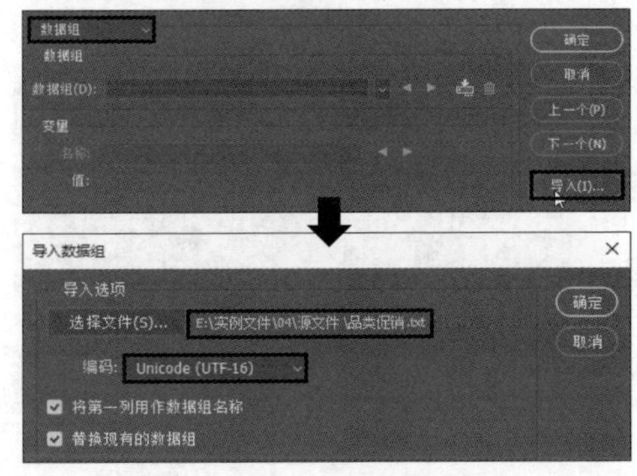

步骤 17 从文件中导入数据组。导入数据组后，在下方的“变量”选项组下会显示已定义的变量名称、变量值以及对应的图层。为直观地看到替换图片和文字后的效果，可以勾选右侧的“预览”复选框，如下图所示。

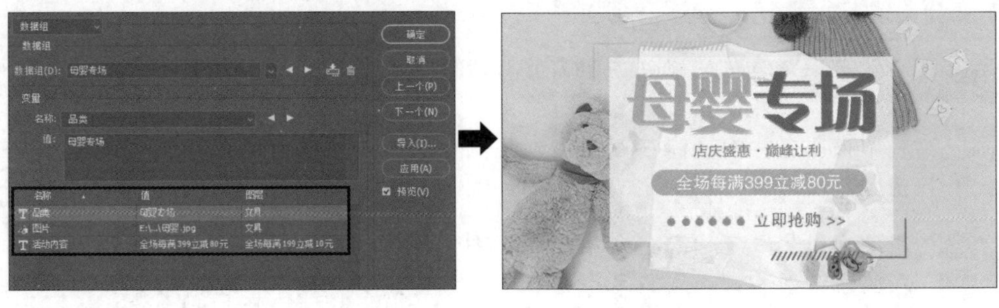

步骤 18 执行"文件 > 导出 > 数据组作为文件"菜单命令，打开"将数据组作为文件导出"对话框，在对话框中指定批量导出文件的存储位置、文件名称。这里为区分每个品类的海报图，在"文件命名"选项卡中将文件名设为"数据组名称"。单击"确定"按钮，将数据组批量导出到指定的文件夹中，导出文件均为 PSD 格式。后续可以在 Photoshop 中打开这些 PSD 格式的文件，做进一步的调整，如下图所示。

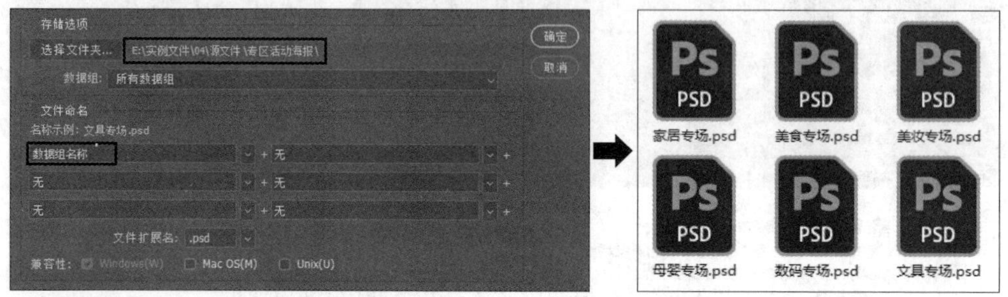

知识扩展 通过"数据组作为文件"批量导出文件时，导出的文件全部为 PSD 格式。PSD 格式是 Photoshop 默认的存储格式，适用于存储源文档和工作文件，修改起来比较方便，但是需要专业的图形处理软件才能打开。因此，为方便使用，可以应用"图像处理器"将文件转换为 JPEG 格式，如下图所示。

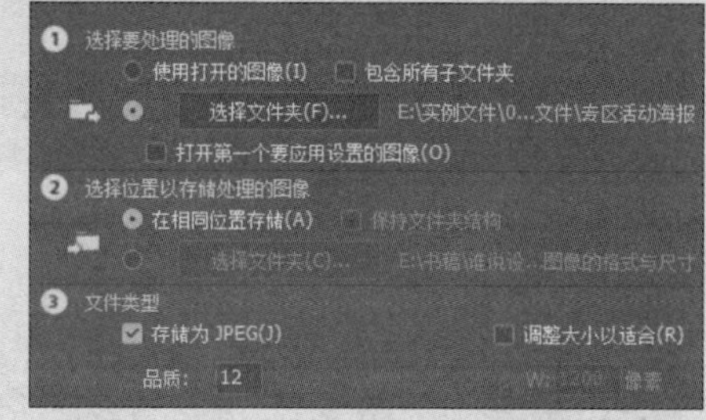

案例 02 自动生成不同配色方案的促销海报

◎ 应用场景

店铺中促销海报的配色方案需要与店铺的整体风格统一，但往往需要进行多次尝试才能选出最佳方案。牛老师，你能不能教教我，如何同时做出多种不同配色方案的海报图，以便于从中挑选出一个更适合自己店铺的海报图呢？

想要同时生成不同配色方案的海报图，操作起来比较简单，只需要编写一段脚本就能实现。在脚本中，我们可以定义一个数组，在数组中加入想要

的几个颜色，然后读取源文件中的“背景”图层，用数组中的颜色填充，就能快速生成不同配色方案的促销海报了。下面就来看看具体的代码吧。

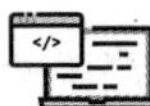

◎　素材文件：实例文件\04\素材\服饰促销海报.psd
◎　源 文 件：实例文件\04\源文件\不同配色方案的促销海报
◎　代码文件：实例文件\04\代码文件\自动更换海报背景颜色. jsx

◎实现代码

```
var outputPath = "E://实例文件//04//源文件//不同配色方案的促销海报//"  //指定批量生成的促销海报的存储路径
var myColors = [[255, 140, 105], [70, 133, 228], [147, 112, 219], [160, 163, 127]]  //定义变量存储颜色数组
var fileRef = new File("E://实例文件//04//源文件//服饰促销海报.psd")  //指定要处理的海报的文件路径
var docRef = app.open(fileRef)  //打开路径所对应的文件
docRef.activeLayer = docRef.backgroundLayer  //将背景图层设为活动图层
var jpgSaveOptions = new JPEGSaveOptions()  //创建JPEG格式的设置属性
jpgSaveOptions.quality = 8  //设置图片的压缩质量
for (var i = 0; i < myColors.length; i++)  //遍历数组中的颜色
{
    var myColor = new SolidColor()  //新建一个SolidColor颜色
    myColor.rgb.red = myColors[i][0]  //设置color对象的red属性
    myColor.rgb.green = myColors[i][1]  //设置color对象的green属性
    myColor.rgb.blue = myColors[i][2]  //设置color对象的blue属性
    docRef.selection.fill(myColor)  //用设置颜色填充背景图层
    var jpgFile = new File(outputPath + "/方案" + i + ".jpg")  //设置输出文件的路径及名称
    docRef.saveAs(jpgFile, jpgSaveOptions, true, Extension.LOWERCASE)  //另存更改背景颜色后的海报
 }
docRef.close(SaveOptions.DONOTSAVECHANGES)  //关闭文档
```

◎代码解析

第 1 行代码定义变量 outputPath，用来指定要生成的促销海报的存储路径。每个用户的计算机中存储文件的路径不一样，要根据实际情况进行设置。

第 2 行代码用于定义变量 myColors，变量的值为颜色数组，数组中包括 4 种 RGB 颜色值，后面会调用这 4 种颜色替换原海报的背景颜色。读者也可以根据实际需求更改 RGB 颜色值，或者设置更多想要的颜色值。

第 3 ～ 4 行代码定义变量 fileRef，用于表示要处理的海报文件路径，使用 open() 函数打开路径所对应的文件，如下左图所示。打开文件时，默认选择“图层”面板中最上面的一个图层或图层组，如下右图所示。

第 5 行代码用于设置活动图层。由于本案例中我们是要通过更改背景颜色得到不同配色方案的促销海报，所以这里将“背景”图层设为活动图层，如右图所示。

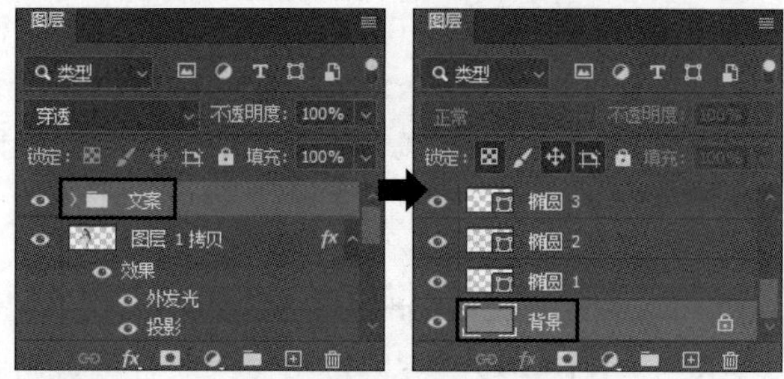

第 6 ～ 7 行代码定义变量 jpgSaveOptions，用于表示输出文档为 JPEG 格式的设置属性，并将输出图片的压缩质量设为 8。图像品质的取值范围为 0 ～ 12，默认值为 3。设置的值越大，输出图像的品质越高。

第 8 行代码使用 for 循环语句遍历 myColors 数组里面的所有颜色。

第 10 行代码定义变量 myColor，表示一种颜色。新建一个 SolidColor 颜色赋给变量 myColor。

第 11 ～ 13 行代码用于提取在 myColors 数组中遍历到的颜色值，然后把数组中的第 1 个元素设为 myColor 对象的 red 属性，第 2 个元素设置为 myColor 对象的 green 属性，第 3 个元素设为 myColor 对象的 blue 属性，即设置好了一个 RGB 颜色值。

第 14 行代码调用 fill() 函数，使用设置的颜色填充文档中的活动图层。由于之前已将“背景”图层设为活动图层，所以这里就是将背景图层填充为设置的 RGB 颜色，如下图所示。

第 15 行代码定义变量 jpgFile，用于表示 JPG 图片输出的路径和名称。这里新文件的存储路径即为变量 outputPath 指定的路径；文件的名称为“前缀名 + 序号 + 文件格式”。这里我们将前缀名设为“方案”，也可以根据实际需求加以更改。

第 16 行代码调用 saveAs() 函数，将更改背景颜色后的文件保存到第 1 行代码中指定的文件夹中。

第 18 行代码调用 close() 函数，关闭文档。close() 函数里的参数用于保证关闭文档时，不保存对原文档的修改。

◎ 运行结果

运行本案例的代码后，在文件夹“E:\ 实例文件 \04\ 源文件 \ 不同配色方案的促销海报”中可以看到生成的 4 个不同背景颜色的海报效果，如下图所示。

案例 03　不同折扣的优惠券设计

◎ 应用场景

“618”购物狂欢节临近，我们店铺想要在这期间做一波打折促销活动。凡是在这一期间内，在我们店铺中购买商品，消费者都可以享受对应的折扣价。其中，5 月 24 日至 5 月 31 日享受 55 折优惠、6 月 1 日至 6 月 15 日享受 65 折优惠、6 月 16 日至 6 月 18 日享受 75 折优惠、6 月 19 日至 6 月 20 日享受 85 折优惠，优惠券示例如下图所示。牛老师，现在我想要批量制作不同折扣的优惠券，有什么好的办法吗？

想要批量生成不同折扣的优惠券，需要先设计一个模板，然后将模板中需要变化的信息定义为变量，再进行替换。按照你的意思，不同时间段下单的消费者享受的折扣是不一样的，所以这里要将折扣信息和优惠券的使用时间定义为变量，再通过导入数据组的方式来快速得到不同折扣的优惠券。下面就来详细讲解具体的操作过程。

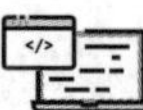

◎　素材文件：实例文件\04\素材\618活动图标.png

◎　源 文 件：实例文件\04\源文件\不同折扣的优惠券设计.psd

◎ 步骤解析

步骤 01　启动 Photoshop，先来制作优惠券模板。创建新文档并设置好背景颜色。这里设置背景色为浅咖色，如下图所示。

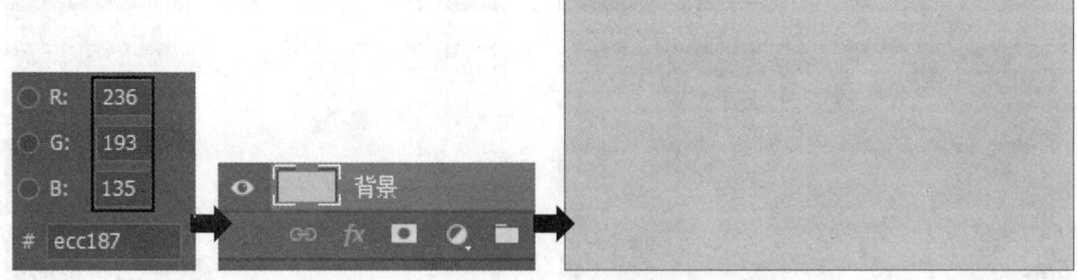

步骤 02 选择“圆角工具”“椭圆工具”等工具绘制出所需的图形，划分出优惠券的各个区域，如下图所示。

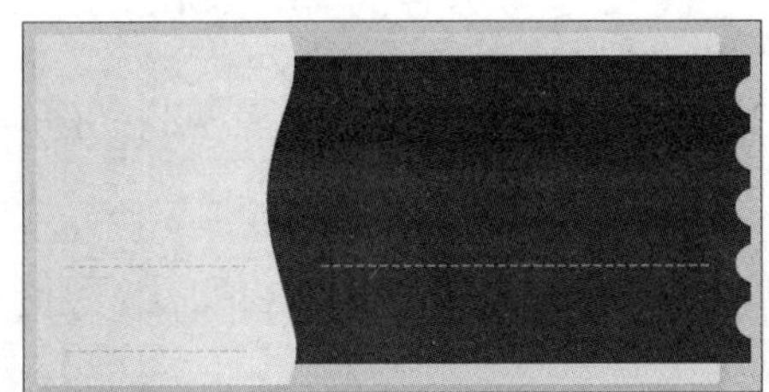

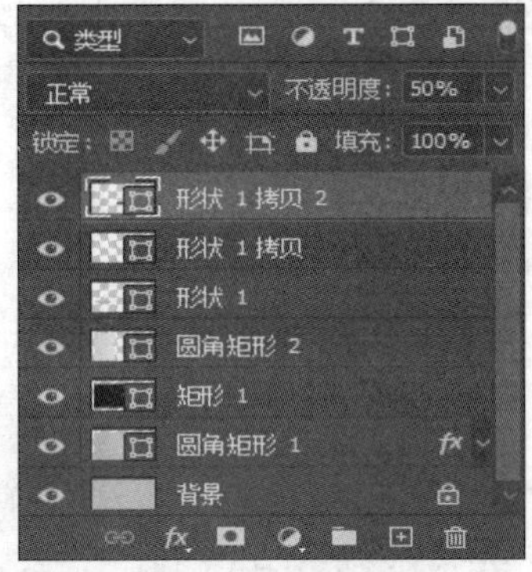

步骤 03 选择“横排文字工具”输入折扣文字“75”，打开“字符”面板，设置文字属性。为突出折扣信息，以吸引更多消费者的关注，可以适当调大折扣文字，然后双击文本图层，单击“图层样式”对话框中的“渐变叠加”样式，为文字添加样式效果，如下图所示。

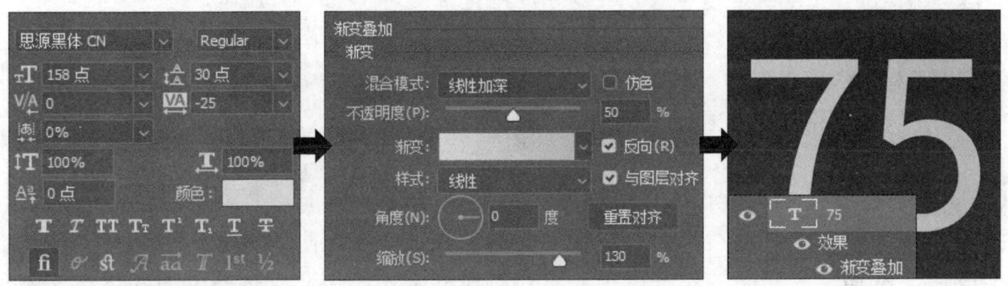

步骤 04 选择“椭圆工具”，在数字 5 的右下角绘制一个圆形。绘制时，按住 Shift 键单击并拖动鼠标来绘制正圆形。然后用“横排文字工具”在圆形上输入文字“折”，选中圆形和圆形上的文字，分别单击“移动工具”选项栏中的“水平居中对齐”按钮和“垂直居中对齐”按钮，将文字移到圆形中心位置，如下图所示。

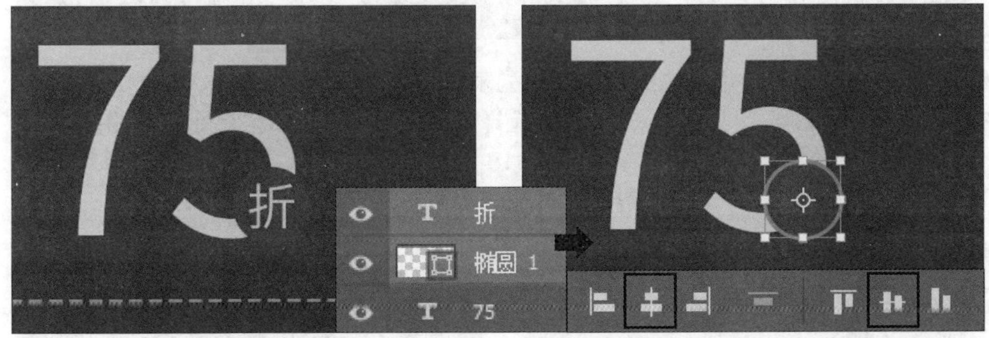

步骤 05 采用相同方法，在优惠券上添加更多的内容，其中最重要的就是优惠券的使用时间。因为不同时间段可以使用的优惠券折扣是不一样的，如下图所示。

步骤 06 下面根据商家提供的信息，创建一个 Excel 工作簿，录入折扣力度、优惠券使用时间等活动相关内容，然后将工作簿另存为 Photoshop 所支持的 Unicode (UTF-16) 文本文件，如下图所示，并将文件命名为“618 活动”。

	A	B	C
1	折扣	开始时间	结束时间
2	55	5月24日	5月31日
3	65	6月1日	6月15日
4	75	6月16日	6月18日
5	85	6月19日	6月20日

知识扩展 本书为了更清楚地展示不同的数据信息，都是先在 Excel 表格中录入数据后再将其转换为 txt 或 CSV 格式。如果读者觉得这种方式太麻烦，也可以直接通过记事本输入数据。需要注意的是，每一项信息之间要用半角逗号分隔开，如右图所示。

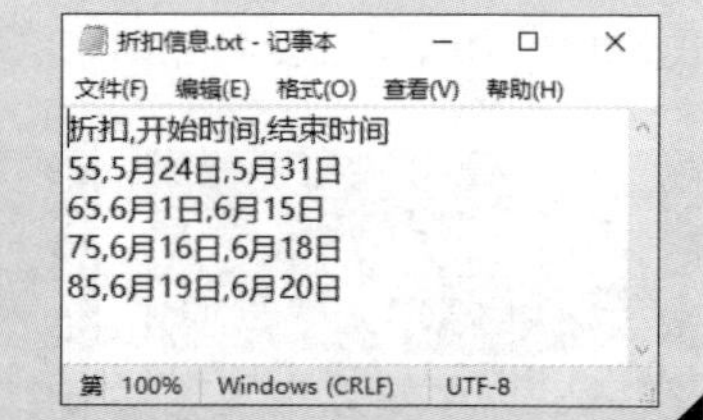

折扣信息.txt - 记事本

文件(F) 编辑(E) 格式(O) 查看(V) 帮助(H)

折扣,开始时间,结束时间
55,5月24日,5月31日
65,6月1日,6月15日
75,6月16日,6月18日
85,6月19日,6月20日

第 100% Windows (CRLF) UTF-8

步骤 07 返回 Photoshop，根据数据信息定义变量。执行“图像 > 变量 > 定义”菜单命令，打开“变量”对话框，定义变量。先在“图层”下拉列表中选择要变换的图层，本案例要变换的就是折扣和时间对应的文本图层，选择图层后勾选“文本替换”复选框，然后将变量名称设为文本文件中对应的列名，如下图所示。

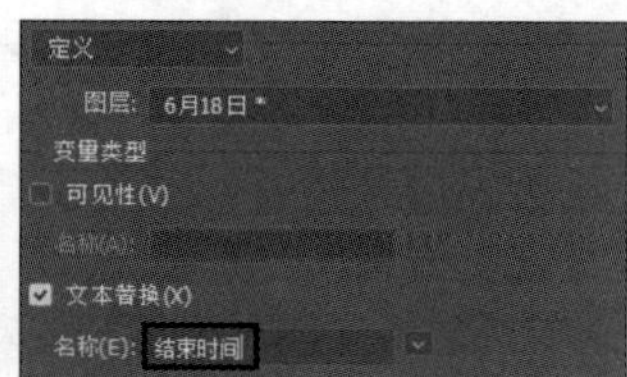

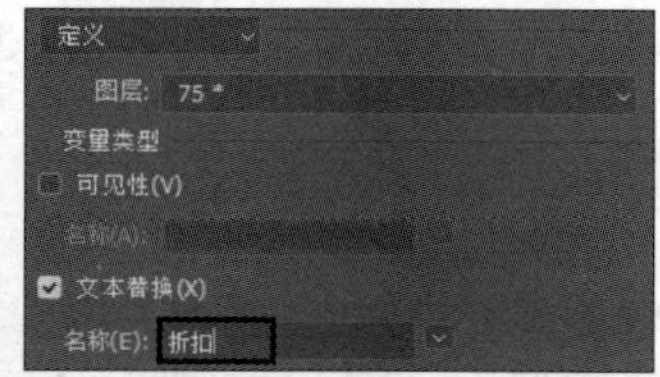

步骤 08 在“变量”对话框左上角的下拉列表中选择“数据组”，单击“导入 ...”按钮，打开“导入数据组”对话框，单击“选择文件 ...”按钮，选择要导入的数据文件，这里选择的是步骤 06 中存储的“618 活动 .txt”文件，编码格式选择对应的“Unicode (UTF-16)”，单击“确定”按钮，如下图所示。

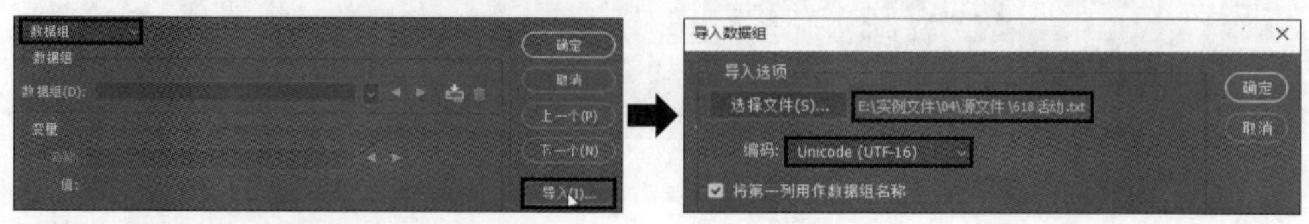

步骤 09 从文本文件中导入数据组，自动更改变量的值，生成不同折扣的优惠券。勾选“预览”复选框，预览通过导入数据组生成的折扣优惠券。如果需要设置其他折扣或优惠券的使用时间，可以直接在文本文件中进行更改，更改后重新导入数据组，就可以直接替换对应内容，如下图所示。

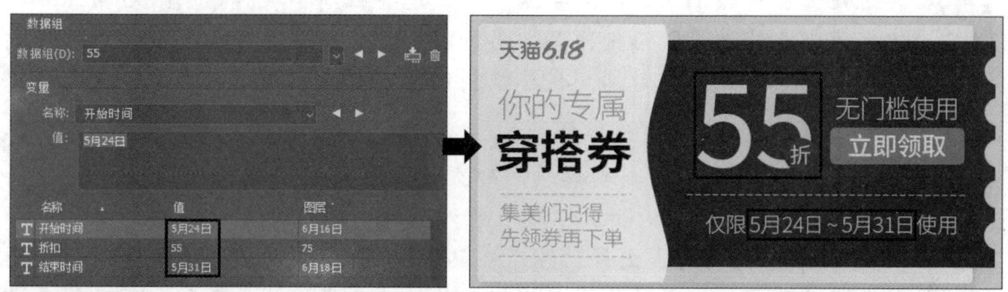

知识扩展 如果导入数据组时，弹出“变量”提示框，提示数据组不完整，无法将文件内容作为数据组解析，如下图所示。这可能是因为文本文件中有多余的内容，此时需要用记事本打开文本文件并检查文件内容，删除文件中的多余内容。

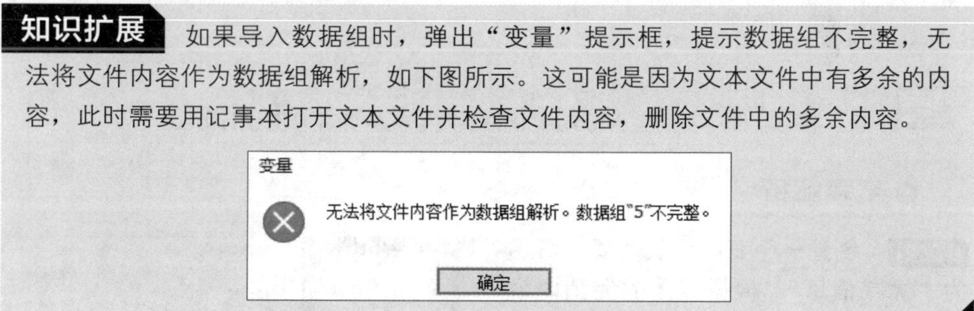

步骤 10 执行“文件 > 导出 > 数据组作为文件”菜单命令，打开“将数据组作为文件导出”对话框，在对话框中指定批量导出文件的存储位置、文件名称，单击“确定”按钮，导出图像为多个 PSD 文件，如下图所示。

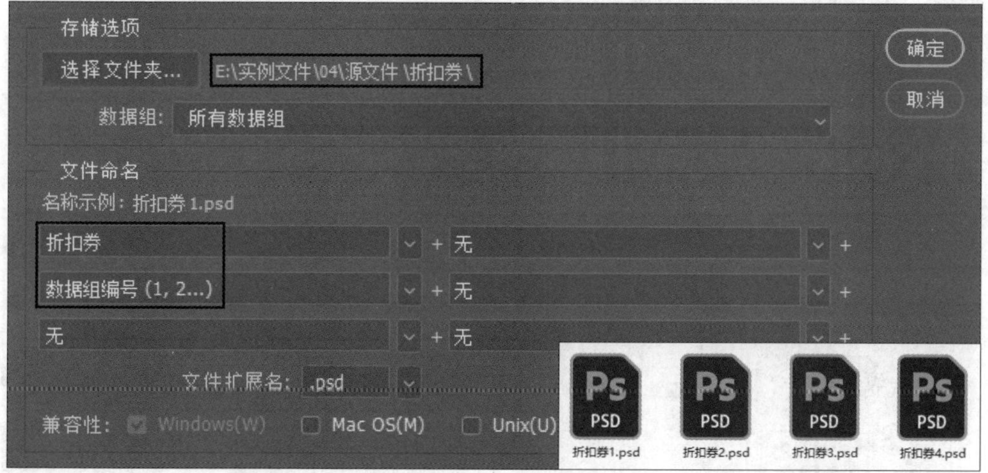

案例 04　不同金额的满减套图设计

◎ 应用场景

再过几天就是我们店铺的周年庆了，我想要在周年庆时做满减活动，活动内容为：凡是购买本店铺商品，总价满 199 减 20、满 299 减 30、满 499 减 50、满 699 减 70。牛老师，我已经制作好了满减券的模板，你有没有什么办法可以批量制作满减券套图呢？

如果已经制作好了满减券模板，那么批量生成满减券套图的操作就非常简单了。只需要在 Excel 工作表中录入店铺中的优惠券促销信息并导出为 Photoshop 支持的文本文件，然后在 Photoshop 中将对应的使用条件和金额信息定义为变量，通过导入数据组就能快速生成满减券套图。下面就来讲解具体的制作方法。

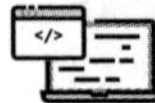

◎　素材文件：实例文件\04\素材\满减券模板.psd
◎　源 文 件：实例文件\04\源文件\不同金额的满减套图设计.psd

◎ 步骤解析

步骤 01　创建一个 Excel 工作簿，命名为“满减信息”。根据具体的促销内容在工作簿中录入相应的数据，然后将录入的数据导出为 txt 文本文件。启动 Photoshop，打开制作好的满减券模板，在这个模板中需要对满减券的金额和使用条件进行替换，如右图所示。

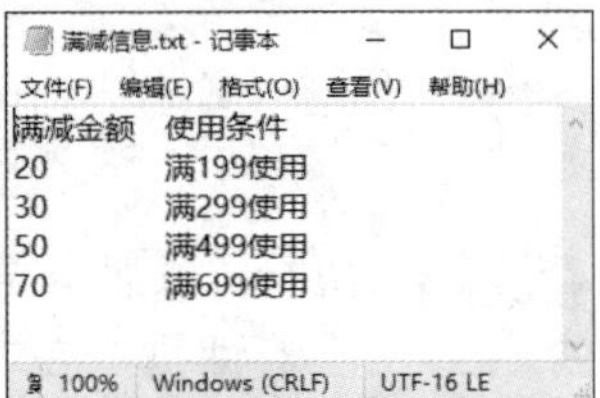

步骤 02　执行“图像 > 变量 > 定义”菜单命令，打开“变量”对话框，在对话框中选择满减金额和使用条件所在的“20”和“满 199 使用”两个文本图层，勾选“文本替换”复选框，并输入与列名相同的变量名称，定义好需要使用的变量，如下图所示。

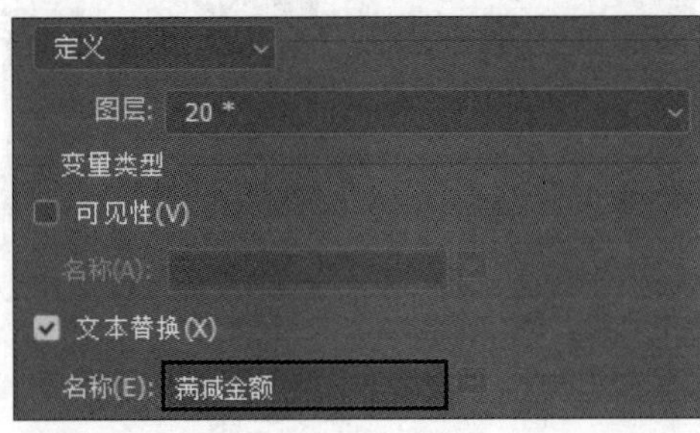

步骤 03 定义好变量后，在“变量”对话框左上角的下拉列表中选择“数据组”，单击“导入 ...”按钮，打开“导入数据组”对话框，单击“选择文件 ...”按钮，选择要导入的数据文件，这里选择“满减信息 .txt”文件，编码格式选择对应的“Unicode (UTF-16)”，单击“确定”按钮，如下图所示。

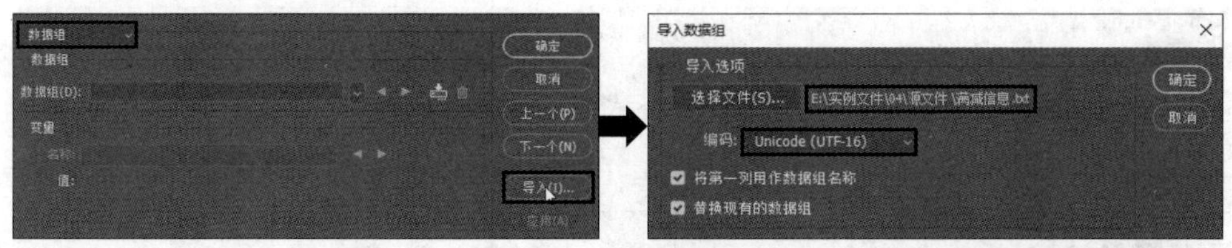

步骤 04 从 txt 文件中导入数据组，自动更改变量的值，生成不同金额的满减券。勾选对话框中的“预览”复选框，预览通过导入数据组生成的满减券，如下图所示。如果想要更改生成满减券的使用条件或满减金额，需要在 txt 文件中更改数据，然后重新导入更改后的数据组。

步骤 05 执行“文件 > 导出 > 数据组作为文件”菜单命令，打开“将数据组作为文件导出”对话框，在对话框中设置导出文件的存储位置、文件名称，单击“确定”按钮，即可导出生成的多个满减券文件，如下图所示。

步骤 06 生成满减券文件之后，我们可以再通过联系表将这些满减券合并到一张图片中，应用于店铺的装修工作。执行“文件 > 自动 > 联系表 II ”菜单命令，打开“联系表 II ”对话框，单击对话框中的“选取 ...”按钮，选取上一步导出的满减券所在文件夹，单击“选择文件夹”按钮确认选择，如下图所示。

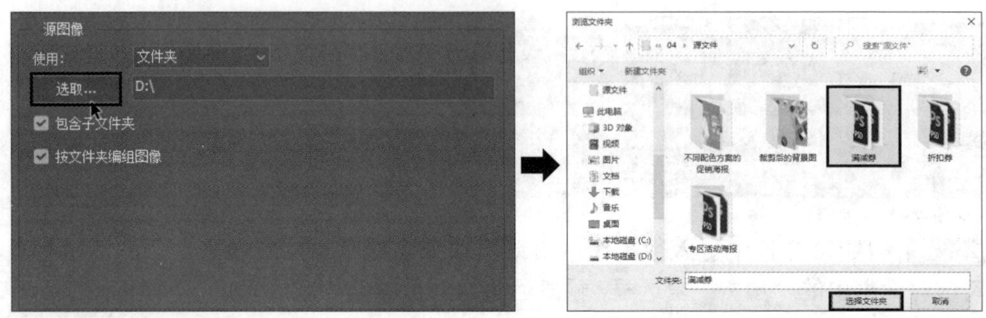

步骤 07 返回“联系表 II ”对话框。在对话框中设置新文档的大小，如果要将满减券套图放置在店铺首页，那么可以先将宽度设为 1920 像素，高度的设置最好不要超过单张满减券图片的高度，如下图所示。如果高度超过单张满减券图片的高度太多，在生成的新文档中就会出现过多留白的区域。

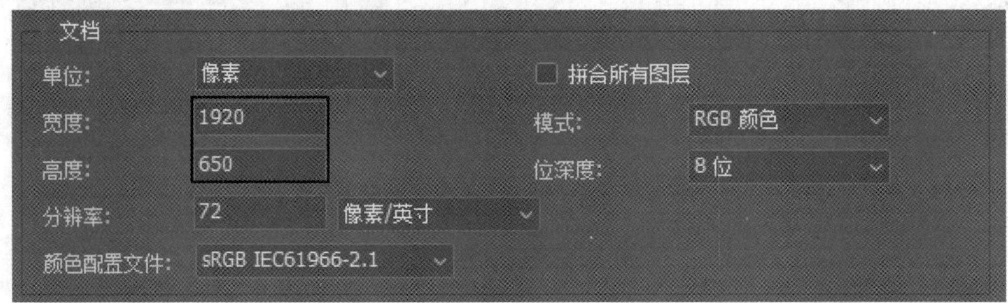

步骤 08 设置好文档大小后，再在“缩览图”选项组中设置满减套图的排列方式。这里想要将 4 张满减券排成 1 行，所以设置“列数”为 4、“行数”为 1，取消勾选“将文件名用作题注”下方的复选框，单击“确定”按钮，生成满减套图，如下图所示。

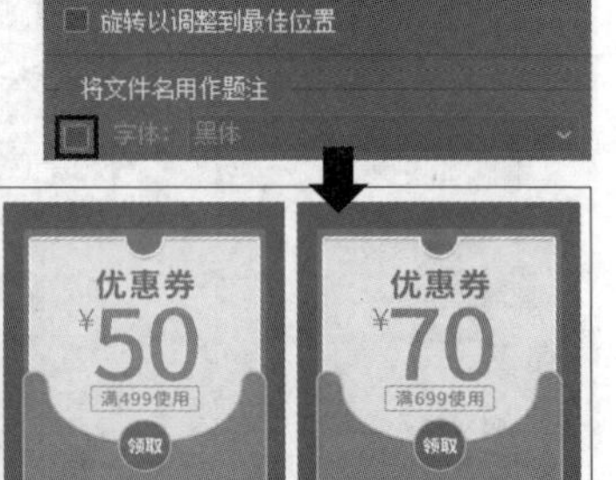

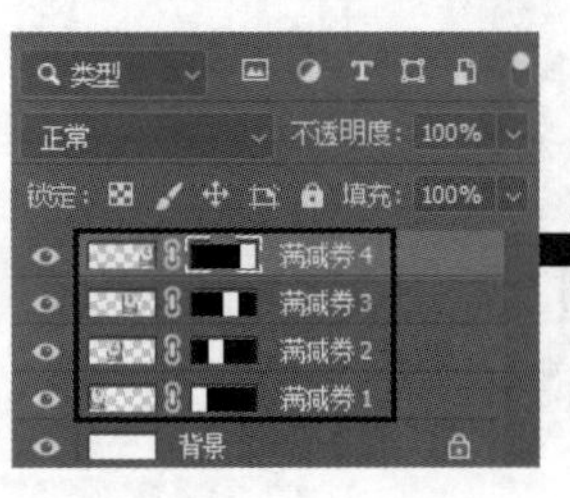

步骤 09 为背景填充颜色，然后适当调整 4 个满减券图像的大小，将其缩小一些，然后移到更引人注目的中间位置；在优惠券上方绘制白色的圆角矩形，并输入文字“先领券再下单 享更多优惠”，提醒消费者领取优惠券后再购物，以提高优惠券的使用率，如下图所示。

[第 5 章]

商品陈列区设计

在店铺首页中，大部分的网店除了网店招牌（以下简称“店招”）、导航条和欢迎模块之外，都会使用商品陈列区来展示店铺中的商品，让消费者能够快速浏览到商品信息。因此，设计巧妙的商品陈列区能够延长消费者在商品页面浏览时的停留时间。如何在陈列区展现店铺风格、精准发布商品信息、突出商品卖点，都是在设计时需要考虑的问题。下面我们先对商品陈列区设计上的一些规则进行讲解。

一、商品陈列区尺寸

商品陈列区的宽度与店招的宽度是一致的，但是不同的电商平台或不同版本的网店对店招的宽度要求是不一样的。就天猫店而言，店招分为常规店招和全屏店招，其中常规店招宽度为 990 像素，全屏店招宽度为 1920 像素。因此，商品陈列区的宽度最大可以为 1920 像素。由于每台计算机屏幕的大小不同，所显示的范围也不同，为了保证商品陈列区中的信息显示完整，在设计时最好在商品陈列区的两侧留出一定位置，不放置任何信息。

商品陈列区的高度没有特殊限制，它由要展示的商品数量决定。如果要展示的商品数量比较多，那商品陈列区通常会以滚动的方式进行展示。

二、陈列设计原则

商品陈列区可以帮助消费者快速地了解店铺宝贝，也会直接影响消费者的购买决策。因此，商品陈列区是店铺首页中一个较为重要且尺寸较大的区域。在设计商品陈列区时，要遵循以下几个原则。

1. 商品属性决定陈列数目。不同的店铺所销售的商品品类不同。在设计商品陈列区时，先要考虑到商品的属性，根据其属性来决定陈列区页面中要陈列的商品数。一般来说，大件商品，例如家具、家电等，因其需要呈现的环境内容更丰富，会采用单屏拼图的方式来展示，陈列区页面中所能展示的商品数目就会相对少一些，如下页左图和下页中图所示。而小件商品，例如饰品、包袋等，因为商品体积相对较小，需要同时展示的商品数量多，所以就会选择相对统一和规则的多图组合方式在陈列区页面中展示更多的商品，如下页右图所示就是小件商品手提包的陈列区展示效果。

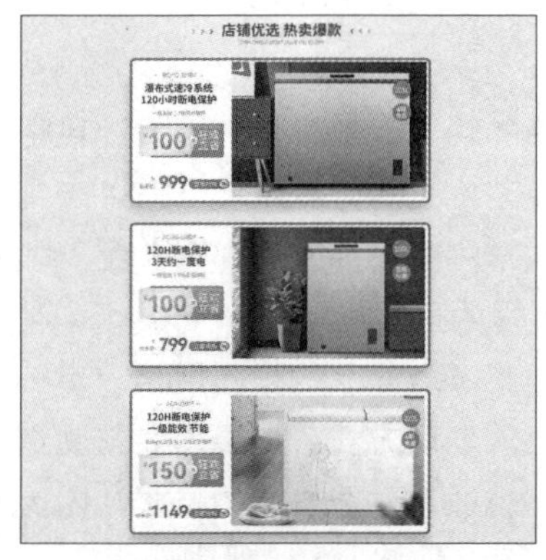

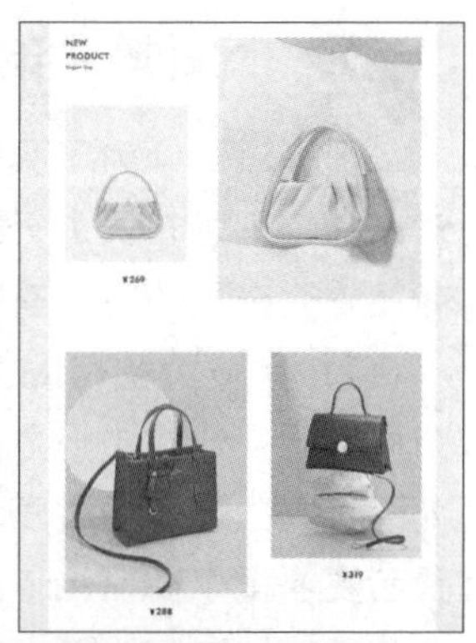

2. 主推商品大图够吸睛。在同一区域中，陈列需要做到一定的主次之分，将店铺中主推的商品以大图的形式陈列在最显眼的位置，而将其他的商品以小图的形式组合陈列展示。右图所示的商品陈列图即为把店铺主推的一款保温壶采用大图的方式展示，其他的 3 款商品以小图的形式组合陈列在主推商品下方，做到主次分明。

3. 商品类别要明确。以分类的形式进行商品陈列展示，能够直观、有目的地引导消费者，选购其所需类别的商品。例如下面的这两个图片就是为一个店铺所设计的商品陈列区，将针织开衫和牛仔裤分别放在 2 个陈列分类下进行展示，消费者能够通过对商品品类产品的浏览来快速获取产品信息，帮助消费者在同类商品中进行对比，并挑选出更符合自己需求的商品。

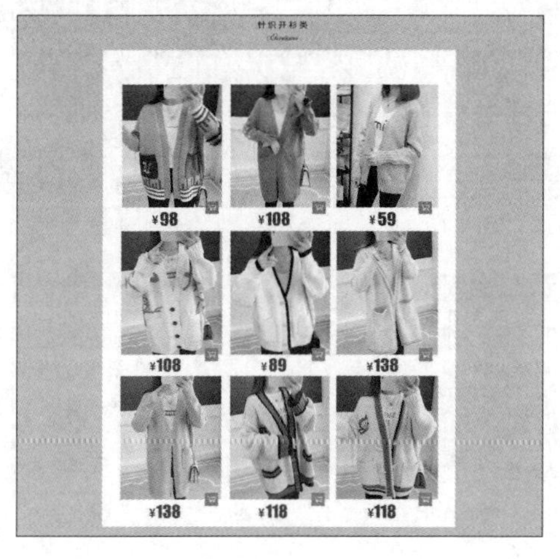

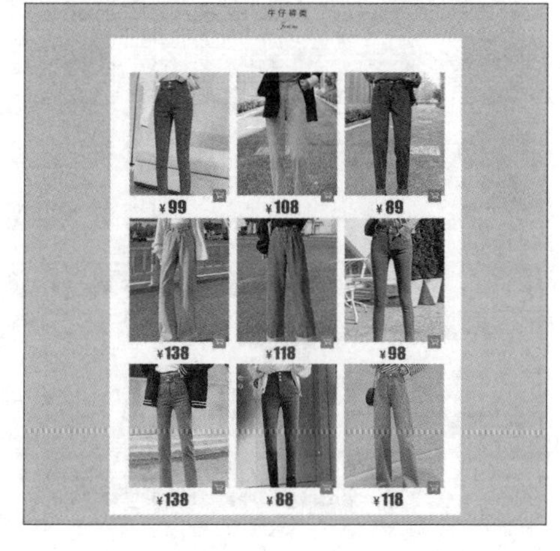

三、商品陈列的布局方式

很多设计师为了吸引消费者的眼球，会根据商品的功能、外形特点、设计风格对商品陈列区布局进行规划设计，将店铺中的商品以艺术化的方式展现出来。店铺商品陈列布局的方式有很多，下面我们就对一些比较常用的布局方式加以介绍。

1. 单一大图布局。 单一大图布局是指以类似海报的形式展示一个商品。这种布局方式在一栏中只显示一个商品。常用于店铺主推或爆款商品的陈列展示。单一大图布局主要有两种表现方式，其中一种是左图右文的表现方式。如果想要帮助消费者更快地了解商品信息，如颜色、款式、造型等，就适合左图右文的方式。因为图片往往比文字更能直接地传达这些信息，如下图所示。

如果想要突出商品的某些功能或价格方面的优势，想要凸显文本时，则可以采用左文右图的方式，让消费者的目光先落在文本上，再移动到图片上，如下图所示。

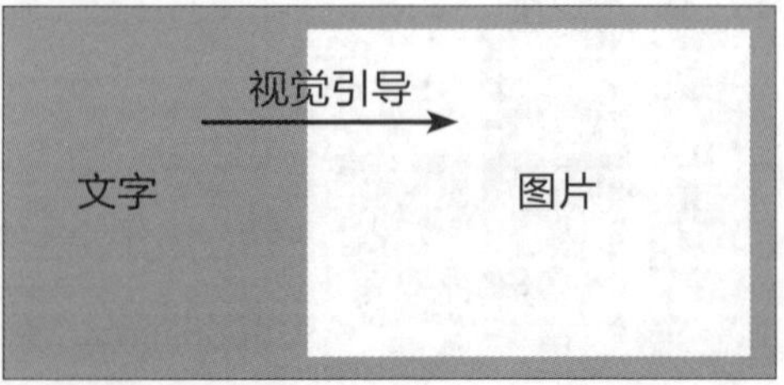

通常店铺中会主推好几款商品，如果每款商品都需要用到单一陈列的方式，那么我们就需要把这些商品垂直排列。消费者在浏览时，可以通过滚动鼠标来分别查看每个商品的展示，如右图所示的商品陈列效果。

多个商品的单一陈列展示

2. 卡片式布局。卡片式布局是把页面划分为若干个大小相同的小方块，也是网店中比较常见的布局方式。由于店铺中商品的数量很多，在这些商品中，一定有部分商品既不是主推爆款又不是活动款，而是长销的商品，那么基础的陈列布局方式，既能满足此类商品页面布局的美观要求，又能够给出一定数量商品的陈列效果，所以这种卡片式的陈列布局方式被广泛应用。卡片式的布局可以以 1×2、1×3、1×4、2×2、2×3、2×4、3×2、3×3、3×4 等多种布局方式呈现。如下所示的两图就分别展示了 2×2 和 3×2 两种卡片式布局方式。

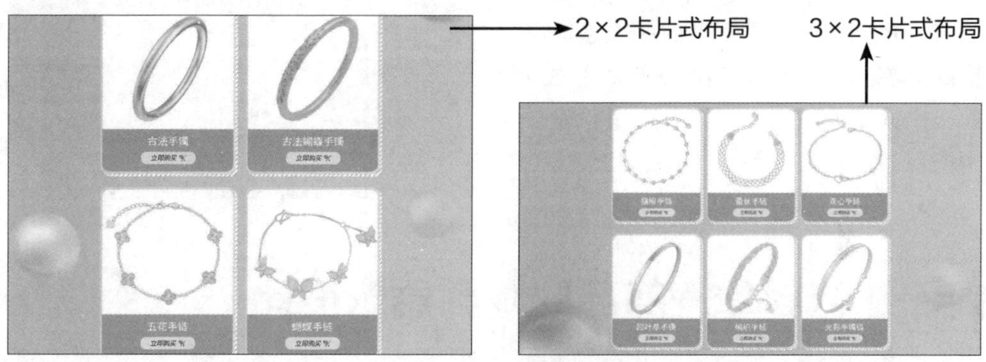

2×2卡片式布局　　3×2卡片式布局

3. 组合式布局。组合式布局是使用不同大小的方块来组合的布局方式，通常是针对店铺中系列商品的陈列展示。组合式布局可细分为左右混排组合式布局和上下混排组合式布局，如下图及下页图所示。相比于卡片式布局，这种不同大小方块组合构成的布局方式更能通过显示区域的大小来增强商品的主次，以突出系列商品中的某一款商品。

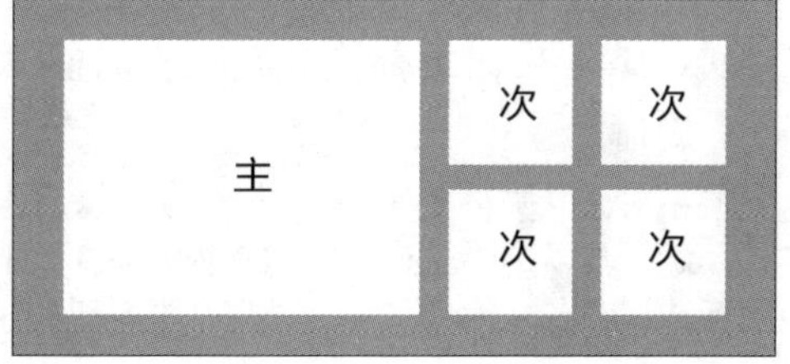

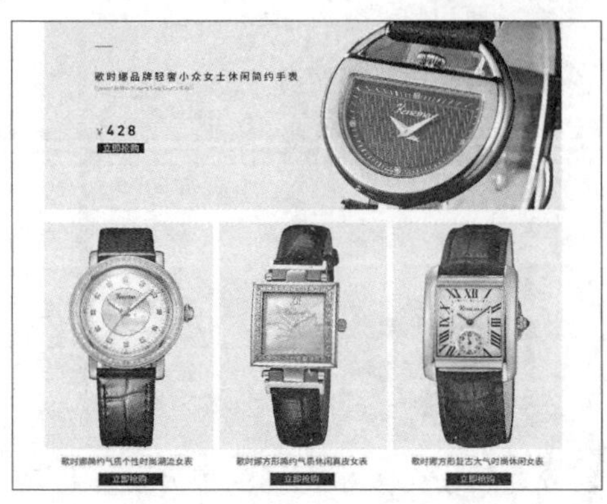

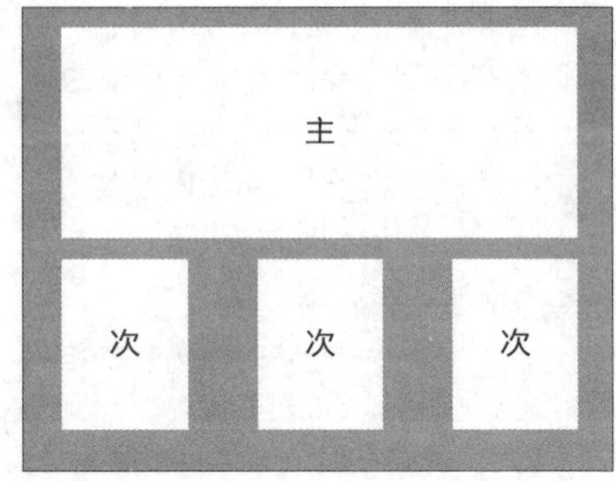

4. 零星组合式布局。零星组合式布局是把要展示的商品图像从原图像中抠取出来，以比较自由的方式摆放的一种布局。这种布局方式往往是将一些具有关联性的商品放在一起展示，通过图片之间的大小搭配来营造氛围。这种陈列方式也比较适合于系列商品或是商品搭配的陈列设计。零星组合布局往往没有一个固定的版式，所以它更考验设计师的能力。

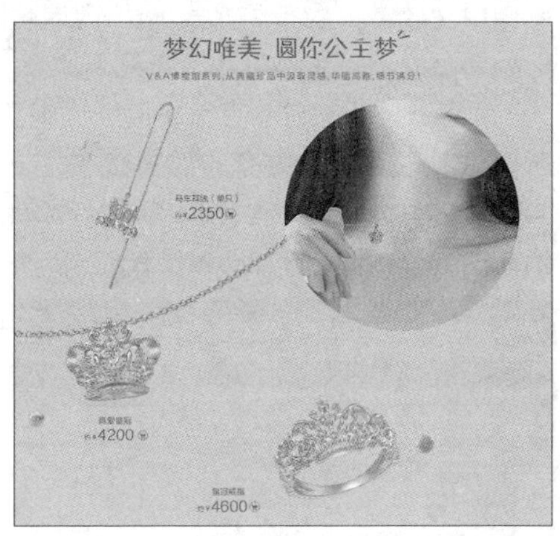

案例 01　单一商品的陈列展示设计

◎ 应用场景

秋冬季节来临了，我们店铺想要将一款温馨、充满暖意的布艺床作为主推商品。怎么做好这个主推商品的陈列设计呢？

布艺床属于大件商品，且商品图几乎展现了整个卧室的效果，适合采用单个商品的陈列方式来处理。这里采用左图右文的形式，以让消费者能直观地看到布艺床摆放后的实景效果、醒目的活动优惠力度和商品价格。下面就来详细讲解具体的制作方法。

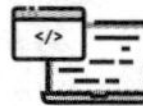

◎　素材文件：实例文件\05\素材\可拆洗软包布艺床.jpg、徽标.png
◎　源 文 件：实例文件\05\源文件\单一商品的陈列展示设计.psd

◎ 步骤解析

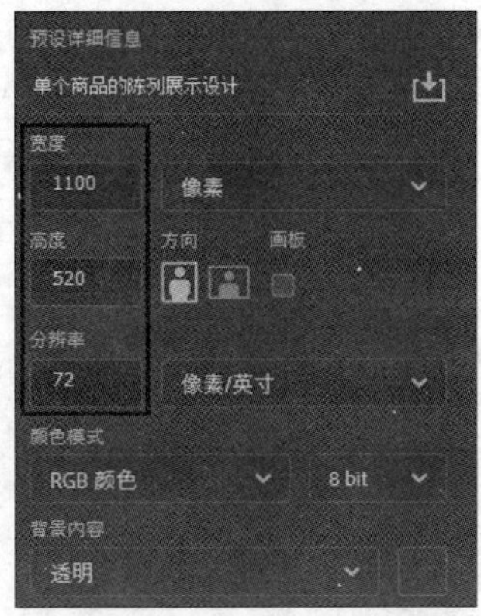

步骤 01 启动 Photoshop，先创建一个新文档。设置新文档的“宽度”为 1100 像素、“高度”为 520 像素，如右图所示。因为要展示的是单个商品，所以可设置较大的“宽度”值，但最好不要超过 1920 像素。设置文档的“分辨率”为 72 像素 / 英寸，因为图片最终是用于在网页上显示的。

步骤 02 这里需要绘制一个与文档大小一致的圆角矩形。选择“圆角矩形工具”，在选项栏中设置圆角的半径为 50 像素，在文档中间单击鼠标，在弹出的“创建矩形”对话框中将“宽度”和“高度”设置为与文档大小相同的数值，单击“确定”按钮，即可自动绘制一个圆角矩形，得到“圆角矩形 1”图层，设置圆角矩形填充颜色为浅灰色，如下图所示。

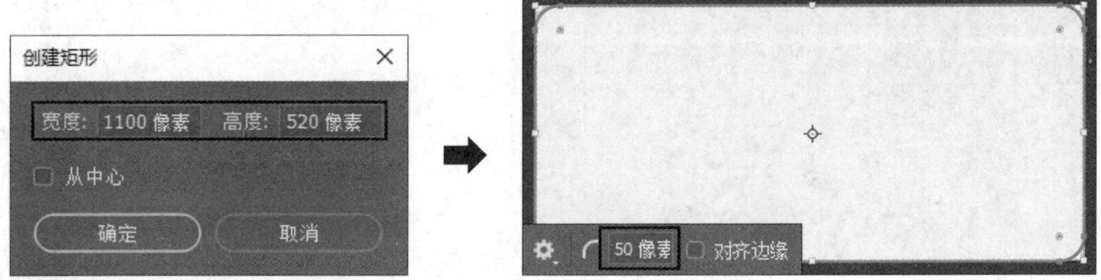

步骤 03 为更符合大众从左到右的浏览习惯，让消费者直观地看到产品的外观、颜色等信息，本案例采用左图右文的排版方式。按下快捷键 Ctrl+J，复制“圆角矩形 1”图层，得到“圆角矩形 1 拷贝”图层。按下快捷键 Ctrl+T，将鼠标指针移到矩形右侧并拖动，调整圆角矩形的宽度，这个宽度就是要展示商品图像的范围。打开“属性”按钮，单击“链接”按钮，取消半径值链接，设置右上角和右下角半径为 0 像素，得到转换后的直角效果，如下图所示。

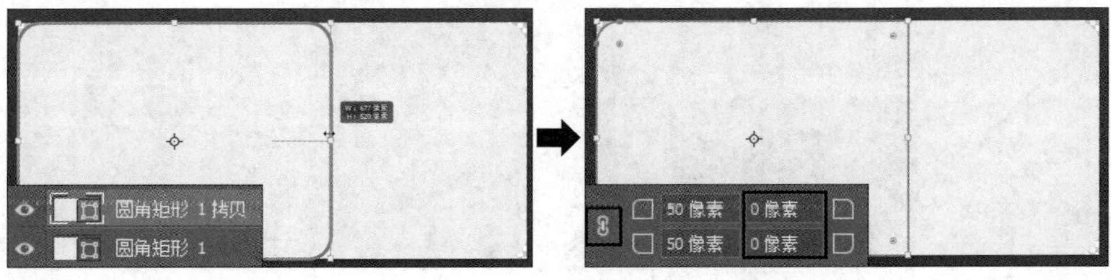

步骤 04 接下来要把主推商品的图像添加到文档左侧。为让导入的商品图像与文档高度一致，执行“文件 > 置入嵌入对象”菜单命令，置入商品图像。在 Photoshop 中，置入的图片会自动转换为智能对象，需要执行“图层 > 栅格化 > 智能对象”菜单命令，将其栅格化处理。按下快捷键 Ctrl+Alt+G，创建剪贴蒙版，隐藏矩形以外的图像，如下图所示。

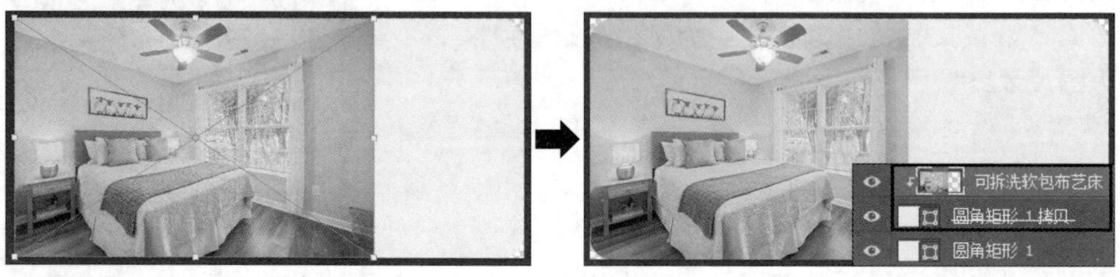

步骤 05 本案例是为“天猫双 11”活动设计的商品展示图，为了突出特定节日，在图像的左上角添加徽标图像。添加图标前，使用“圆角矩形工具”先绘制一个图形作为背景，然后再把“天猫双 11”徽标图像置入到这个图形上方。当然，如果是其他的活动，还可以直接对徽标图像进行替换，如下图所示。

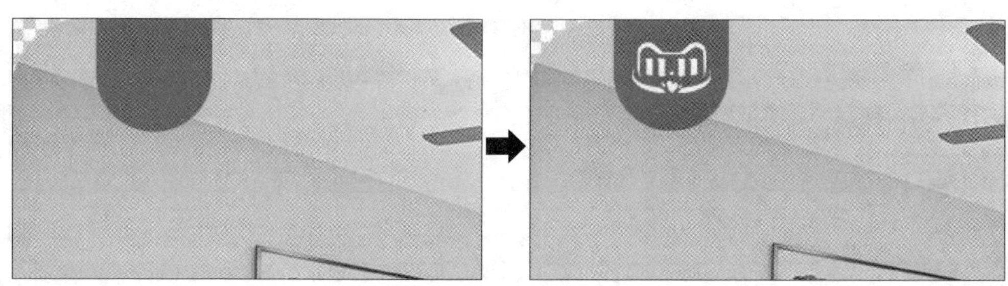

步骤 06 利用“钢笔工具”和“椭圆工具”在图像右侧绘制所需的装饰元素，再使用“横排文字工具”输入商品名称、商品活动价格等内容。对于需要突出显示的内容，可以选择粗体字，并将字号设置得更大一些，而其他内容就可以设置稍小一些的字号，这样文字的层级关系也更清晰，如下图所示。

知识扩展 本案例采用的是左图右文的布局形式，如果想要突出活动期间的商品价格，可以替换为左文右图的排版方式，如下图所示。对于一些长期关注这款商品的消费者来说，价格的变化更容易吸引他们的注意力。

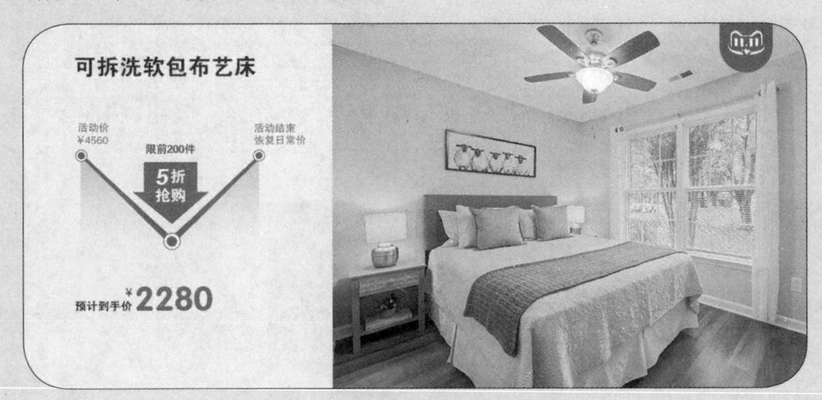

案例 02　批量处理多个商品的单一滚动陈列

◎ 应用场景

小新

上一个案例讲解了单一商品的陈列展示。如果我们的店铺想要同时推荐几款床，但又不想逐个修改商品图像和文字，有没有办法可以快速制作出多个商品的单图陈列，在页面中实现滚动展示呢？

大牛

当我们制作好一个单一商品的陈列展示效果后，只需要将文件中需要变化的商品图、商品名称和价格信息定义为变量，就能批量生成多个商品的陈列展示图。生成多个商品的陈列展示图后，再用“联系表”将它们拼起来，就能实现多个商品的滚动陈列效果。下面来看一看具体的操作方法。

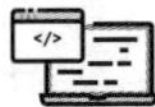

◎ 素材文件：实例文件\05\素材\床品、单一商品的陈列展示设计.psd

◎ 源 文 件：实例文件\05\源文件\批量处理多个商品的单一滚动陈列.psd、爆款推荐

◎ 步骤解析

步骤 01 首先创建“床品信息”工作簿，录入每个商品的名称、价格以及对应的商品图片的存储路径，如下页图所示。这里的路径需要设置为自己计算机中的商品图片的存储路径。由于 Photoshop 的数据组只支持导入 txt 格式和 CSV 格式的文件，因此在录制信息后还需要将工作簿存储为这两种格式之一。

	A	B	C	D
1	商品名	活动价	预计到手价	商品图
2	小户型实木脚收纳床	3900	1950	E:\实例文件\05\素材\床品\小户型实木脚收纳床.jpg
3	北欧科技布艺床	4760	2380	E:\实例文件\05\素材\床品\北欧科技布艺床.jpg
4	可拆洗软包布艺床	4560	2280	E:\实例文件\05\素材\床品\可拆洗软包布艺床.jpg
5	现代轻奢真皮床	8240	4120	E:\实例文件\05\素材\床品\现代轻奢真皮床.jpg
6	臻选简约卧室双人床	6580	3290	E:\实例文件\05\素材\床品\臻选简约卧室双人床.jpg

步骤 02 单击“文件”菜单，在弹出的窗口中单击“另存为”按钮，切换至“另存为”选项卡，单击“浏览”按钮，如下图所示。

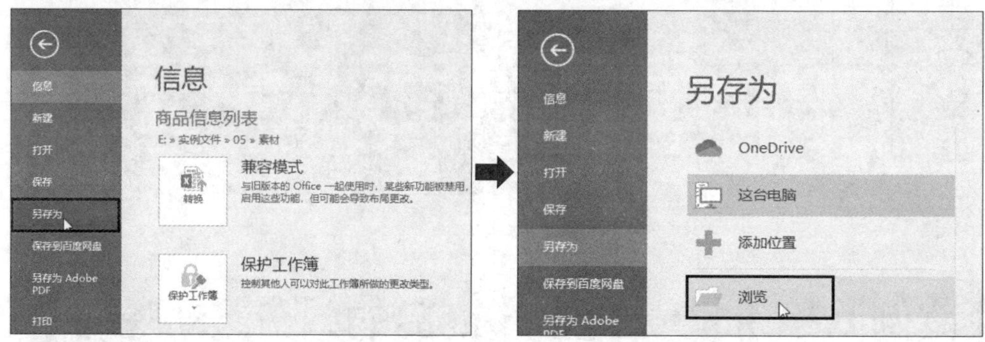

步骤 03 以存储为 CSV 文件为例，在弹出的“另存为”对话框中指定文件的存储位置，设置“保存类型”为“CSV(逗号分隔)(*.csv)”，单击“保存”按钮，在弹出的提示框中单击“是”按钮，即可将工作簿保存为 CSV 格式的文件，如下图所示。

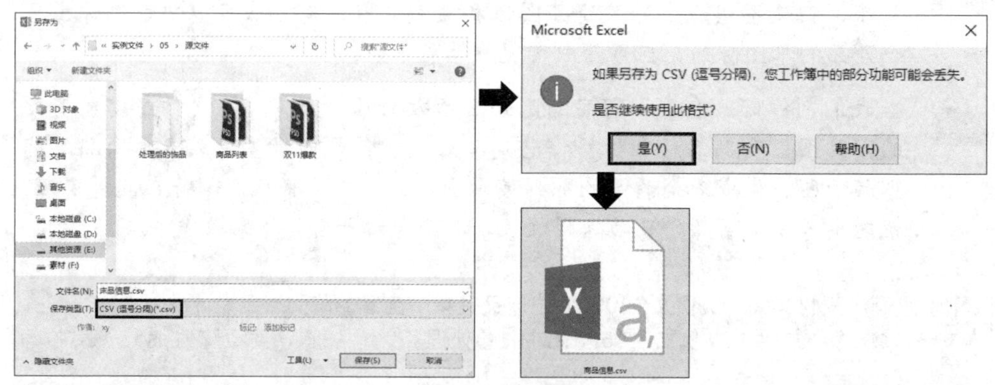

知识扩展 CSV 文件是以纯文本形式存储的表格数据，由任意数目的记录组成，记录间以某种换行符（如逗号、分号或制表符等）分隔为字段。CSV 文件最广泛的应用是在程序之间转移表格数据，默认的编码方式是 UTF-8。在 Photoshop 中，如果自动模式不能导入数据，就需要用户手动选择编码方式。

步骤 04 设置好数据表后，接下来在 Photoshop 中通过变量和数据组来进行批量处理。在 Photoshop 中打开“单一商品的陈列展示设计 .psd”，执行“图像 > 变量 > 定义”菜单命令，打开“变量”对话框，根据画面中需要变化的内容定义相应的变量。首先选择商品所在的“可拆洗软包布艺床”图层，勾选“像素替换”复选框，输入变量名称“商品图”，注意变量名要与表格中的列名一致。为保证替换的图像能完全填满定界框，即原图像所占的区域范围，设置替换图像的方法为“填充”，如右图所示。

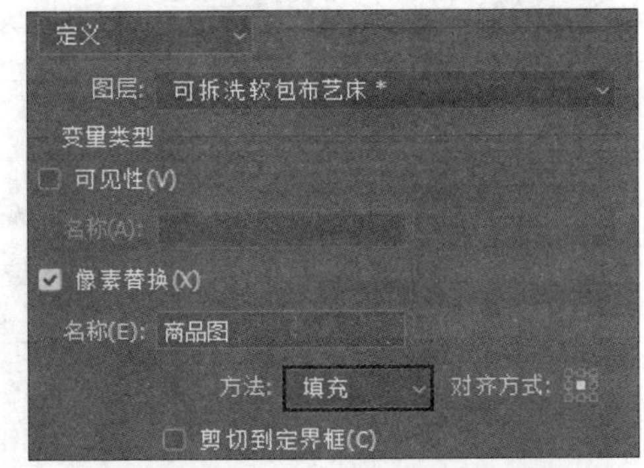

步骤 05 接下来定义需要用文本替换的商品价格等内容。操作方法与上一步骤大致相同，只需要在“图层”中选中要用变量值替换的图层，勾选下方的“文本替换”复选框，然后输入变量名称即可。同样，此处输入的变量名也需要与表格中的列名一致，否则会提示无法将文件内容作为数据组解析，如下图所示。

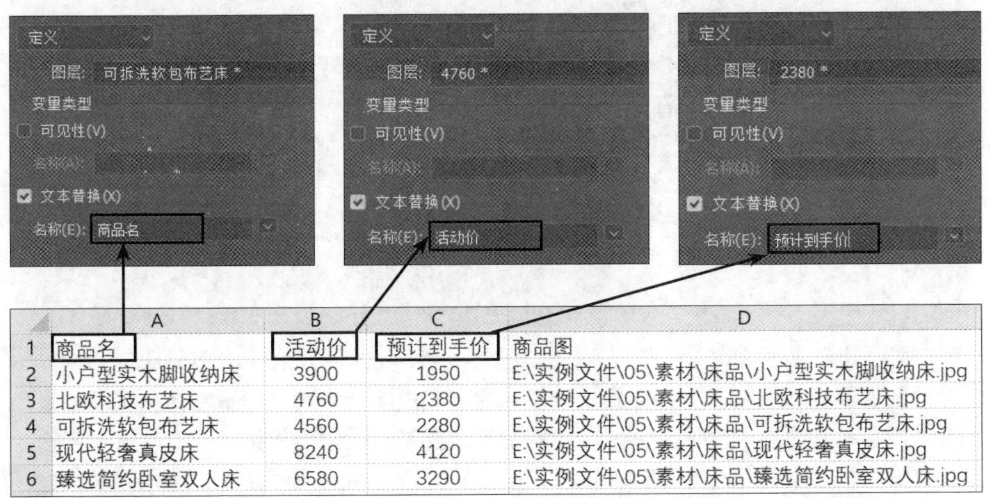

	A	B	C	D
1	商品名	活动价	预计到手价	商品图
2	小户型实木脚收纳床	3900	1950	E:\实例文件\05\素材\床品\小户型实木脚收纳床.jpg
3	北欧科技布艺床	4760	2380	E:\实例文件\05\素材\床品\北欧科技布艺床.jpg
4	可拆洗软包布艺床	4560	2280	E:\实例文件\05\素材\床品\可拆洗软包布艺床.jpg
5	现代轻奢真皮床	8240	4120	E:\实例文件\05\素材\床品\现代轻奢真皮床.jpg
6	臻选简约卧室双人床	6580	3290	E:\实例文件\05\素材\床品\臻选简约卧室双人床.jpg

知识扩展 当定义变量时，如果变量对应的对象是图片，那么替换图像的方法往往会影响批量生成的文件效果。默认方法为“限制”，采用这种方法替换时，Photoshop 会自动缩放图像以将其限制在定界框内，这种方法可能会造成定界框中产生空白部分，下页两图均为以“限制”方法替换的图像，可以看到下页左图所示的图像左侧出现了空白部分，下页右图所示的图像则是上、下侧出现了空白部分。

如果不想缩放替换的图像，则需要选择“保持原样”的方法。但是，如果原始文件中的图像已经进行了缩放操作，在批量替换图像之前，却没有将需要替换的图像调至合适的大小，而是直接选择“保持原样”的方法进行处理，那么就可能会出现画面中主体显示不完整的情况。如下两图所示，可以看到图中的床都只显示出来了一部分，完全看不出整体的效果。

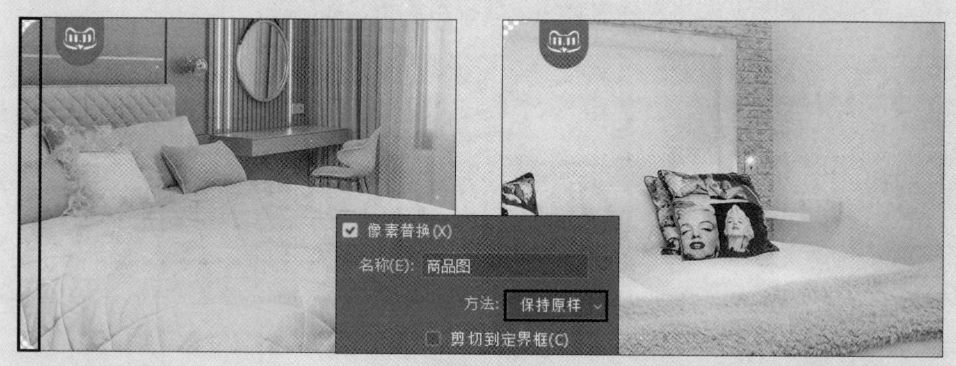

除了上述两种方法，还有一种方法是“一致”。这种方法会以不成比例的方式缩放图像以将其限制在定界框内，如果在定义变量前，未统一设置图像的宽度和高度，则容易导致图像变形。总之，我们在定义变量时，需要根据图片素材选择合适的方法，如果不确定选择哪种方法，可以在导入数据组后先预览一下图像效果，并根据效果来决定是否需要更改图片替换方法。

步骤 06 定义好变量后，接下来导入商品数据信息。在“变量”对话框左上角的下拉列表中选择“数据组”，单击“导入 ...”按钮，如右图所示。

步骤 07　打开“导入数据组”对话框，单击“选择文件 ...”按钮，选取之前存储的“床品信息 .csv”数据文件，然后选择“编码”格式，默认选择“自动”编码格式。CSV 格式文件对应的编码格式为 UTF-8，如果自动编码不能识别，可以在“编码”下拉列表中选择“Unicode (UTF-8)”编码格式，如右图所示。单击“确定”按钮，返回“变量”对话框。

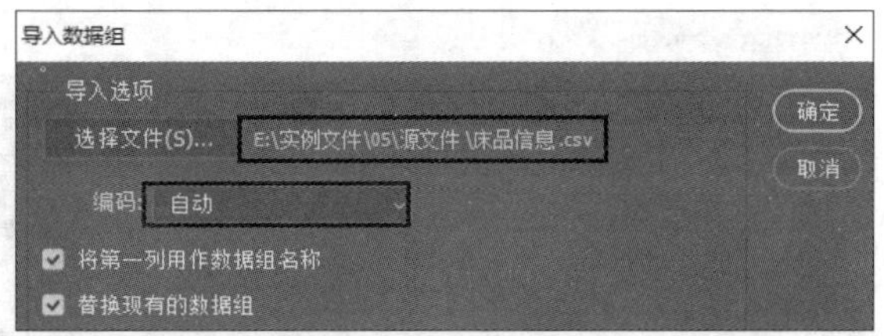

步骤 08　从工作表中导入数据组。导入数据组后，在下方的“变量”选项组下会显示定义的变量名称、值及对应的图层，如下图所示。

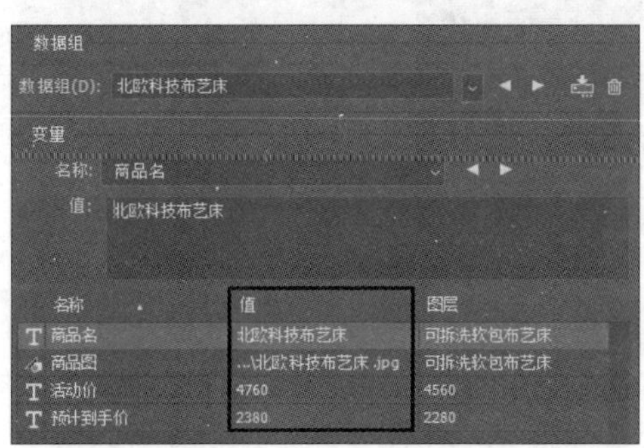

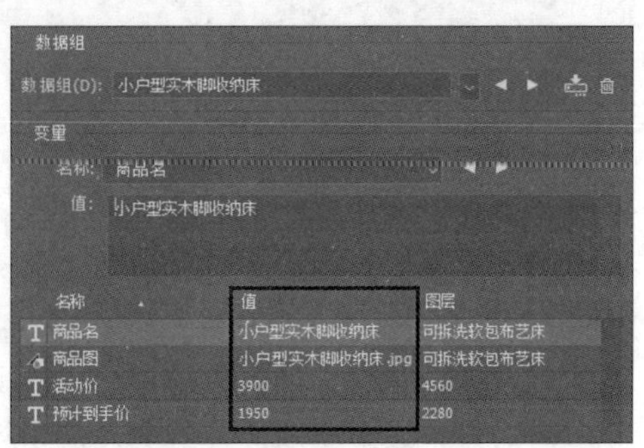

步骤 09　为便于查看导入数据组后的图像变化，勾选“变量”对话框右侧的“预览”复选框，即可查看到应用变量替换内容后的效果，如下图所示。

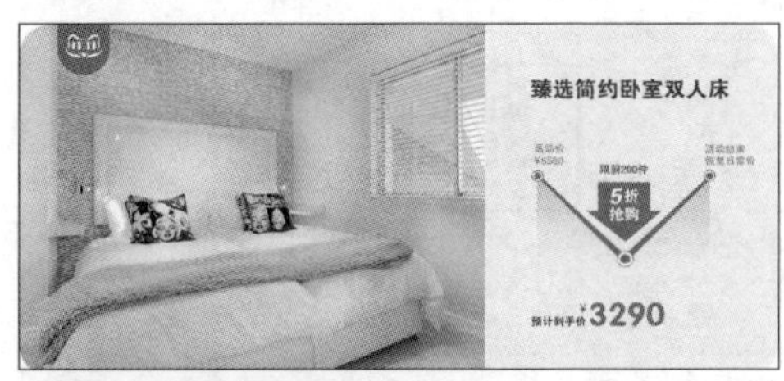

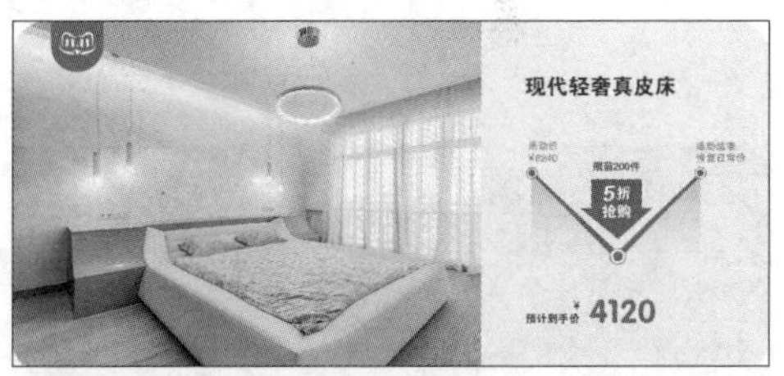

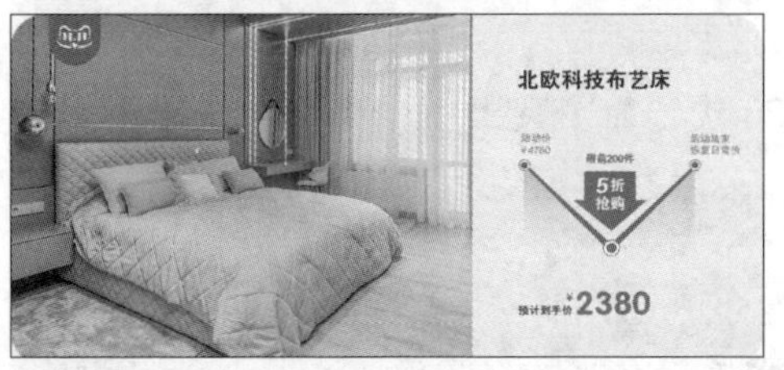

步骤 10　执行“文件 > 导出 > 数据组作为文件”菜单命令，打开“将数据组作为文件导出”对话框，在对话框中指定批量导出文件的存储位置、文件名称，这里为

区分每件商品，在“文件命名”选项组中设置文件名为“数据组名称”，即商品名称。单击“确定”按钮，即可将数据组批量导出到指定的文件夹中，如下图所示。

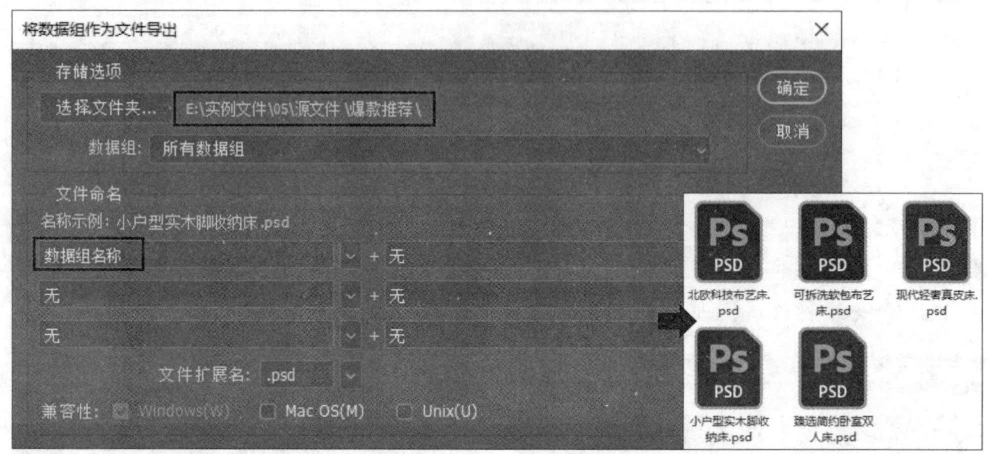

步骤 11 最后要拼接导出的多个文件，打造一个爆款展示区。执行“文件 > 自动 > 联系表 II ”菜单命令，在打开的“联系表 II ”对话框中单击“选取 ...”按钮，打开“浏览文件夹”对话框，选择要导入的图片所在的文件夹，这里选取存储批处理图像的“爆款推荐”文件夹，单击“选择文件夹”按钮，如下图所示。返回“联系表 II ”对话框。如果当前选择的文件夹中包含子文件夹，还需要确定是否要导入该子文件夹中的图片，如果不需要导入，就取消“包含子文件夹”复选框的勾选状态。

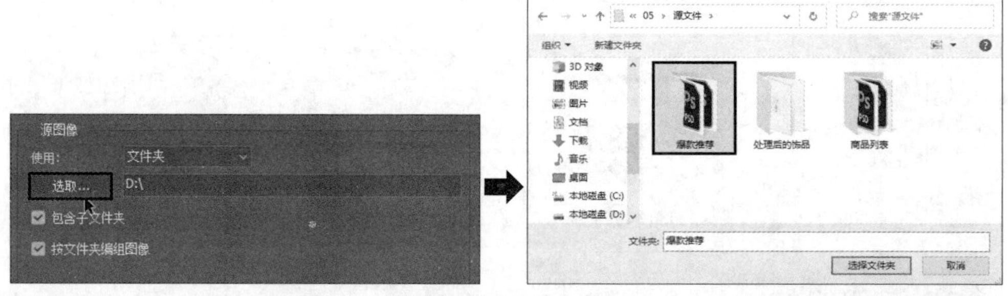

步骤 12 接下来设置爆款商品图片的排列方式。为了突出每个商品，这里采用单列多行的布局方式。由于文件夹中共有 5 个文件，所以设置“列数”为 1、“行数”为 5。设置后还要确定是否对每个图像之间的间距进行修改，如果不好确定图片间距，可以勾选“使用自动间距”复选框，如右图所示。

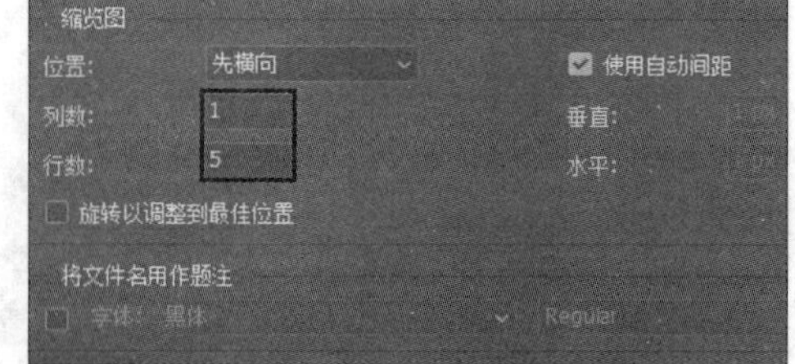

知识扩展 应用“联系表”拼接商品图像时，如果觉得默认的间距不合适，也可以自己定义间距。在更改间距时，Photoshop 会根据设置的间距值对图像进行等比例缩放，以便能在设置的文档中完全显示指定行数和列数的图片。如下左图所示为使用自动间距得到的效果，可以看出图像之间的距离较窄，为了增加垂直方向上两个图像之间的距离，这里取消“使用自动间距”复选框的选中状态，重新对“垂直”间距值进行调整，调整后观察图像，可以看到两个图像之间的间距明显增大，且图像自动缩小了一些，如下右图所示。

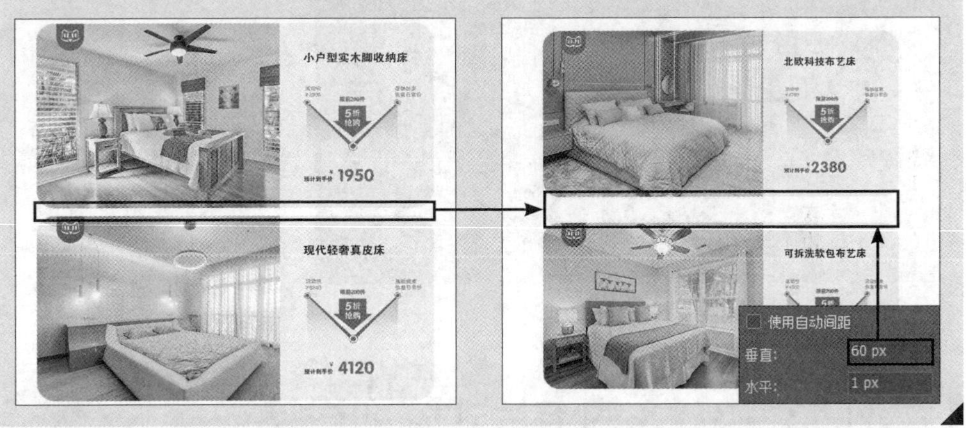

步骤 13 最后还要指定文档的宽度、高度和分辨率。本案例中是以天猫店铺图片宽度为例将“宽度”设为 990 像素，也可以根据自己想要的效果更改宽度值，但要注意宽度最好不超过 1920 像素，否则会导致图像显示不完整。设置好宽度后还要设置文档的高度和分辨率，这里设置“高度”为 2200 像素、“分辨率”为 72 像素 / 英寸，创建联系表文档，如下图所示。

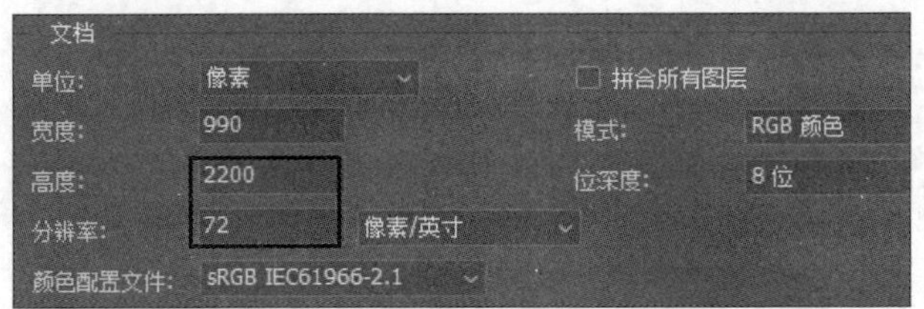

知识扩展 在“联系表 II”对话框中，要根据显示的图片行数来设置新文档的高度，如果行数少，则需要将高度设为较小一些的值；如果行数多，则需要将高度

设为较大一些的值。

当行数比较多，而设置的“高度”值较小时，Photoshop 会自动缩放文档中的图像，以便能在文档中完整显示指定行数的图像。如下图所示，仍然采用 1 列 5 行的布局方式，当把“高度”更改为 1200 像素，通过缩放的方式在文档中排列 5 个图像，虽然图像都能完全显示，但是在图像两侧出现了大量的空白区域。

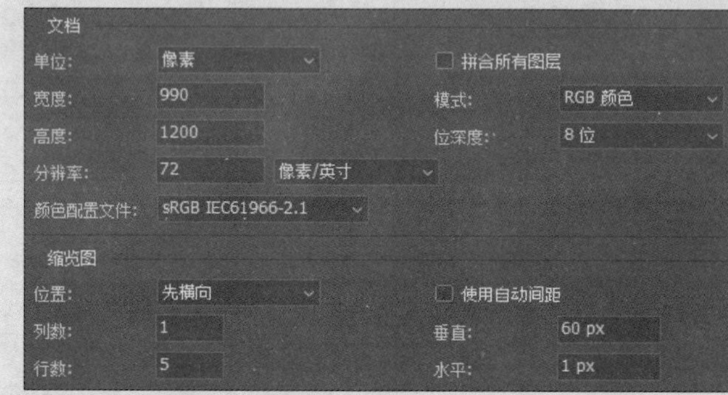

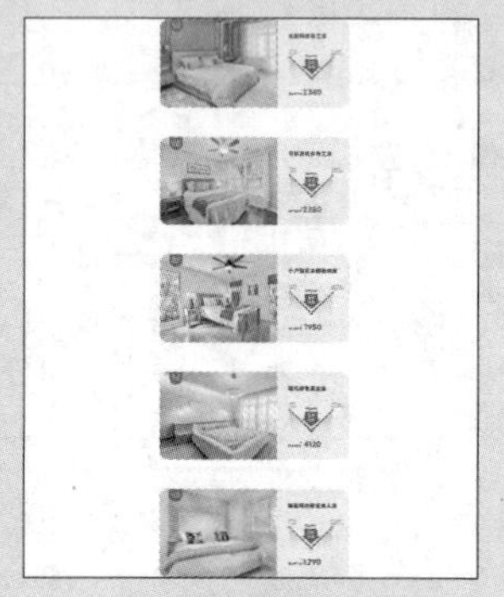

案例 03　3×3 的卡片式陈列设计

◎ 应用场景

小新：最近我们想在店铺首页做个新品展示区，但是需要展示的新品有好几款，怎么将其同时陈列比较好呢？

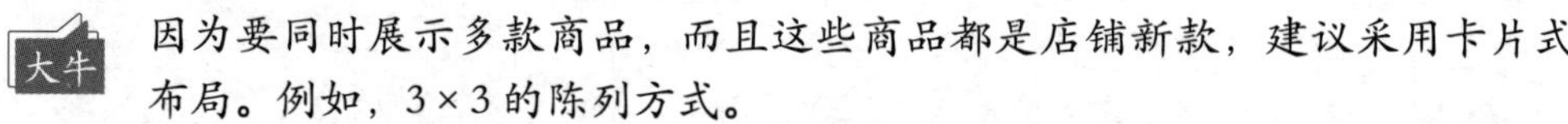

大牛：因为要同时展示多款商品，而且这些商品都是店铺新款，建议采用卡片式布局。例如，3×3 的陈列方式。

小新：如果采用 3×3 的陈列方式，需要保证每个商品图像的宽度、高度一致，那我要怎样才能快速得到一批同等大小的图片呢？能否快速将这些图片拼合在一个页面中？

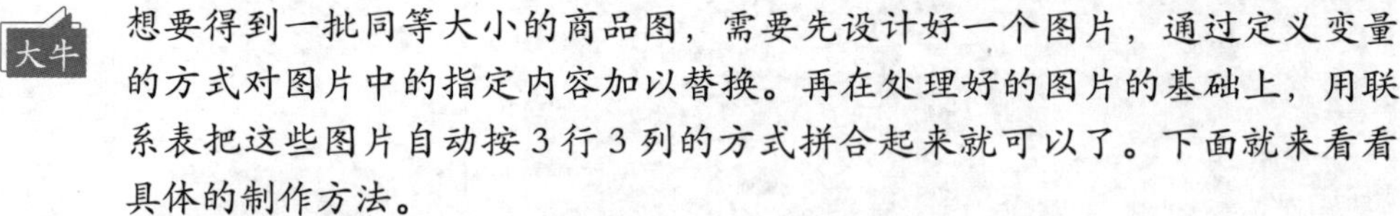

大牛：想要得到一批同等大小的商品图，需要先设计好一个图片，通过定义变量的方式对图片中的指定内容加以替换。再在处理好的图片的基础上，用联系表把这些图片自动按 3 行 3 列的方式拼合起来就可以了。下面就来看看具体的制作方法。

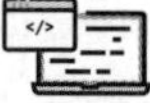

◎　素材文件：实例文件\05\素材\家居\单人扶手藤编沙发.png
◎　源 文 件：实例文件\05\源文件\3×3的规整陈列区设计.psd

◎ 步骤解析

步骤 01　创建一个新文档，设置好新文档的宽度和高度等。选择“矩形工具”，按住 Shift 键和鼠标左键并拖动鼠标，在文档中绘制一个正方形，这个正方形用于控制商品图像的显示区域，如右图所示。

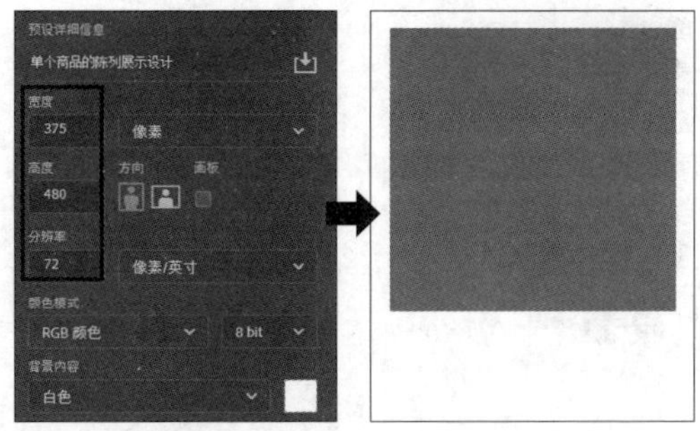

步骤 02　执行“文件 > 置入嵌入对象”菜单命令，将图像置入到矩形上方，得到智能对象图层。为了便于后续定义图像变量时，启用“像素替换”选项进行图片的替换，这里需要右击图层，单击“栅格化图层”命令，对智能对象进行栅格化处理，如下图所示。

步骤 03　执行“图层 > 创建剪贴蒙版”菜单命令，或按下快捷键 Ctrl+Alt+G，创建剪贴蒙版，此时会看到商品图像没有完全显示出来，并且图像上方还会显示步骤 01 中绘制的图形，所以需要将商品图像缩小一些，并向上移动直到遮盖住步骤 01 中绘制的图形为止，如下图所示。

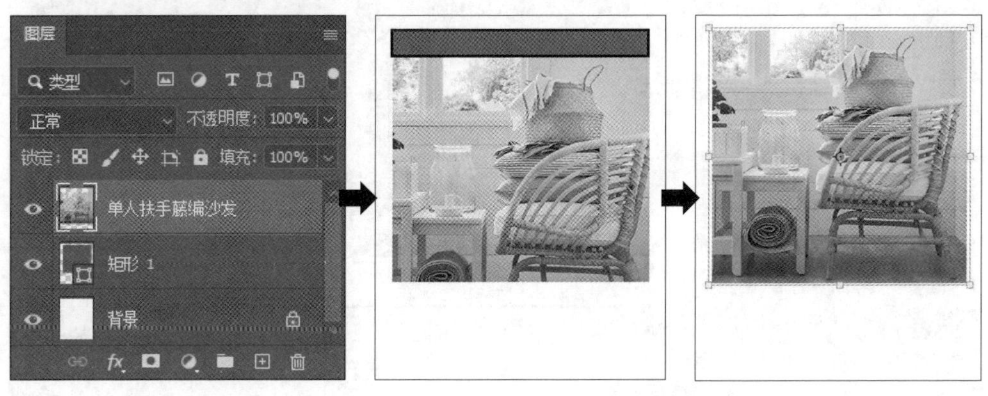

知识扩展 如果要让商品图像以出血的方式展示，在绘制步骤01中的图形时，就要让图形的边缘（除下边缘外）都要对应创建文档的边缘，再通过创建剪贴蒙版来隐藏多余内容，如右图所示。

步骤 04 选择“横排文字工具”在商品图像下方输入商品名称、商品原价及已销售的件数，这里的已销售的件数可以根据店铺后台的实时数据做相应的修改。由于本案例是要做3×3的布局设计，画面中的图片数量较多，为让文字更便于阅读，可以选择工整一些的字体，这里选择的是“思源黑体”，如右图所示。

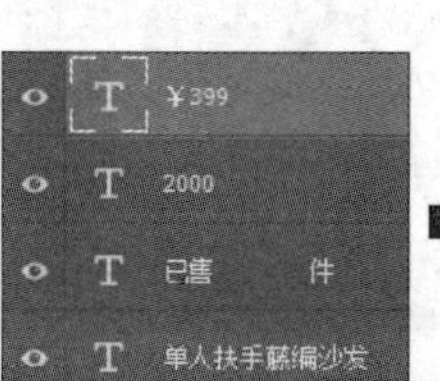

知识扩展 本案例中的商品名称字数相对较少，用一排就能完整地显示出来，但如果商家提供的商品名称字数较多，可能会需要两排或三排才能显示完整。遇到这样的情况，就需要预留足够的空间来显示字数较多的商品名称，避免出现文字堆叠的情况。

如右侧的两图所示，当商品名称字数较多时，前一幅图像不但完整地显示了商品名称，而且还在商品名称下方预留了足够的空间，能够比较明显地区别文字内容的主次，而后一幅图像因为预留空间不足，商品名称与下方的卖点文字挤在一起，整体的美观性和可阅读性不佳。

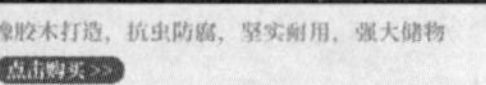

步骤 05　在商品展示图上还需要添加其原价，通过原价与优惠后的价格对比来吸引消费者。使用“矩形工具”绘制一个矩形，使用“横排文字工具”在绘制的矩形上输入折扣价“¥329”及“立即购买”，如下图所示。

步骤 06　最后为引导消费者购买商品，在文字“立即购买”右侧添加一个箭头图形。选择“自定形状工具”，单击选项栏中的“形状”下拉按钮，在展开的面板中选择“箭头”形状组中的“箭头 7”形状，绘制箭头，并将箭头的颜色设置为白色。这样就完成了陈列区中其中一个商品陈列图的设计，如下图所示。

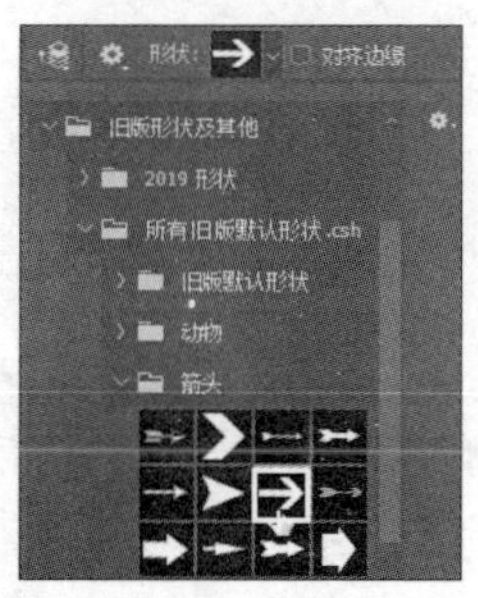

步骤 07　创建工作簿“商品信息”，在工作簿的工作表中录入商品信息，包括商品名、原价、活动价、销量以及相应图片的存储路径等，并将工作簿另存为 CSV 格式的文件，如下表所示。

	A	B	C	D	E
1	商品名	原价	活动价	销量	图片
2	家用双开木质置物柜	¥499	¥429	1200	E:\实例文件\05\素材\家居\家用双开木质置物柜.png
3	开放式实木书架	¥279	¥199	1098	E:\实例文件\05\素材\家居\开放式实木书架.png
4	现代简约小户型电视柜	¥1269	¥1169	2600	E:\实例文件\05\素材\家居\现代简约小户型电视柜.png
5	家用现代简约实木餐桌	¥1299	¥1199	1432	E:\实例文件\05\素材\家居\家用现代简约实木餐桌.png
6	单人扶手藤编沙发	¥399	¥329	2000	E:\实例文件\05\素材\家居\单人扶手藤编沙发.png
7	墙角翻斗式进门鞋柜	¥249	¥209	1320	E:\实例文件\05\素材\家居\墙角翻斗式进门鞋柜.png
8	坐卧两用多功能沙发床	¥1899	¥1759	900	E:\实例文件\05\素材\家居\坐卧两用多功能沙发床.png
9	可调节高度儿童床	¥999	¥899	1110	E:\实例文件\05\素材\家居\可调节高度儿童床.png
10	落地式盆栽置物架	¥199	¥129	1650	E:\实例文件\05\素材\家居\落地式盆栽置物架.png

步骤 08　接下来应用 Photoshop 中的变量和数据组来进行批量处理。在 Photoshop 中打开前面编辑好的“单人扶手藤编沙发 .psd”，执行“图像 > 变量 > 定义”菜单命令，打开“变量”对话框，选择商品图像所在的“单人扶手藤编沙发”图层，勾选“像素替换”复选框，设置变量名为“图片”，选择“填充”方法，如右图所示。

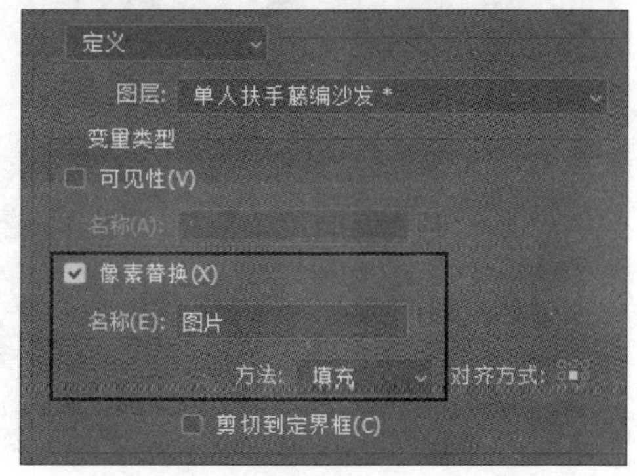

步骤 09 继续使用相同的方法，选择文件中需要变换内容的文本图层，勾选下方的“文本替换”复选框，然后设置变量名称。同样，这里设置的变量名也要与 CSV 文件中的列名统一，否则 Photoshop 不会对数据组和定义的变量进行匹配，如右图所示。

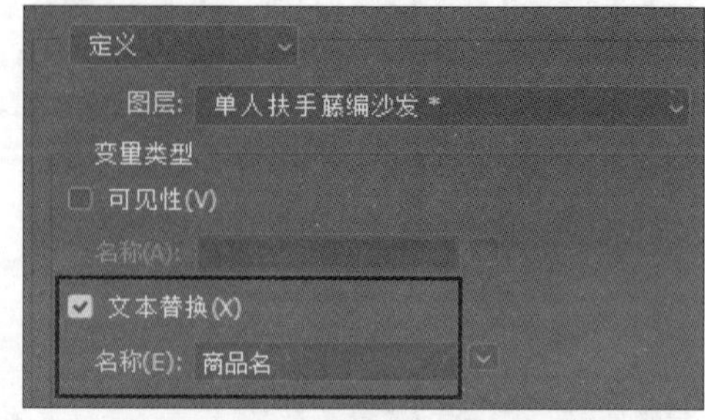

知识扩展 定义变量时，变量名必须以字母、下划线“_”或冒号“:”开头。此外，变量名中不能包含空格或特殊字符，但句点“.”、连字符“-”、下划线“_”和分号“;”除外。

步骤 10 定义好变量后，在“变量”对话框左上角的下拉列表中选择“数据组”，单击“导入...”按钮，在打开的“导入数据组”对话框中，先选择要导入的文件，然后在“编码”下拉列表中选择“自动”，单击“确定”按钮，从指定文本文件中导入数据组，如右图所示。

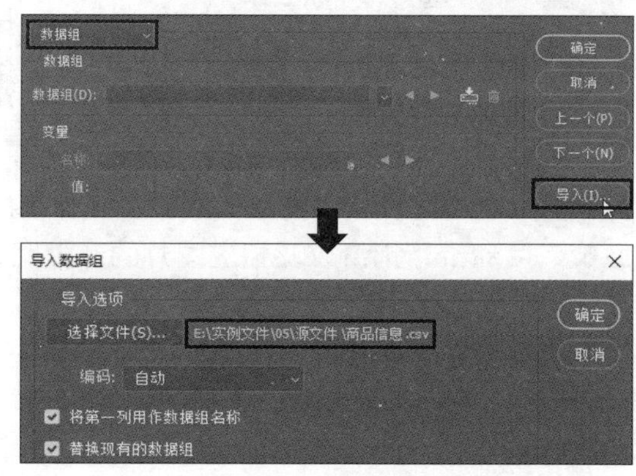

步骤 11 返回“变量”对话框，在对话框下方能看到导入的数据组名称以及数据组中每个变量的值。勾选右侧的“预览”复选框，即可在图像窗口看到替换变量后的画面效果，如下图所示。

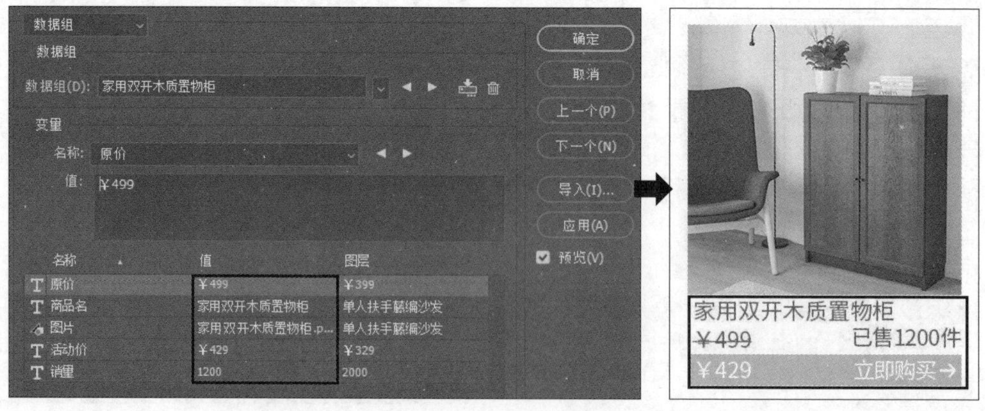

步骤 12　执行“文件 > 导出 > 数据组作为文件”菜单命令，在打开的“将数据组作为文件导出”对话框中指定批量导出文件的存储位置、文件名称，单击“确定”按钮，将数据组批量导出到指定的文件夹中，如下图所示。若要查看批量导出的图片效果，可以利用“图像处理器”把 PSD 格式的文件批量转换为 JPEG 格式。

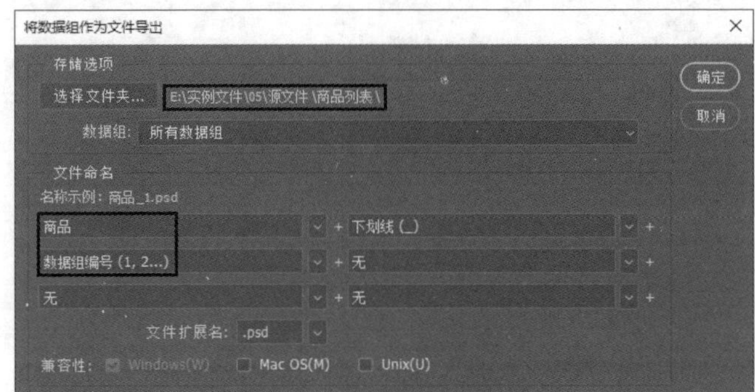

步骤 13　执行“文件 > 自动 > 联系表 II ”菜单命令，打开“联系表 II ”对话框。单击“选取 ...”按钮，打开“浏览文件夹”对话框，选择上一步导出图片所在的文件夹，单击“确定”按钮，如下图所示。

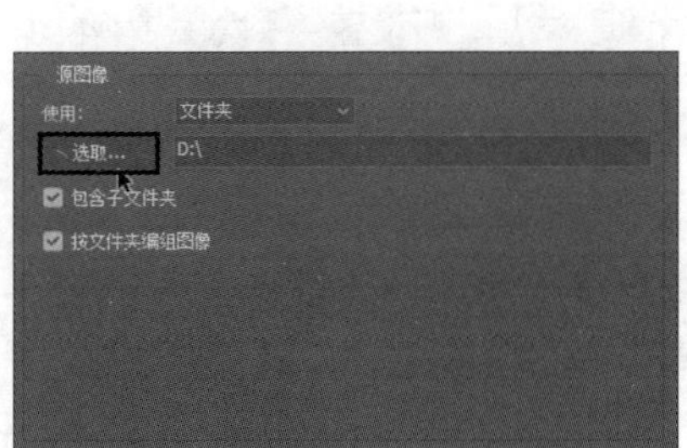

步骤 14　选择要使用的图片文件后，下面设置文档的“宽度”和“高度”。这里参照全屏店招宽度，设置新文档“宽度”为 1920 像素。文档的高度设置要根据展示商品的数量来决定，因为这里我们要把商品分为 3 行展示，为避免由于高度不够，Photoshop 自动等比例缩放文档中的图像，导致商品展示图过小，因此将高度值设置得比宽度值稍大一些，如下图所示。

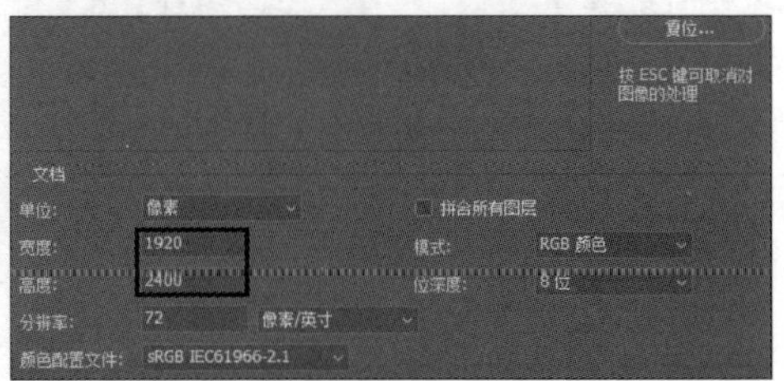

步骤 15 接下来还要设置图像的排版方式，本案例是要设计一个 3×3 的商品陈列展示区，因此在“列数”和“行数”右侧的文本框中均输入数值 3。这里不需要在每个图片下显示其名称，所以还要取消“将文件名用作题注”下方复选框的选中状态，单击“确定”按钮。Photoshop 将自动创建文档并按照设置对图像进行拼版，如下图所示。

知识扩展 如果不想使用 3×3 的布局方式，可以在“列数”和“行数”右侧的文本框中重新输入参数值。例如，若想要使用 2×5 的布局方式，则设置“列数”为 2、“行数”为 5，如下左图所示；若想要使用 4×3 的布局方式，则设置“列数”为 4、“行数”为 3，如下右图所示。

需要注意的是，如果设置的列数与行数的乘积小于文件夹中的图片数量，Photoshop 会按指定的排列方式自动创建多个联系表文档。

步骤 16 为让整个版面看起来更完整，可以对拼版后的画面进行适当调整。创建“颜色填充 1”图层，把填充色设为浅灰色，作为陈列区的背景颜色，然后同时选中用于拼版的图片并等比例缩小后移到所需位置，最后在文档上方绘制图形并输入标题文字，如下两图所示。本案例的最终效果如下图所示。

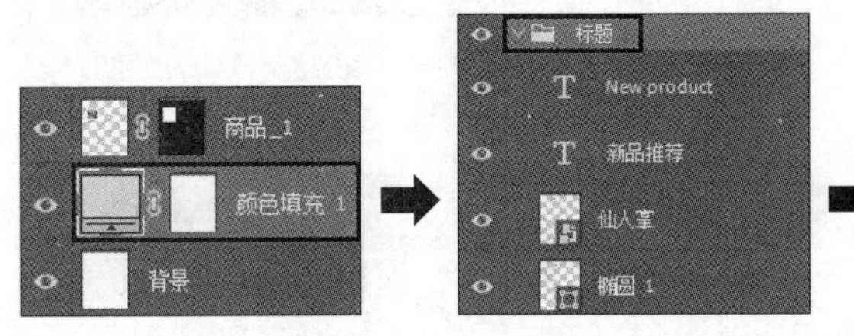

案例 04　系列商品的陈列展示设计

◎ 应用场景

最近我们店铺新上架了一批包包，我想要在店铺首页展示新款包包，但是拍摄的新款图片中既有模特展示图，又有单一商品图，将二者直接混用似乎有点凌乱。牛老师，你有什么好的建议呢？

我建议先按包包的类型进行分类，再按照分类进行陈列，这样效果会比较好。

按分类进行商品陈列展示的主意倒是不错，但是，如果我想要在每个系列中挑选出一款作为该系列的主打款式，在布局时又需要怎么做呢？

我认为主打款式可以用内容更加丰富的模特展示图，其他的同类商品选择单一背景的商品正面图就可以了。这样的陈列方式，不但主次分明，而且能在有限的页面中展示足够多的商品图。模特展示图主要以竖图为主，那么可以采用左右混排的陈列方式。下面来讲解一下具体的制作过程。

◎　素材文件：实例文件\05\素材\女包
◎　源 文 件：实例文件\05\源文件\系列商品的陈列展示设计.psd

◎ 步骤解析

步骤 01 启动 Photoshop，创建一个新文档。这里我们以全屏展示为例，设置新文档的“宽度”为 1920 像素、“高度”为 1070 像素、“分辨率”为 72 像素 / 英寸。

使用“横排文字工具”在文档上方输入类别名称，并设置合适的字体和字号，这里为让文字更易识别，选择简洁且清晰度高的“思源黑体”。使用“矩形工具”在文档下方绘制一个矩形，设置矩形描边颜色为黑色，并在矩形中输入文字“了解更多”，然后使用“自定形状工具”在文字右侧绘制一个箭头图形，如下图所示。

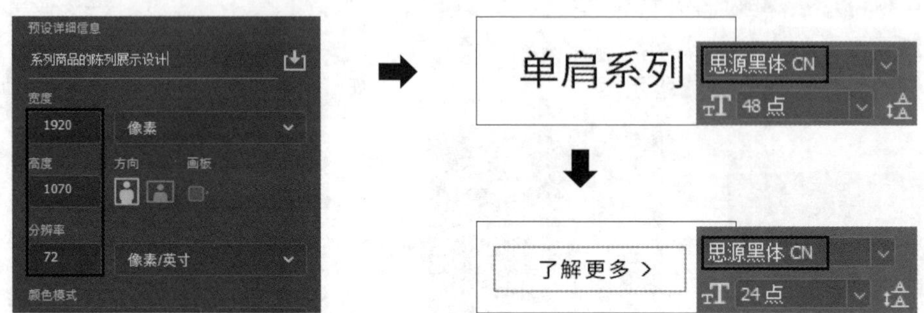

步骤 02 接下来要确定主推商品图像的大小和位置。使用“矩形工具”在文档左侧绘制一个矩形，为矩形填充任意颜色，这个矩形就是要添加的主推商品图像的展示区域。执行“文件 > 置入嵌入对象”菜单命令，将“包包”素材文件夹下的“小香风 - 菱格单肩包”图像置入文档中，对其进行栅格化处理后，创建剪贴蒙版，隐藏矩形外的图像。然后拖动图像，调整位置，让模特所背的包包能完整显示出来，如下图所示。

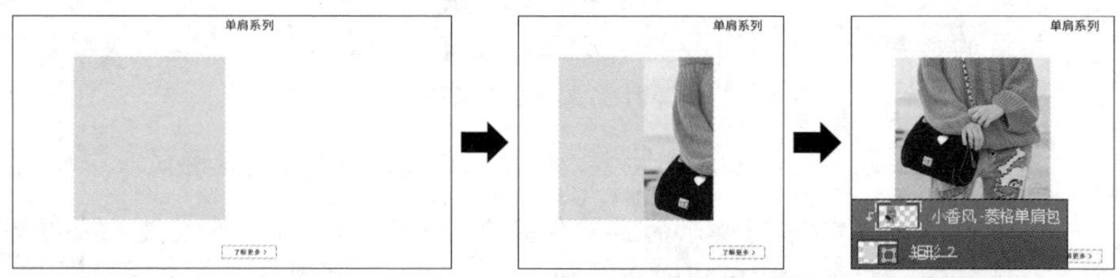

步骤 03 使用“横排文字工具”在添加的图像下方输入主推商品名称。在“图层”面板中按住 Ctrl 键依次单击选中矩形和矩形上方的商品名称文本图层，单击“移动工具”，再单击选项栏中的“水平居中对齐”按钮，对齐图像和文本内容，如下图所示。

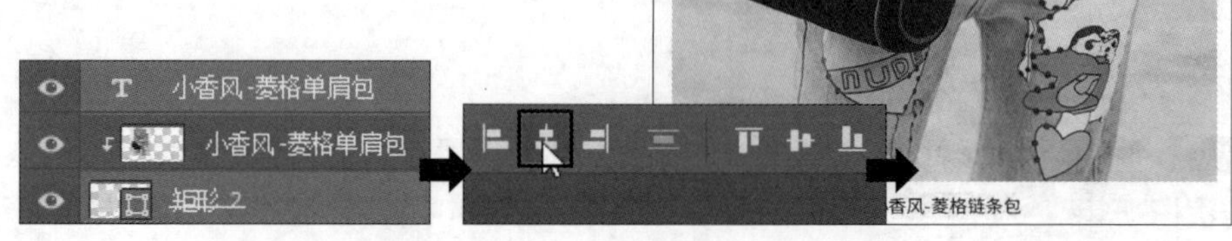

步骤 04 接下来添加另外几款单肩包的图片，如果使用“置入嵌入对象”命令，一次只能置入一张，并且置入后还要分别调整每张图片的大小，所以这里采用更简洁的方法，那就是“将文件载入堆栈”功能。执行“文件 > 将文件载入堆栈”菜单命令，打开“载入图层”对话框，单击“浏览 ...”按钮，打开“打开”对话框，在对话框中按住 Ctrl 键依次单击选中需要添加的几款单肩包图片，再单击“确定”按钮，如下图所示。

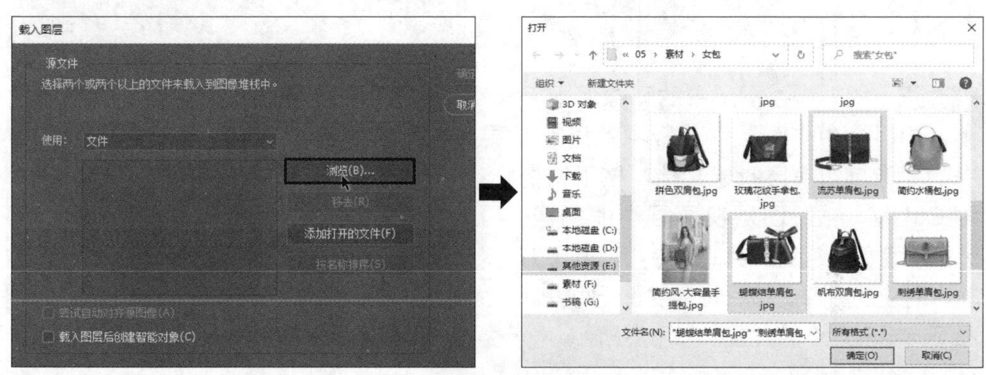

步骤 05 返回“载入图层”对话框，在对话框中的“使用”列表中就能看到导入的图片。如果导入的图片有误，还可以选中它，然后单击“移去”按钮，移除图片，重新选择正确的图片。如果导入的图片无误，单击“确定”按钮，如右图所示。

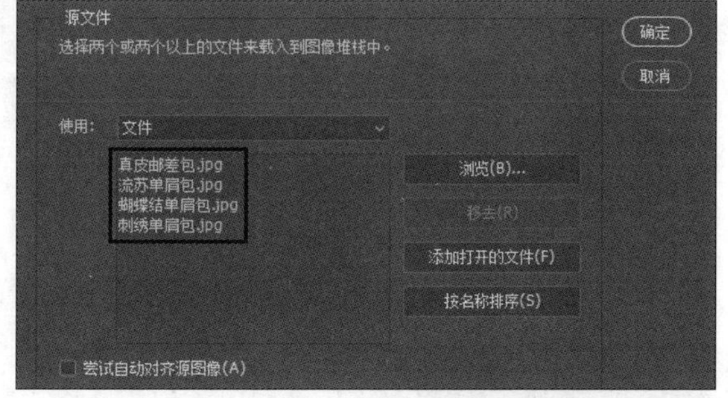

步骤 06 将选中的 4 款单肩包的图片以图层的方式堆栈到一个新文件中，此时在图像窗口中只能看到位于最上面一个图层中的图像。接下来使用“图像大小”命令批量调整各个图层中的图像大小，如右图所示。

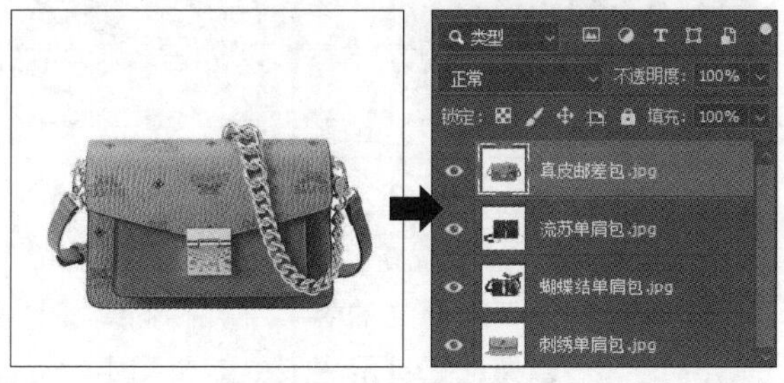

步骤 07 执行“图像 > 图像大小”菜单命令，打开“图像大小”对话框。由于我们使用的是为淘宝店铺处理好的白底主图，图片的“高度”和“宽度”为 750 像素，但二者用在陈列展示图上偏大，需要将其缩小，因此需在“宽度”右侧的文本框中重新输入所需的数值。经过尝试，设置宽度和高度均为 260 像素，单击“确定”按钮，如下页图所示。

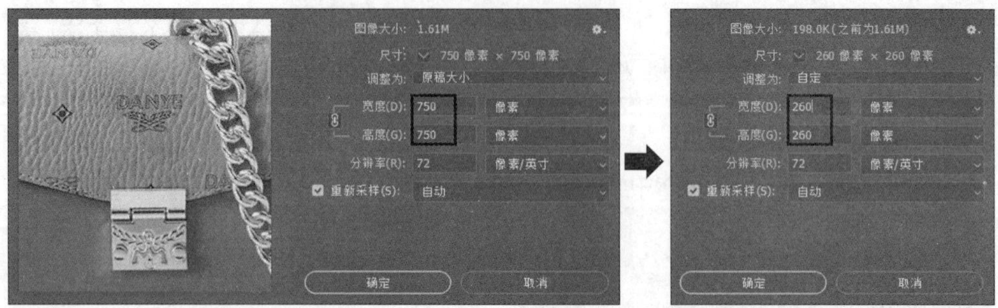

步骤 08 统一调整图层中的图像大小后，需将调整后的图像移到之前新建的文档右侧。同时选中“图层”面板中的所有图层，按下快捷键 Ctrl+C，复制图层及图层中的图像，切换至新建文档，按下快捷键 Ctrl+V，粘贴图层及图层中的图像。分别调整每个包包图像的位置，在其下方输入对应的名称，然后将文字置于每款商品下方相对居中的位置，如下图所示。

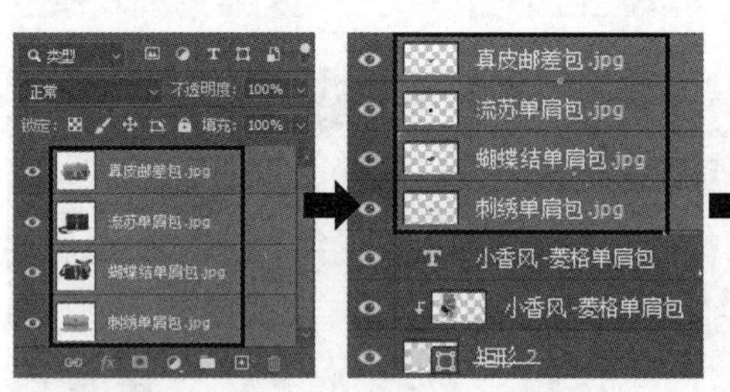

步骤 09 新建 Excel 工作簿，按照包包所属类别在工作表中分别录入每款包包的名称及对应图片的存储路径，再将工作簿另存为“女包 .csv”文件，如下图所示。

	A	B	C	D	E	F	G	H	I	J	K	L	M	N
1	类别	主推商品	主推图片	商品1名称	商品1图片	商品2名称	商品2图片	商品3名称	商品3图片	商品4名称	商品4图片			
2	单肩系列	小香风-菱	E:\实例文件	刺绣单肩包	E:\实例文件	真皮邮差包	E:\实例文件	蝴蝶结单肩	E:\实例文件	流苏单肩包	E:\实例文件\05\素材\女包\流苏单肩包.jpg			
3	手提系列	简约风-大	E:\实例文件	简约水桶包	E:\实例文件	手提饺子包	E:\实例文件	十字纹手提	E:\实例文件	圆扣插带手	E:\实例文件\05\素材\女包\圆扣插带手提包.jpg			
4	双肩系列	学院风-粉	E:\实例文件	帆布双肩包	E:\实例文件	拼色双肩包	E:\实例文件	软皮双肩包	E:\实例文件	锁扣双肩包	E:\实例文件\05\素材\女包\锁扣双肩包.jpg			
5	手拿系列	潮流风-双	E:\实例文件	玫瑰花纹手	E:\实例文件	小熊手拿包	E:\实例文件	珍珠鱼纹手	E:\实例文件	时尚压花手	E:\实例文件\05\素材\女包\时尚压花手拿包.jpg			

知识扩展 在进行商品陈列设计时，商品名称的字数需要相对固定一些。如果实在不能保证每款商品的名称字数相同，那么名称的字数差异也最好控制在 1 ～ 3 个字之间，以保证在批量生成的效果图中，商品名称处于相对居中的位置。如果商品名称字数差异太大，会导致部分文字位置偏移过于明显。

步骤 10 执行“图像 > 变量 > 定义”菜单命令，打开“变量”对话框，本案例中涉及主推商品和同一系列的另外几款商品图的替换，因此需要分别定义变量。首先选择主推商品所在图层“小香风 - 菱格单肩包”，定义变量名称为“主推图片”，这里为保证所有替换图像都能够完全填满矩形所设定的范围，将方法设为“填充”，如下左图所示；再选择右侧第一款商品所在图层“刺绣单肩包 .jpg”，定义变量名“商品 1 图片”，由于前面已经统一设置了图层中的图片大小，所以这里直接用默认的“限制”方法，如下右图所示。

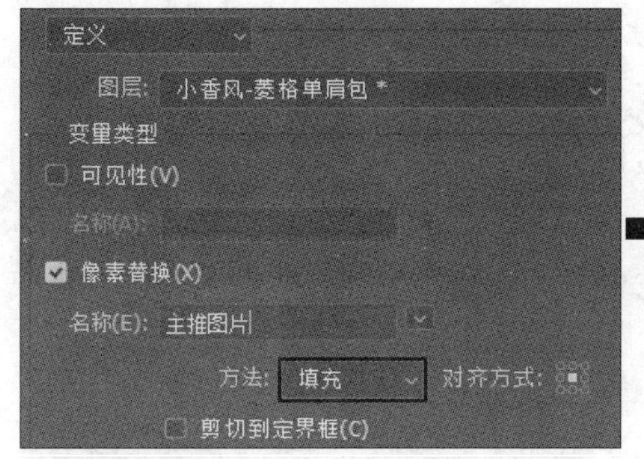

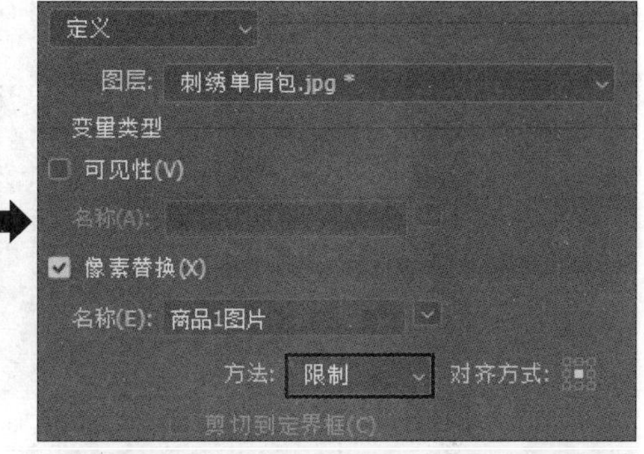

步骤 11 继续使用相同的方法，定义更多的像素替换变量和文本替换变量，同样需要注意定义的变量名要与 CSV 文件中的列名一致。定义变量后，选择“数量组”，单击“导入 ...”按钮，打开“导入数据组”对话框，在对话框中选取之前存储的“女包 .csv”文件，单击“确定”按钮，如右图所示。

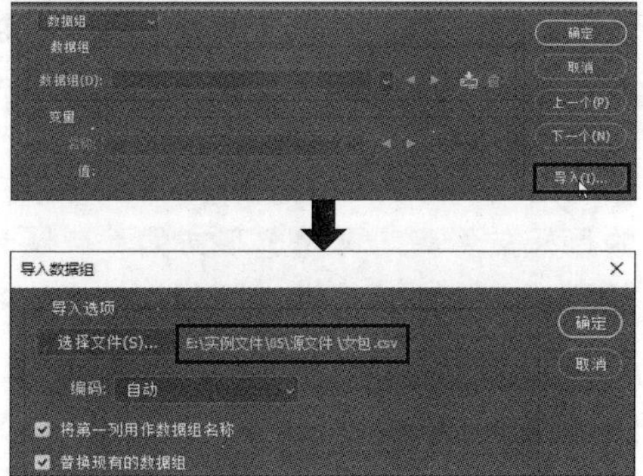

步骤 12 导入“女包 .csv”文件中的数据。导入数据后，在“变量”对话框中的“数据组”选项组中可看到当前选中的数据组，下方“变量”选项组中显示了数据组中每个变量的值，勾选“预览”复选框，可以依次预览每个数据组所对应的图像，检查图片与文字内容是否正确，如果确认无误就单击“确定”按钮，否则需要参照预览图做相应的修改，如下图所示。

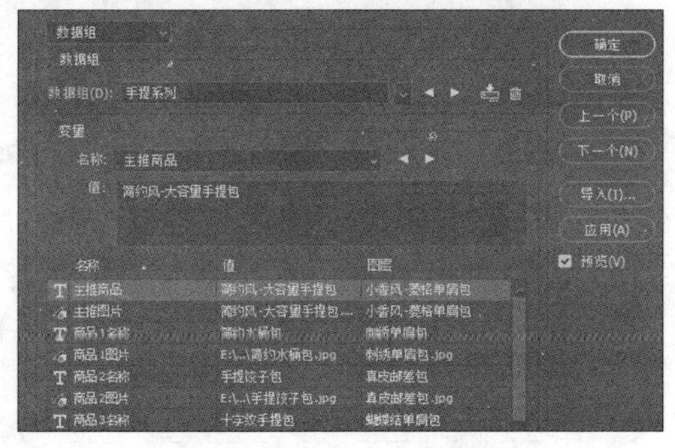

步骤 13 执行“文件 > 导出 > 数据组作为文件”菜单命令，打开“将数据组作为文件导出”对话框，在对话框中先选取存储导出文件的目标文件夹，然后指定导出文件的命名方式，这里为区分每组包的类别，直接选用“数据组名称”作为导入文件名，单击“确定”按钮，如下图所示，即可按包包系列生成分类展示图。

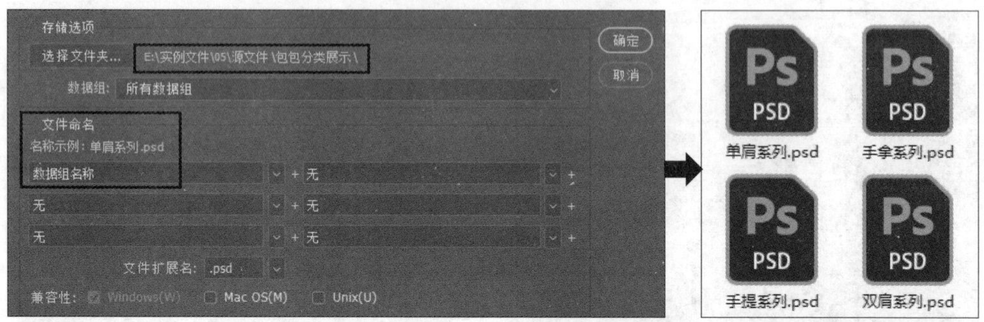

步骤 14 由于通过数据组导出的文件全部为 PSD 格式，不利于查看，因此可以将其转换为 JPEG 格式。执行“文件 > 脚本 > 图像处理器”菜单命令，打开“图像处理器”对话框，选择 PSD 文件所在的目标文件夹，再勾选下方的“存储为 JPEG”复选框，单击“运行”按钮，如右图所示。

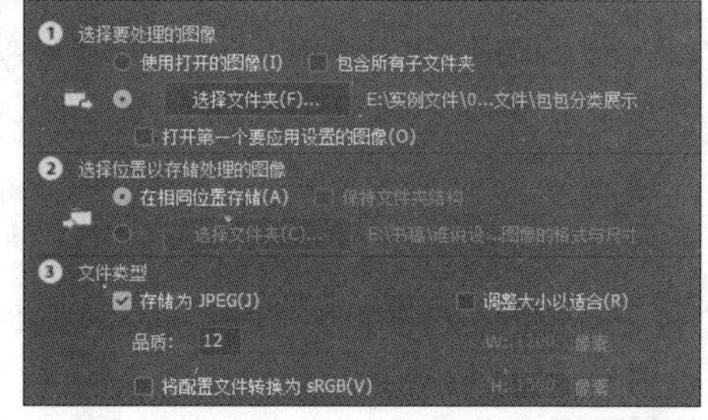

步骤 15 Photoshop 自动将源文件夹中的所有 PSD 格式的文件转换为 JPEG 格式，并保存到目标文件夹中自动创建的“JPEG”文件夹中，如下图所示。

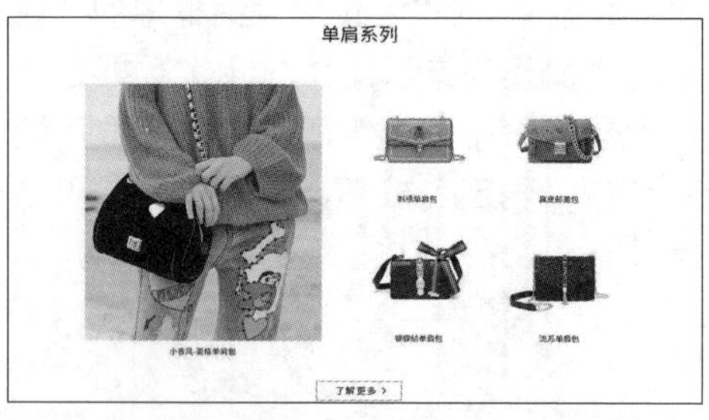

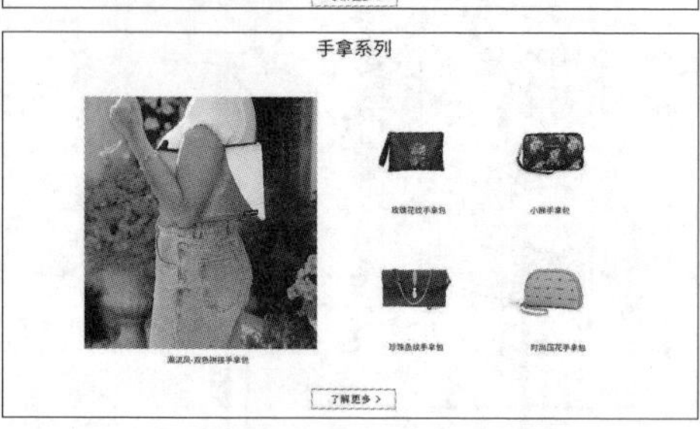

步骤 16 最后我们可以将按系列生成的商品陈列展示图添加到一个文档中，做一个完整的展示设计。执行“文件 > 脚本 > 将文件载入堆栈”菜单命令，将步骤 15 中生成的 JPEG 格式图片以图层的方式加载到一个新文档中，然后执行“图像 > 画布大小”菜单命令，打开“画布大小”对话框，这里要让 4 个系列的图片从上到下依次排列，所以将新文档的高度设置为单张图片高度的 4 倍，如下图所示。更改文档高度之后，分别调整每张图片的大小和位置，并为文档设置一个适合的背景颜色。这样就完成了系列商品的陈列展示，如下图所示。

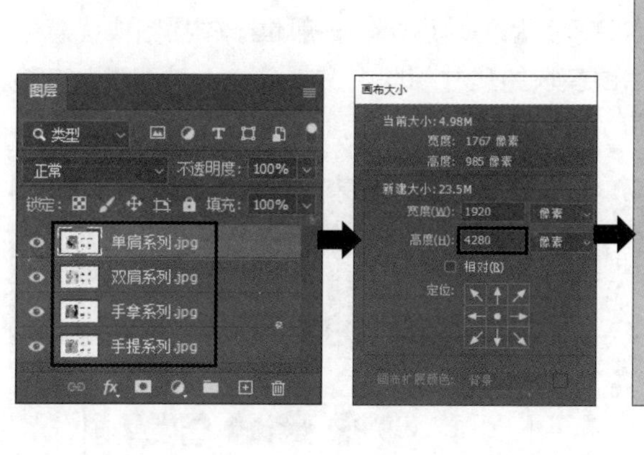

[第 6 章]

分类导航与搭配专区设计

商品分类导航是引导消费者购买的重要模块，而电商后台系统自带的分类模块只能以文本进行显示，比较单一，所以常常需要根据店铺的活动和特色，重新设计美观的商品分类导航模块。分类清晰、井井有条的商品分类可以让消费者很容易找到想要的商品，获得流畅的购物体验，尤其当商品种类繁多时，其作用更为突出。

一、分类导航模块的位置和尺寸

商品分类导航模块在网店中的作用就好比实体店铺中的商品分类指示牌或导购员。商品分类导航大多为店铺主营商品系列的汇总展示，一般位于轮播图或优惠券的下方，如下图所示，其尺寸与轮播图模块的尺寸相同，常规分类导航宽度为 950 像素或 990 像素，全屏分类导航宽度为 1920 像素，高度没有明确的限制。

位于优惠券下方的母婴店铺分类导航

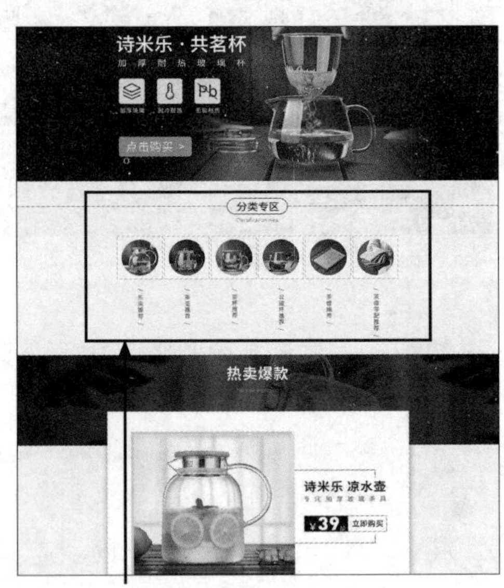

位于轮播图下方的茶具店铺分类导航

二、分类导航模块设计要点

首页中的商品分类导航一般以标签的形式呈现，即“分类图标 + 文字”的组合形式。其制作要求是，在遵循色彩和样式统一原则的前提下，用简单易懂的图标和文字搭配，以便更加清晰、直观地向消费者传达分类信息，引导消费者查看分类，找到对应的商品。因此，商品分类的视觉表现主要体现在分类的布局和分类图标的设计两个方面。

1. 分类的布局。从布局的角度来说，商品分类要遵循简洁、直观、易于区分的原则。对此，网店美工可按照分类数量和分类画面进行划分，每一个部分的大小可自由分配，也可以平均分配；然后通过分隔线、底纹或色块等元素来进行区分，以保证整体画面的统一和规范。下图所示为两个女鞋店铺的商品分类导航图，由于各自的分类采用了不同的布局方式，二者最终呈现出完全不同的视觉效果。

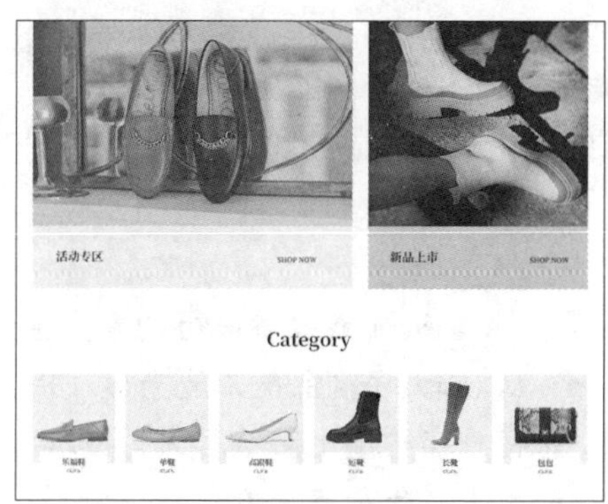

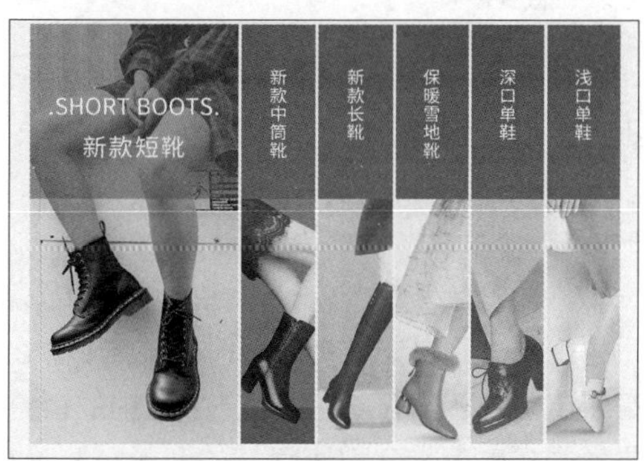

上一章中我们介绍了商品陈列区及相关的布局方式。虽然商品陈列区的布局方式比较多，但是不管哪种布局方式都是更注重商品图片的展示，所以在布局时，每一行展示的商品数目相对较少，如下左图所示。而商品分类导航一般更注重的是每个类目下商品图片与文字的搭配，在布局上也更为灵活，通常会将商品部分的图片缩小或抠取出来分类展示，以便在有限的空间里展示更多的类目信息，如下右图所示。

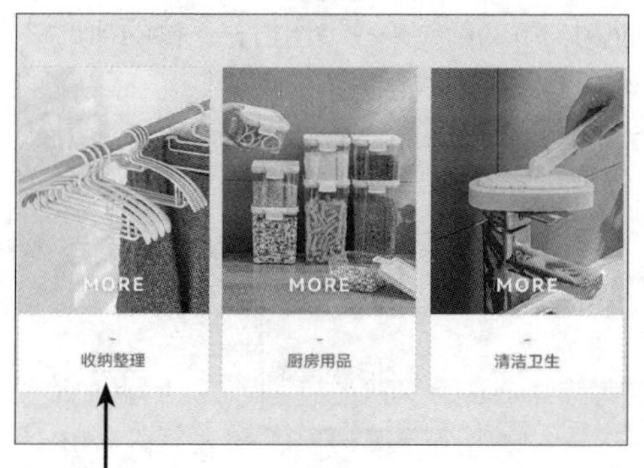

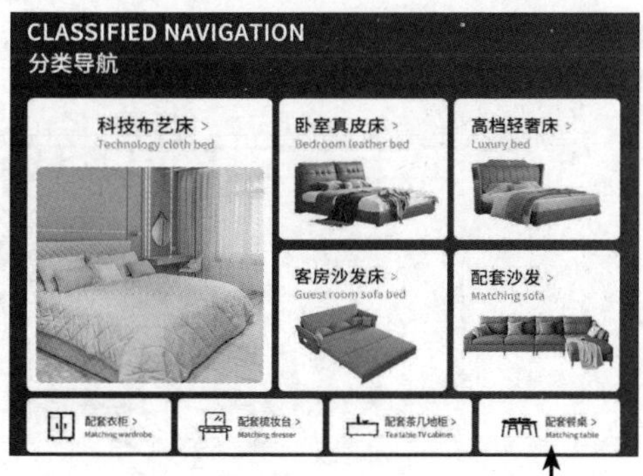

陈列区布局更工整，图片表现方式多为实景展示　分类导航布局较灵活，图片表现方式更多样化

2. 分类图标的设计。分类图标是分类文字的具象化表现，常采用实物图片、轮廓勾勒、外形填充等方式来进行快速设计，以便与商品分类的内容相关联，让消

费者快速识别并接收信息。如下两图所示即为采用不同方式表现的商品分类导航效果。

实例图片，展示商品形象，给人带来真实、可靠的感受。

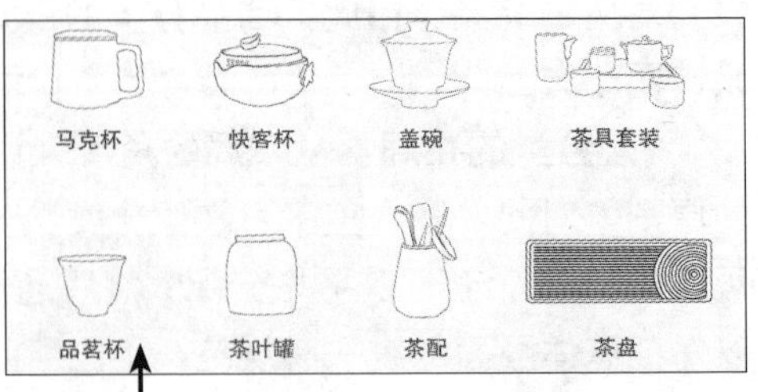

轮廓勾勒，辨识度高，视觉感知上轻松、简洁。

需要注意的是，不管采用哪种方式设计分类图标，图标旁边的分类名称都是必不可少的。分类名称是分类图标的补充，它需要与图标一一对应，便于查看。

三、搭配套餐设计要点

搭配套餐，顾名思义，就是将几种商品组合在一起，搭配成套餐进行销售。通过这个方法可以让消费者同时购买店铺中的多款商品，加大了商品的曝光力度，提高了店铺的转化率，进而提升了店铺的销售业绩，也在一定程度上节约了人力成本。虽然很多电商平台都有默认的套餐搭配功能，但是默认的套餐搭配效果比较单一，想要让搭配套餐更吸引消费者，还需要设计个性化、符合商品特点的宝贝搭配专区设计图。

在进行宝贝搭配专区的设计时，为了让套餐的内容更能吸引消费者的注意、激发消费者的购买欲望，往往需要添加一些装饰元素来营造氛围，表达特定的含义或引导消费者的视线，比较常用的元素有箭头、加号、等号等指示性符号，如下图所示。

使用加号连接捆绑销售的两个商品，既有修饰画面的作用，又能引导消费者的视线

使用向下的箭头来营造出价格下降的视觉感受，更能突出套餐价格的优惠

宝贝搭配专区有两种表现形式，一种是单个商品与其他多个商品之间的叠加销售；另一种是不同商品之间的叠加销售。单个商品与其他多个商品之间的叠加销售，就是以一个商品为基准，再选择多个其他商品与其分别进行搭配组合，如下左图所

示；不同商品之间的叠加销售则是将两个或两个以上的不同商品进行组合，以比整体原价更多的组合价进行销售，如下右图所示。

不管是哪种表现形式，组合的商品之间都会存在一定的联系，如衣服和裤子的组合、相机与镜头的组合等。当然，也可能是一组商品与另外一组商品的捆绑式销售。具体的搭配要根据店铺的商品情况、价格优势等多方面因素进行考虑。

案例 01　制作单一色调的分类导航

◎ 应用场景

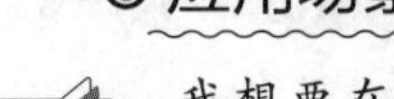

小新：我想要在店铺首页添加一个单一色调的宝贝分类导航，导航中的商品图片采用手绘风格来表现。牛老师，要怎样才能批量将多个商品图片设置为手绘效果呢？

大牛：首先要确定分类导航的色调风格，然后通过录制动作记录下用滤镜将商品图片转换为手绘效果的操作过程，再应用批处理功能就可以将多个商品图片转换为手绘效果了。

小新：使用置入的方式一次只能置入一张处理好的商品图片，并且每次置入商品图片时都要重新调整大小，有没有什么更便捷的方式快速置入多张商品图片？

大牛：若是想要将处理好的多个商品图片一次性置入到设计好的分类导航背景图中，使用“将文件载入堆栈”功能就可以实现。下面来看看具体的操作方法。

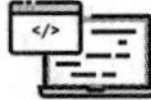

◎ 素材文件：实例文件\06\素材\饰品、导航模板.psd
◎ 源 文 件：实例文件\06\源文件\单一色调的分类导航.psd

◎ 步骤解析

步骤 01 启动 Photoshop，首先要在 Photoshop 中录制转换水印效果的动作。打开“动作”面板，单击面板中的“创建新组”按钮，打开“新建组”对话框，输入动作组名“转换单色调”，单击“确定”按钮，创建一个动作组，如下图所示。

步骤 02 单击“创建新动作”按钮，打开“新建动作”对话框，输入动作名称“饰品处理”，单击“记录”按钮，在“转换单色调”动作组下创建“饰品处理”动作。创建动作后，“动作”面板中的“开始记录”按钮显示为红色，表示正在记录动作，如下图所示。

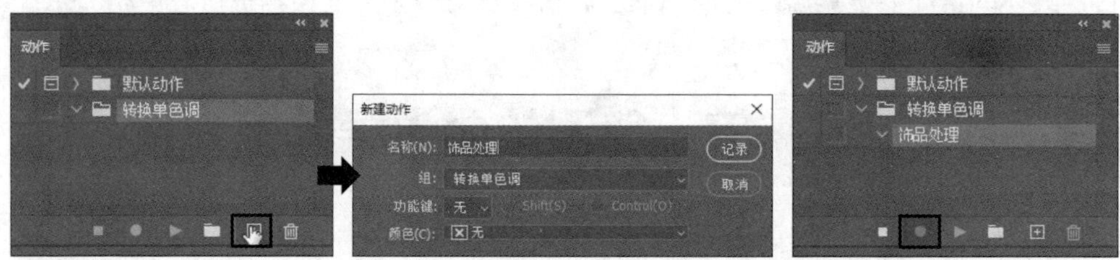

步骤 03 执行“文件 > 打开”菜单命令，打开“饰品”素材文件夹中的任意一幅素材图像，这里打开“戒指 .jpg”图像。执行“选择 > 主体”菜单命令，选中图像中的主体商品部分，如下图所示。

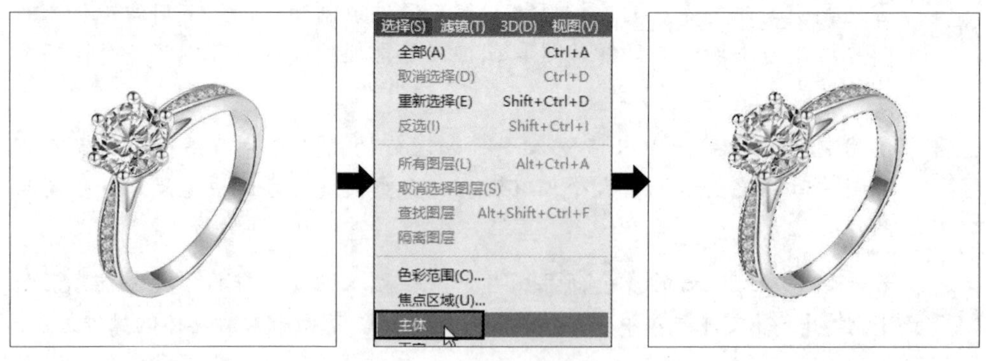

步骤 04 接着抠取主体部分。单击“图层”面板中的“添加图层蒙版”按钮，添加图层蒙版，隐藏主体外的其他部分。右击蒙版缩览图，在弹出的快捷键菜单中单击“应用图层蒙版”命令，将创建的图层蒙版应用至图层，这样就将原图像中的戒指图像抠取出来了，如下图所示。

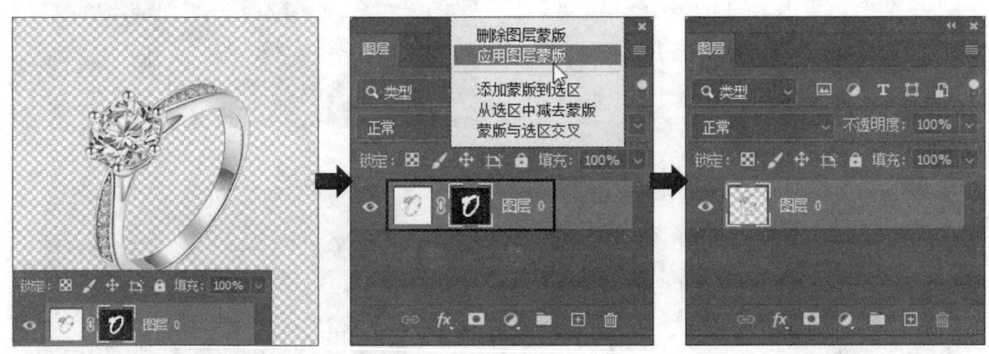

步骤 05 单击工具箱中的“设置前景色”按钮，打开“拾色器（前景色）”对话框，设置前景色为 R65、G132、B104，单击“确定”按钮。再单击“设置背景色”按钮，打开“拾色器（背景色）”对话框，设置背景色为 R246、G253、B212，单击“确定”按钮，如下图所示。

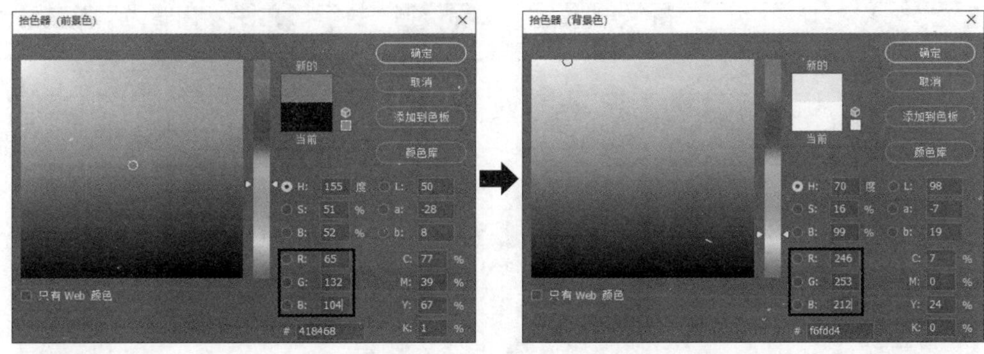

步骤 06 执行“滤镜 > 滤镜库”菜单命令，在打开的对话框中选择“素描”滤镜组下的“影印”滤镜，设置“细节”为 24、“暗度”为 50，如下图所示。单击“确定”按钮，模拟影印图像的效果，如右图所示。如果觉得影印效果不适合自己的商品分类，也可以在“滤镜库”中选择其他的效果。

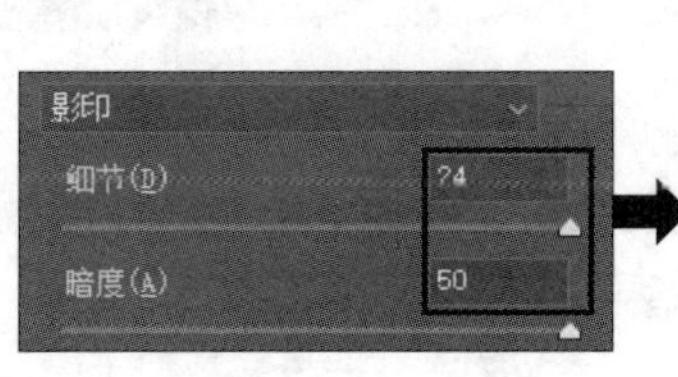

步骤 07 执行“图像 > 图像大小”菜单命令，打开“图像大小”对话框，在对话框中将图像的“宽度”设为 110 像素，Photoshop 根据设置的宽度值自动将“高度”也更改为 110 像素，设置后单击“确定”按钮，如右图所示。

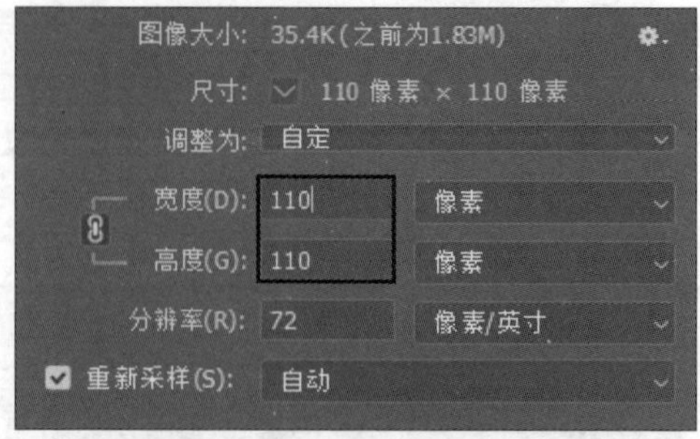

知识扩展 如果不能确定分类图片的大小，在录制动作的时候也可以不录制调整图像大小这一操作，等后面确定了商品图片的大小后再补录该操作。补录方法是选中调整大小的前一步操作，以本案例为例就是“滤镜库”这步操作，选择后单击“动作”面板中的“开始记录”按钮，录制操作，录制完后单击“停止播放 / 记录”即可，如右图所示。

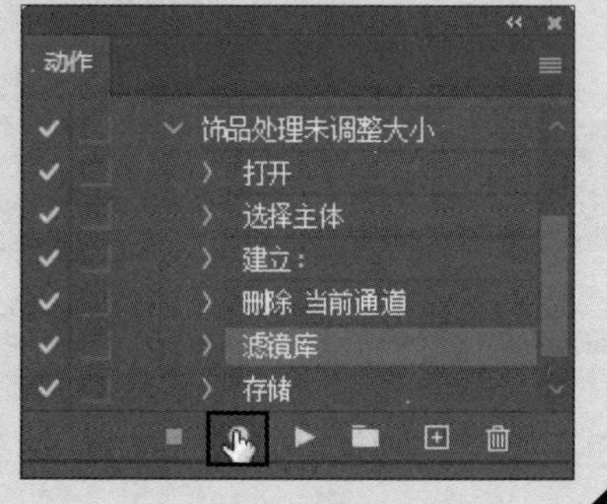

步骤 08 执行“文件 > 存储为”菜单命令，打开“另存为”对话框，更改文件的存储位置，单击“保存”按钮，将编辑后的饰品图像存储为 PNG 格式，如下图所示。

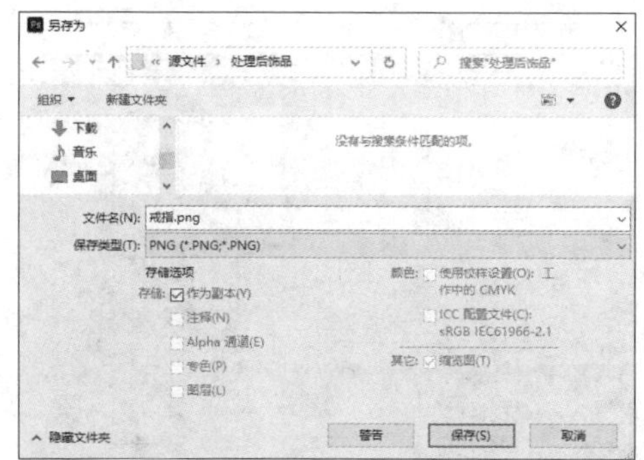

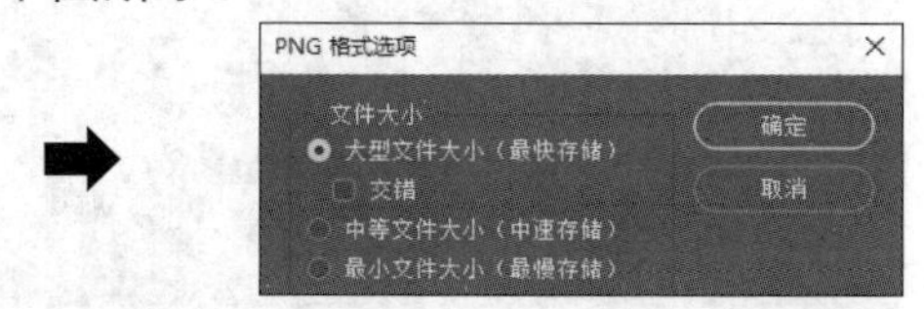

步骤 09 返回“动作”面板，单击“停止播放 / 记录”按钮，停止记录动作。在“动作”面板中能看到记录的所有操作过程，如右图所示。

步骤 10 执行“文件 > 自动 > 批处理”菜单命令，打开“批处理”对话框，在对话框中先选择需要批量处理的源文件夹，再选择存储处理后图像的目标文件夹，设置后单击“确定”按钮，如下页图所示。

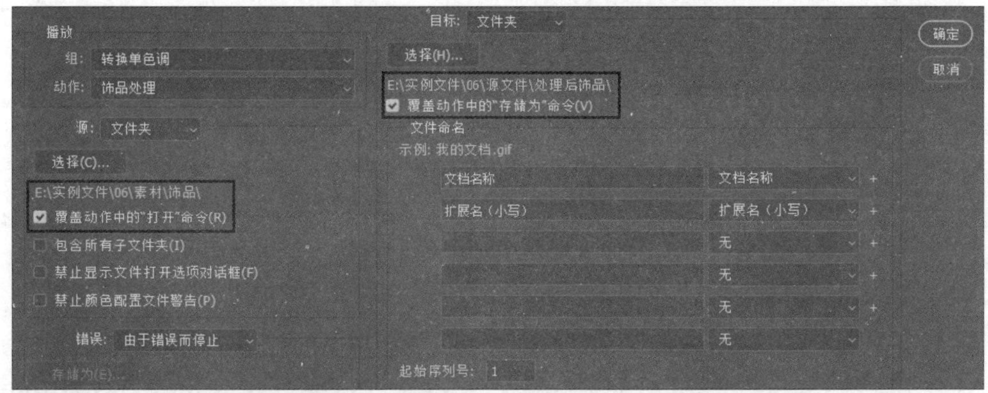

步骤 11　Photoshop 将自动根据创建的动作，批量自动处理源文件中的图像，将图像转换为影印效果后，存储到设置的目标文件夹中，如右图所示。

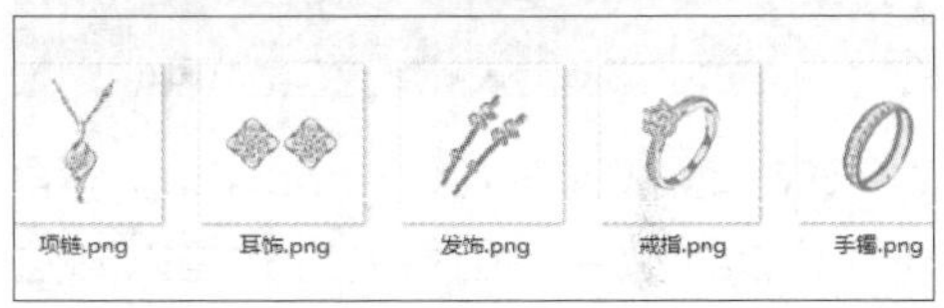

步骤 12　打开“导航模板 .psd”文件，在图像窗口中会显示打开的文件效果。接下来根据模板的布局，添加前面处理好的饰品图像，如右图所示。如果觉得分类导航模板布局不合适，也可以在 Photoshop 中先对它做进一步的调整。

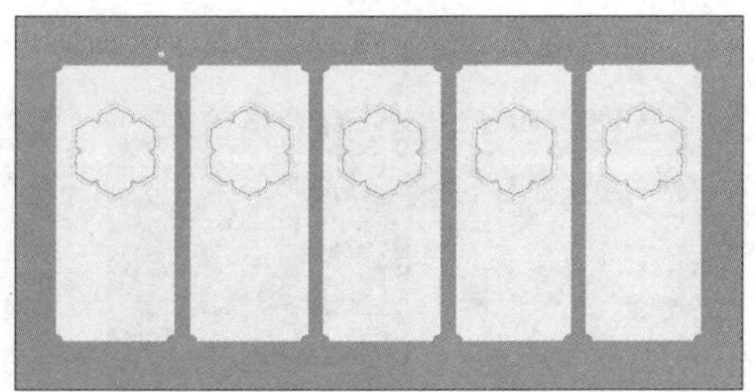

步骤 13　执行“文件 > 脚本 > 将文件载入堆栈”菜单命令，打开“载入图层”对话框。如果要导入文件夹中指定的几个文件，在“使用”下拉列表中选择“文件”；如果需要导入文件夹中的所有文件，则在“使用”下拉列表中选择“文件夹”。这里要载入“处理后饰品”文件夹中的所有文件，所以在“使用”下拉列表中选择了“文件夹”，单击“浏览 ...”按钮，打开“选择文件夹”对话框，在对话框中选中“处理后饰品”文件夹，单击“确定”按钮，如下图所示。

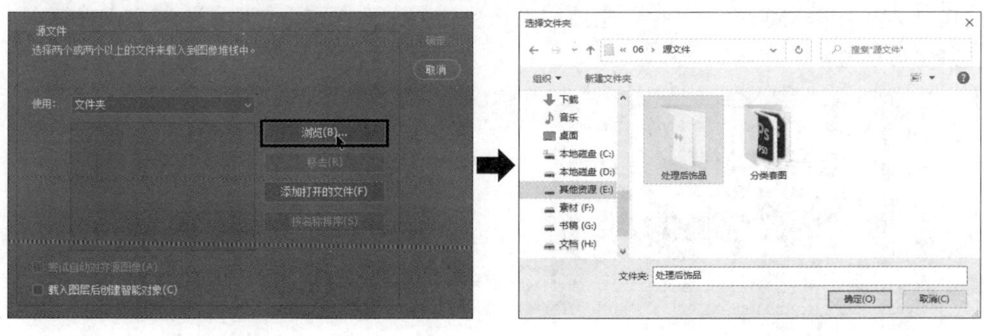

步骤 14 此时“处理后饰品”文件夹中的所有文件都被添加到了“使用”下方的列表中。由于要使用步骤 12 中打开的“导航模板 .psd”文件作为背景，所以还要单击“添加打开的文件”按钮，将“导航模板 .psd”文件也加入到“使用”列表中，单击“确定”按钮，如下图所示。

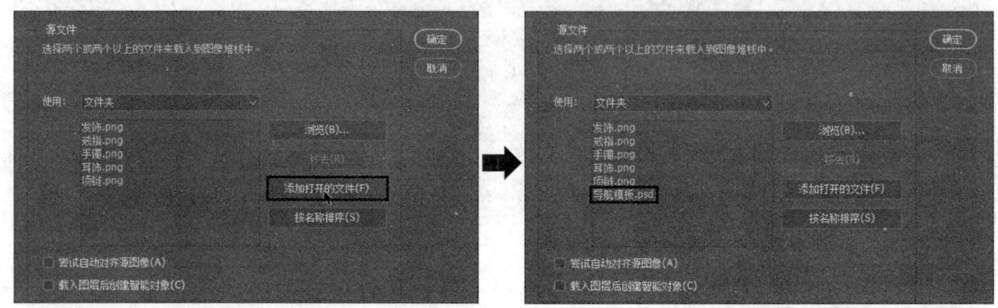

步骤 15 确认设置后，Photoshop 会自动创建一个新文档，并将“使用”列表中所有添加的文件以图层的方式置入到这个新文档中。此时只需要使用“移动工具”把图像分别移到所需位置，并应用“直排文字工具”输入饰品所对应的分类名称即可，如下图所示。

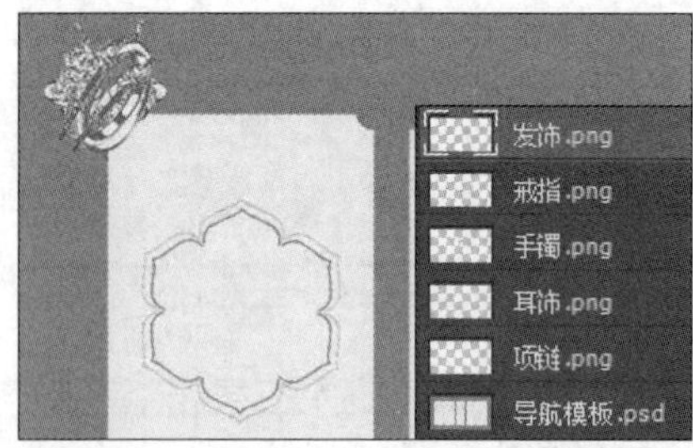

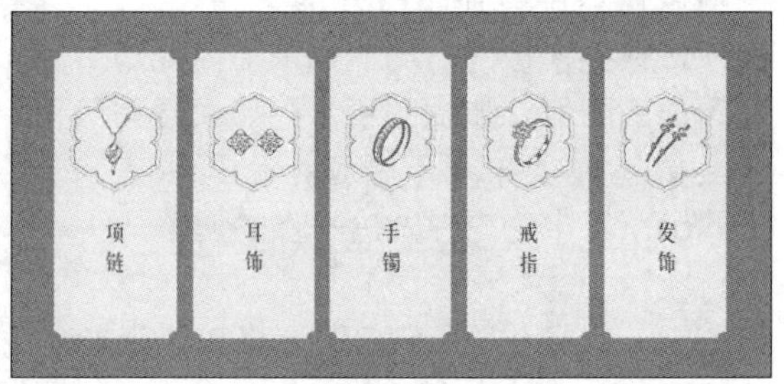

知识扩展 若是录制的动作中没有调整大小这一步操作，那么我们在应用“将文件载入堆栈”功能载入文件时，生成的新文件下方会出现透明的背景，如下左图所示。这是因为“将文件载入堆栈”载入文件时，会选择所有文件中最大的宽度和高度值作为新文件的宽度和高度值。打开“导航模板 .psd”文件，执行“图像 > 图像大小”菜单命令，可看到文件的“宽度”为 990 像素、“高度”为 515 像素，如下右图所示。

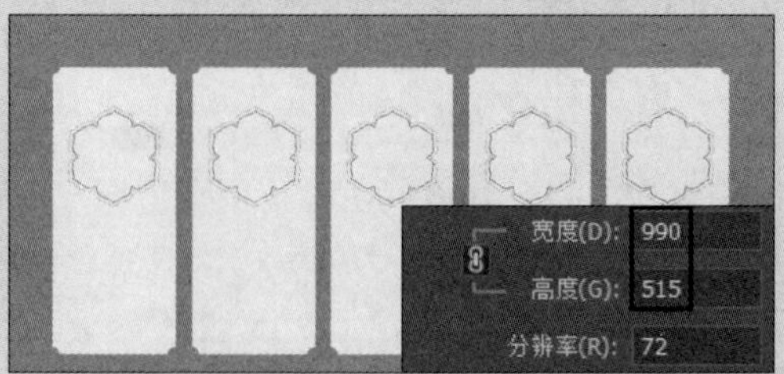

打开其中一张已应用动作处理但未调整大小的饰品素材，执行“图像 > 图像大小”菜单命令，可看到文件的“宽度”和“高度”都为 800 像素，如下左图所示。结合上页“导航模板 .psd”图像高度和宽度，确定应用“将文件载入堆栈”功能生成的新文件“宽度”为 990 像素、“高度”为 800 像素，如下右图所示。此时需要在新文件中分别调整商品图像的大小，并且还要裁掉多余的背景，操作起来更为复杂，因此建议还是在动作中批量调整商品图像的大小后再载入文件。

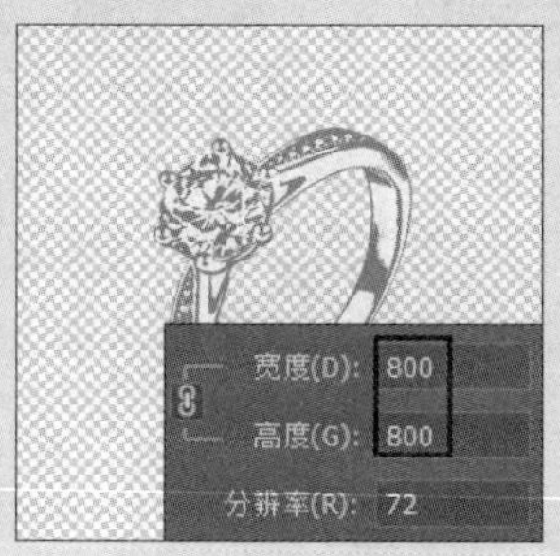

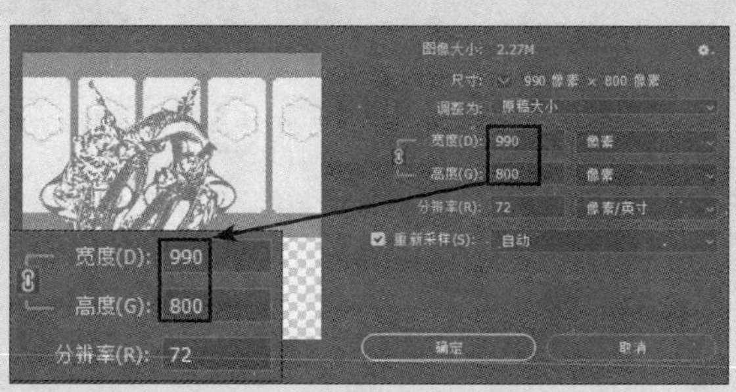

案例 02　批量替换，快速生成商品分类图

◎ 应用场景

我们新开了一家经营寝具的淘宝店铺，为了提升店铺的美观度与消费者的体验度，想要在店铺首屏位置使用分类导航模块，并且分类导航模块中的分类图片需要用商品实物图来表现，如下图和下页图所示。由于店铺中的商品分类比较多，且每个分类的类别名称和商品图片也不一样，逐张制作又太耗费时间了，有没有什么方法能够快速制作多个商品分类图片呢？

如果每个分类图片的字体大小和排版方式都是相同的，那么可以把第一个分类图片做好之后，再通过定义变量的方式，替换这个分类图片中的商品图和分类名称，即可快速得到多个不同类别的商品分类图片。下面我们就来看看详细的制作过程。

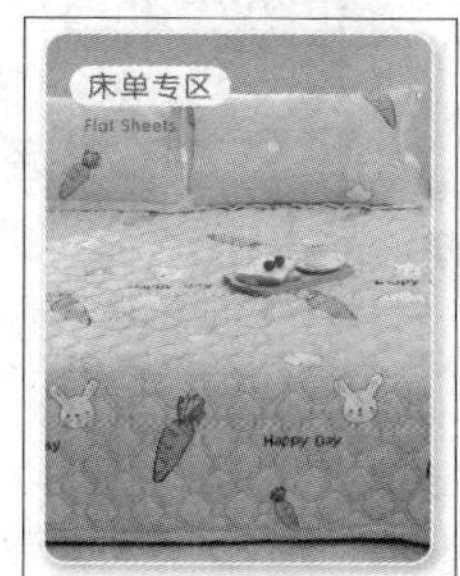

◎ 素材文件：实例文件\06\素材\寝具
◎ 源 文 件：实例文件\06\源文件\寝具分类套图

◎ 步骤解析

步骤 01 启动 Photoshop，创建一个新文档，制作单个商品分类图。使用“矩形工具”在文档中绘制一个圆角矩形，为圆角矩形填充颜色，然后为图形添加描边效果，描边宽度为 4 像素，以加强轮廓，修饰图形，如右图所示。

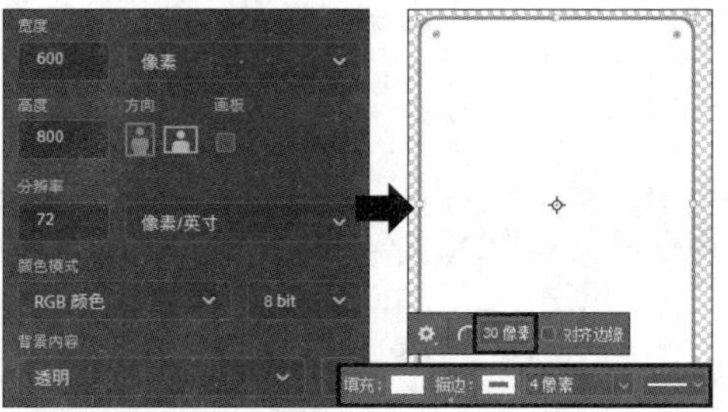

步骤 02 执行“文件 > 置入嵌入对象”菜单命令，将“寝具”文件夹中的一张素材图像置入到文档中，这里置入的是“被芯”图像。本案例需要让每个商品图像显示的范围一致，因此在置入图像后先对图像进行栅格化处理，再按下快捷键 Ctrl+Alt+G，创建剪贴蒙版，只显示圆角矩形范围内的这部分图像，如下图所示。

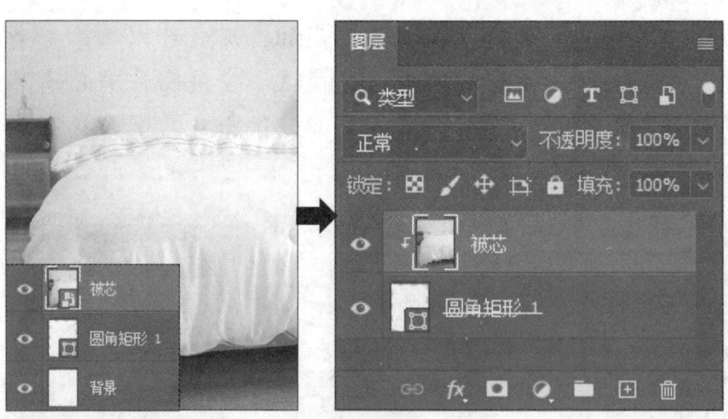

步骤 03 双击圆角矩形所在图层，打开“图层样式”对话框，单击并设置“投影”样式，增加图像的立体感。使用“圆角矩形工具”在商品图像左上角再绘制一个白

色的圆角矩形，输入与图片对应的类别信息，完成单个分类图的处理，如下图所示。

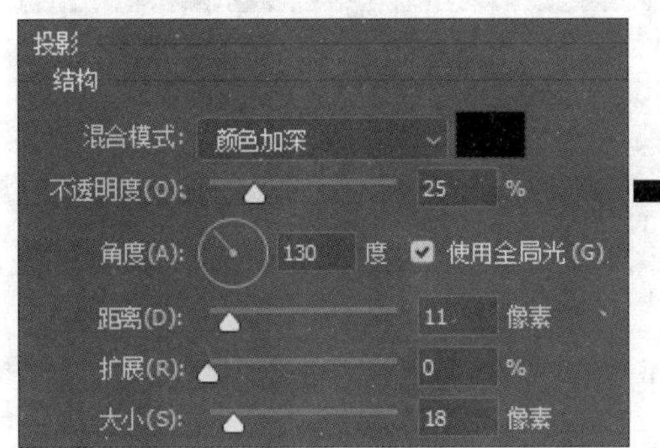

步骤 04 接下来通过替换图像和文字批量生成更多的商品分类图像。在替换图像和文字前，先在 Excel 工作簿的工作表中录入商品分类信息及对应的商品图像的路径，路径为当前计算机中存储商品图像的路径，如下图所示。录入数据信息后，将文件存储为 txt 格式或 CSV 格式，这里另存为 txt 格式文件。

	A	B	C
1	分类	英文表达	商品图
2	被芯专区	Duvet Inserts	E:\实例文件\06\素材\寝具\被芯.jpg
3	被套专区	Duvet Covers	E:\实例文件\06\素材\寝具\被套.jpg
4	靠枕专区	Cushions	E:\实例文件\06\素材\寝具\靠枕.jpg
5	枕芯专区	Pillows	E:\实例文件\06\素材\寝具\枕芯.jpg
6	枕套专区	Pillowcases	E:\实例文件\06\素材\寝具\枕套.jpg
7	床单专区	Flat Sheets	E:\实例文件\06\素材\寝具\床单.jpg
8	床笠专区	Fitted Sheets	E:\实例文件\06\素材\寝具\床笠.jpg
9	床垫专区	Mattresses	E:\实例文件\06\素材\寝具\床垫.jpg

步骤 05 返回 Photoshop，根据录入的分类数据定义变量。执行"图像 > 变量 > 定义"菜单命令，打开"变量"对话框，定义变量。在"图层"下拉列表中选择要变换的图层，然后设定变量名称，同样注意变量要与数据表中的列名一致，即分别为"商品图""分类"和"英文表达"，如下图所示。本案例中我们需要缩放寝具图像以填满下方的圆角矩形，所以在定义像素替换的变量时，将方法选择为"填充"。

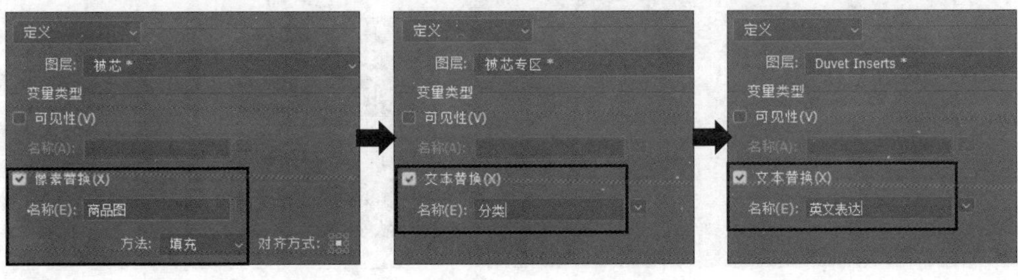

步骤 06 在“变量”对话框左上角的列表中选择“数据组”，单击“导入 ...”按钮，打开“导入数据组”对话框，单击“选择文件 ...”按钮，选择要导入的数据文件，这里选择的是步骤 04 中存储的“寝具分类套图 .txt”文件，选择对应的“Unicode(UTF-16)”编码格式，单击“确定”按钮，如右图所示。

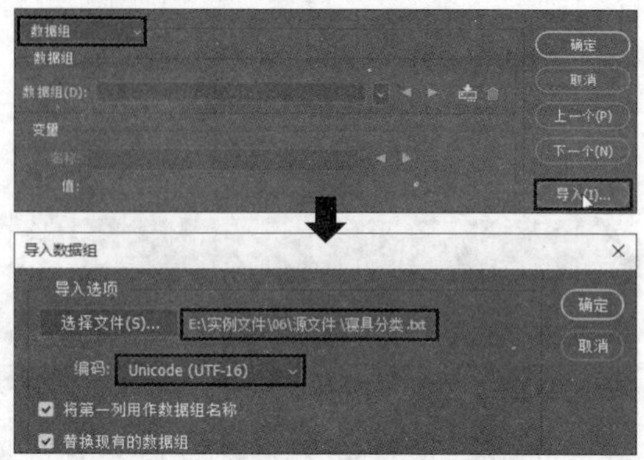

步骤 07 从文件中导入数据组，自动更改变量的值，生成不同的商品分类图片。勾选“预览”复选框，预览通过导入数据组生成的商品分类图片，如下图所示，确认无误后直接单击“变量”对话框中的“确定”按钮。

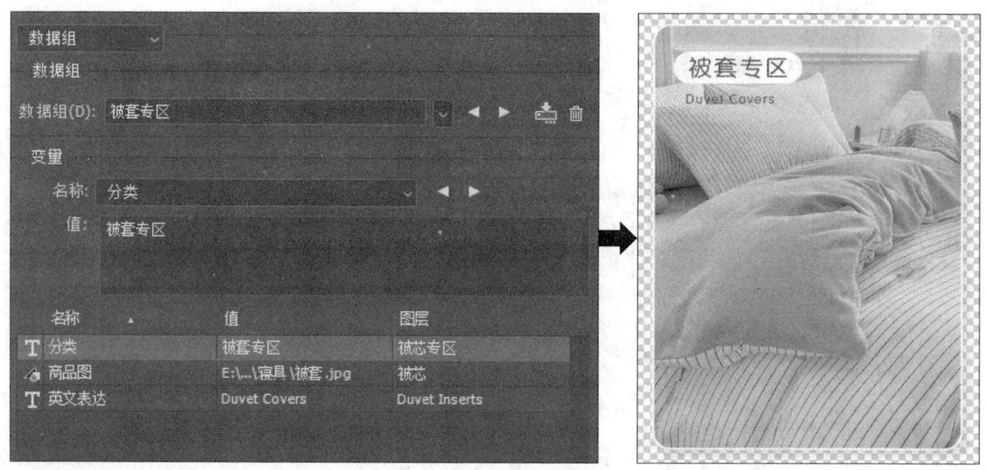

步骤 08 执行“文件 > 导出 > 数据组作为文件”菜单命令，打开“将数据组作为文件导出”对话框，在对话框中指定批量导出文件的存储位置、文件名称，单击“确定”按钮，导出为多个 PSD 文件，如下图所示。

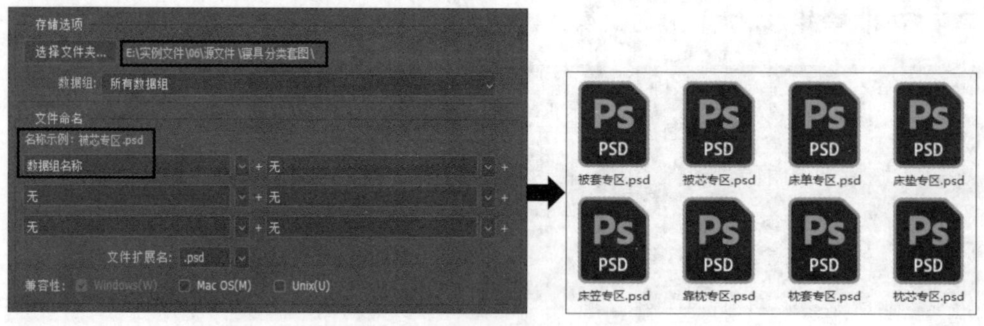

知识扩展 如果想要替换为不同的商品分类，操作方式也比较简单。只需要使用记事本打开数据信息，更改信息和图片地址，再通过导入数据组就能快速进行商品图片和分类信息的更改。右图所示即为将之前的商品分类替换为玩具的商品分类效果。

玩具分类.txt - 记事本

文件(F)　编辑(E)　格式(O)　查看(V)　帮助(H)

分类	英文表达	商品图
积木玩具	Construction toys	E:\实例文件\06\素材\玩具\积木玩具.jpg
玩沙工具	Play sand tools	E:\实例文件\06\素材\玩具\玩沙工具.jpg
戏水玩具	Water toys	E:\实例文件\06\素材\玩具\戏水玩具.jpg
电动玩具	Electric toys	E:\实例文件\06\素材\玩具\电动玩具.jpg

案例 03　制作整洁的商品分类导航

◎ 应用场景

在上一个案例中，我已经采用你介绍的方法制作好了每个类别对应的分类图标，如果我要把这些制作好的图标添加到一个文件中，得到一个整洁、分类清晰的分类导航，又应该怎么处理呢？

操作很简单，只需要将制作好的商品分类图片批量导入就可以了。

我尝试了使用 Photoshop 中的“将文件载入堆栈”命令来批量导入这些分类图片，但是导入后出现一个问题，我导入的图片原本的背景是透明的，但导入后全部变为白底背景了，是不是方法不对？

造成这个情况是因为用“将文件载入堆栈”导入文件时，会自动把 PSD 格式的文件转为 JPEG 格式文件。如果你想要保留透明背景，需要先把所有的 PSD 文件转存为 PNG 格式之后再导入，或者是手动编写一个批量导入文件的脚本来实现。这里建议使用操作起来更加方便的脚本来实现。下面就来介绍具体的操作方法。

◎　素材文件：实例文件\06\素材\寝具分类套图
◎　源 文 件：实例文件\06\源文件\分类导航设计.psd
◎　代码文件：实例文件\06\代码文件\批量导入PSD文件.jsx

制作导航图前先来编写脚本，在脚本中需要从指定的文件中获取所有商品的分类文件，并打开获取的文件将其复制到剪贴板，然后在当前活动文档中创建一个新图层，把剪贴板中的内容粘贴到新图层中，得到完整的商品分类导航图，具体代码如下页所示。

◎ 实现代码

```
1  var document = app.activeDocument  // 获取当前活动文档
2  var inputFolder = Folder.selectDialog("请选择素材文件夹：") // 指定要导入的素材文件夹
3  if (inputFolder != null)  // 判断是否选择输入文件夹
4  {
5      var fileList = inputFolder.getFiles()  // 获取文件夹下的所有图片
6      for (var i = 0; i < fileList.length; i++)  // 遍历所有图片
7      {
8          if (fileList[i] instanceof File && fileList[i].hidden == false)  // 判断图片是否为非隐藏模式的正常文件
9          {
10             var itemRef = app.open(fileList[i])  // 打开图片
11             var filename = itemRef.name.split(".")[0]  // 获取文件的名称
12             itemRef.activeLayer.copy(merge=true)  // 拷贝图片到剪贴板
13             itemRef.close(SaveOptions.DONOTSAVECHANGES)  // 关闭打开的图片
14             var newlayerRef = docRef.artLayers.add()  // 在当前活动文档中创建一个新图层
15             newlayerRef.name = filename  // 设置新图层名称
16             docRef.paste()  // 将剪贴板中的内容粘贴到新图层中
17         }
18     }
19 }
```

◎ 代码解析

第 1 行代码用于获取 Photoshop 中的当前活动文档，并将获取到的文档赋给变量 document。

第 2 行代码调用 selectDialog() 函数命令，弹出文件夹选择窗口，提示用户选择要批量导入的素材所在的文件夹。

第 3 行代码用于判断用户是否选择了输入文件夹，如果选择了输入文件夹，就执行其下方第 4 行至第 19 行代码，否则就不会执行后面的代码。如果程序中省略这部分代码，当用户在弹出的选择素材文件夹窗口中没有选择文件夹，而是单击“取消”按钮时，则会返回一个空值，此时程序运行就会出错，并弹出如右图所示的提示框。

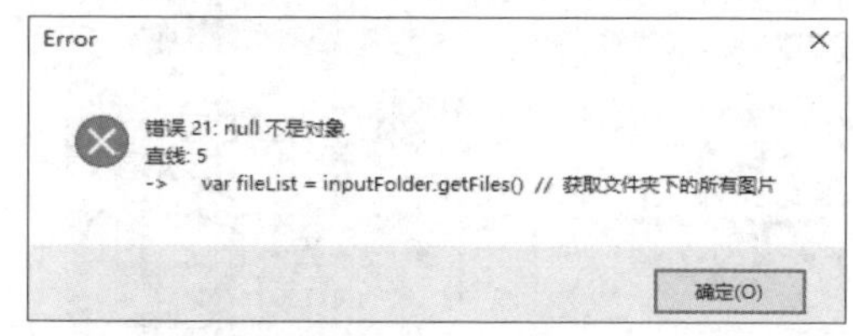

第 5 行代码应用 getFiles() 函数获取第 3 行代码所选择文件夹中的所有文件，并将获取的所有文件赋给变量 fileList。

第 6 行代码添加一个 for 循环语句，用来遍历指定文件夹下的所有文件，每次循环时都让变量 i 的值增加 1，直到变量 i 的值等于文件夹中的文件数量 fileList.length 时跳出循环。

第 8 行代码用于判断当前遍历到的对象是否为文件而非文件夹，只有遍历到的对象是文件，并且这个文件处于非隐藏状态，才执行下方第 9 行至第 17 行代码。

第 10 行代码用于打开遍历到的文件，并将打开的文件付给变量 itemRef。

第 11 行代码用于获取当前打开文件的文件名。代码中的 split() 函数根据指定的分隔符，把一个字符串分割成字符串数组。假设当前打开的文件名是“被套专区 .psd”，那么 itemRef.name 就是字符串“被套专区 .psd”，itemRef.name.split(".") 表示依据分隔符“.”对字符串进行拆分，得到一个数组 [" 被套专区 ", "psd"]。这里只需要用数组的第 1 个元素来命名图层，所以接着用 [0] 来提取数组中的第 1 个元素“被套专区”。

第 12 ～ 13 行代码用于将打开的文件，即商品分类图片，拷贝至剪贴板，然后采用不保存更改的方式直接将文件关闭。

第 14 ～ 16 行代码用于在之前获取的当前文档中创建一个新图层，并把剪贴板中的内容拷贝到新图层上。其中，第 14 行代码用 add() 函数创建新图层；第 15 行代码用于将 filename 变量中存储的文件名赋给新图层作为它的名称。假设在第 12 行代码中提取的文件名称为“被套专区”，那么这里就设置新创建图层的名称为“被套专区”。第 16 行代码用 paste() 函数将剪贴板中的内容粘贴到新图层中。

编写好自动复制和粘贴图片的脚本之后，接下来就可以在 Photoshop 中打开分类导航背景图层，再通过运行脚本进行商品分类导航图的设计。下面讲解具体的操作过程。

◎ 步骤解析

步骤 01 启动 Photoshop，打开“分类导航 .psd”文件，执行“文件 > 脚本 > 浏览”菜单命令，打开“载入”对话框，在对话框中找到编写好的“批量导入

PSD 文件 .jsx”代码文件，单击“载入”按钮，如下图所示。

步骤 02 Photoshop 自动运行脚本，弹出“选择输入的文件夹：”对话框，选择要载入文件的文件夹，这里选择上一个案例中已经制作好的商品“寝具分类套图”文件夹，单击“选择文件夹”按钮，即可自动合并每个 PSD 文件中的所有可见图层，并将合并可见图层后的 PSD 文件拷贝到当前文档中，如下图所示。

步骤 03 导入的文件默认位于文档中间位置，需要选中所有分类对应的图层，按下快捷键 Ctrl+T，将其统一缩小后，使用“移动工具”调整图像的位置，更改画面的布局方式，这里一共有 8 个商品分类，所以采用了比较工整的 4×2 的布局方式，如下图所示。

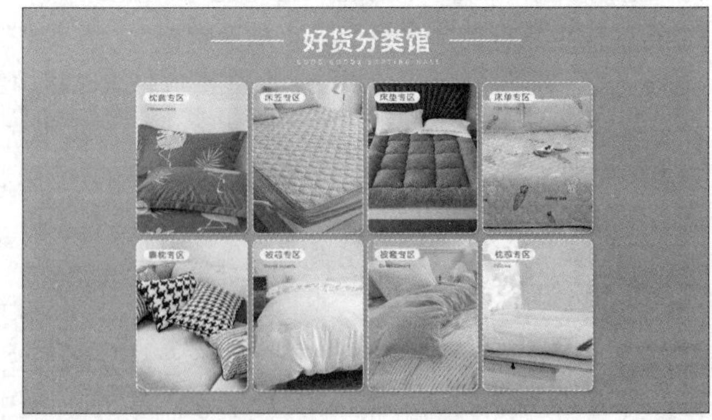

知识扩展 如果用户对 Photoshop 脚本不太熟悉，那手动编写脚本确实存在一些难度，那么可以选择用 Photoshop 自带的“将文件载入堆栈”脚本来导入文件。通过“将文件载入堆栈”脚本批量载入文件时，会先将 PSD 格式的文件转换为 32 位位图图像，然后再以图层的方式置入到一个文档中，置入的文件不会保留 PSD 文件的透明效果，此时每个文件的背景色都被设置为白色，如下图所示。

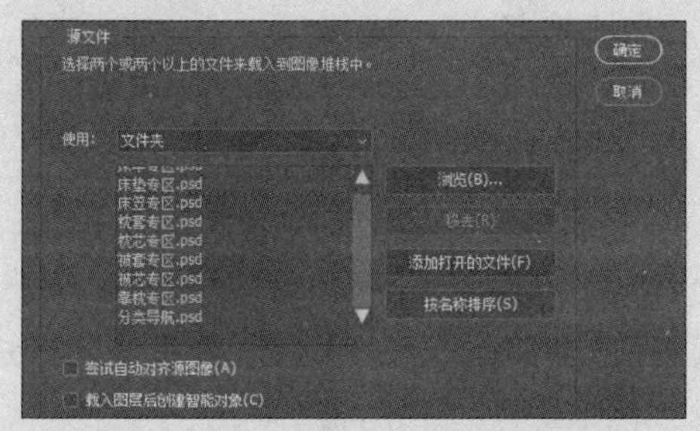

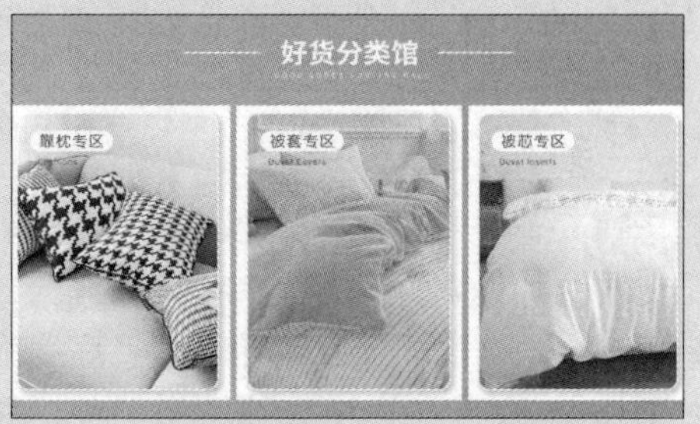

若要在分类导航中突出每个分类的外形轮廓，则建议通过编写脚本来批量载入文件，而不建议使用“将文件载入堆栈”来批量载入文件。如下所示的两图让人能够更加清楚地看到用上述两种方式载入文件后，得到的分类效果。另外，如果分类导航模块中的类别图片是用 Photoshop 绘制的矢量图形，同样也不建议应用“将文件载入堆栈”来载入。

案例 04　同一商品的不同搭配设计

◎ 应用场景

我们店铺中有一款实木的简易办公桌的销量一直不错，但是很多办公椅的销量却一直不怎么好。牛老师，怎样才能提高我们店铺中这些办公椅的销量呢？

对于你说的这个情况，比较建议用“热销款 + 滞销款”的方式来带动滞销款的销量。简单来说，就是将你们店铺中热销的那款办公桌与不同的办公椅进行搭配，做出几个比较优惠的套餐。

这个桌椅搭配套餐该如何设计才能吸引消费者呢？

既然是套餐，吸引消费者的当然是优惠的价格了。在设计时，可以分别给出办公桌和椅子的原价及二者的总价，再用相当醒目的套餐价与原价进行对比，突出套餐价格的优惠，让消费者真正感觉到实惠，自然就会有更多消费者下单购买。下面我们来看看具体的制作过程。

◎ 素材文件：实例文件\06\素材\桌椅

◎ 源 文 件：实例文件\06\源文件\桌椅搭配套餐

◎ 步骤解析

步骤 01 首先要设计一个桌椅搭配套餐的模板，我们需要在这个模板中设置该搭配套餐的标题，并确定主商品与搭配商品的位置。执行“文件 > 新建”菜单命令，新建一个“宽度”为 750 像素、“高度”为 523 像素的文档。选择工具箱中的“矩形工具”，在属性栏中去除填充颜色，并设置描边颜色，在新建的文档中绘制一个矩形，如下图所示。

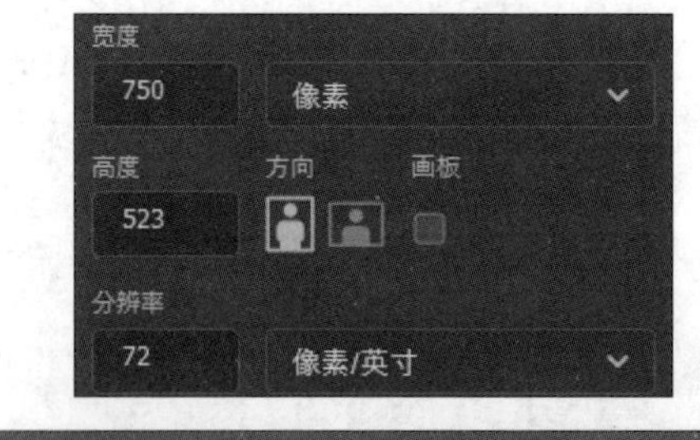

步骤 02 按下快捷键 Ctrl+J，复制矩形，去除矩形的描边颜色，并设置填充颜色。为了统一图形的颜色，将填充颜色设置为与步骤 01 中的描边颜色相同的色值。接着按向左和向上的方向键，调整新矩形的位置，这样就得到了错落有致的图形效果。使用“横排文字工具”在矩形上输入该搭配套餐的标题，并将标题文字的颜色设置为更能突出文字内容的白色，如右图所示。

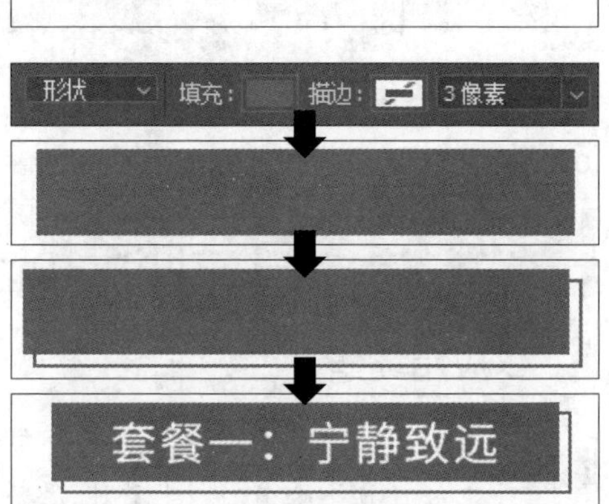

步骤 03 接下来使用“矩形工具”在文档下方空白的区域内再绘制另外几个矩形，为这些矩形设置合适的填充颜色和描边颜色。然后对画面进行合理布局，其中左侧两个矩形用于放置该搭配套餐中的办公桌和椅子图像，右侧矩形用于放置商品的原价和套餐价。选用“直线工具”在右上方矩形的中间绘制一条直线，如下页图所示。

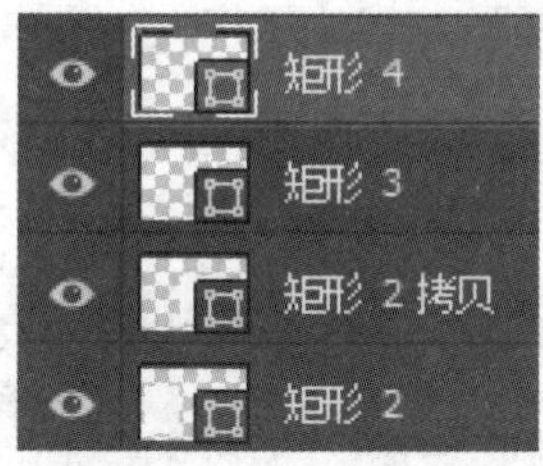

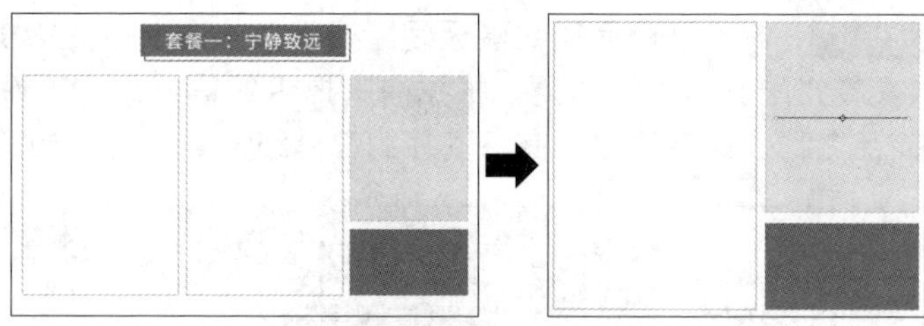

步骤 04 确定整个画面的布局后，接下来在画面中添加商品图片。执行“文件 > 置入嵌入对象”菜单命令，将素材文件夹中的“简易办公木桌”和“实木椅子”的商品图像置入到画面相应位置，对其栅格化处理后，将其缩小至合适的大小并移到相应的矩形中间。参照商家提供的信息，使用“横排文字工具”分别在两款商品图的下方输入相应的商品名称和日常价格，如下图所示。

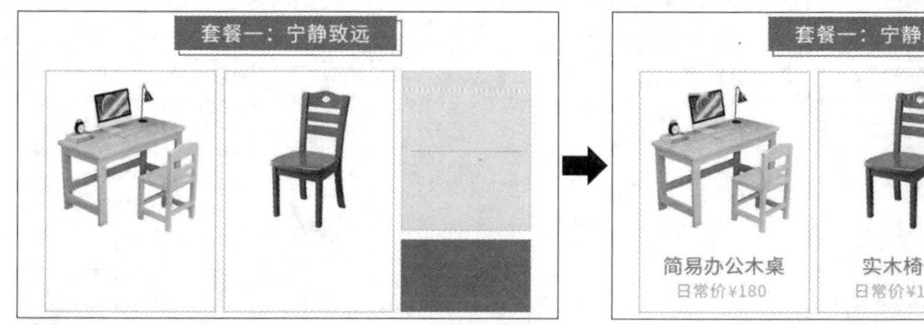

步骤 05 接下来使用“横排文字工具”在右侧的矩形中输入办公桌和椅子的日常总价、套餐折扣价等内容。这里为突出优惠后的套餐价格，对文字应用了不同的颜色设置，其中日常总价用更浅一些的颜色，并添加删除线，而套餐折扣价用更深一些的颜色，如右图所示。

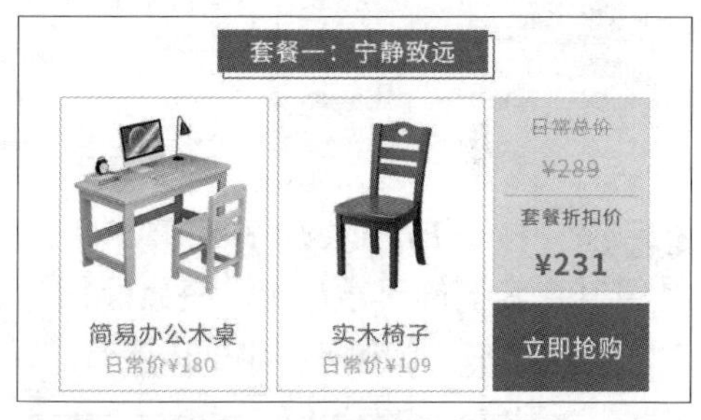

步骤 06 选择“椭圆工具”，在选项栏中设置填充颜色和描边颜色，按住 Shift 键单击并拖动鼠标，在桌子和椅子中间绘制一个小圆，然后使用“横排文字工具”在圆形上输入“+”号，这样就完成了套餐一的搭配设计，显示效果如下图所示。

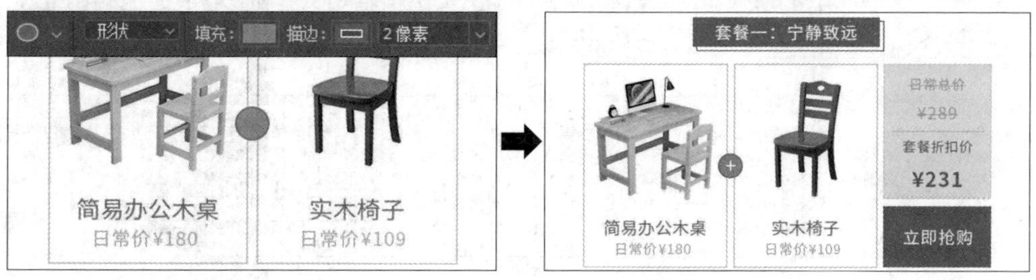

步骤 07 制作好商品搭配模板后，接下来整理商品信息表。启动 Excel 程序，创建“桌椅搭配套餐”工作簿。根据商家提供的信息，在工作表中录入每个搭配套餐的商品名称、商品价格、商品图片的存储路径等内容，如下图所示。

	A	B	C	D	E	F	G	H	I
1	套餐	商品1名称	商品1价格	商品1图片	商品2名称	商品2价格	商品2图片	日常总价	套餐折扣价
2	套餐一：宁静致远	简易办公木桌	¥180	E:\实例文件\(	实木椅子	¥109	E:\实例文件\06\素材\桌椅\实木椅子.jpg		
3	套餐二：天道酬勤	简易办公木桌	¥180	E:\实例文件\(	弓形网椅	¥129	E:\实例文件\06\素材\桌椅\弓形网椅.jpg		
4	套餐三：厚德载物	简易办公木桌	¥180	E:\实例文件\(	时尚转椅	¥159	E:\实例文件\06\素材\桌椅\时尚转椅.jpg		
5	套餐四：自强不息	简易办公木桌	¥180	E:\实例文件\(	舒适皮椅	¥229	E:\实例文件\06\素材\桌椅\舒适皮椅.jpg		

步骤 08 接下来分别在 Excel 表格中算出这些搭配套餐的日常总价和套餐折扣价。日常总价为“商品 1 价格＋商品 2 价格”，先将活动单元格定位于“日常总价”下方的第 1 个单元格，然后在上方的编辑栏中输入计算公式“=C2+F2”，其中 C2 对应的是商品 1 价格，F2 对应的是商品 2 价格，如下图所示。

	A	B	C	D	E	F	G	H	I
1	套餐	商品1名称	商品1价格	商品1图片	商品2名称	商品2价格	商品2图片	日常总价	套餐折扣价
2	套餐一：宁静致远	简易办公木桌	¥180	E:\实例文件\(	实木椅子	¥109	E:\实例文件\06\素材\桌椅\实木椅子.jpg		
3	套餐二：天道酬勤	简易办公木桌	¥180	E:\实例文件\(	弓形网椅	¥129	E:\实例文件\06\素材\桌椅\弓形网椅.jpg		
4	套餐三：厚德载物	简易办公木桌	¥180	E:\实例文件\(	时尚转椅	¥159	E:\实例文件\06\素材\桌椅\时尚转椅.jpg		
5	套餐四：自强不息	简易办公木桌	¥180	E:\实例文件\(	舒适皮椅	¥229	E:\实例文件\06\素材\桌椅\舒适皮椅.jpg		

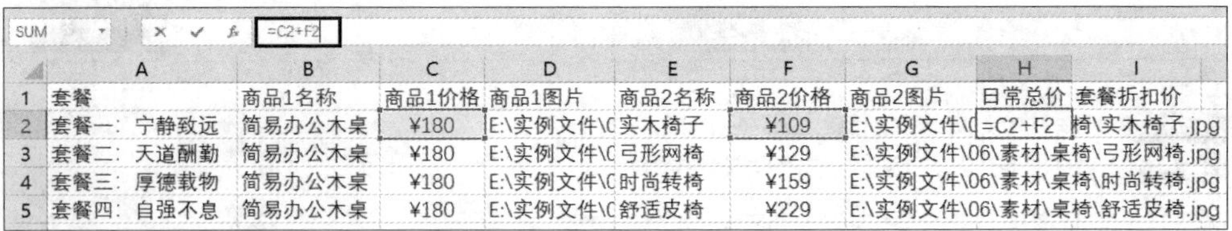

SUM =C2+F2

	A	B	C	D	E	F	G	H	I
1	套餐	商品1名称	商品1价格	商品1图片	商品2名称	商品2价格	商品2图片	日常总价	套餐折扣价
2	套餐一：宁静致远	简易办公木桌	¥180	E:\实例文件\(	实木椅子	¥109	E:\实例文件\(	=C2+F2	椅\实木椅子.jpg
3	套餐二：天道酬勤	简易办公木桌	¥180	E:\实例文件\(	弓形网椅	¥129	E:\实例文件\06\素材\桌椅\弓形网椅.jpg		
4	套餐三：厚德载物	简易办公木桌	¥180	E:\实例文件\(	时尚转椅	¥159	E:\实例文件\06\素材\桌椅\时尚转椅.jpg		
5	套餐四：自强不息	简易办公木桌	¥180	E:\实例文件\(	舒适皮椅	¥229	E:\实例文件\06\素材\桌椅\舒适皮椅.jpg		

步骤 09 按下 Enter 键，即可算出套餐一的日常总价。接下来采用拖动填充的方式计算其余套餐的日常总价。将鼠标指针移到 H2 单元格的右下角，当鼠标指针变为“十”字形时向下拖动，即可快速得到其他搭配套餐的日常总价，如下图所示。

G	H	I
商品2图片	日常总价	套餐折扣价
E:\实例文件\(	¥289	
E:\实例文件\06\素材\桌椅\弓形网椅.jpg		
E:\实例文件\06\素材\桌椅\时尚转椅.jpg		
E:\实例文件\06\素材\桌椅\舒适皮椅.jpg		

	A	B	C	D	E	F	G	H	I
1	套餐	商品1名称	商品1价格	商品1图片	商品2名称	商品2价格	商品2图片	日常总价	套餐折扣价
2	套餐一：宁静致远	简易办公木桌	¥180	E:\实例文件\(	实木椅子	¥109	E:\实例文件\(	¥289	
3	套餐二：天道酬勤	简易办公木桌	¥180	E:\实例文件\(	弓形网椅	¥129	E:\实例文件\(	¥309	
4	套餐三：厚德载物	简易办公木桌	¥180	E:\实例文件\(	时尚转椅	¥159	E:\实例文件\(	¥339	
5	套餐四：自强不息	简易办公木桌	¥180	E:\实例文件\(	舒适皮椅	¥229	E:\实例文件\(	¥409	
6									

步骤 10 算出所有搭配套餐的日常总价后，还需要在日常总价的基础上打 8 折以求出套餐折扣价。将活动单元格定位于“套餐折扣价”下方的第 1 个单元格，然后在上方的编辑栏中输入计算公式“=H2*0.8”，其中 H2 单元格对应的就是套餐一的日常总价，如下图所示。

	A	B	C	D	E	F	G	H	I
1	套餐	商品1名称	商品1价格	商品1图片	商品2名称	商品2价格	商品2图片	日常总价	套餐折扣价
2	套餐一：宁静致远	简易办公木桌	¥180	E:\实例文件\C	实木椅子	¥109	E:\实例文件\C	¥289	
3	套餐二：天道酬勤	简易办公木桌	¥180	E:\实例文件\C	弓形网椅	¥129	E:\实例文件\C	¥309	
4	套餐三：厚德载物	简易办公木桌	¥180	E:\实例文件\C	时尚转椅	¥159	E:\实例文件\C	¥339	
5	套餐四：自强不息	简易办公木桌	¥180	E:\实例文件\C	舒适皮椅	¥229	E:\实例文件\C	¥409	

SUM　=H2*0.8

	A	B	C	D	E	F	G	H	I
1	套餐	商品1名称	商品1价格	商品1图片	商品2名称	商品2价格	商品2图片	日常总价	套餐折扣价
2	套餐一：宁静致远	简易办公木桌	¥180	E:\实例文件\C	实木椅子	¥109	E:\实例文件\C	¥289	=H2*0.8
3	套餐二：天道酬勤	简易办公木桌	¥180	E:\实例文件\C	弓形网椅	¥129	E:\实例文件\C	¥309	
4	套餐三：厚德载物	简易办公木桌	¥180	E:\实例文件\C	时尚转椅	¥159	E:\实例文件\C	¥339	
5	套餐四：自强不息	简易办公木桌	¥180	E:\实例文件\C	舒适皮椅	¥229	E:\实例文件\C	¥409	

步骤 11 按下 Enter 键，即可算出套餐一的套餐折扣价。接下来采用拖动填充的方式计算另外几个套餐的折扣价。将鼠标指针移到 I2 单元格右下角，当鼠标指针变为“十”字形时向下拖动，即可算出其余套餐的折扣价，如下图所示。

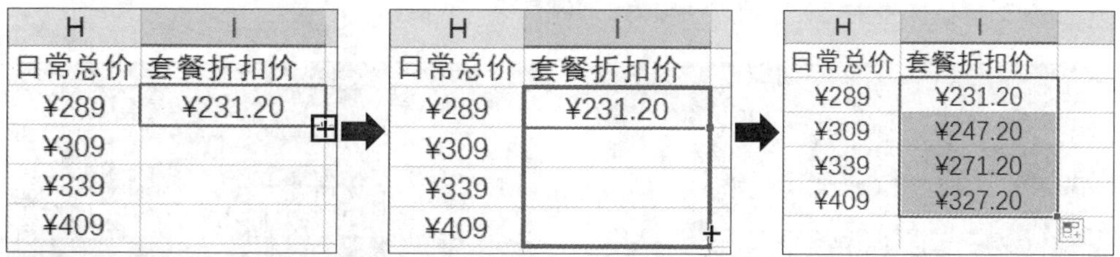

步骤 12 本案例所用的套餐折扣价只需保留整数部分，因此还需对其进行取整操作。选中并右击所有套餐折扣价所在的单元格，在弹出的快捷菜单中单击“设置单元格格式 ...”命令，打开“设置单元格格式”对话框，能看到默认的小数位数为 2，单击“小数位数”右侧的调节按钮，将小数位数更改为 0，再单击“确定”按钮，如下图所示。

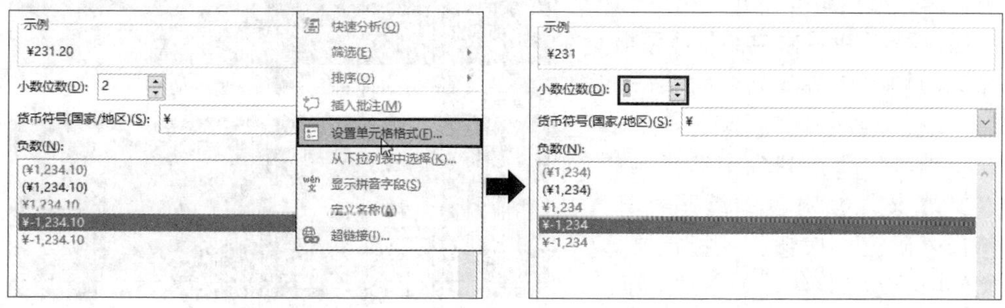

步骤 13 返回步骤 11 中的 Excel 工作表，可以看到其中最后一列单元格中的套餐折扣价全部只保留了整数部分，如下图所示。最后，将工作簿另存为“Unicode 文本 (*.txt)”类型的 txt 格式文本文件，如右图所示。

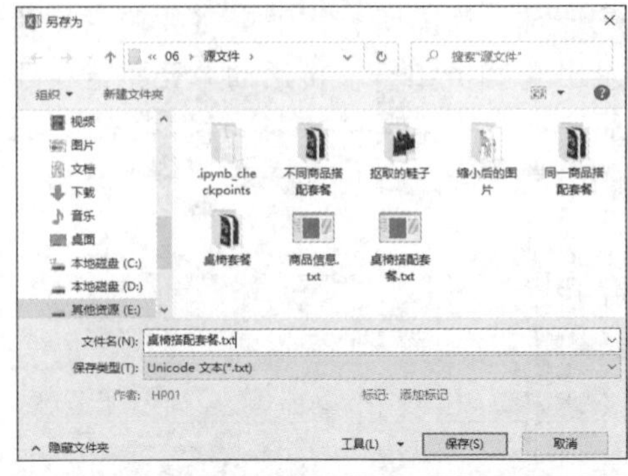

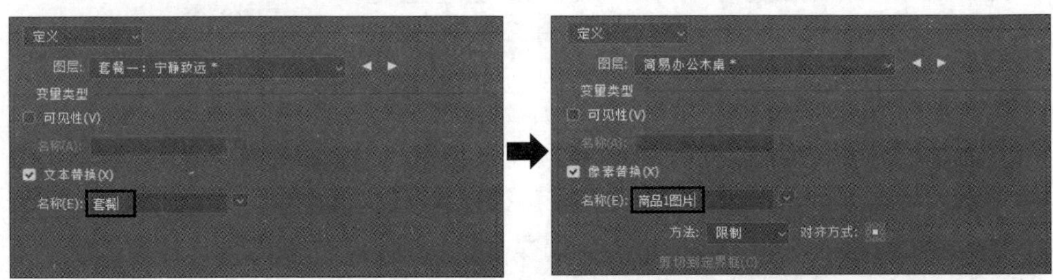

	A	B	C	D	E	F	G	H	I
1	套餐	商品1名称	商品1价格	商品1图片	商品2名称	商品2价格	商品2图片	日常总价	套餐折扣价
2	套餐一：宁静致远	简易办公木桌	¥180	E:\实例文件\C	实木椅子	¥109	E:\实例文件\C	¥289	¥231
3	套餐二：天道酬勤	简易办公木桌	¥180	E:\实例文件\C	弓形网椅	¥129	E:\实例文件\C	¥309	¥247
4	套餐三：厚德载物	简易办公木桌	¥180	E:\实例文件\C	时尚转椅	¥159	E:\实例文件\C	¥339	¥271
5	套餐四：自强不息	简易办公木桌	¥180	E:\实例文件\C	舒适皮椅	¥229	E:\实例文件\C	¥409	¥327

步骤 14 接下来就用设计好的模板批量生成多个商品搭配套餐的图片。执行“图像 > 变量 > 定义”菜单命令，打开“变量”对话框，先选择要替换的文本图层“套餐一：宁静致远”，勾选下方的“文本替换”复选框，输入名称“套餐”，定义变量；再选择要替换的像素图层“简易办公木桌”，勾选下方的“像素替换”复选框，输入名称“商品 1 图片”，定义变量，如下图所示。

步骤 15 继续使用相同的方法定义其他几个变量。定义好变量后，在“变量”对话框左上角的列表中选择“数据组”，单击“导入 ...”按钮，打开“导入数据组”对话框，在此对话框中导入前面编辑好的“桌椅搭配套餐 .txt”文件，然后在“编码”下拉列表中选择与导入文本文件相对应的编码格式，单击“确定”按钮，从指定文本文件中导入数据组，如右图所示。

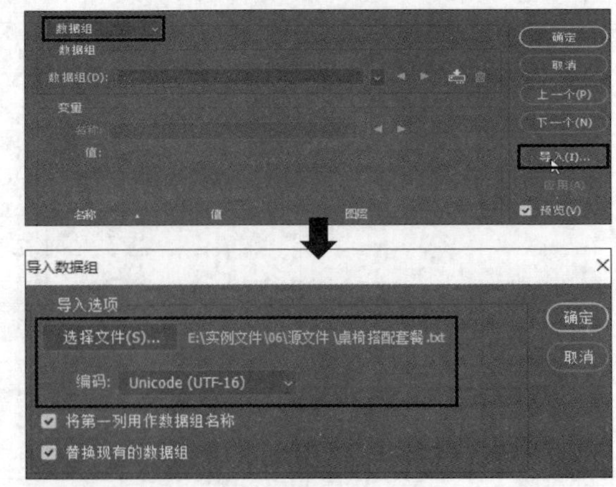

知识扩展　导入数据文件时，如果弹出对话框，提示“无法将文件内容作为数据组解析，文本文件第一行中变量名称不足”，首先要检查定义的变量名是否与文本文件中的列名一致，若定义的变量名没有问题，那么就很有可能是没有选择正确的编码格式。此时，可以通过记事本打开保存的文本文件，在程序界面的右下角就能查看当前文件的编码格式，如右图所示，可以看到文件的编码格式为“UTF-16”。

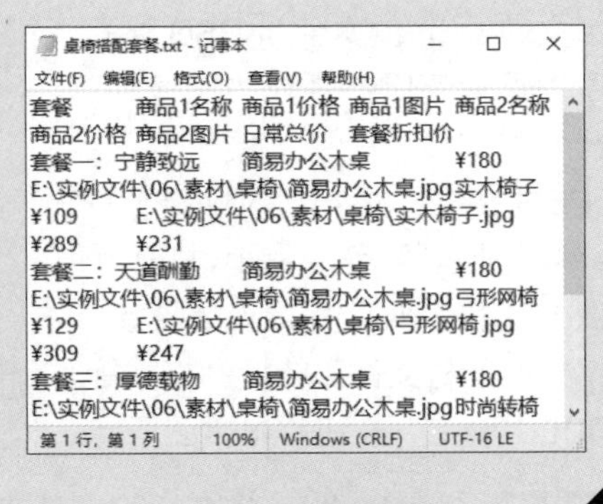

步骤 16　将文本文件导入数据组后，返回“变量”对话框，在对话框下方可以看到导入的数据组信息，也可以看到定义变量值的变化；勾选“预览”复选框，在图像窗口中同样可以看到图像和桌椅的价格信息也会发生相应改变，如果图片和价格无误，单击对话框中的“确定”按钮即可，如下图所示。

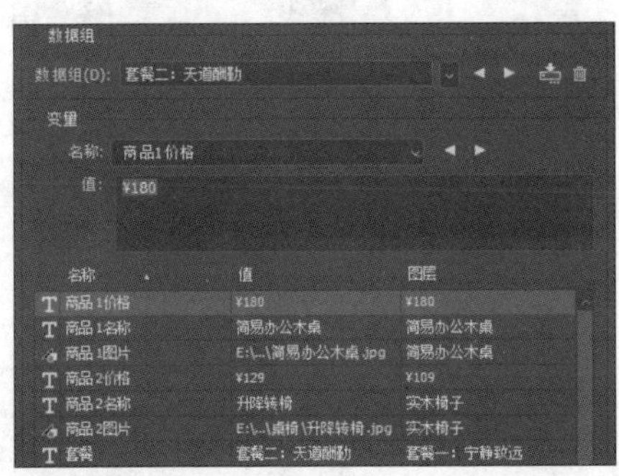

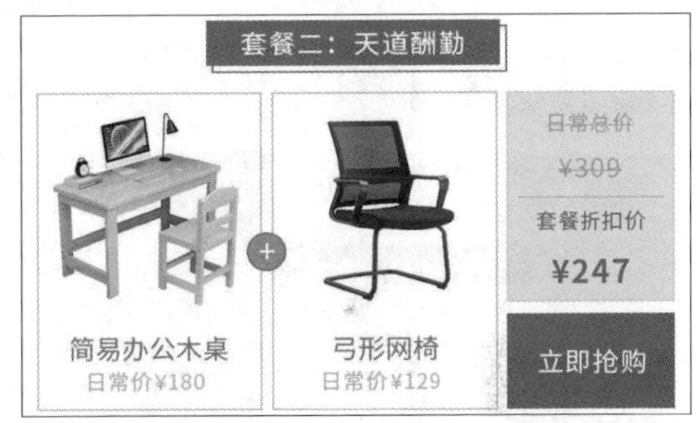

步骤 17　执行“文件 > 导出 > 数据组作为文件”菜单命令，打开“将数据组作为文件导出”对话框，在对话框中指定批量导出文件的存储位置、文件名称，单击“确定”按钮，将生成的搭配套餐图像文件批量导出到指定的文件夹中，如下图所示。

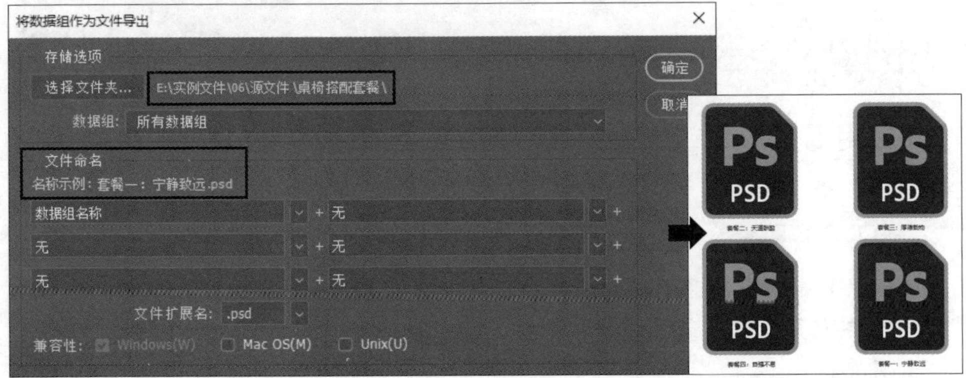

步骤 18 因为采用“将数据组作为文件导出”的文件为 PSD 格式，所以最后还需要通过“图像处理器”将其批量转换为便于查看的 JPEG 格式。执行“文件 > 脚本 > 图像处理器”菜单命令，打开“图像处理器”对话框，设置要转换格式的素材文件和转换的格式等，单击“确定”按钮，如右图所示。

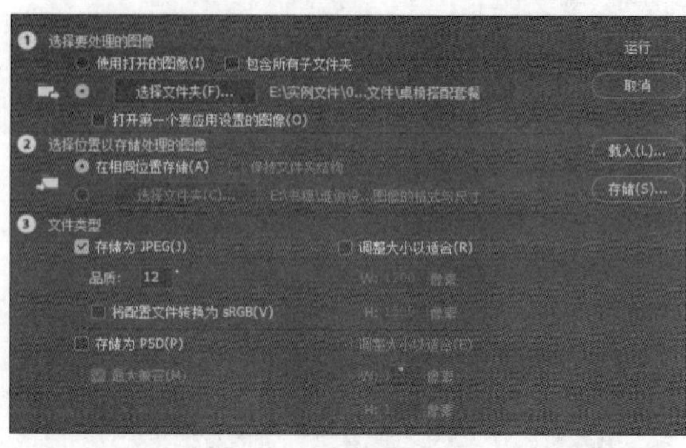

步骤 19 Photoshop 将在指定文件夹中自动创建一个名为“JPEG”的文件夹，并将批量生成的商品套餐文件转换为 JPEG 格式存储到该文件夹中。商品套餐显示效果如下图所示。

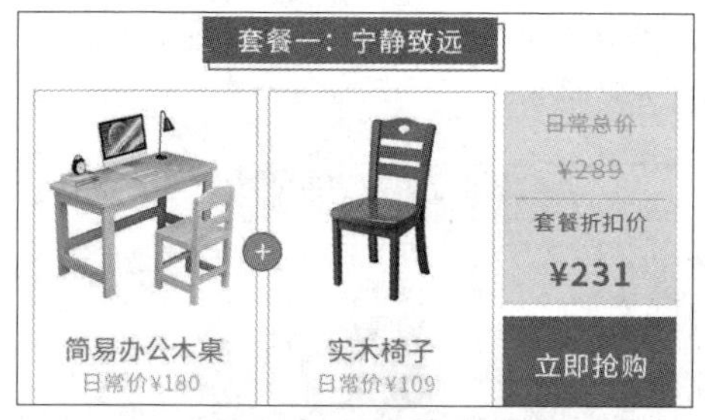

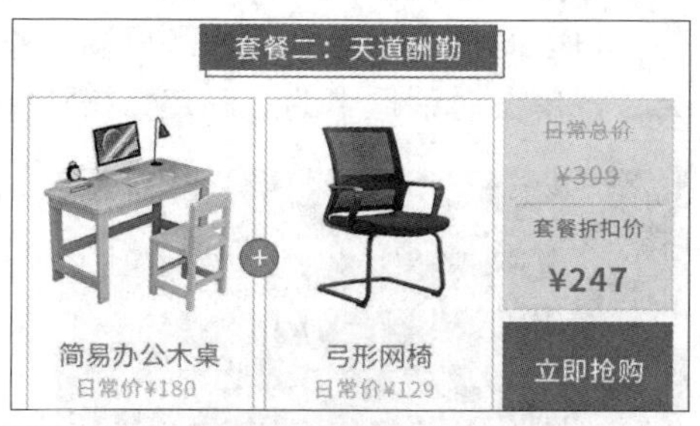

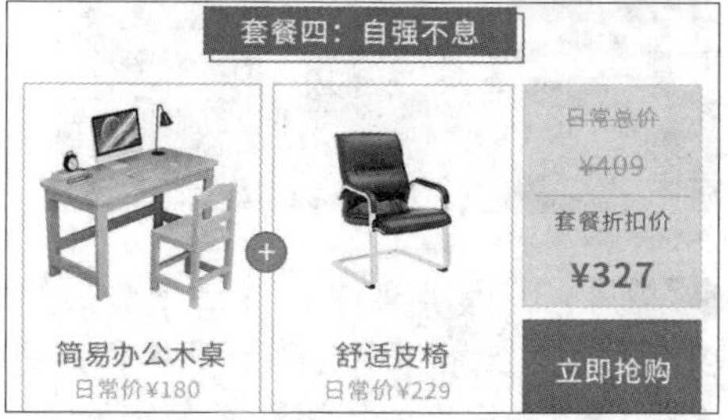

案例 05 不同商品的任意搭配设计

◎ 应用场景

我们店铺新上架了一批鞋子，现在我想从这批鞋子中随机抽取几款鞋子，做几个搭配套餐以增加鞋子的曝光率，有没有什么好的方法？

如果只是固定商品的搭配套餐，那么直接在 Photoshop 中处理即可，但如果想要从多款鞋子中随机抽取几款进行组合搭配，就需要借助 Python 编程来实现。

利用 Python 编写程序前，先在 Excel 工作表中录入数据信息，包括每款鞋子的名称、价格及对应的商品图片存储路径，然后在程序中读取这些信息，生成所有可能的鞋子搭配套餐，并从这些搭配套餐中抽取几组出来，生成一个新的数据文件，最后使用 Photoshop 读取数据文件中的信息，制作成搭配套餐设计图。下面就来看看具体的代码和制作过程吧。

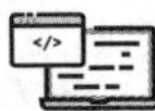

◎ 素材文件：实例文件\06\素材\鞋子、鞋子信息.xlsx
◎ 源 文 件：实例文件\06\源文件\鞋子搭配套餐
◎ 代码文件：实例文件\06\代码文件\生成随机搭配套餐.ipynb

先来编写不同鞋子随机搭配的脚本，在脚本中需要先从 Excel 工作表中读取商品的数据信息，并根据商品的种类数对其进行编号，再对鞋子的编号进行排列组合，从得到的所有可能的套餐形式中随机抽取 4 个套餐，提取套餐中的商品价格、名称等生成一个新的 CSV 数据表，具体代码如下。

◎ 实现代码

```
from itertools import combinations  # 导入itertools模块中的combinations()函数
from random import sample  # 导入random模块中的sample()函数
import numpy as np  # 导入numpy模块
import pandas as pd  # 导入pandas模块
data = pd.read_excel('E:\\实例文件\\06\\素材\\鞋子信息.xlsx', sheet_name=0)  # 读取工作表中的数据
n = data.shape[0]  # 获取商品鞋子的种类数
b = list(combinations(range(n), 2))  # 创建鞋子编号列表，并对列表中的数据进行排列组合，生成商品搭配套餐
c = sample(b, 4)  # 从套餐列表中随机抽取4个套餐
d = np.array(c).transpose()  # 对抽取套餐中的鞋子编号进行整理并分组
df1 = data.iloc[d[0]]  # 提取抽取套餐中第1款鞋子的数据
df1.columns = df1.columns.str.replace('商品', '商品1')  # 将列表中的“商品”更改为“商品1”
df2 = data.iloc[d[1]]  # 提取抽取套餐中第2款鞋子的数据
df2.columns = df2.columns.str.replace('商品', '商品2')  # 将列表中的“商品”更改为“商品2”
```

```
14 df1 = df1.reset_index(drop=True)  # 重置第1组商品编号
15 df2 = df2.reset_index(drop=True)  # 重置第2组商品编号
16 df = pd.concat([df1, df2], axis=1)  # 将前面取出的两组鞋子数据横向拼接起来
17 df['原价'] = df['商品1价格'] + df['商品2价格']  # 计算商品1和商品2合起来的原价
18 df['套餐折扣价'] = df['原价'] * 0.8  # 在原价基础上打8折算出套餐折扣价
19 df['套餐折扣价'] = df['套餐折扣价'].astype(int)  # 对算出的套餐折扣价进行取整
20 df['差价'] = df['原价'] - df['套餐折扣价']  # 计算商品原价和套餐折扣价之间的差价
21 df.to_csv('E:\\实例文件\\06\\源文件\\鞋子搭配套餐.csv', index=False, encoding='utf-8-sig')  # 将数据导出为CSV文件
```

◎代码解析

第 1 ～ 4 行代码导入需要使用的模块和函数。

第 5 行代码从工作簿“鞋子信息.xlsx”中读取鞋子数据，包括商品名称、商品价格及对应的商品图片存储路径等内容。读取数据的结果如右图所示。

	商品名称	商品价格	商品图片
0	百搭懒人潮鞋	99	E:\实例文件\06\素材\鞋子\百搭懒人潮鞋.png
1	防滑外穿沙滩鞋	79	E:\实例文件\06\素材\鞋子\防滑外穿沙滩鞋.png
2	潮流豆豆鞋	159	E:\实例文件\06\素材\鞋子\潮流豆豆鞋.png
3	韩版低帮板鞋	189	E:\实例文件\06\素材\鞋子\韩版低帮板鞋.png
4	韩版真皮小白鞋	229	E:\实例文件\06\素材\鞋子\韩版真皮小白鞋.png
5	简约休闲帆布鞋	199	E:\实例文件\06\素材\鞋子\简约休闲帆布鞋.png
6	网面透气老爹鞋	149	E:\实例文件\06\素材\鞋子\网面透气老爹鞋.png
7	内增高老爹鞋	219	E:\实例文件\06\素材\鞋子\内增高老爹鞋.png
8	真皮复古休闲鞋	269	E:\实例文件\06\素材\鞋子\真皮复古休闲鞋.png

第 6 行代码获取鞋子数据的行数，即商品的种类数。本案例中有 9 款鞋子，所以此时变量 n 的值为 9。

第 7 行代码先使用 range() 函数生成 0 ～ 8 的整数序列，分别作为 9 款鞋子的编号；然后用 combinations() 函数对鞋子编号进行排列组合，得到所有可能的套餐形式，该函数的第 2 个参数设置为 2，表示每个组合中有两个编号，即每个套餐中有两款鞋子，该函数会自动排除款式重复的组合；最后用 list() 函数将得到的所有排列组合的结果转换为列表，以便进行后续处理。生成的套餐列表如下。

```
[(0, 1), (0, 2), (0, 3), (0, 4), (0, 5), (0, 6), (0, 7), (0, 8),
(1, 2), (1, 3), (1, 4), (1, 5), (1, 6), (1, 7), (1, 8),
(2, 3), (2, 4), (2, 5), (2, 6), (2, 7), (2, 8),
```

```
(3, 4), (3, 5), (3, 6), (3, 7), (3, 8),
(4, 5), (4, 6), (4, 7), (4, 8),
(5, 6), (5, 7), (5, 8),
(6, 7), (6, 8),
(7, 8)]
```

第 8 行代码用 sample() 函数从第 7 行代码生成的套餐列表中随机抽取 4 个套餐。如果想要抽取不同数量的商品搭配套餐，只需要根据实际需求更改函数的第 2 个参数值，假设要抽取 5 个套餐，就将参数值 4 更改为 5 即可。需要注意的是，抽取的套餐数不能超过套餐列表中的套餐总数。

第 9 行代码用 NumPy 模块对抽取出的 4 个套餐中的鞋子编号进行整理，将其分成两组，第 1 组为 4 个套餐中第 1 款鞋子的编号，第 2 组为 4 个套餐中第 2 款鞋子的编号。

假设第 8 行代码随机抽取的 4 个搭配套餐如下：

```
[(0, 5), (2, 8), (1, 5), (3, 4)]
```

那么第 9 行代码会先用 array() 函数将其转换为数组，转换的数组如下：

```
array([[0, 5],
       [2, 8],
       [1, 5],
       [3, 4]])
```

接下来再用 transpose() 函数转置数据，将原数组中的行与列相互调换位置，得到的新数组如下：

```
array([[0, 5],
       [2, 8],
       [1, 5],
       [3, 4]])
```

第 10 行代码根据第 9 行代码整理出的第 1 组编号，从第 5 行代码读取的所有鞋子数据中取出 4 个套餐中第 1 款鞋子的数据。取出数据后，第 11 行代码用 replace() 函数将列表中的“商品”更改为“商品 1”，运行结果如下页左图所示。

第 12 行代码根据第 9 行代码整理出的第 2 组编号，从第 5 行代码读取的所

有鞋子数据中取出 4 个套餐中第 2 款鞋子的数据。取出数据后，第 13 行代码用 replace() 函数将列表中的“商品”更改为“商品 2”，运行结果如下右图所示。

	商品1名称	商品1价格	商品1图片
0	百搭懒人潮鞋	99	E:\实例文件\06\素材\鞋子\百搭懒人潮鞋.png
2	潮流豆豆鞋	159	E:\实例文件\06\素材\鞋子\潮流豆豆鞋.png
1	防滑外穿沙滩鞋	79	E:\实例文件\06\素材\鞋子\防滑外穿沙滩鞋.png
3	韩版低帮板鞋	189	E:\实例文件\06\素材\鞋子\韩版低帮板鞋.png

	商品2名称	商品2价格	商品2图片
5	简约休闲帆布鞋	199	E:\实例文件\06\素材\鞋子\简约休闲帆布鞋.png
8	真皮复古休闲鞋	269	E:\实例文件\06\素材\鞋子\真皮复古休闲鞋.png
5	简约休闲帆布鞋	199	E:\实例文件\06\素材\鞋子\简约休闲帆布鞋.png
4	韩版真皮小白鞋	229	E:\实例文件\06\素材\鞋子\韩版真皮小白鞋.png

第 14 ～ 15 行代码用于重置生成的两组商品编号，便于后续进行数据的拼接合并。

第 16 行代码用 pandas（简写为 pd）模块中的 concat() 函数将前面取出的两组鞋子数据横向拼接在一起，得到初步的套餐表格，如下图所示。函数的 axis 参数用于设置拼接的方式：值为 0 时，纵向拼接数据；值为 1 时，横向拼接数据。

	商品1名称	商品1价格	商品1图片	商品2名称	商品2价格	商品2图片
0	百搭懒人潮鞋	99	E:\实例文件\06\素材\鞋子\百搭懒人潮鞋.png	简约休闲帆布鞋	199	E:\实例文件\06\素材\鞋子\简约休闲帆布鞋.png
1	潮流豆豆鞋	159	E:\实例文件\06\素材\鞋子\潮流豆豆鞋.png	真皮复古休闲鞋	269	E:\实例文件\06\素材\鞋子\真皮复古休闲鞋.png
2	防滑外穿沙滩鞋	79	E:\实例文件\06\素材\鞋子\防滑外穿沙滩鞋.png	简约休闲帆布鞋	199	E:\实例文件\06\素材\鞋子\简约休闲帆布鞋.png
3	韩版低帮板鞋	189	E:\实例文件\06\素材\鞋子\韩版低帮板鞋.png	韩版真皮小白鞋	229	E:\实例文件\06\素材\鞋子\韩版真皮小白鞋.png

第 17 ～ 20 行代码分别用于计算商品的原价、套餐折扣价、差价，得到完整的套餐表格，如下图所示。其中第 17 行代码用商品 1 价格加商品 2 价格算出两件商品原来的总价格。第 18 行代码用于在原来的总价格基础上以打 8 折的方式计算套餐折扣价。第 19 行代码对算出的套餐折扣价进行取整。第 20 行代码使用原来的总价减去套餐折扣价算出两者的差价。

	商品1名称	商品1价格	商品1图片	商品2名称	商品2价格	商品2图片	原价	套餐折扣价	差价
0	百搭懒人潮鞋	99	E:\实例文件\06\素材\鞋子\百搭懒人潮鞋.png	简约休闲帆布鞋	199	E:\实例文件\06\素材\鞋子\简约休闲帆布鞋.png	298	238	60
1	潮流豆豆鞋	159	E:\实例文件\06\素材\鞋子\潮流豆豆鞋.png	真皮复古休闲鞋	269	E:\实例文件\06\素材\鞋子\真皮复古休闲鞋.png	428	342	86
2	防滑外穿沙滩鞋	79	E:\实例文件\06\素材\鞋子\防滑外穿沙滩鞋.png	简约休闲帆布鞋	199	E:\实例文件\06\素材\鞋子\简约休闲帆布鞋.png	278	222	56
3	韩版低帮板鞋	189	E:\实例文件\06\素材\鞋子\韩版低帮板鞋.png	韩版真皮小白鞋	229	E:\实例文件\06\素材\鞋子\韩版真皮小白鞋.png	418	334	84

第 21 行代码将拼接完成的套餐表格导出为 CSV 文件，为导入 Photoshop 做好准备。

编写脚本生成鞋子搭配套餐对应的数据表之后，接下来在 Photoshop 中打开鞋子搭配套餐模板，把商品图片先置入模块，再通过定义变量的方式替换图片和数据信息，生成不同鞋子的搭配套餐图。下面讲解具体的操作过程。

◎ 步骤解析

步骤 01 在 Photoshop 中打开“鞋子搭配套餐模板 .psd”素材文件，执行“文件 > 置入嵌入对象”菜单命令，置入两款鞋子图像，以第 1 个套餐为例，将“百搭懒人潮鞋”和“简约休闲帆布鞋”置入到画面中，并对其进行栅格化处理，然后分别将图像移到加号图形的两侧。其他的内容，如商品名称、价格等不用再做更改，后续可以通过变量自动对其进行替换，如下图所示。

步骤 02 执行“图像 > 变量 > 定义”菜单命令，打开“变量”对话框。先选择商品 1 对应的“百搭懒人潮鞋”图层，勾选“像素替换”复选框，输入变量名称“商品 1 图片”，这里为让替换变量后的图像大小相对统一，将方法更改为“填充”，再选择“商品 1 名称”图层，勾选“文本替换”复选框，输入变量名称“商品 1 名称”，定义变量，如下图所示。

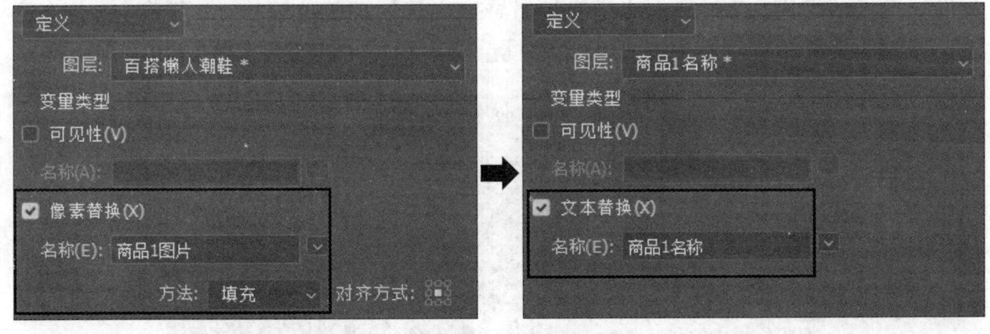

步骤 03 继续使用相同的方法，将文件中需要更改的商品图片、名称、价格信息等都定义为不同的变量。定义好变量后，在“变量”对话框左上角的下拉列表中选择“数据组”，单击“导入 ...”按钮，打开“导入数据组”对话框，在此对话框中导入前面通过程序输出的“鞋子搭配套餐 .csv”文件，然后在“编码”下拉列表中

选择与导入文本文件相对应的编码格式，单击“确定”按钮，从指定文本文件中导入数据，如下图所示。

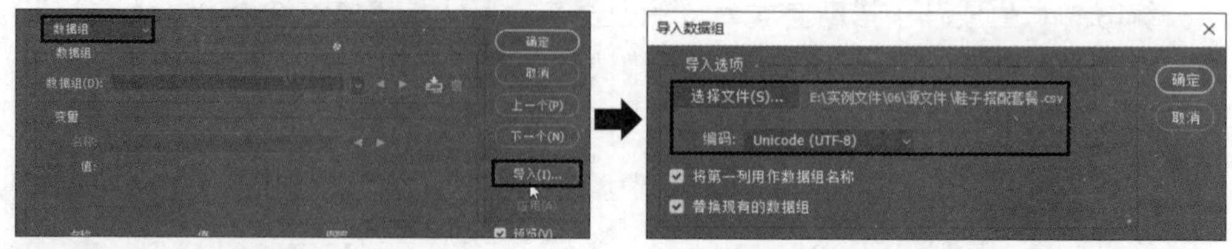

步骤 04 返回“变量”对话框，导入数据后，单击数据组右侧的“转到上一个数据组”或“转换下一个数据组”按钮，切换数据组时，能看到商品的名称、价格都会因为对应商品的不同而发生变化，如下图所示。单击“确定”按钮，完成变量和数据组的设置。

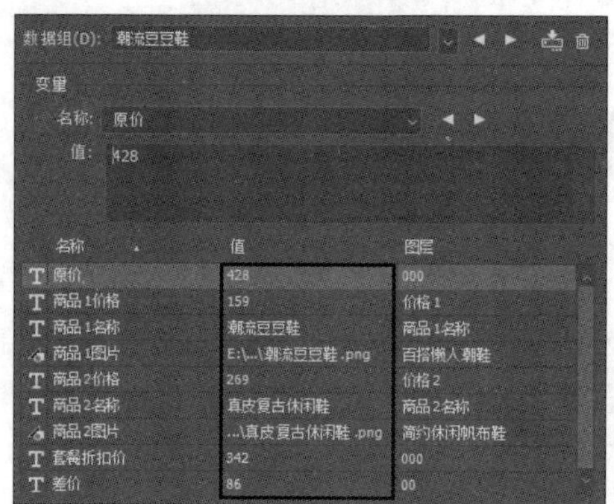

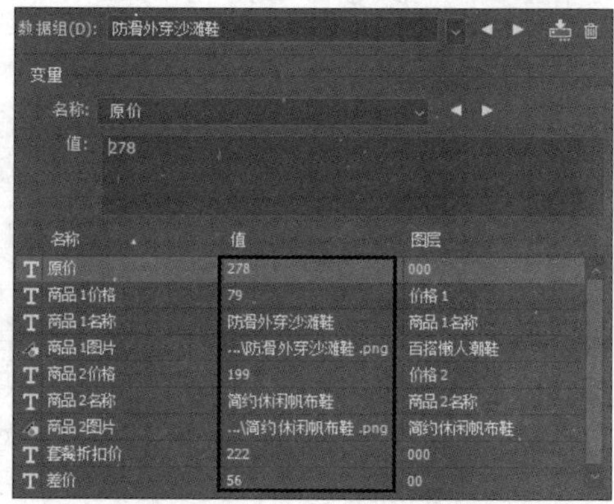

步骤 05 执行“文件 > 导出 > 数据组作为文件”菜单命令，打开“将数据组作为文件导出”对话框，在对话框中指定批量导出文件的存储位置、文件名称，单击“确定”按钮，将生成的商品搭配套餐文件批量导出到指定的文件夹中，如下图所示。

步骤 06　因为采用“将数据组作为文件导出”的方式导出的文件为 PSD 格式，所以还需要通过“图像处理器”将其批量转换为便于查看的 JPEG 格式。执行“文件 > 脚本 > 图像处理器”菜单命令，打开“图像处理器”对话框，设置要转换格式的素材文件和其需被转换的格式等，单击“确定”按钮，如右图所示。

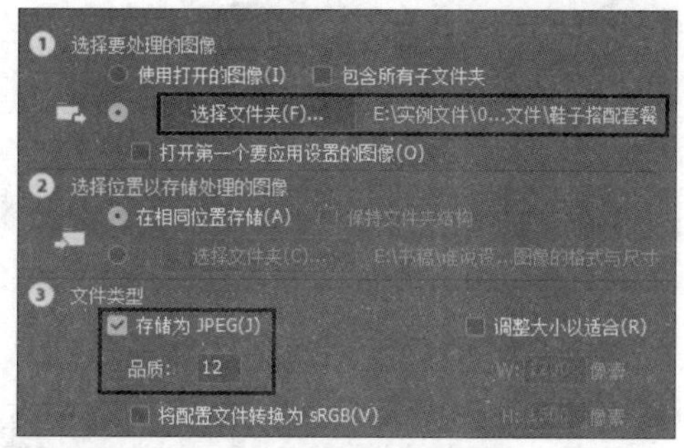

步骤 07　Photoshop 将在指定文件夹中自动创建一个名为“JPEG”的文件夹，并将随机生成的鞋子搭配套餐图像文件批量转换为 JPEG 格式存储到该文件夹中，如下图所示。

步骤 08　执行“文件 > 新建”菜单命令，新建一个“宽度”为 750 像素、“高度”为 724 像素、“分辨率”为 72 像素 / 英寸的文档。将上一步骤导出的搭配套餐图像添加到新建文档中，并适当调整图像位置。单击“创建新组”按钮，新建图层组，将图层组名称设置为“标题”，如下图所示。

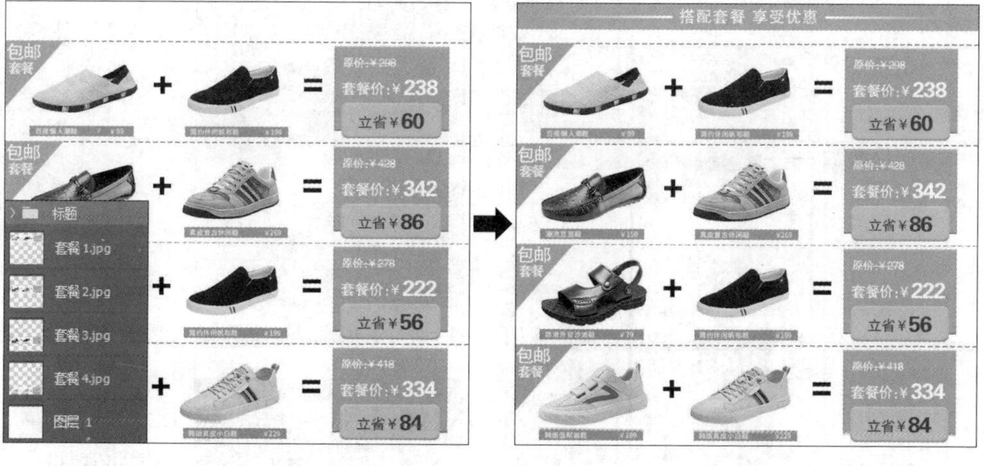

[第 7 章]

商品详情展示设计

商品详情页是消费者了解一件商品的主要途径，一个优秀的商品详情页能够提高商品的购买率，所以商家必须要重视商品详情页的制作，以此来吸引消费者的眼球。想要设计高质量的商品详情页，首先需要知道其包括哪些内容，然后根据不同的内容来安排画面元素。

商品详情页一般由产品海报、产品介绍、产品参数图、整体展示图、细节展示图、产品规格尺码、产品优势、配送物流、购物需知等内容组成。当然，并不是上述全部内容都要出现在商品详情页中，在设计时需要根据商品的特点筛选出更能展示商品特色的部分内容进行展示。下图所示的商品详情页中就只有产品海报、产品参数、整体展示和细节展示等几个部分。需要注意的是，商品详情页页面不宜过长，以免引起消费者阅读疲劳。如果设计的图片过大、页面太长，消费者阅读时加载会很慢，这会严重影响其体验度。

通过仔细观察和分析多个商品详情页，我们会发现产品参数、整体展示、细节展示等内容是很多商品详情页中的必备要素。下面我们就对这几个主要部分的内容设计进行详细介绍。

一、产品参数图

产品参数，顾名思义就是产品的详细信息，比如：尺寸、材质、颜色等。如果是服饰鞋帽类目的产品，产品参数模块中还要包含规格尺码表，便于消费者选购。产品参数模块的展示有纯文字形式展示、结合产品图展示、结合场景图展示等多种方式。

1. **纯文字形式**。纯文字形式展示是最常见的一种表现形式，直接以文字的形式展示产品的具体参数，但即便是简单的文字信息，也并不是说所有人都能做得很好。如下左图所示的产品参数模块，虽然主次信息做得还不错，但标题与说明性文字采用了居中对齐的形式，而说明性文字内部又采用了左对齐的形式，导致整体留白和对齐很不规则，视觉感受比较混乱；而如下右图所示的产品参数模块全部采用相同的对齐方式，画面看起来整齐、舒适很多。

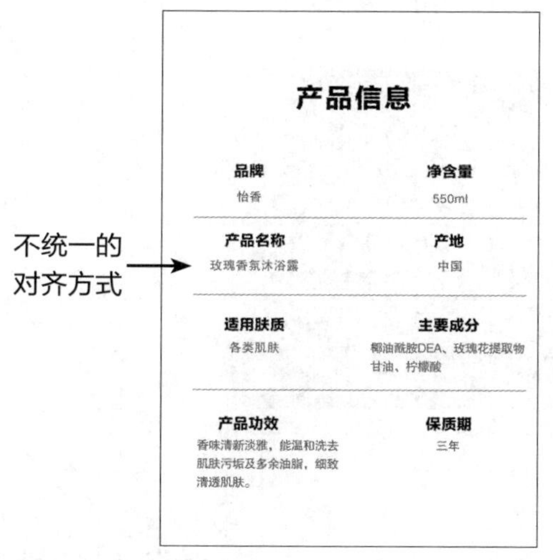

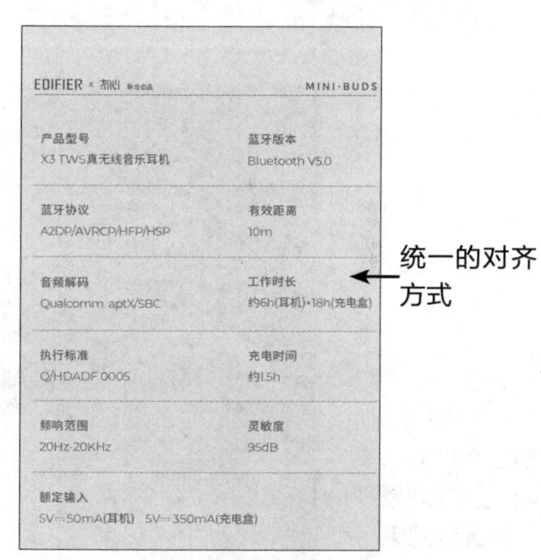

2. **结合产品图**。制作商品详情页的目的是让用户更深入地了解商品，提高商品的转化率，所以很多时候为了让商品参数信息更直观，往往会将文字与商品图相互结合，以便在一定程度上增加二者的关联性。有时为了更直观地展示商品细节，还会通过线条标注的形式，在商品图上标注出具体的长、宽、高等参数信息，如下页两图所示。

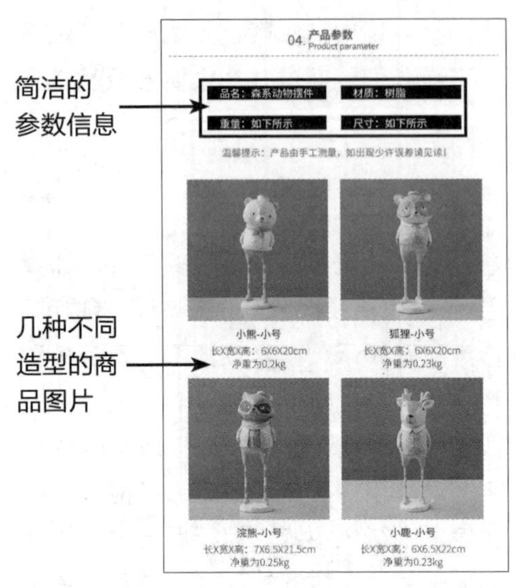

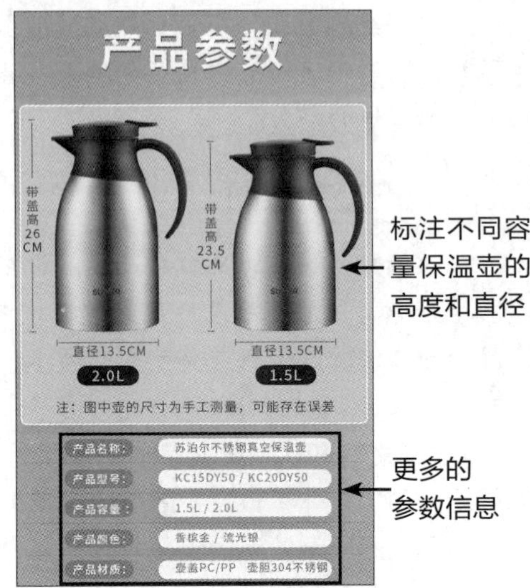

3．**结合场景图**。简单来说就是将产品场景图与其参数信息相结合。这种表现方式在商品参数模块中使用得也比较多。与另外两种表现方式不同的是，产品参数结合场景图的展示能让整个模块显得更有代入感，如下图所示。

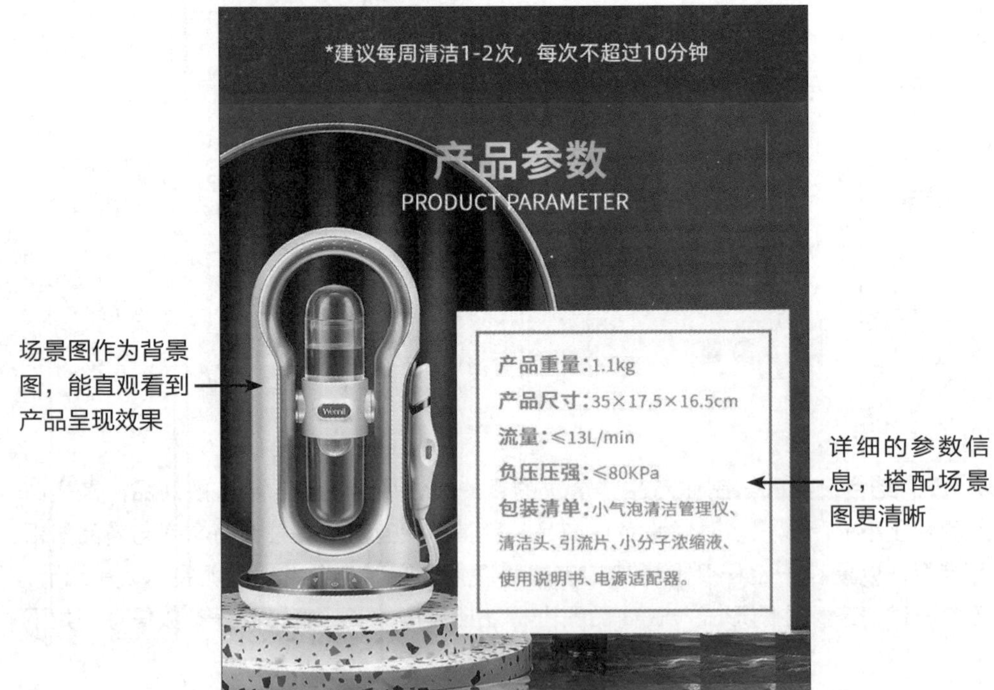

二、整体展示图

整体展示图需要将商品通过图片的形式完整地展现出来，让消费者对商品的外观、形状有比较直观的感受。整体展示图更注重陈列方式，所以一般会用精美的高清大图来展示，有时也会适当增加少量文案以辅助展示。整体展示可以分为模特展示和场景摆拍展示两种类型。

1．**模特展示**。模特展示就是以模特穿着或佩戴的方式来展示商品，比较适合于服饰、鞋子类目的商品。模特穿着或佩戴展示会使消费者具有较强的代入感，更容易激发消费者的购买冲动。以服装为例，相对于平铺图，模特展示图更能展示出服装的上身效果，可以让消费者以此想象当服装拿到手穿上身之后的效果如何，从而促使消费者下单购买。当然，模特展示图中的模特不仅仅局限于人，如果店铺销售的是宠物服装，那么宠物也可以当模特。如下所示的两幅图就分别为使用平铺展示和模特穿着展示的效果。

平铺展示，比较枯燥，无法使消费者感受服饰上身的搭配效果

模特穿着展示，效果更加直观

2．**场景摆拍展示**。场景摆拍展示就是将商品置于不同的场景下进行展示。场景摆拍展示能够在展示商品的同时，在一定程度上烘托氛围，增强消费者的代入感，更容易激发消费者的购买欲望。场景摆拍展示比较适合于家居、数码等小件物品的展示，此类商品的展示通常需要突出主体，采用模特展示反而容易喧宾夺主。下页两图所示的两个案例就是场景摆拍展示效果。

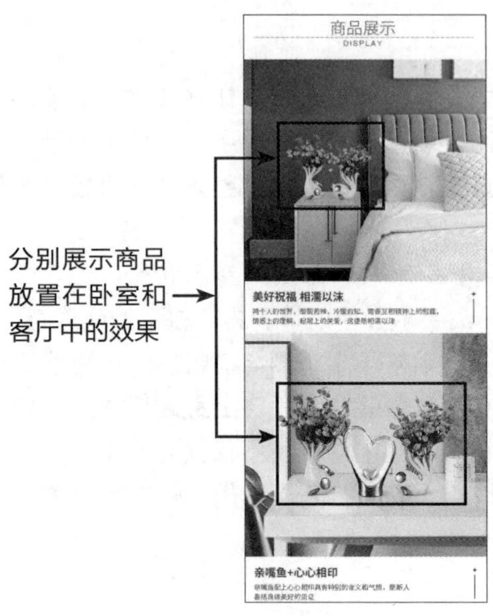

三、细节展示图

在商品展示图中，消费者可以找到对商品的大致感觉。当其有了想要购买的意识时，商品细节展示图就显得尤为重要。细节展示图是让消费者全面了解一个商品的重要途径。细节展示图往往以主推颜色为主，展示一些商品的细节，如服装展示着装效果、器具展示操作方式、食品展示食用方式等。考虑到不同的商品在材质、功能、外观等方面的差异，我们在设计商品细节展示图时也会用不同的表现方式来进行创作，常用的表现方式有指示型和局部图解型两种。

1. **指示型**。指示型表现方式是先将商品完整地展示出来，再将商品需要突出展示的局部细节图片以类似放大镜的形式排布在完整商品图像的四周，并通过线条、箭头等设计元素将细节图片与完整的商品图像连接起来，用简单的说明性文字来对细节进行介绍。下图所示即为指示型表现方式的设计效果。

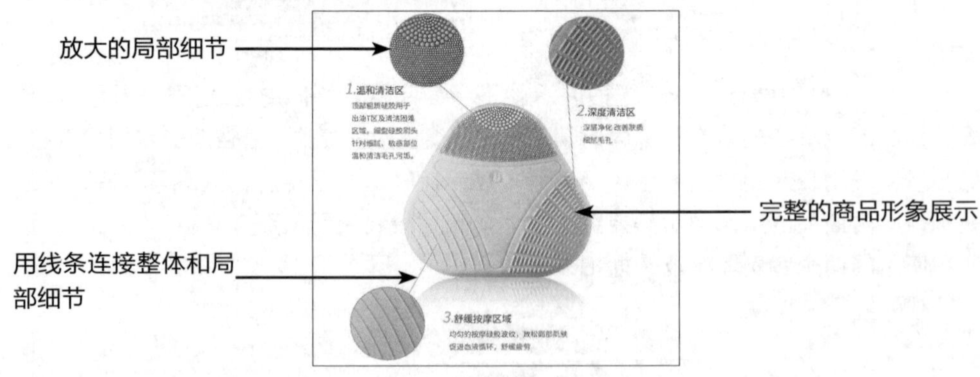

指示型表现方式在展示商品时，既可从宏观上呈现商品的完整外观，又可深入展示重要部分的细节，比较适合于结构复杂、部件较多的商品或家具等外形特大商品的细节展示。这种表现方式能够清楚地告诉消费者所展示的细节位于商品的哪个位置、具体有什么优势和特点。

2. **局部图解型**。局部图解型表现方式与指示型表现方式相比更为简单，只需要将商品的局部细节放大即可，而不需要对细节的位置进行展示。但是局部图解型表现方式可以增加说明性文字的内容，比较适合于外观简单、部件少的商品以及日常用品的细节展示。相对于指示型表现方式，局部图解型表现方式可以在设计的时候选择不同的布局方式来呈现，比较常用的有垂直布局和折线型布局。如下所示的两图即为局部图解型表现方式的设计效果，这两个细节图就分别采用了不同的布局方式。

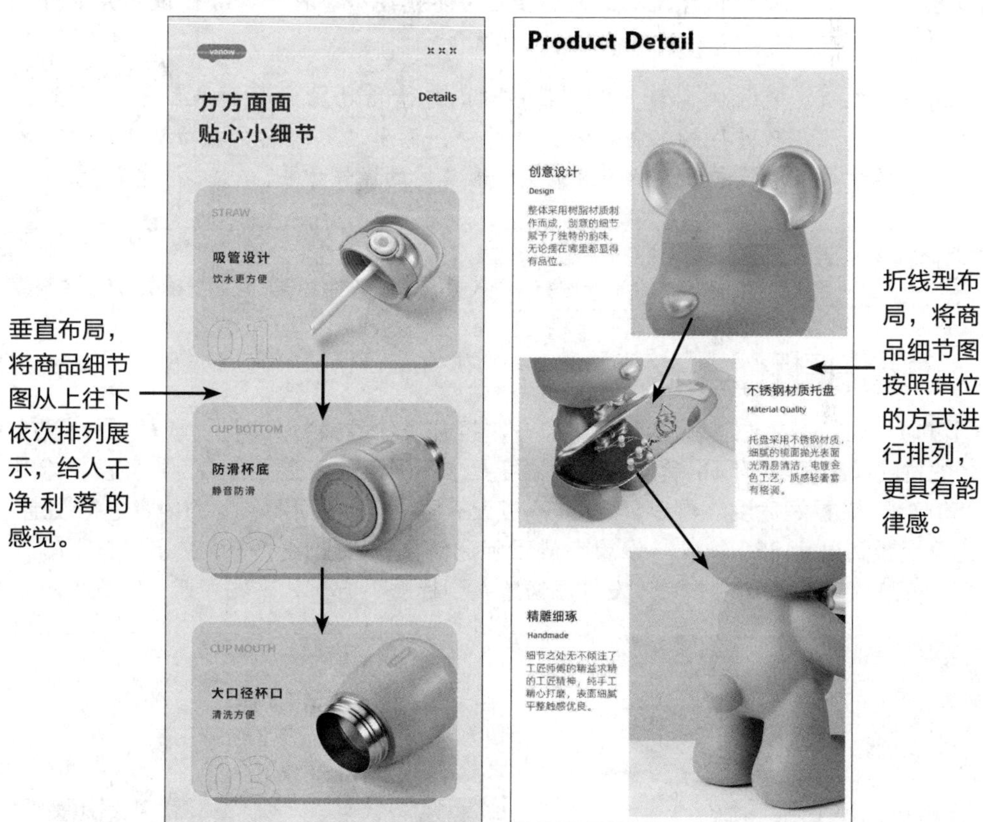

使用局部图解表现形式制作商品细节展示图时要注意，在前面一定要有商品整体外观的展示，以便于消费者在浏览时能够理解细节图所传递的信息。

案例 01　导入数据，批量制作详细信息图

◎ 应用场景

家装节快要到了，我们店铺想要为主推的几款沙发重新设计详情信息图。信息图不但要包含沙发的材质、品牌、样式等基本信息，还要加入沙发的实拍图。怎样布局比较好呢？

根据你说的情况，图中要展示的内容比较多，建议采用上图下文的布局方式。上面是沙发的实拍图，实拍图上可以借助线条标注出沙发的长度和高度；下面是数据表，在表格内依次列出沙发的名称、型号、材质、风格等信息。

我们想要同时推荐几款沙发，但是又不想逐个替换图片并修改图片中对应的文字，有没有比较便捷的方式呢？

当然有。首先制作好其中一款沙发的详情信息图，然后建立一个数据表，把其他几款沙发的数据输入到表格中，再通过定义变量自动替换，即可批量生成详情信息图。下面就来看一看具体的操作方法。

◎ 素材文件：实例文件\07\素材\沙发
◎ 源 文 件：实例文件\07\源文件\导入数据，批量制作详细信息图.psd、沙发参数图

◎ 步骤解析

步骤 01 执行“文件 > 新建”菜单命令，打开“新建文档”对话框，设置新建文档的宽度和高度。不同平台对详情页宽度要求不同，以淘宝平台为例，宽度要求为 750 像素。设置好宽度后再设置高度。高度没有限制，需根据要展示的内容进行设定，这里设置高度为 880 像素，设置完成后创建新文档。使用“横排文字工具”输入标题信息，然后把其中一个沙发的图像置入到标题下方，如下图所示。

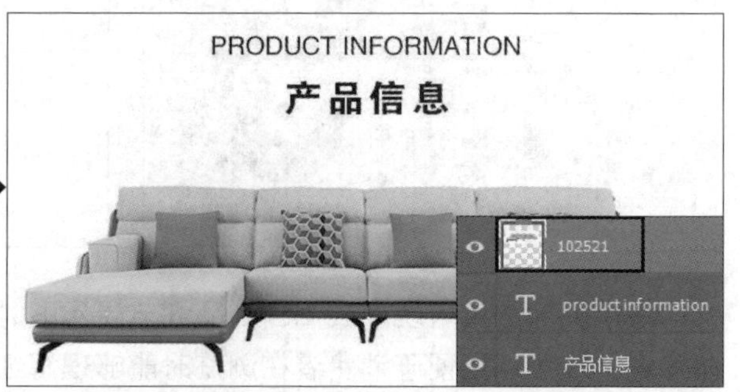

步骤 02 选择“直线工具”，单击选项栏中的“设置其他形状和路径选项”按钮，在展开的面板中设置更多选项。因为需要在线条两端添加箭头，所以勾选“起点”和“终点”复选框，按住 Shift 键单击并拖动鼠标，在沙发图像下方和右侧分别绘制水平和垂直的带箭头的线条，然后在绘制的线条旁输入沙发的“宽度”和“高度”值，如下图所示。

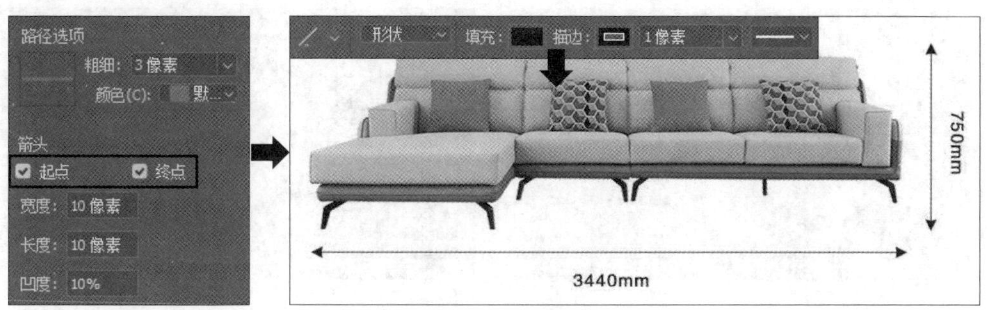

步骤 03 接下来在沙发图像的下方添加详情参数。使用“矩形工具”绘制一个矩形，设置矩形填充颜色为灰色，然后使用“横排文字工具”输入参数，如左图所示。输入信息时，将宝贝名称、宝贝型号、品牌等固定不变的标题放置在一个文本图层中，需要变换的参数分别放置在不同的文本图层，因为后面需要将这些内容定义为变量。

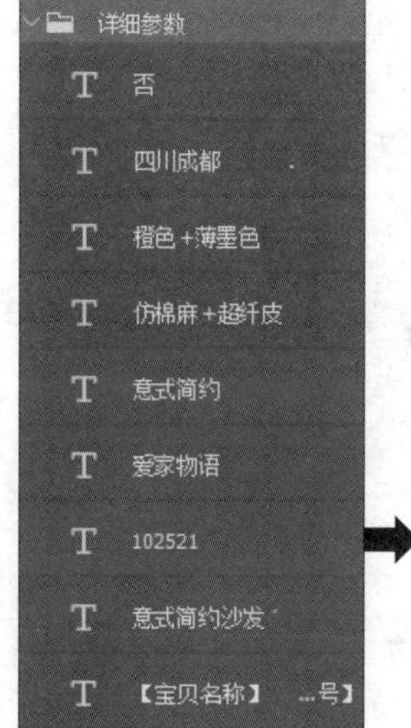

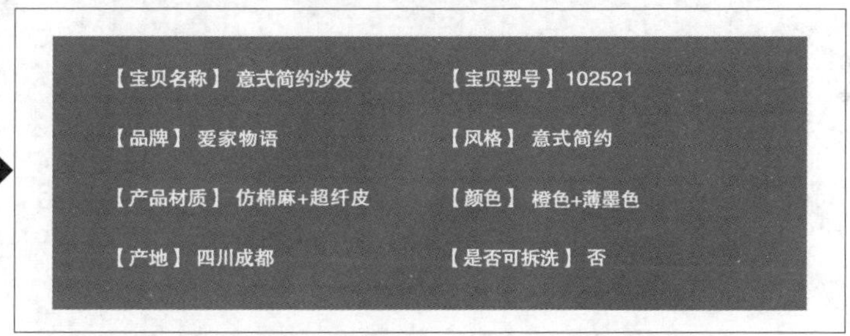

步骤 04 打开 Excel，创建工作簿“沙发详细参数”。在工作簿的工作表中录入详情信息，在第一行中输入列名宝贝名称、宝贝型号、品牌和长度等内容，然后在每一列下方依次输入不同沙发的参数信息，如下图所示，将工作簿文件另存为 Photoshop 所支持的 Unicode 文本文件。

	A	B	C	D	E	F	G	H	I	J	K
1	宝贝名称	宝贝型号	品牌	长度	高度	风格	材质	颜色	产地	是否可拆洗	图片
2	意式简约沙发	102521	爱家物语	3440mm	750mm	意式简约	仿棉麻+超纤皮	橙色+薄墨色	四川成都	否	E:\实例文件\07\素材\沙发\102521.jpg
3	后现代沙发	102363	爱家物语	2810mm	770mm	意式极简	色织布	米白色+雾灰	四川成都	是	E:\实例文件\07\素材\沙发\102363.jpg
4	欧式皮艺沙发	102560	爱家物语	3460mm	1200mm	后现代	科技布+头层皮	象牙色+淡蓝	四川成都	是	E:\实例文件\07\素材\沙发\102560.jpg
5	现代简约沙发	102578	爱家物语	3500mm	720mm	现代简约	科技布	淡灰+竹青	四川成都	是	E:\实例文件\07\素材\沙发\102578.jpg
6	北欧简约布艺沙发	102579	爱家物语	3660mm	740mm	北欧简约	植绒布	浅灰+深灰	四川成都	是	E:\实例文件\07\素材\沙发\102579.jpg
7	现代轻奢皮艺沙发	102165	爱家物语	3420mm	660mm	现代简约	头层皮	奶杏色	四川成都	是	E:\实例文件\07\素材\沙发\102165.jpg
8	时尚简欧沙发	102520	爱家物语	2810mm	730mm	时尚北欧	仿棉麻+超纤皮	米白+橙棕+黄色	四川成都	否	E:\实例文件\07\素材\沙发\102520.jpg

步骤 05 接下来根据上一步输入的数据来定义变量。在“图层”列表中选中要变换的商品图片所在的“102521”，勾选“像素替换”复选框，然后输入变量名称，变量名为数据表中的列表名“图片”，由于案例中使用到的沙发图像已经调整至合适大小，所以在“方法”下拉列表中选择“保持原样”，再选择其他需要变换的参数所在的图层，输入变量名称，如下图所示。

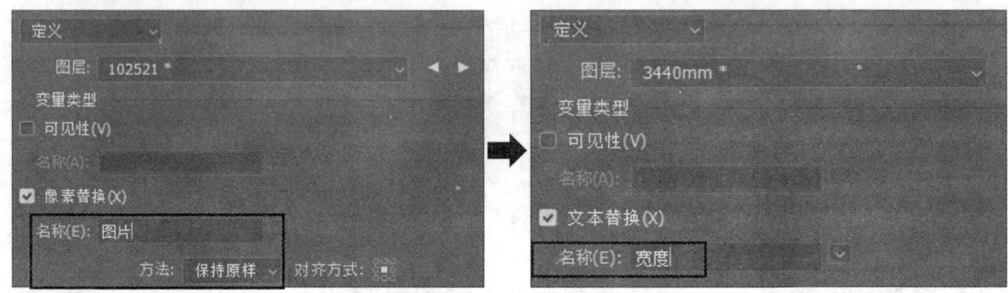

步骤 06 定义好变量后，接下来需要导入商品数据信息。在“变量”对话框左上角的下拉列表中选择“数据组”，单击“导入 ...”按钮。打开“导入数据组”对话框，单击“选择文件 ...”按钮，选取之前存储的“沙发详细参数 .txt”文本文件，然后选择“编码”格式，因为该文本文件的编码为 UTF-16，所以这里就要选择对应的编码格式“Unicode(UTF-16)”，单击“确定”按钮，如下图所示。

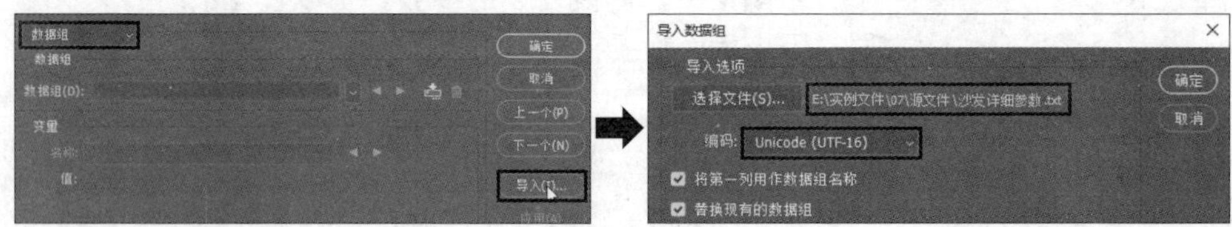

步骤 07 返回“变量”对话框，从指定文件中导入数据组。导入数据组后，在下方的“变量”选项组下会显示定义的变量名称、变量值以及对应的图层。勾选“预览”复选框，可显示替换的图片和参数效果，如下图所示。

知识扩展 应用变量替换之前，需要先将沙发素材图像的大小调整至相同的尺寸，并且还要保证每个素材中的沙发所在位置和大小保持相对一致，这样在替换图片的时候，每张商品参数图中的沙发图显示区域才能保持一致。若没有对素材图像大小进行调整，则可能导致批量生成的图中的沙发图像显示不完整或大小不一的情况。当显示的沙发图像过大或过小，就会造成沙发下方或右侧的箭头长度不合适、文字压图等问题，如下两图所示。

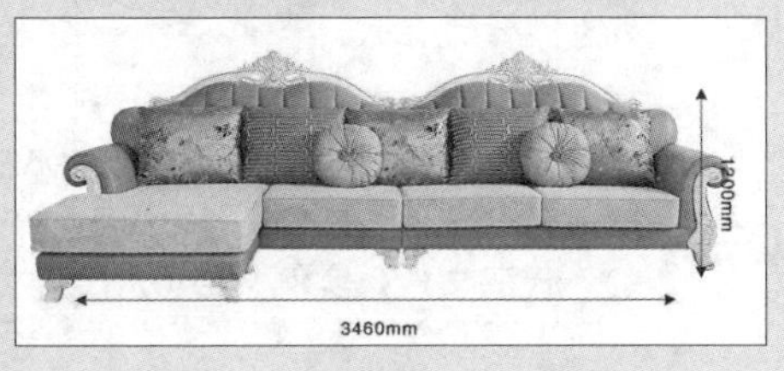

步骤 08 执行"文件 > 导出 > 数据组作为文件"菜单命令，打开"将数据组作为文件导出"对话框，在对话框中指定批量导出文件的存储位置、文件名称，这里为区分每件商品，在"文件命名"将文件名设为"数据组名称"，即商品名称。单击"确定"按钮，将数据组批量导出到指定的文件夹中，如下图所示。

存储选项
选择文件夹... E:\实例文件\07\源文件\沙发参数图\
数据组：所有数据组
文件命名
名称示例：意式简约沙发.psd
数据组名称 + 无 +
无 + 无 +
无 + 无 +
文件扩展名：.psd
确定
取消

案例 02　批量生成模特展示图

◎ 应用场景

我们是一家专门销售女鞋的店铺，店铺中的每款鞋子在详情页中都用了实拍图来展示鞋子的正面、侧面、背面等不同角度的效果，但是鞋子销量却总是上不去。牛老师，你有没有什么好的建议？

 对于鞋子来讲，消费者可能无法通过单纯的实拍图感受到鞋子的穿着效果，所以建议你在详情页面中添加一些模特穿着展示图。

 如果要在店铺所有鞋子的详情页面中都添加上模特穿着展示图，有没有什么方法可以快速生成不同款式鞋子的模特穿着展示图呢？

 想要批量生成不同款式鞋子的模特穿着展示图，需要先设计好一款鞋子的模特展示图，然后编写一段代码来替换模特图片即可。下面就来看一看具体的操作方法吧。

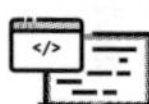

◎ 素材文件：实例文件\07\素材\鞋子
◎ 源 文 件：实例文件\07\源文件\实拍展示.psd、不同款式实拍图
◎ 代码文件：实例文件\07\代码文件\批量生成商品实拍展示图.jsx

首先要设计模特展示图的布局样式。将不同角度的模特展示图依次置入文档中。置入的时候要选择以链接的智能对象方式置入，这样便于后面的代码读取链接的智能对象图片并进行替换。

◎ 步骤解析

步骤 01 执行“文件 > 新建”菜单命令，打开“新建文档”对话框，设置新文档的宽度和高度。如果是淘宝店铺，宽度应设为 750 像素；如果是天猫店铺，宽度应设为 790 像素。因为模特展示图使用的都是大图，因此高度值可以设置得更大一些。根据设置的参数值创建一个新文档，使用“横排文字工具”输入标题文字，使用“矩形工具”在标题下方绘制一个矩形装饰元素，如下图所示。

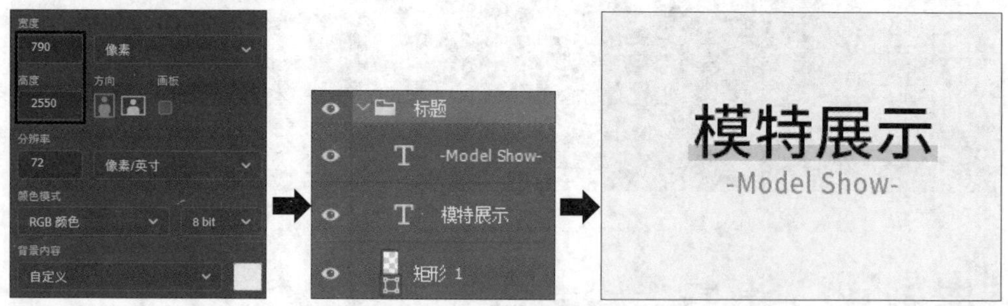

步骤 02 选择“矩形工具”，在标题下方绘制一个矩形，然后执行“文件 > 置入链接的智能对象”菜单命令，置入“款式 1”文件夹中的“图片 1”图像，创建链接的智能对象。创建链接的智能对象的好处是当源文件发生更改时，链接的智能对象也会随之更新，这在需要调用模板替换商品图片时非常有用。按下快捷键 Ctrl+Alt+G，创建剪贴蒙版，隐藏超出矩形边缘的展示图，如下页图所示。

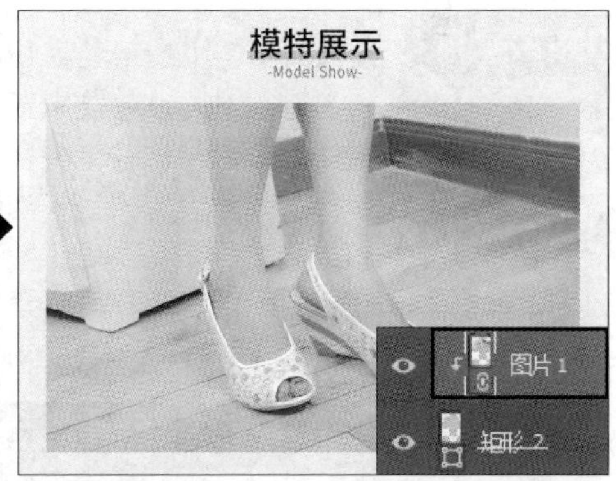

步骤 03 因为此处需要使用竖版的模特展示图，所以使用“矩形工具”绘制一个竖向的矩形，执行“文件 > 置入链接的智能对象”菜单命令，置入“款式 1”文件夹中的“图片 2”图像，按下快捷键 Ctrl+Alt+G，创建剪贴蒙版，隐藏超出矩形边缘部分的展示图，如右图所示。

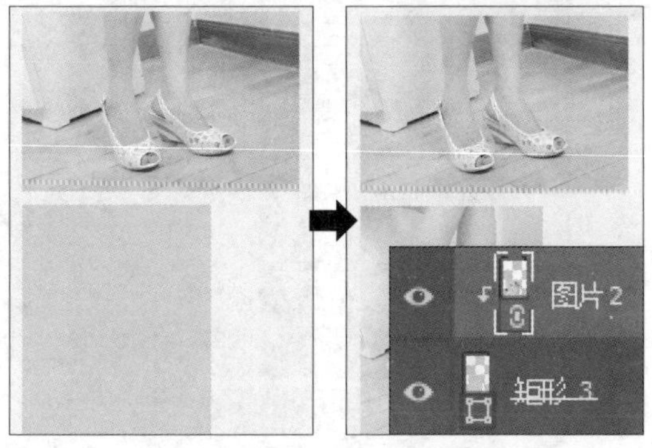

步骤 04 复制鞋子图像下方的两个矩形，并移到下方所需的位置，然后采用相同的方法，分别将“款式 1”文件夹中的“图片 3”和“图片 4”以链接的智能对象方式置入画面中，创建剪贴蒙版，隐藏多余的展示图。最后使用“直排文字工具”在第 2 个和第 4 个展示图旁边添加辅助的文字信息，这样就完成了模特展示图模板的设计，如下图所示。

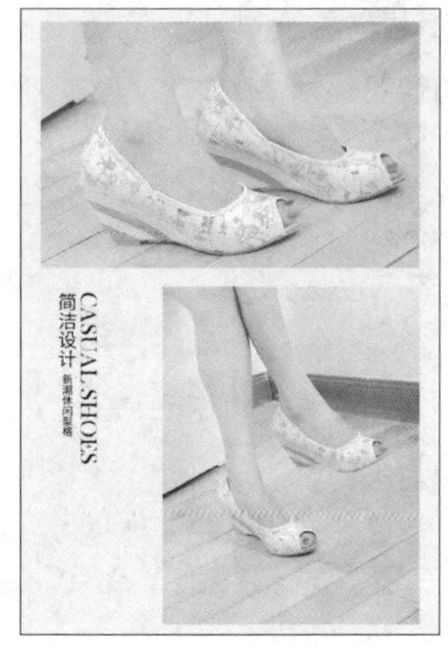

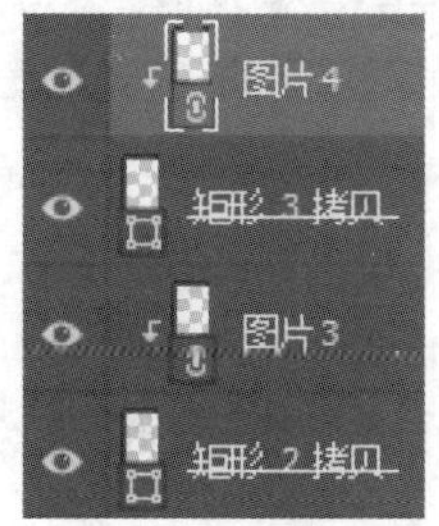

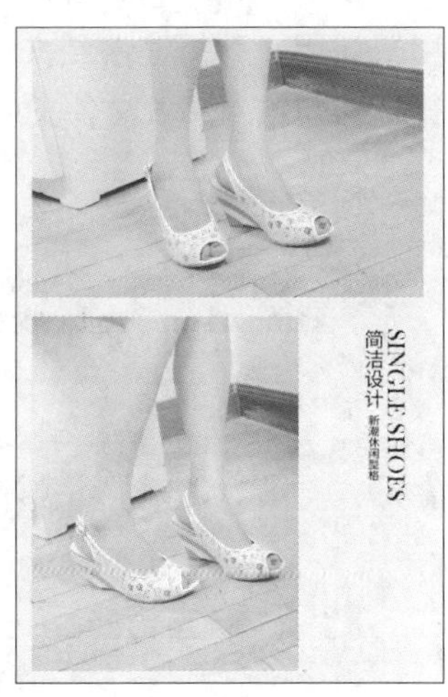

知识扩展 模特展示图中使用的模特图片大多需要先对其进行磨皮处理，去除较明显的瑕疵，以让模特的皮肤看起来更加细腻。在 Photoshop 中虽然可以结合“模糊”滤镜和蒙版来对模特图片进行磨皮，但是如果要处理的图片较多，该操作就比较麻烦，需要一张一张地对蒙版进行手动调整。所以如果需要批量对模特图片进行磨皮，建议使用磨皮滤镜插件，例如 Portraiture。Portraiture 磨皮滤镜插件能够自动识别照片中的皮肤区域，并在保留皮肤质感的前提下对识别到的皮肤区域进行平滑处理，如下图所示。

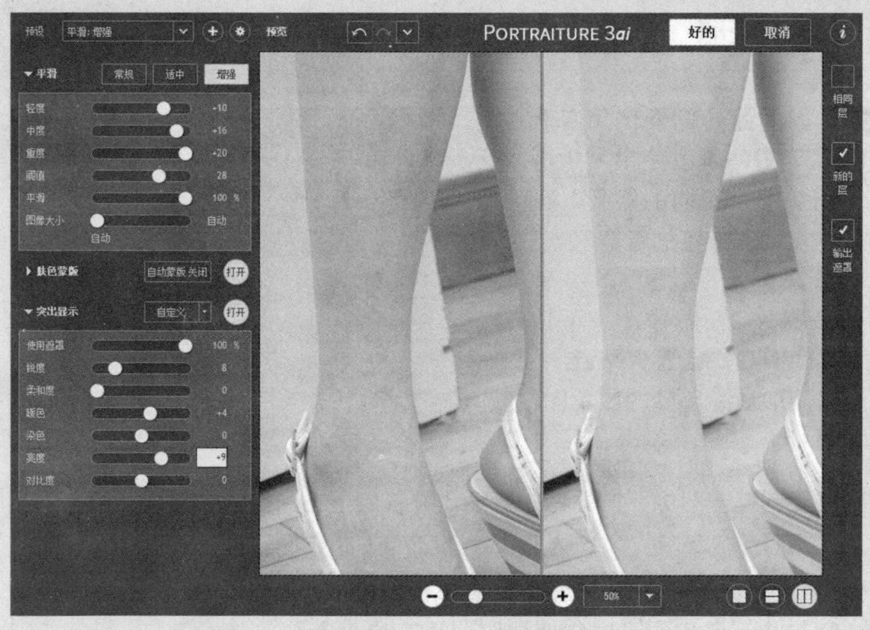

接下来编写代码替换并生成更多的模特展示图。在代码中，先定义一个函数，用于调用“重新链接到文件”命令，然后指定要替换的图片所在文件夹，通过 for 循环语句依次获取文件夹中的图片并替换，来生成不同的模特展示图。

◎ 实现代码

```
function relinkSO(path)  //创建自定义函数
{
    var desc = new ActionDescriptor()  //创建一个动作描述
    desc.putPath(charIDToTypeID('null'), path)
    executeAction(stringIDToTypeID('placedLayerRelinkTo-
    File'), desc, DialogModes.NO)  //执行“重新链接到文件”命令
```

```
}
var inputFile = new File("E:/实例文件/07/源文件/实拍展示.psd") //获取文件“实拍展示.psd”
var inputFolder = Folder.selectDialog("请选择素材文件夹：") //指定要批量处理的文件路径
var outputFolder = Folder.selectDialog("选择输出的文件夹：") //指定批量处理后存储文件的路径
if (inputFolder != null) //获取输入文件夹中的文件
{
    var options = new JPEGSaveOptions() //指定文件保存的格式为JPEG
    options.quality = 8 //文件压缩质量
    var template = app.open(inputFile) //打开文件“实拍展示.psd”
    var folderList = inputFolder.getFiles() //遍历文件夹下的所有子文件夹
    for (var i = 0; i < folderList.length; i++) //获取文件夹下的所有子文件夹
    {
        var picList = folderList[i].getFiles() //获取子文件夹下的所有文件
        for (var j = 0; j < picList.length; j++) //遍历子文件夹下的所有文件
        {
            var layer_name = picList[j].displayName.split(".")[0] //提取遍历文件的文件名
            template.activeLayer = template.artLayers.getByName(layer_name) //选中与文件名相同的图层
            relinkSO(picList[j]) //调整自定义函数替换商品图
        }
        var result_file = new File(outputFolder + '/' + folderList[i].name + '.jpg') //设置保存文件路径
        template.saveAs(result_file, options, true, Extension.LOWERCASE) //保存文件
    }
```

```
28        template.close(SaveOptions.DONOTSAVECHANGES)  //关闭文件
29    }
```

◎ 代码解析

第 1 行代码自定义 relinkSO(path) 函数，用于替换文件中的链接文件。

第 3 ～ 5 行代码应用 ActionDescriptor() 函数创建一个动作，并通过 charIDToTypeID() 函数和 stringIDToTypeID() 函数将字符串转换为运行 ID，即对应的 Photoshop 命令。这里相当于执行“图层 > 智能对象 > 重新链接到文件”菜单命令。

第 7 行代码定义一个变量 inputFile，表示要处理的文件。这个文件就是之前在 Photoshop 中制作好的“实拍展示 .psd”文件。

第 8 ～ 9 行代码分别定义变量 inputFolder 和 outputFolder，表示输入和输出的文件夹。调用 Folder 的 selectDialog() 函数，弹出文件夹选择窗口，提示用户选择输入和输出文件夹，如下图所示。

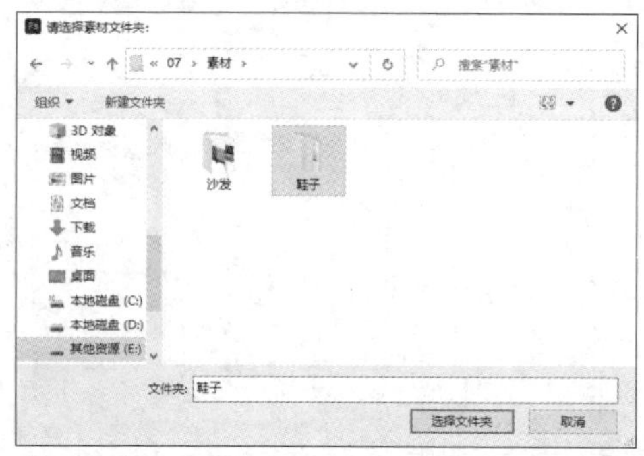

第 10 行代码用于判断用户是否选择了一个输入文件夹，如果选择了一个输入文件夹，就执行其下方第 11 行至第 29 行代码，否则就不会执行其下方的代码。

第 12 ～ 13 行代码定义一个变量 options，表示输出文件为 JPEG 格式的设置属性。设置输出图片文件的压缩质量为 8。设置的参数值越大，得到的图像品质越高。

第 14 行代码定义变量 template，表示要用于替换商品图片的模板文件。使用 open() 函数打开 inputFile 中存储的文件，即打开“实拍展示 .psd”文件。

第 15 行代码定义变量 folderList，表示文件夹列表。使用 getFiles() 函数获取素材文件夹中所有的子文件夹，并将其赋给变量 folderList。本案例中需要使用制作好的模板来生成多款鞋子的模特实拍展示图，所以需要根据鞋子款式，将图片放到几个子文件夹中，如右图所示。本行代码就是要让程序获取 5 个款式的子文件夹。

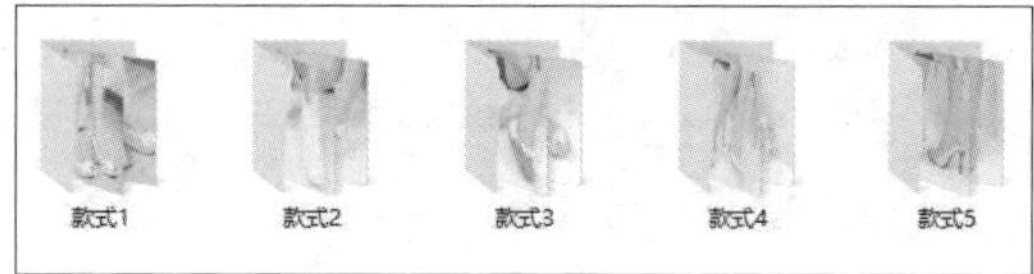

第 16 行代码使用 for 循环语句遍历素材文件夹中的所有子文件夹。

第 18 行代码定义变量 picList，表示图片列表。使用 getFiles() 函数遍历子文件夹中的所有图片文件，并将其赋给变量 picList。本案例中每个款式所在的文件夹中都包含了 4 种模特实拍图片，如下图所示。本行代码就是要让程序分别获取每个款式文件夹中的图片。

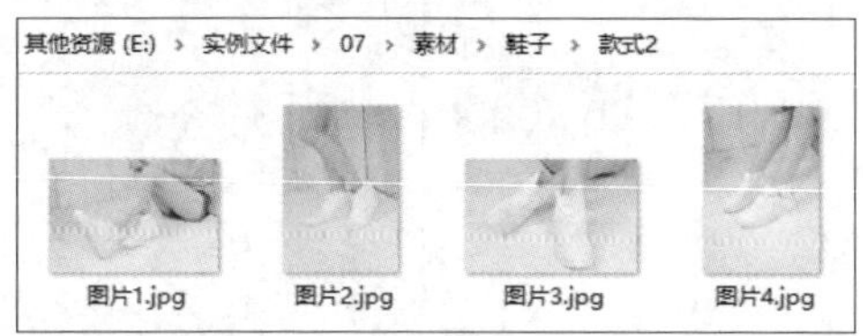

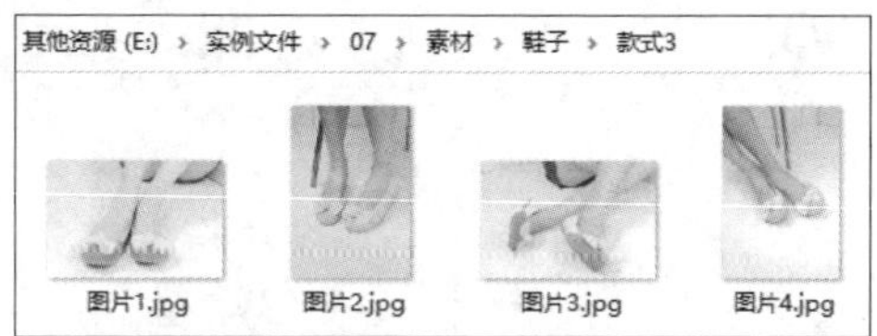

第 19 行代码使用 for 循环语句再来遍历图片列表中的所有图片文件。

第 21 ～ 23 行代码用于读取遍历到的图片文件的文件名称，再根据图片文件名称找到“图层”面板中相同名称的图层，将其设为活动图层后，调用之前定义的 relinkSO() 函数，用遍历到的图片替换活动图层中的图像，如下图所示。

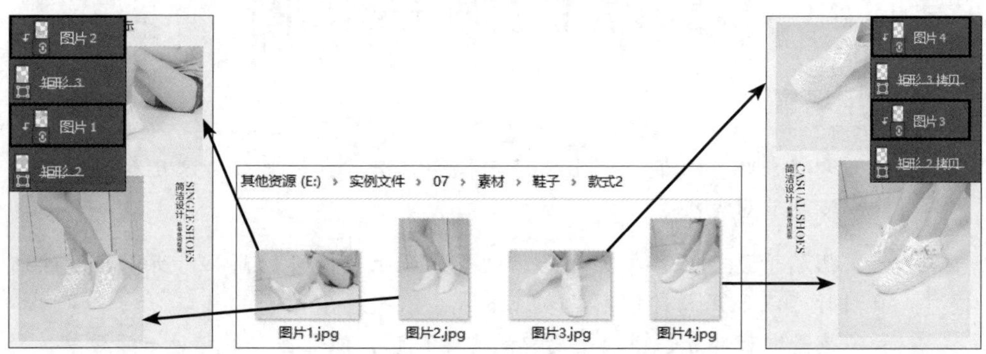

第 25 ～ 26 行代码定义一个变量 result_file，表示最终输出的文件路径。使用 saveAs() 函数调用前面设置的各项参数，将当前文档导出为 JPEG 格式。

第 28 行代码使用 close() 函数以不保存文件的方式直接关闭模板文件。

启动 Photoshop，运行编写好的代码，选择待处理的输入文件夹和输出文件夹，Photoshop 会自动根据脚本批量生成不同款式的模特实拍展示图，如下页图所示。

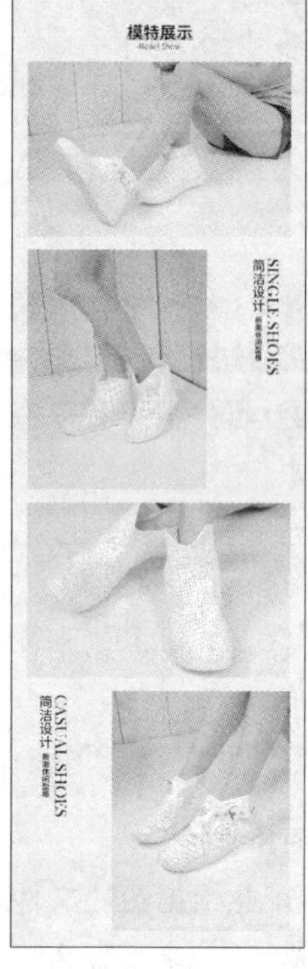

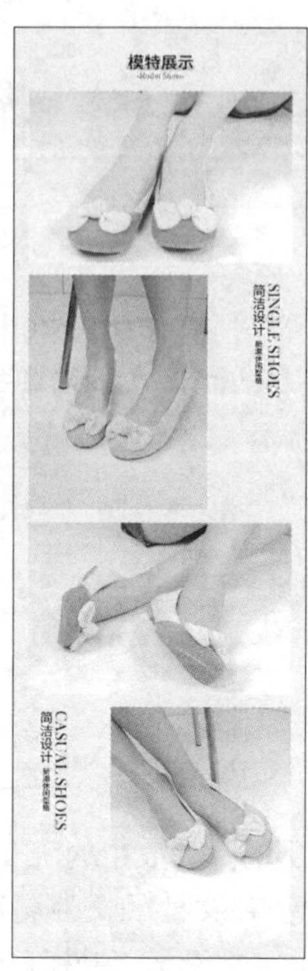

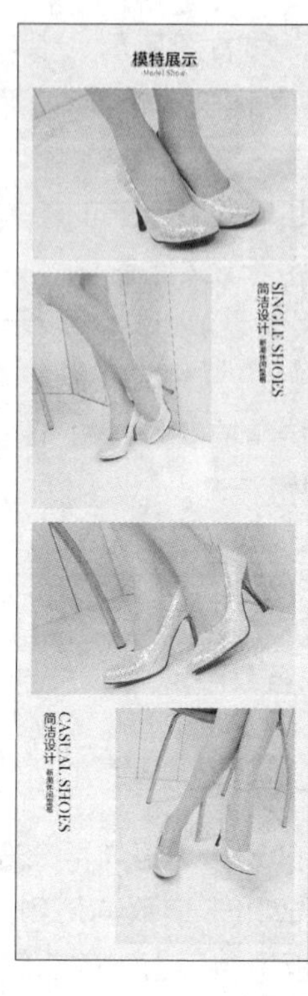

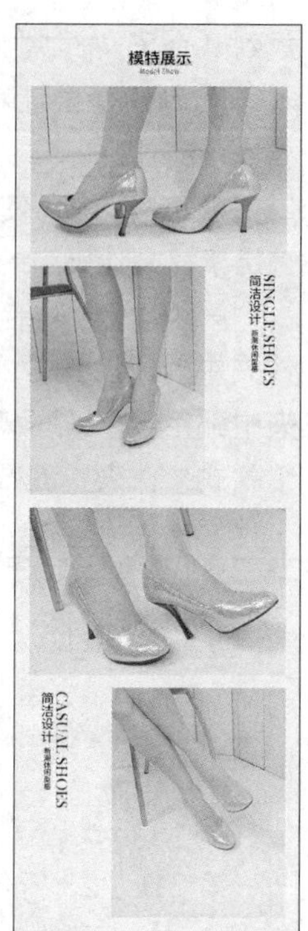

案例 03　批量生成服饰细节展示图

◎ 应用场景

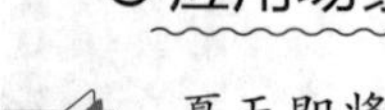

小新：夏天即将来临，我们店铺上架了几款连衣裙，我该怎么为这几款连衣裙设计细节展示图呢？

大牛：连衣裙属于夏天必备单品之一，也是外观比较简单的商品，所以在设计细节图时可以采用局部图解的表现方式，依次展示裙子的领口、袖口、腰部和印花等细节部分，搭配上简单的文字说明，能让裙子的特色一目了然。

小新：采用局部图解的表现方式应该使用哪种布局方式呢？如果我要批量制作多款连衣裙的细节展示图，又要怎么实现呢？

大牛：建议采用折线型布局，增加图片设计感的同时，也能让画面看起来更有韵律，如下页图所示。如果你要制作多个商品细节展示图，那么可以在设计好一个细节展示图的基础上，再编写一段代码，通过调用代码来自动替换不同款式连衣裙的细节图片。下面就来看看具体的制作方法。

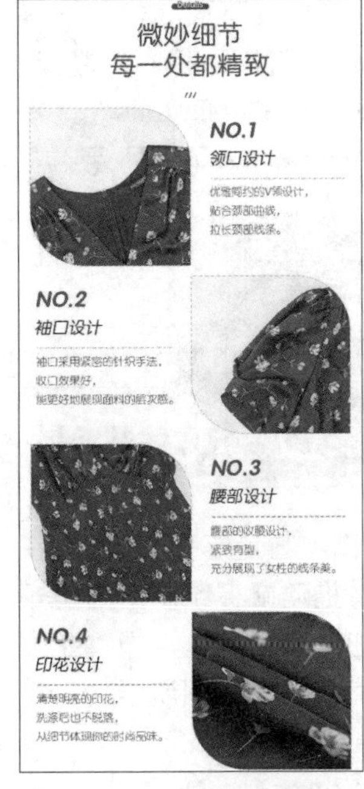

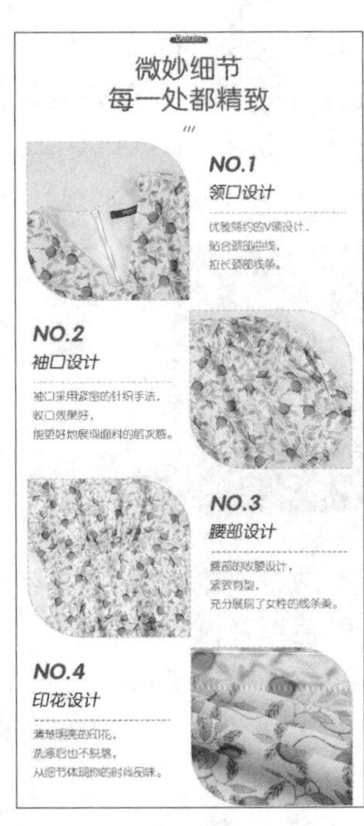

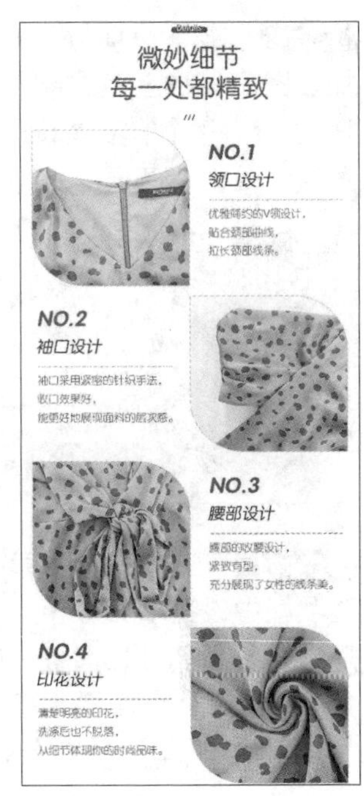

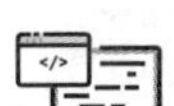

◎ 素材文件：实例文件\07\素材\服饰

◎ 源 文 件：实例文件\07\源文件\细节展示图.psd

◎ 代码文件：实例文件\07\代码文件\批量生成商品细节图.jsx

在 Photoshop 中设计一款连衣裙的细节展示图，在设计的时候，先设置细节图的标题部分，然后根据想要的布局绘制出所需的图形，确定每个细节部分的展示范围，再把裙子的多张细节图通过链接的智能对象方式置入到图形中，添加上相应的文字说明。具体操作方法如下。

◎ 步骤解析

步骤 01 启动 Photoshop，执行“文件 > 新建”菜单命令，创建一个“宽度”为 790 像素、“高度”为 1860 像素的新文档。首先在新文档中设计细节图标题样式。选择“圆角矩形工具”绘制一个矩形，在矩形上方输入细节详情对应的英文“Details”，如左图所示。

宽度
790 像素
高度 方向 画板
1860
分辨率
72 像素/英寸
颜色模式
RGB 颜色 8 bit
背景内容
白色

步骤 02 按下快捷键 Ctrl+J，复制英文“Details”，更改其颜色。下面我们要让叠加在圆角矩形上的文字部分显示为白色，未重叠的部分显示为与矩形相同的颜色。按住 Ctrl 键并单击“圆角矩形 1”图层，载入选区，选中最上层的“Details”文本图层，单击“图层”面板中的“添加图层蒙版”按钮，添加蒙版，如下图所示。

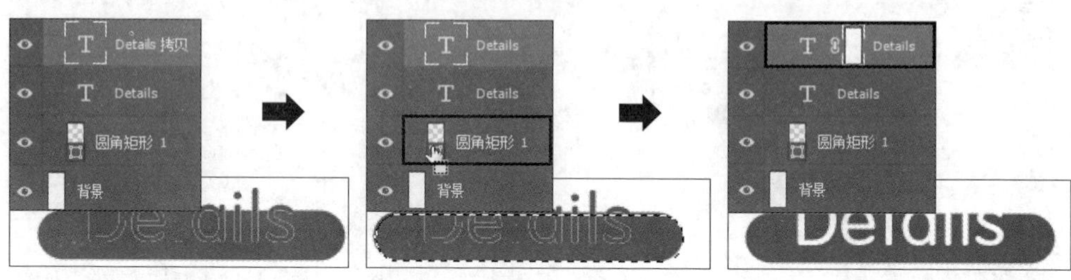

步骤 03 使用“横排文字工具”在下方输入更多文字。选择“圆角矩形工具”，在选项栏中设置填充颜色、轮廓颜色以及圆角的半径，单击并拖动鼠标绘制出圆角矩形。打开“属性”面板，单击“将半径值链接到一起”按钮，取消链接，把“左上角半径”和“右下角半径”更改为 0 像素，把圆角转换为直角，如下图所示。

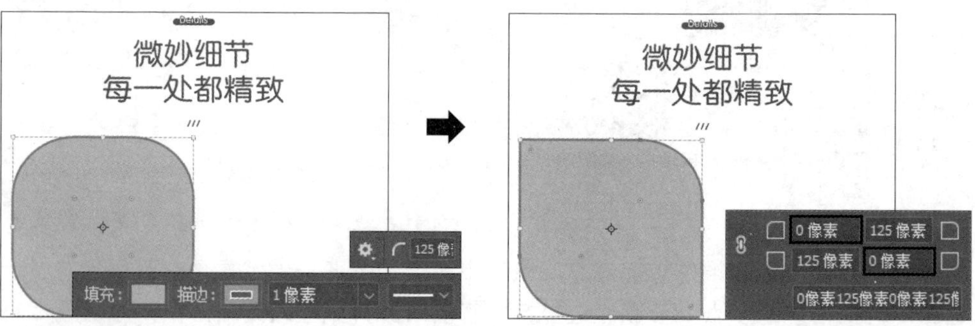

知识扩展 如果读者觉得案例中设置的圆角半径不合适，也可以更改为其他的参数值。若是不太确定半径值，也可以先用“矩形工具”绘制直角矩形，如下左图所示，然后在展开的“属性”面板中输入半径值，把直角矩形转换为圆角矩形。在转换为圆角矩形后，通过设置不同的半径值，快速调整圆角的弧度大小。半径值越大，圆角的弧度也就越大。读者可以根据实际需求调整半径值。如下中图和下右图分别是半径值为 20 像素和 120 像素时的圆角矩形效果。

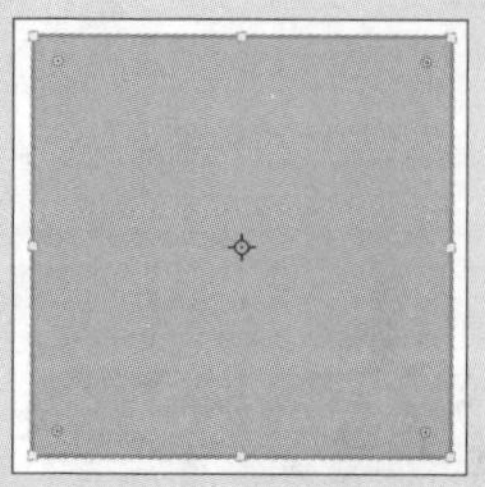

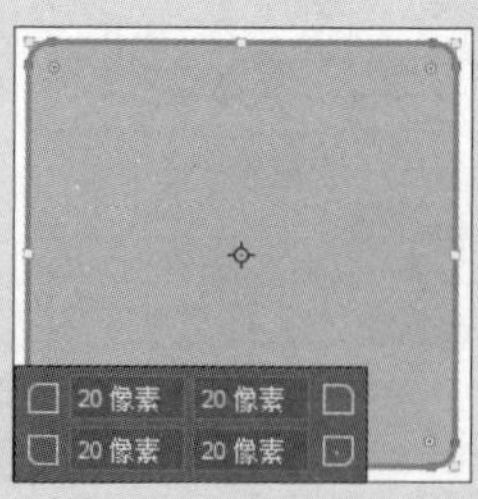

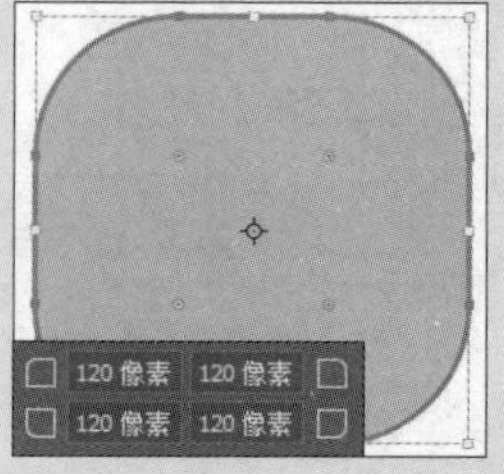

步骤 04 执行“文件 > 置入链接的智能对象”菜单命令，先将“款式 1”文件夹中的“领口”图像置入文档中，将置入图像缩小一些后，按下快捷键 Ctrl+Alt+G，以下方的圆角矩形为基础图层，创建剪贴蒙版，只显示圆角矩形边界内的图像。创建剪贴蒙版之后，如果觉得商品图放置的位置不合适，可以使用“移动工具”来调整商品图片的位置，如下图所示。

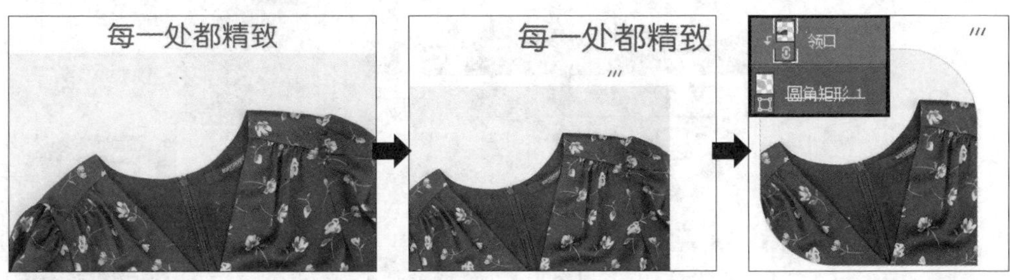

步骤 05 根据要显示的细节图数量，复制出更多的圆角矩形，并将其分别移到下方的相应位置，得到折线型布局效果。执行“文件 > 置入链接的智能对象”菜单命令，依次将“袖口”“腰部”和“印花”3 个服饰细节图置入到文档中，创建剪贴蒙版，隐藏圆角矩形边界外的部分，如右图所示。

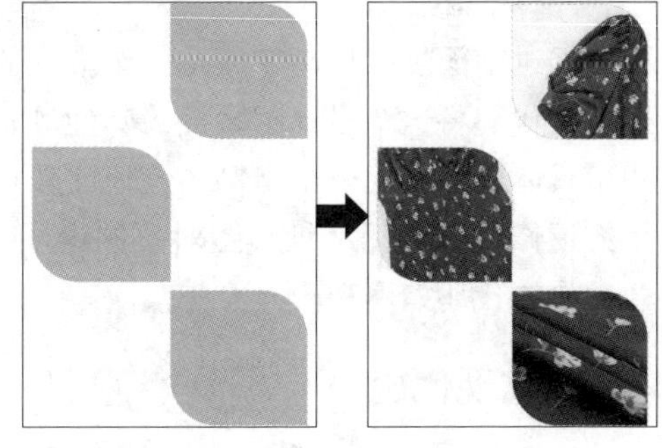

步骤 06 创建图层组，命名为“文案 1”。使用“横排文字工具”在衣服领口右侧输入细节说明文字，然后在“字符”面板中更改文字的字体、大小和颜色。因为是女装的细节图，所以选择方正圆体家族中字形风格舒适柔和的“方正粗圆简体”“方正准圆简体”“方正细圆简体”字体，如下图所示。

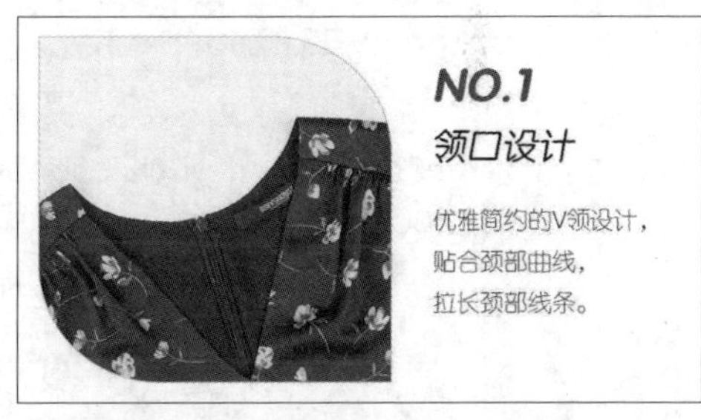

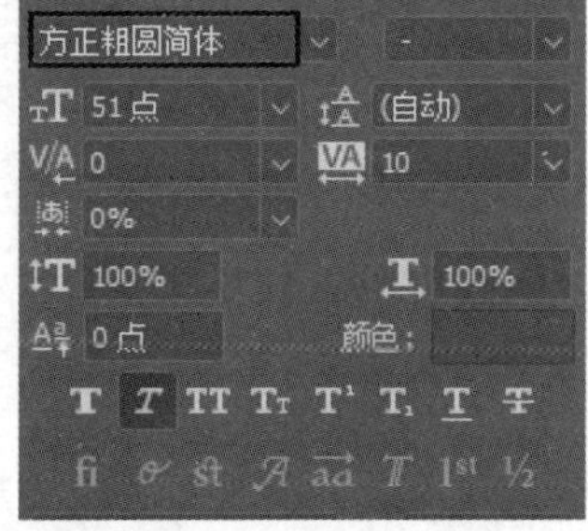

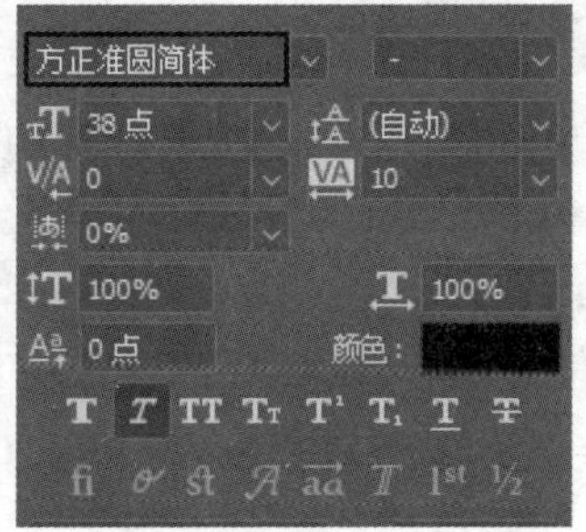

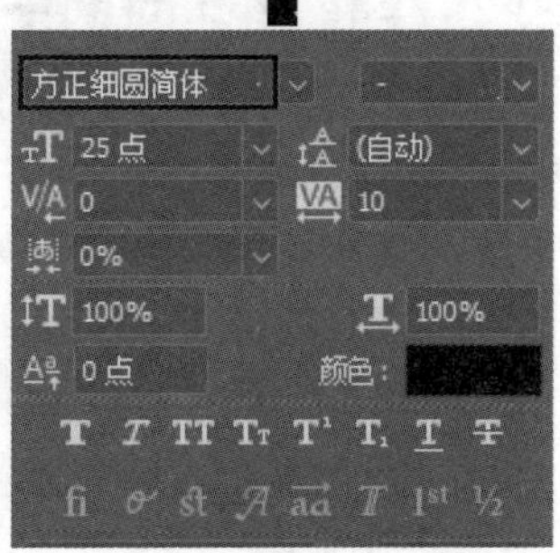

步骤 07 选择“直线工具”，在标题文字和下方说明文字中间绘制一条水平的线条，并设置虚线描边效果，如下图所示。复制“文案 1”图层组，将复制的文案移到另外 3 个细节图旁边，根据展示的细节图修改说明文字的内容，如右图所示。

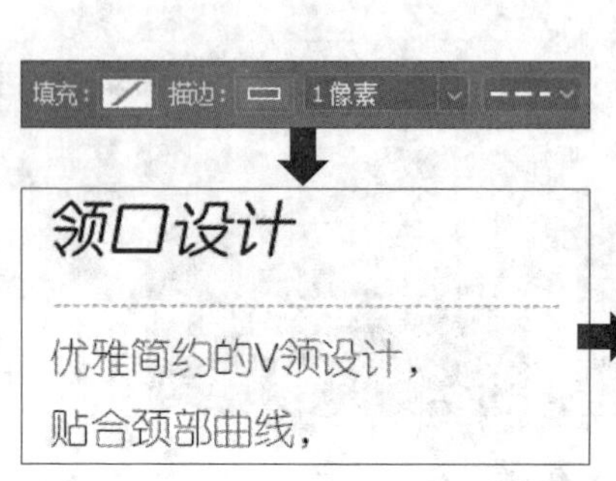

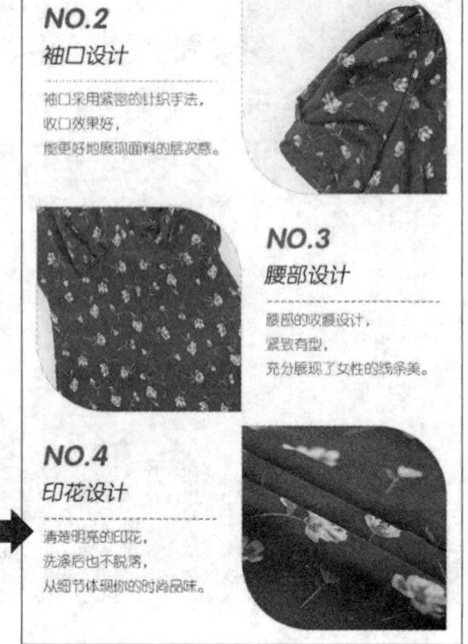

经过前面的操作，完成了一个款式的裙子的细节展示图设计，接下来就可以通过编写代码将这个设计图替换为其他款式的细节图，批量生成不同款式的服饰细节图。具体代码与上一个案例的代码比较相似，不同的是，这个案例设计的是细节图，为方便修改细节图和细节图对应的说明文字，存储的时候把存储格式设为 PSD 格式，具体代码如下。

◎ 实现代码

```
function relinkSO(path)
{
    var desc = new ActionDescriptor()
    desc.putPath(charIDToTypeID('null'), path)
    executeAction(stringIDToTypeID('placedLayerRelinkToFile'), desc, DialogModes.NO)
}
var  inputFile  =  new  File("E:/实例文件/07/源文件/细节展示图.psd")  //获取文件“细节展示图.psd”
var inputFolder = Folder.selectDialog("请选择素材文件夹：")
var outputFolder = Folder.selectDialog("选择输出的文件夹：")
if (inputFolder != null)
{
    var options = new PhotoshopSaveOptions()  // 指定文件保
```

```
        存的格式为PSD格式
13      var template = app.open(inputFile)
14      var folderList = inputFolder.getFiles()
15      for (var i = 0; i < folderList.length; i++)
16      {
17          var picList = folderList[i].getFiles()
18          for (var j = 0; j < picList.length; j++)
19          {
20              var layer_name = picList[j].displayName.
                split(".")[0]
21              template.activeLayer = template.artLayers.get-
                ByName(layer_name)
22              relinkSO(picList[j])
23          }
24          var result_file = new File(outputFolder + '/' + fol-
            derList[i].name + '.psd')  //设置保存文件路径和名称
25          template.saveAs(result_file, options, true, Exten-
            sion.LOWERCASE)
26      }
27      template.close(SaveOptions.DONOTSAVECHANGES)
28  }
```

◎ 代码解析

第 1 ～ 6 行代码自定义 relinkSO(path) 函数，用于链接图像。创建一个新动作，执行“重新链接到文件”菜单命令。

第 7 行代码定义一个变量 inputFile，表示要处理的模板文件。这个文件就是之前制作的“细节展示图 .psd”。

第 8 ～ 9 行代码分别定义变量 inputFolder 和 outputFolder，调用 Folder 的 selectDialog() 函数，弹出文件夹选择窗口，提示用户选择输入和输出的文件夹。

第 10 行代码用于判断用户是否选择了一个输入文件夹，如果选择了一个输入文件夹，就执行其下方第 11 行至第 28 行代码，否则就不会执行其下方的代码。

第 12 行代码定义一个变量 options，表示输出文件为 PSD 格式。

第 13 行代码定义一个变量 template，表示要用于替换细节图的模板文件。使

用 open() 函数打开“细节展示图 .psd”文件。

第 14 行代码定义一个变量 folderList，表示文件夹列表。使用 getFiles() 函数获取素材文件夹中所有的子文件夹。本案例中一共需要制作 6 个款式的细节图，所以素材文件夹中共有 6 个子文件夹，分别放置了不同款式的细节图，如下图所示。需要注意的是，不同款式细节图的命名方式要统一，避免代码运行时提示找不到文件。

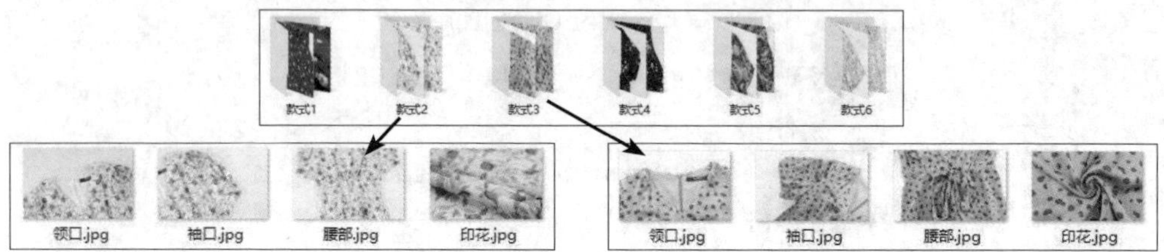

第 15 ～ 26 行代码使用 for 循环语句遍历素材文件夹中的所有子文件夹，获取子文件夹中的所有文件，读取这些文件的文件名称，然后在打开的“细节展示图 .psd”文件中找到并选中与文件名相同的图层，调用 relinkSO(picList[j]) 函数，执行“重新链接到文件”菜单命令，重新链接至获取的新文件。

第 27 行代码使用 close() 函数关闭模板文件“细节展示图 .psd”。

代码编写完成后，最后就可以利用 Photoshop 中的“脚本”菜单调用编写好的脚本文件，让 Photoshop 按照脚本中编写的代码自动替换细节展示图中的图片，快速批量生成不同款式连衣裙的细节展示图。

◎ 步骤解析

步骤 01 启动 Photoshop，执行“文件 > 脚本 > 浏览”菜单命令，打开“载入”对话框，在对话框中找到编写好的“批量生成商品细节图 .jsx”代码文件，单击“载入”按钮，载入并运行代码，弹出“请选择素材文件夹：”对话框，选择要处理的素材文件夹，这里选择存储连衣裙图片的“服饰”文件夹，如果有其他的商品细节图，也可以选择对应的素材文件夹，然后单击“选择文件夹”按钮，如下图所示。

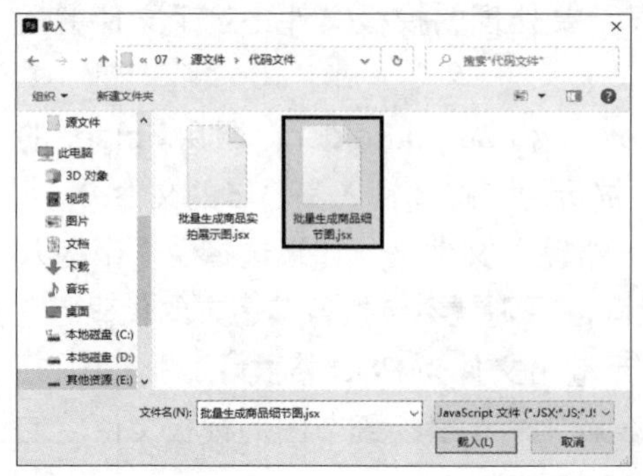

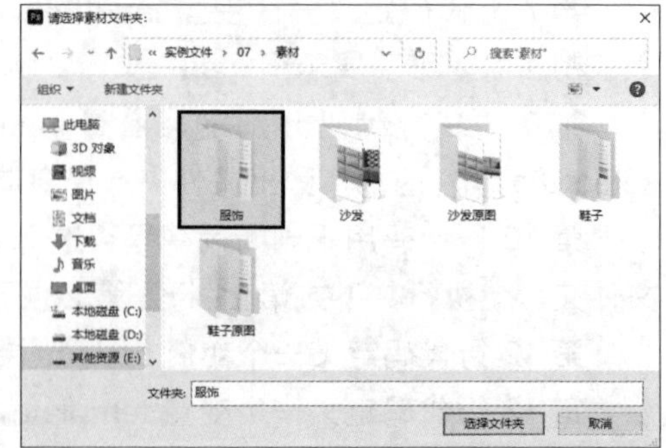

步骤 02 在弹出的“选择输出的文件夹：”对话框中选择存储替换细节图后存储文件的目标文件夹，单击“选择文件夹”按钮。Photoshop 自动用素材文件夹中的细节图替换“细节展示图 .psd”文件中的细节图，生成不同款式连衣裙的细节展示图，如下图所示。由于代码中是将文件存储为 PSD 格式，所以如果需要修改一些小细节，直接在 Photoshop 中打开相应的文件进行调整即可。

步骤 03 为方便查看批量生成的细节图效果，可以再把 PSD 文件转为 JPEG 格式。执行“文件 > 脚本 > 图像处理器”菜单命令，打开“图像处理器”对话框，选择要处理的图像所在文件，这里的文件夹为步骤 02 中选择的输出文件，勾选下方的“存储为 JPEG”复选框，单击“运行”按钮，如右图所示。

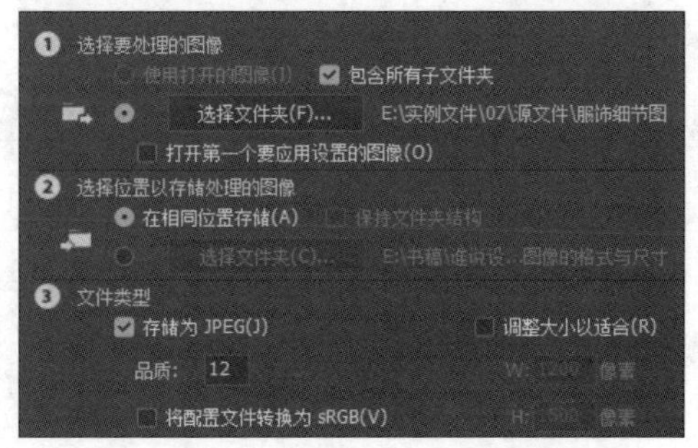

[第 8 章]

手机海报与日签设计

随着智能手机的普及，大家会在朋友圈或其他社交平台上看到各式各样的海报和日签。这些海报和日签的设计要点以及具体制作的过程又是怎么样的呢？这些内容在本章中都会一一为大家介绍。

一、手机海报尺寸

随着用户对互联网的访问不断向移动端，尤其是手机倾斜，手机所承载的使命也愈发重要。手机海报也就应运而生，它主要用于手机等移动智能设备上信息的宣传推广。与传统海报相比，手机海报更易于制作和传播。

建议采用 1080 像素 ×1920 像素的尺寸进行手机海报的设计，因为目前市面上大部分移动智能设备都是以 1080P 的分辨率为显示基准。

二、手机海报设计的注意事项

海报的广泛应用导致越来越多的人学习自己制作手机海报。尽管制作手机海报并不难，但是在设计的时候还是要注意一些问题。

1. **信息应有层次结构**。手机海报的设计应注意整体布局，明确各元素的层次关系。如果整个海报布局比较分散，各元素分布过于平均，容易导致用户无法快速把握浏览的重心。

2. **颜色搭配要合理**。在设计的时候，要注重画面的色彩搭配。虽然丰富的色彩能使画面看起来更加吸引人，但是一定要把握住“少而精”的原则，应当尽量选择较为和谐的色彩搭配来达到比较完美的视觉效果。颜色使用过多，容易让画面显得杂乱、跳跃、无重心。当然，一些特殊情况除外，例如要表现绚丽、缤纷、多彩等效果时，颜色就要多一些，但一般来说，不宜超过五种，如下页图所示。

3. **不同移动智能设备的考虑**。在设计手机海报时，除了考虑以“满屏”方式显示的移动智能设备，还要考虑以“刘海屏”方式显示的移动智能设备，毕竟现在很多智能手机都是“刘海屏”。为了保证海报内容不被遮挡，尽量不要在海报正上方放置过多的图形和文本内容。

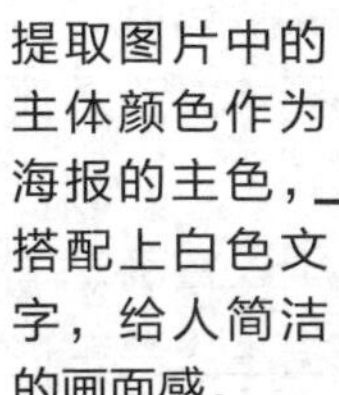
提取图片中的主体颜色作为海报的主色，搭配上白色文字，给人简洁的画面感。

过多且凌乱的色彩搭配会让人眼花缭乱。

三、什么是日签

签，原本是指由竹子或木材削成的有尖的小细棍，签条上刻有被认为是启示或预言的文字，这是传统意义上的“签”。

到了互联网时代，大家开始在朋友圈或其他社交平台上发表日签。一般会是配以图片的格言警句或心情记录，再备注上相应的日期，这就是现代的日签。

如下所示的两图即为现代的日签。这两张日签因其要表现的内容不同，分别采用了不同的布局方式来制作。

四、日签设计要点

日签是一种记录生活的方式，也是一种新兴的传播载体。它的内容形式也是多

样化的，不同人、不同角色的日签都不一样。日签作为一种社交名片，除了分享心情，还可以传播干货知识、品牌内容。在日签的设计中需要注意以下几点。

1. **确定日签上的要素**。设计日签，首先要思考自己想在日签上表现什么，即日签上要填充的内容，这样就可以把每个要素都按照重要性的顺序进行排版和设计。日签中常见的要素为日期、格言警句、品牌徽标、作者署名等。这些要素并不是都要出现，根据自己的需求适当选择即可。

2. **添加内容，确定主次**。日签中要呈现的要素往往不只一个，所以在确定了要添加的内容后，我们可以先把想要呈现的要素都放到图片上，再根据主次关系进行调整，这样既可以确保不漏掉相关内容，又能有效保证画面的协调性，如下图所示。此外，对于需着重突出的要素在设计上应与其他内容加以区别，让人一眼就能注意到它。

3. **样式不宜过多**。日签上应用的样式包括字体、大小、颜色等，一般以不超过 3 个样式为宜，过多的样式会导致画面杂乱。当然，若是抽象类风格的日签，则可以不受此原则束缚，尽情创作即可。

案例 01　批量生成二十四节气海报

◎ 应用场景

二十四节气准确地反映了自然节律的变化，在人们的日常生活中发挥了极为重要的作用，我看朋友圈经常有人在发关于二十四节气的海报。牛老师，如果我想要批量生成二十四节气海报，有什么能快速实现的方法呢？

大牛　首先需要选择一张与节气对应的图片，然后在图片上添加节气名及对应的时间，并搭配上几句应景的诗句，如下图所示。如果要批量生成二十四节气海报，则可以将前面设计好的节气海报作为模板，通过定义变量的方法来替换背景图片和诗句等内容就可以了。下面一起来看看具体的操作方法。

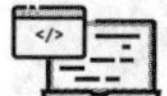

◎　素材文件：实例文件\08\素材\二十四节气背景图、二维码.jpg

◎　源 文 件：实例文件\08\源文件\节气海报.psd、二十四节气海报

◎ 步骤解析

步骤 01　创建一个新文档，根据日签设计规范，设计新文档的“宽度”为 1080 像素、“高度”为 1920 像素。打开素材文件夹中的一张背景素材，按下快捷键 Ctrl+A，全选图像，再按下快捷键 Ctrl+C，复制图像。切换到新文档窗口，按下快捷键 Ctrl+V，粘贴图像，在“属性”面板中设置为与新文档相同的宽度，如下图所示。

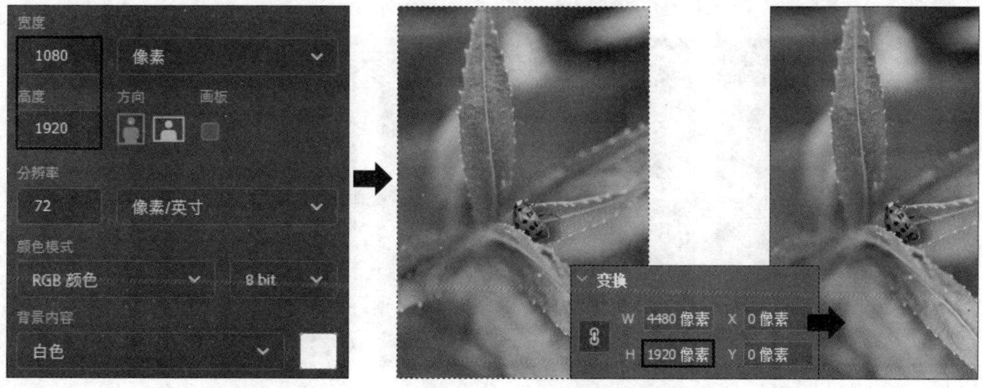

步骤 02 等比例缩小图像之后，为确保替换变量后，所有图像都位于画面居中位置，在“图层”面板中选中“背景”和“图层 1”图层，单击“移动工具”，再单击选项栏中的“水平居中对齐”按钮，将图像与画面中心对齐，如下图所示。

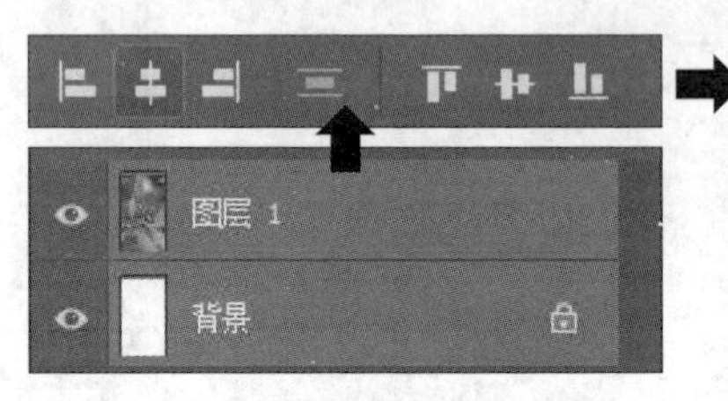

步骤 03 选择“椭圆工具”，按住 Shift 键绘制一个圆形。单击选项栏中的“填充”按钮，在展开的面板中设置从白色到透明渐变，因为要让圆形中间呈现出完全透明的效果，设置渐变时要拖动调整渐变条上的色标位置。最后根据需要调整图层的不透明度为 60%，如下图所示。

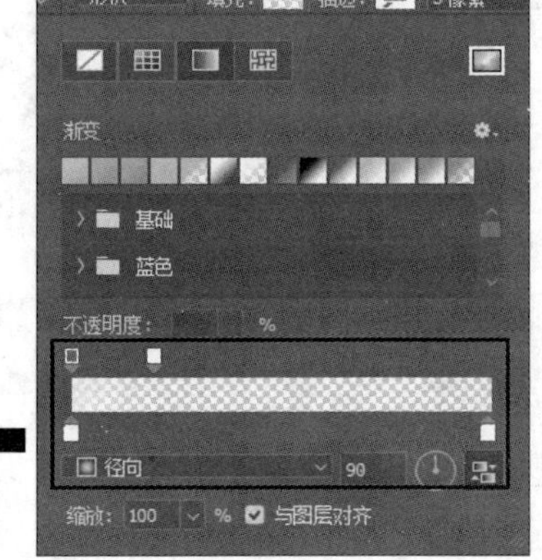

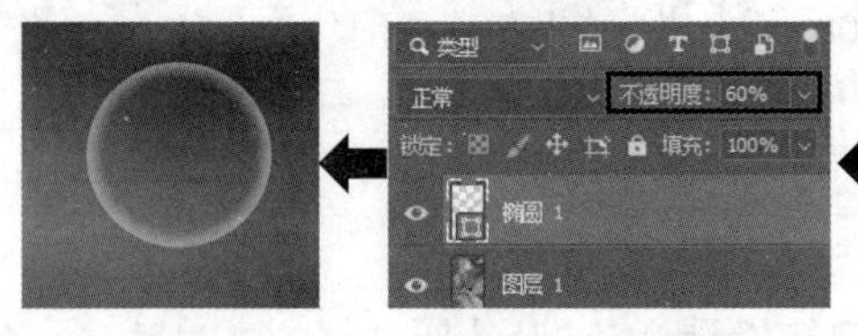

步骤 04 按下快捷键 Ctrl+J，复制出一个圆形，并将复制的圆形向下移动一定的位置。使用“直排文字工具”在圆形中输入节气名称，这里以第 1 个节气为例，输入文字“立春”，输入后调整文字的字体和大小。因为是传统节气海报，所以要选用古朴典雅风格的字体，这里选择“方正隶变简体”字体，如下图所示。

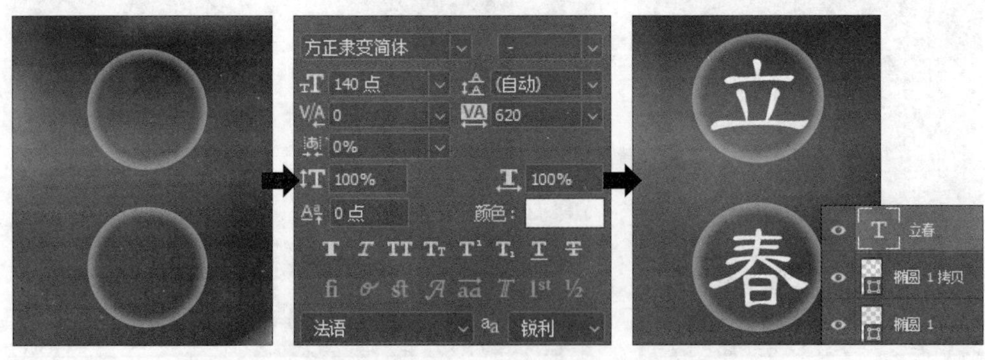

步骤 05 结合“横排文字工具”和“直排文字工具”在节气名称旁输入更多的文字信息，如文字“节气”、节气对应的拼音、诗句等。然后使用“圆角矩形工具”在“节气”二字下绘制一个圆角矩形，并设置矩形填充颜色为红色，以突出图形上的文字，如下图所示。

步骤 06 采用相同的方法，在画面左侧输入立春的阳历和阴历日期。两个日期间需要留出一定的距离，因为节气的日期字数可能不同，若没有预留足够的间距，在替换内容时容易出现文字重叠的情况。执行“文件 > 置入嵌入对象”菜单命令，置入企业二维码，并在二维码右侧输入联系方式及企业名称等内容，完成海报模板的设计，如下图所示。

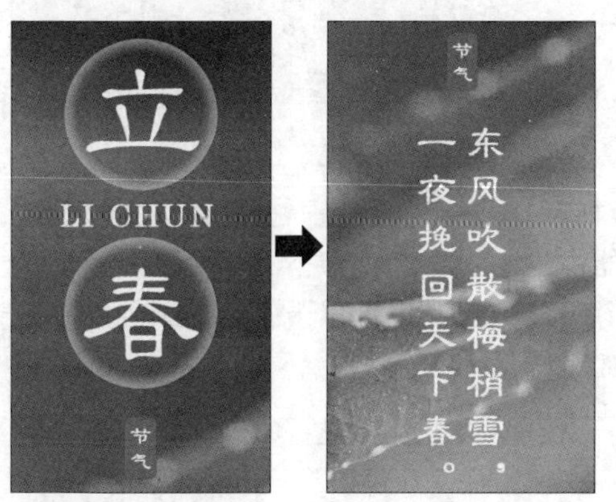

步骤 07 创建一个 Excel 工作簿，在工作表中先输入列名“节气”“拼音”“阳历”“阴历”“诗句”和“图片”，再在每一列下方输入相应的内容。需要注意的是，在前面制作好的海报模板中，每句诗都是单独一列显示的，所以在输入诗句时，想要得到这样的效果，要在每句诗的后面按下快捷键 Alt+Delete，强制换行，如下图所示。

	A	B	C	D	E	F
1	节气	拼音	阳历	阴历	诗句	图片
2	立春	li chun	2022年2月4日	正月初四	东风吹散梅梢雪， 一夜挽回天下春。	
3	雨水	yu shui	2022年2月19日	正月十九	好雨知时节， 当春乃发生。	
4	惊蛰	jing zhe	2022年3月5日	二月初三	微雨众卉新， 一雷惊蛰始。	
5	春分	chun fen	2022年3月20日	二月十八	日月阳阴两均天， 玄鸟不辞桃花寒。	
6	清明	qing ming	2022年4月5日	三月初五	清明时节雨纷纷， 路上行人欲断魂。	
7	谷雨	gu yu	2022年4月20日	三月二十	谷雨天时尚薄寒， 梨花开谢杏花残。	
8	立夏	li xia	2022年5月5日	四月初五	却是石榴知立夏， 年年此日一花开。	
9	小满	xiao man	2022年5月21日	四月廿一	白桐落尽破檐牙， 或恐年年梓树花。	
10	芒种	mang zhong	2022年6月6日	五月初八	芒种初过雨及时， 纱厨睡起角巾欹。	
11	夏至	xia zhi	2022年6月21日	五月廿三	忆在苏州日， 常谙夏至筵。	
12	小暑	xiao shu	2022年7月7日	六月初九	倏忽温风至， 因循小暑来。	

知识扩展 在输入诗句时，如果没有在每句诗的结束位置进行强制换行处理，而是将两句诗放在一行中，如下图所示，那么在 Photoshop 中导入数据组进行替换后，在最终的画面里，两句诗会出现在一列中，如右图所示。

D	E
阴历	诗句
正月初四	东风吹散梅梢雪，一夜挽回天下春。
正月十九	好雨知时节，当春乃发生。
二月初三	微雨众卉新，一雷惊蛰始。
二月十八	日月阳阴两均天，玄鸟不辞桃花寒。

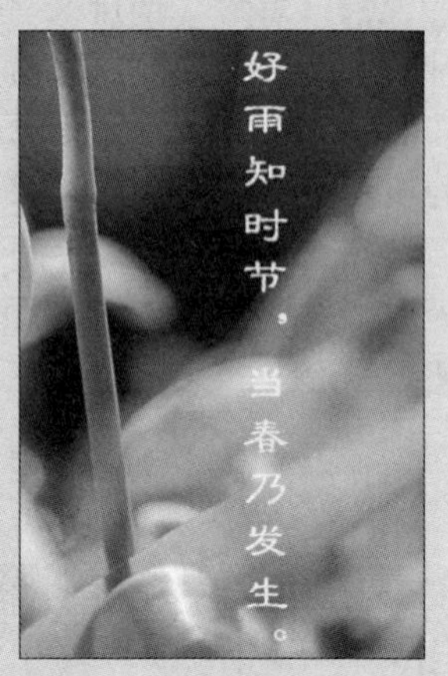

步骤 08 接下来在“图片”列中添加节气对应的图片存储路径。打开存储素材图片的文件夹，选中图片，单击文件资源管理器中“主页”选项卡下的“复制路径”按钮，即可复制图片路径，返回 Excel 工作簿中，将鼠标指针置于要添加路径的单元格，按快捷键 Ctrl+V，粘贴复制的路径，如下图所示。

	A	B	C	D	E	F
1	节气	拼音	阳历	阴历	诗句	图片
2	立春	li chun	2022年2月4日	正月初四	东风吹散梅梢雪，一夜挽回天下春。	="E:\实例文件\08\素材\二十四节气背景图\立春.jpg"
3	雨水	yu shui	2022年2月19日	正月十九	好雨知时节，当春乃发生。	

步骤 09 设置好一个图片路径后，可以采用相同的方法继续为另外的 23 个节气图片设置路径，但是这种方式需要对图片路径进行逐个复制粘贴，操作起来比较麻烦，因此这里使用公式填充图片路径。选中添加路径后的单元格，在路径前添加一个“=”号，然后将图片名称更改为 "&A2&"，即引用 A2 单元格中的内容进行拼接，此时单击下方空白单元格，就可以看到拼接后的完整的图片路径，如下图所示。

	A	B	C	D	E	F
1	节气	拼音	阳历	阴历	诗句	图片
2	立春	li chun	2022年2月4日	正月初四	东风吹散梅梢雪，一夜挽回天下春。	="E:\实例文件\08\素材\二十四节气背景图\"&A2&".jpg"
3	雨水	yu shui	2022年2月19日	正月十九	好雨知时节，当春乃发生。	

⬇

	A	B	C	D	E	F
1	节气	拼音	阳历	阴历	诗句	图片
2	立春	li chun	2022年2月4日	正月初四	东风吹散梅梢雪，一夜挽回天下春。	E:\实例文件\08\素材\二十四节气背景图\立春.jpg
3	雨水	yu shui	2022年2月19日	正月十九	好雨知时节，当春乃发生。	
4	惊蛰	jing zhe	2022年3月5日	二月初三	微雨众卉新，一雷惊蛰始。	

步骤 10 接下来只需要使用 Excel 的自动填充功能即可快速复制公式来设置每个节气对应的图片路径。操作方法是将鼠标指针移到选中单元格的右下角，这里是设置好路径的 F2 单元格，当鼠标指针变成一个黑色的“+”时，单击并按住鼠标左键不放，拖动至要填充的单元格，再松开鼠标，Excel 会自动复制公式填充每个节气图片路径，这样就节省了逐个复制粘贴路径的时间，如下图所示。

	A	B	C	D	E	F
1	节气	拼音	阳历	阴历	诗句	图片
2	立春	li chun	2022年2月4日	正月初四	东风吹散梅梢雪，一夜挽回天下春。	E:\实例文件\08\素材\二十四节气背景图\立春.jpg
3	雨水	yu shui	2022年2月19日	正月十九	好雨知时节，当春乃发生。	
4	惊蛰	jing zhe	2022年3月5日	二月初三	微雨众卉新，一雷惊蛰始。	
5	春分	chun fen	2022年3月20日	二月十八	日月阳阴两均天，玄鸟不辞桃花寒。	
6	清明	qing ming	2022年4月5日	三月初五	清明时节雨纷纷，路上行人欲断魂。	

	A	B	C	D	E	F
1	节气	拼音	阳历	阴历	诗句	图片
2	立春	li chun	2022年2月4日	正月初四	东风吹散梅梢雪，一夜挽回天下春。	E:\实例文件\08\素材\二十四节气背景图\立春.jpg
3	雨水	yu shui	2022年2月19日	正月十九	好雨知时节，当春乃发生。	E:\实例文件\08\素材\二十四节气背景图\雨水.jpg
4	惊蛰	jing zhe	2022年3月5日	二月初三	微雨众卉新，一雷惊蛰始。	E:\实例文件\08\素材\二十四节气背景图\惊蛰.jpg
5	春分	chun fen	2022年3月20日	二月十八	日月阳阴两均天，玄鸟不辞桃花寒。	E:\实例文件\08\素材\二十四节气背景图\春分.jpg
6	清明	qing ming	2022年4月5日	三月初五	清明时节雨纷纷，路上行人欲断魂。	

步骤 11 设置好图片路径后，单击“文件”菜单，单击“另存为”选项，在弹出的“另存为”对话框中选择文件保存类型。因为本案例中需要导入的数据组比较多，所以将保存类型设为采用 ANSI 编码的“文本文件 (制表符分隔)(*txt)”，这样能够更利于 Photoshop 快速导入数据组，避免因为导入数据组过多而出现卡死的现象。如果导入的数据较少，则可以设置保存类型为“Unicode 文本 (*txt)”，如右图所示。

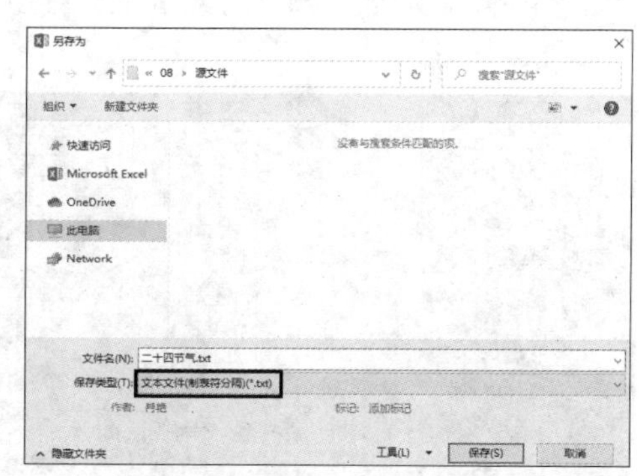

步骤 12 返回 Photoshop，执行“图像 > 变量 > 定义”菜单命令，打开“变量”对话框，在对话框中将需要变换的内容定义为变量。本案例需要变换的内容有节气名、阳历日期、阴历日期、诗句等，因此需要从“图层”下拉列表中选择对应的图层，根据图层属性设置变量的类型，如果是使用图片替换，则勾选“像素替换”复选框，如果是文字图层中的文本字符串，则勾选“文本替换”复选框，如下页图所示。

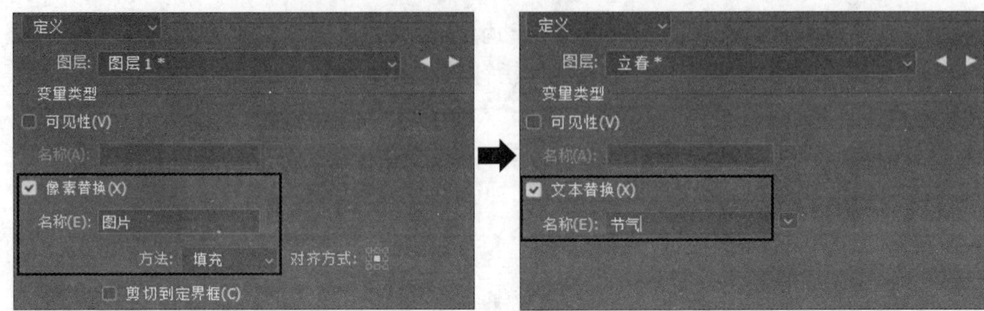

步骤 13 定义好变量后，接下来需要导入相应数据信息。在“变量”对话框左上角的列表中选择“数据组”，单击“导入 ...”按钮。打开“导入数据组”对话框，单击“选择文件 ...”按钮，选取之前存储的“二十四节气 .txt”文本文件，单击“确定”按钮，如下图所示。

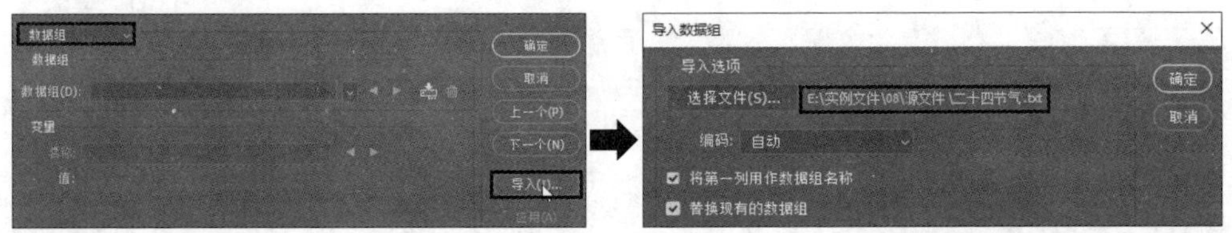

步骤 14 返回“变量”对话框，从所选工作表中导入数据组。导入数据组后，在下方的“变量”选项组下会显示被定义的变量名称、变量值以及对应的图层，如下图所示。勾选“预览”复选框，可预览图像效果，如右图所示。

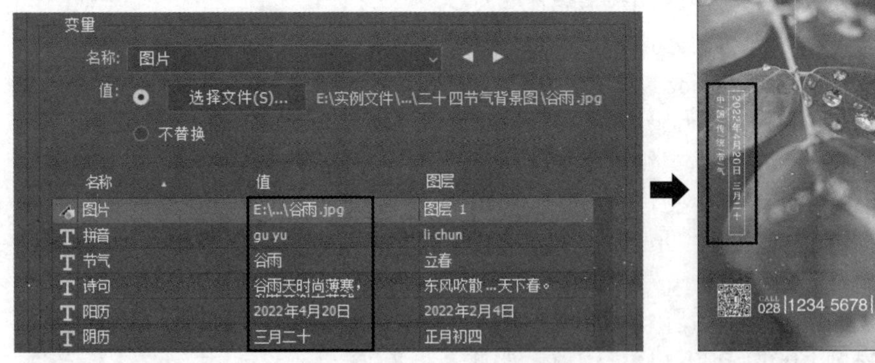

步骤 15 如果相关数据确定无误，就单击“确定”按钮，再按批处理模式数据组输出。执行“文件 > 导出 > 数据组作为文件”菜单命令，打开“将数据组作为文件导出”对话框，在对话框中指定批量导出文件的存储位置、文件名称，这里为区分每件商品，在“文件命名”选项卡下将文件名设为“数据组名称”，此处即以节气命名。单击“确定”按钮，批量导出文件，如下页图所示。

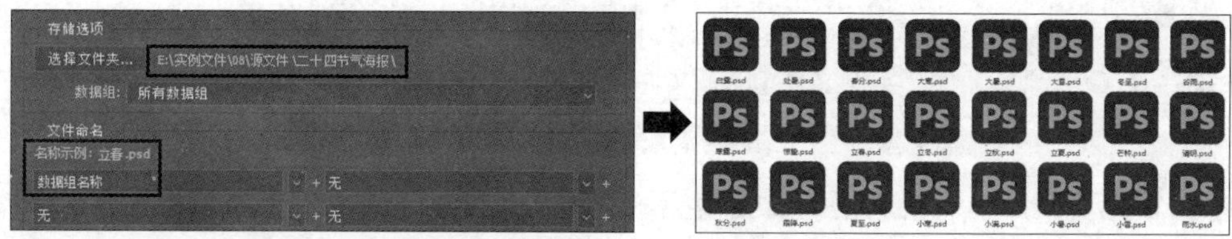

案例 02　获取系统时间，自动生成小清新日签

◎ 应用场景

我比较喜欢小清新风格，所以想制作一个这种风格的日签。牛老师，小清新风格的日签的设计要点是什么呢？

小清新风格的日签整体应以淡色为主，恬淡的画面能给人留下干净、舒适的印象。在设计时建议选择较浅的颜色作为背景，然后在背景上添加一张风格清新的图片，在其上方添加相应的日期，下方添加一些格言警句就可以了。

日签上的日期为发布当天的日期，当做好一个小清新风格的日签后，若我想要在发布时自动把上面的日期更改为当天的时间，又应该怎么做？

想要替换为当前的日期，编写脚本就可以实现，通过代码来获取当前的系统日期，再用获取的当前日期替换日签模板上的日期。下面就来看一看具体制作过程吧。

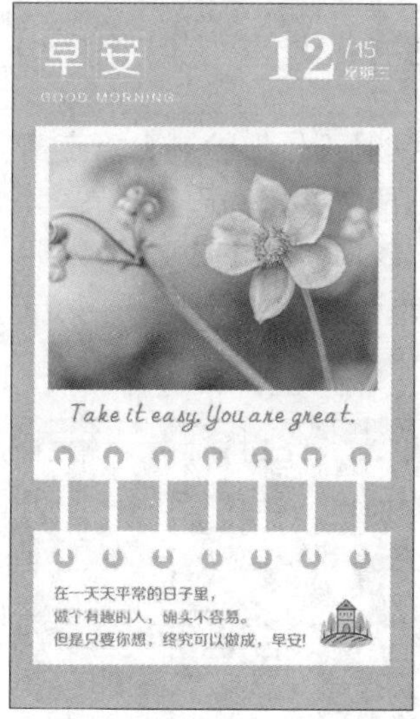

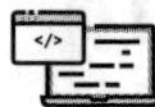

◎ 素材文件：实例文件\08\素材\小清新图片、装饰元素.png
◎ 源 文 件：实例文件\08\源文件\小清新日签.psd、每日一签
◎ 代码文件：实例文件\08\代码文件\每日一签.jsx

首先要设计小清新风格的日签模板。使用图形绘制工具绘制出所需的图形，构建画面的整体布局，然后将准备好的小清新风格的图片置入并调至合适大小，再添加上日期和格言警句。具体操作如下。

◎ 步骤解析

步骤 01 首先制作日签模板。启动 Photoshop，执行"文件 > 新建"菜单命令，打开"新建文档"对话框，设置新建日签文档的尺寸为 1080 像素 ×1920 像素。结合"矩形工具"和"椭圆工具"在文档中绘制所需图形，构建日签模板的布局，如下图所示。

步骤 02 执行"文件 > 置入链接的智能对象"菜单命令，将图像以智能对象的方式置入到画面中，然后对置入图像的大小进行调整，调整后图像的宽度需要超过下方矩形框的宽度，不要出现留白即可，如下图所示。

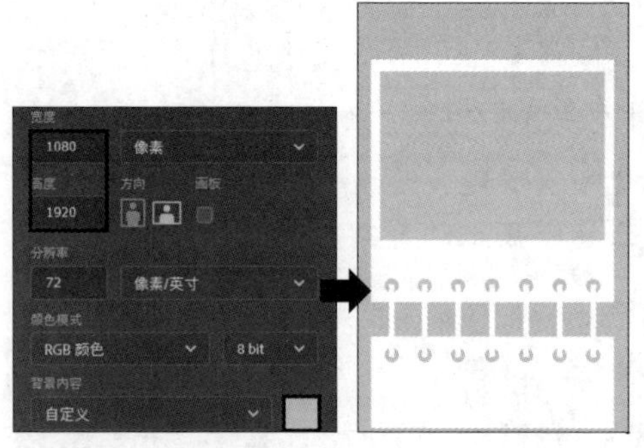

步骤 03 创建"田字格"图层组，结合"矩形工具"和"钢笔工具"绘制出田字格形状的图形，然后把图形复制，向右移动一定的距离，得到两个并排的田字格图案，使用"横排文字工具"，输入中文"早安"和英文"GOOD MORNING"。输入后调整文字字体和文字大小，将中文字体设置得更粗一些，增强文字的层次感，如下图所示。

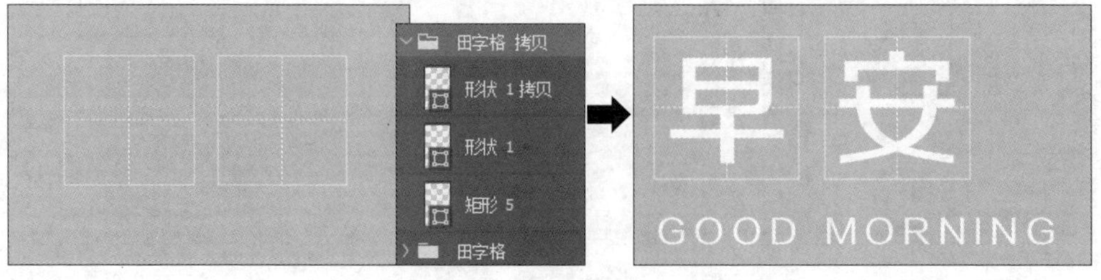

步骤 04　对于日签来讲，出签日期是必不可少的，所以我们再用“横排文字工具”在画面右上角输入出签日期，包括月份、日期以及星期几，输入后调整文字的大小和排列方式，将月份以更粗的字体、更大的字号来表现。输入出签时间之后，继续用“横排文字工具”在图片下方输入励志语句，完成一个日签模板的设计，如右图所示。

使用 Photoshop 制作好日签模板之后，接下来在 JavaScript 中使用 Date 对象中的函数来获取当前日期，再用获取的当前日期来替换模板中设置好的日期，生成不同发布日期的日签效果。具体代码如下。

◎ 实现代码

```
var date = new Date()  //获取当前日期
var strMonth = date.getMonth() + 1  //获取当前月份，返回值从0到11
if (strMonth >= 1 && strMonth <= 9)  //对月份进行判断
{
   strMonth = "0" + strMonth  //在月份前添加一个“0”
}
var strDate = date.getDate()  //获取当前号数，返回值为1到31
if（strDate>=1&& strDate>=9）  //对号数进行判断
{
   strDate = "0" + strDate  //在号数前添加一个“0”
}
var strDay = date.getDay()  //获取当前星期几，返回值为0到6
var weekName = new Array("星期日", "星期一", "星期二", "星期三", "星期四", "星期五", "星期六")  //定义星期数组
strDay = weekName[strDay]  //从数组中取出与星期几对应的值
var inputFolder = Folder.selectDialog("请选择素材文件夹：")
```

```
//指定用于替换图片的素材文件夹
var imageList = inputFolder.getFiles()  //获取文件夹中的文件及子文件夹
var imageChoice = Math.floor(Math.random() * imageList.length) //从文件夹中随机抽取一个图片编号
var imagePath = imageList[imageChoice]  //获取抽取的编号对应的图片路径
var fileRef = new File("E:/实例文件/08/源文件/小清新日签.psd") //获取日签模板
var docRef = app.open(fileRef) //打开模板文件
docRef.artLayers.getByName("月份").textItem.contents = strMonth //将“月份”图层中的文本内容更改为当前月份
docRef.artLayers.getByName("日期").textItem.contents = strDate //将“日期”图层中的文本内容更改为当前号数
docRef.artLayers.getByName("星期几").textItem.contents = strDay //将“星期几”图层中的文本内容更改为当前星期几
docRef.activeLayer = docRef.artLayers.getByName("图片") //获取“图片”图层
var desc = new ActionDescriptor() //创建一个新动作
desc.putPath(charIDToTypeID("null"), imagePath) //获取用于替换的图片路径
executeAction(stringIDToTypeID("placedLayerRelinkToFile"), desc, DialogModes.NO) //执行“重新链接到文件”命令替换图片
var outputFolder = new Folder("E:/实例文件/08/源文件/每日一签") //指定文件输出路径
var options = new JPEGSaveOptions() //指定文件保存的格式为JPEG
options.quality = 8 //文件压缩质量
var fileName = date.getFullYear() + "—" + strMonth + "—" + strDate //文件的命名方式
var outputFile = new File(outputFolder + "/" + fileName + ".jpg") //设置保存文件路径
docRef.saveAs(outputFile, options, true, Extension.LOWERCASE) //保存文件
docRef.close(SaveOptions.DONOTSAVECHANGES) //关闭文件
```

◎代码解析

第 1 行代码定义了变量 date，表示当前日期。创建一个新的 Date 对象并自动把当前日期和时间保存为其初始值赋给变量 date。

第 2 行代码定义了变量 strMonth，表示当前月份。调用 getMonth() 函数从 Date 对象返回当前的月份，赋给变量 strMonth。getMonth() 函数获取的是索引值，返回值是 0 到 11 之间的一个整数，所以需要加 1 才能得到真正的月份。

第 3 ～ 6 行代码用于对获取的月份进行处理。使用 if 语句对获取的月份值进行判断，如果获取的月份值大于等于 1 且小于等于 9，那么就在月份前添加一个“0”。简单理解就是如果月份不足两位时就在前面补 0。

第 7 行代码定义了一个变量 strDate，表示当前号数。调用 getDate() 函数从 Date 对象返回一个月中的某一天，赋给变量 strDate。

第 8 ～ 11 行代码用于对获取的号数进行处理。使用 if 语句对获取的号数进行判断，如果获取的号数大于等于 1 且小于等于 9，那么就在号数前添加一个“0”。简单理解就是如果号数不足两位时就在前面补 0。

第 12 行代码定义了一个变量 strDay，表示当前星期几。调用 getDay() 函数从 Date 对象返回一周中的某一天，赋给变量 strDay。getDay() 函数同样获取的是索引值，返回值是 0 到 6 之间的一个整数。在日签模板中，我们是用“星期 ×”来表示，如下左图所示；而 JavaScript 获取到的只是一个数值，不会直接显示星期几的信息，如下右图所示。

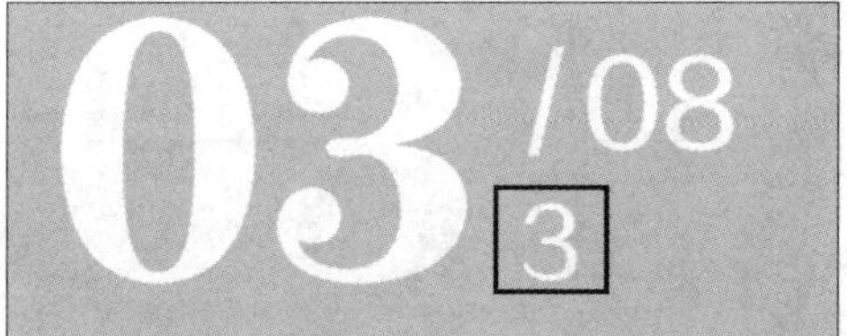

第 13 ～ 14 行代码定义一个星期几的数组，然后抽取数组中的数值来表示当前星期几。JavaScript 中，获取数组值的某个值的方法为数组名 [需要取的数值的索引]，索引是从 0 开始的，往后依次为 0、1、2、3、4、5……。第 12 行代码中的 getDay() 函数返回的值是 0123456，所以这里就可以直接对应下标设置，数组的第一个数组名 [0] 是星期天，数组名 [1] 是星期一，这样以此类推即可得到对应的星期几。

第 15 行代码定义变量 inputFolder，表示输入文件夹。调用 Folder 的 selectDialog 命令，弹出文件夹选择窗口，提示用户选择输出文件所在的文件夹。这里选择的文件夹就是计算机中存储的用于替换日签中图片部分的素材文件夹，如下页图所示。

第 16 行代码定义变量 imageList，表示获取到的文件及子文件夹。使用 getFiles() 函数读取第 15 行代码中选择的输入文件夹中的所有文件及子文件夹，将获取到的内容赋给变量 imageList。

第 17 行代码定义变量 imageChoice，用于表示随机抽取到的图片。其中 Math.random() 函数用于抽取一个随机数，这个随机数通常会产生小数，所以还要用 Math.floor() 函数对抽取的随机数进行向下取整。如在本案例中，素材文件夹里一共放置了 12 张图片，如下图所示，Math.random() 函数将返回 0 至 12 之间的随机数，Math.floor() 函数就对这些抽取的随机数进行取值，选取与取整编号对应的图片。

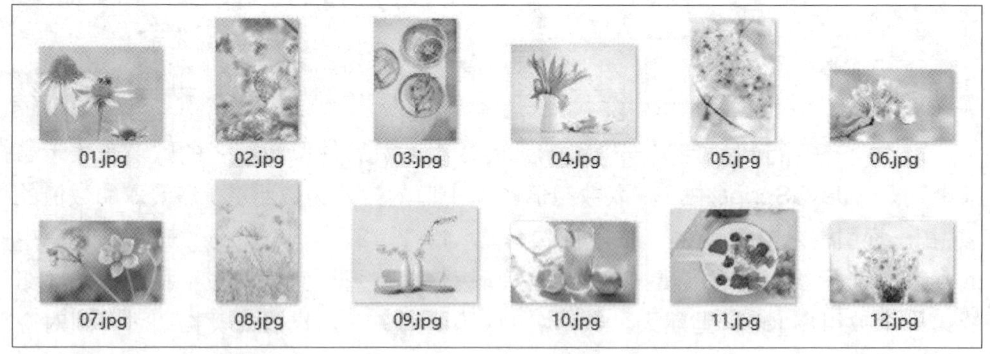

第 18 行代码定义变量 imagePath，表示图片的存储路径。从 imageList 列表中找到抽取编号对应的图片，并将图片的存储路径赋给变量 imagePath。

第 19 ～ 20 行代码定义变量 fileRef，用来表示将要操作的文档路径。使用 open() 函数在 Photoshop 中打开指定路径中的这个文档对象。

第 21 ～ 23 行代码定义依次将打开文档中的“月份”“日期”“星期几”图层中的文本内容更改为变量 strMonth、strDate 和 strDay 的值，即为当前的月份、号数和星期几，如下图所示。

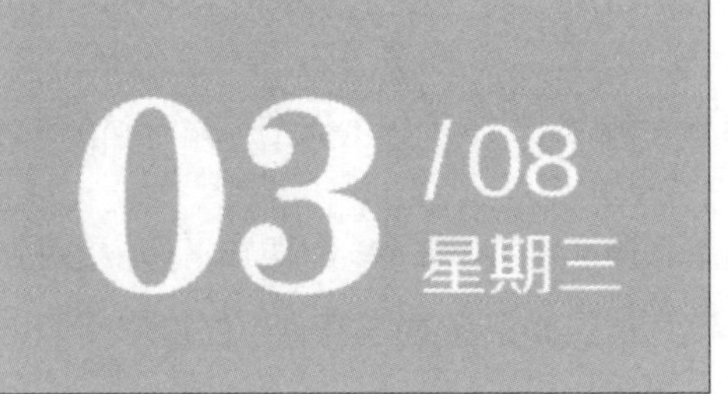

第 25 ～ 27 行代码创建一个新动作，获取随机抽取的图像路径，然后使用 stringIDToTypeID() 函数转换字符串，执行 Photoshop 应用程序中的“重新链接到文件”命令，用抽取的图片来替换“图片”图层中的内容。

知识扩展　设计好日签模板后，需要在 Photoshop 程序中使用准备好的图像来替换模板中的图像。但是，有心的读者可能会发现，如果准备好的图片文件尺寸与模板中的图片尺寸不一致，替换图像的宽度或高度值中的一项小于模板中的图像宽度或高度值，如下左图所示，就会导致替换后的图像上下或左右两侧出现留白的情况，如下右图所示。因此，在运行脚本前，需要对图片的宽度和高度做适当的调整，调整后的图像高度或宽度值与模板中使用图像的宽度和高度相同或稍微大一点都可以。

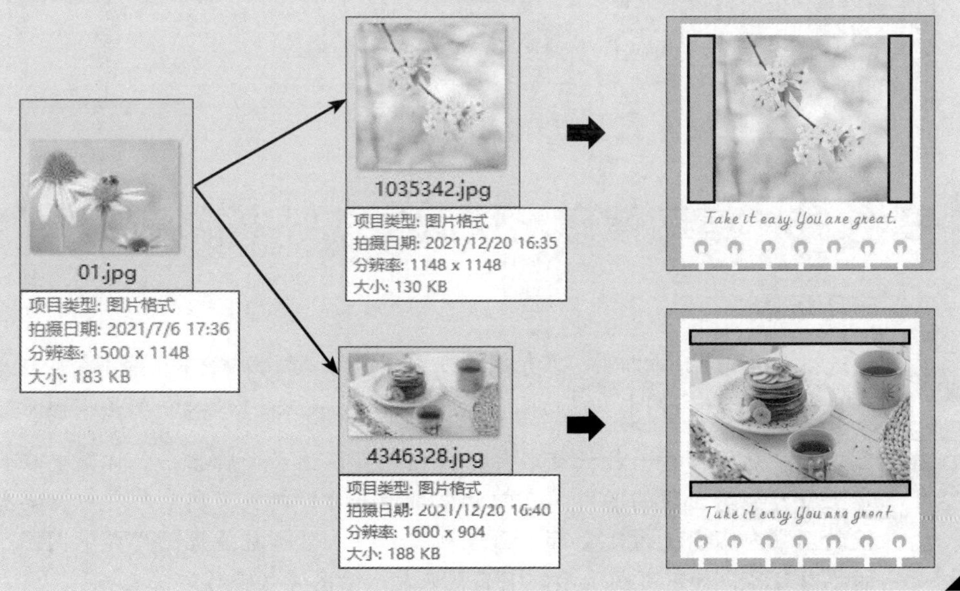

第 28 行代码定义变量 outputFolder，表示输出文件夹。这里输出文件夹选择的是“源文件”下的“每日一签”子文件夹。读者也可以根据自己计算机中的设置，更改输出文件夹路径。

第 29 ～ 30 行代码定义变量 options，指定图片保存的格式为 JPEG，文件的压缩质量为 8。

第 31 行代码定义变量 fileName 用于表示输出文件名称，文件名称的格式为“年－月－日”。

第 32 ～ 33 行代码定义变量 outputFile，作为输出的路径。使用 saveAs() 函数把更改日期和图片后的文件采用“年－月－日”格式输出至第 28 行代码中指定的“每日一签”文件夹中。

第 34 行代码使用 close() 函数以不保存修改的方式关闭“小清新日签 .psd”文件。

知识扩展 本案例是从指定的素材文件夹中随机抽取一张图片来替换“图片”图层中的内容。如果不想随机抽取图片，而是想手动从文件夹中选择一张喜欢的图片，可以把代码文件中的第 15 ～ 18 行代码以及第 26 行代码注释掉即可。注释代码后，运行脚本时，将弹出如右图所示的“替换”对话框，在对话框中选择要替换的图片后单击“置入”按钮即可。

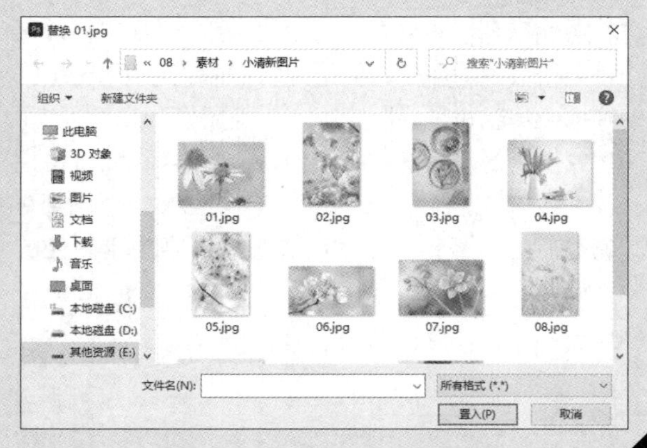

案例 03　读取信息，快速生成好书推荐日签

◎ 应用场景

最近公司出版了几本新书，我想通过发布日签的方式推广一下这些书籍。在每张日签上推荐一本图书，包括图书的外观、作者及主要内容等，可否实现呢？

可以的。日签作为一种社交名片，当然也可以用于品牌推广。你想要在日签上推荐公司出版的图书，只需要先设计好日签模板，然后把其中需要替换的图书内容定义为变量后，通过创建和导入数据就能批量生成不同图书的推荐日签，如下页图所示。下面就来看一看具体的操作方法。

◎　素材文件：实例文件\08\素材\书籍图片、出版社徽标.png

◎　源 文 件：实例文件\08\源文件\好书推荐.psd、书籍推荐

◎ 步骤解析

步骤 01　执行“文件 > 新建”菜单命令，创建一个新文档，设置新文档的“宽度”为 1080 像素，因为要展示的内容较多，所以将高度设置为 2340 像素。选择“圆角矩形工具”，在文档中单击，在弹出的“创建圆角矩形”对话框中设置“宽度”和“高度”值分别为 1080 像素和 2340 像素，在工具选项栏中设置圆角半径为 80 像素，如下图所示。

步骤 02　双击“圆角矩形 1”图层，打开“图层样式”对话框，单击“描边”样式，为绘制的圆角矩形添加描边样式效果。添加描边样式时，需要选择描边的位置，本案例是要在轮廓线内侧描边，所以在“位置”下拉列表中选择“内部”选项，如下图所示。

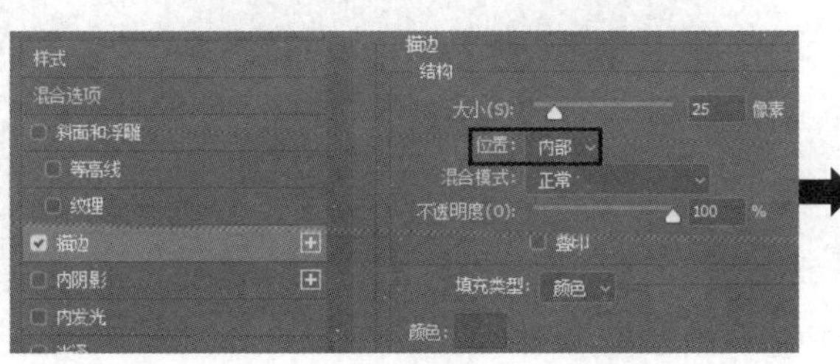

知识扩展 应用“描边”样式时，因为已选择了添加描边的位置，描边的位置即为轮廓线内，如右图一所示。如果不想要使用这种方式描边，那么也可以在绘制图形时利用“圆角矩形工具”选项栏设置描边效果。但通过这种方式添加的描边位置是居中的，如右图二所示。所以在轮廓线上进行描边位置设置，与通过“图层样式”对话框添加描边呈现的效果是不一样的。

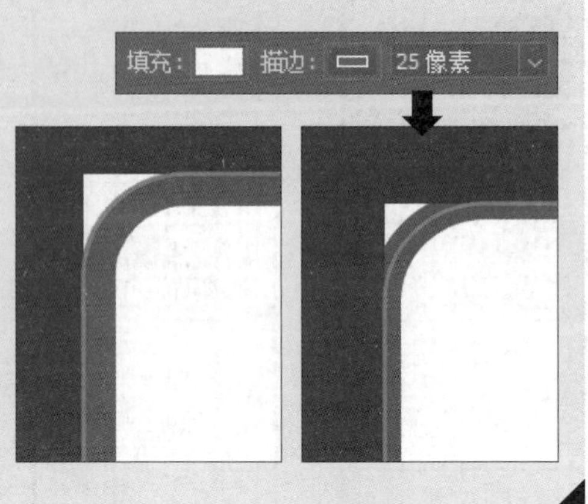

步骤 03 使用“钢笔工具”在文档左上角绘制所需的图形并填充合适的颜色，然后在图形上输入标题文字“博”和“智”，并为标题文字选择较粗一些的字体，然后再调整它们的大小和位置，让两个文字间形成一种错位的效果，如下图所示。

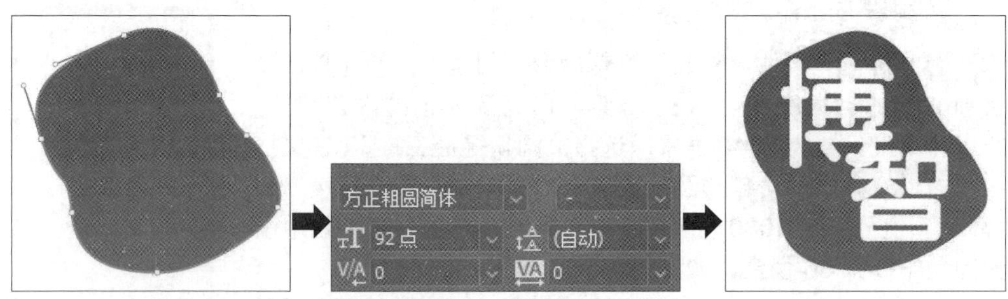

步骤 04 为增强文字的设计感，可以再对文字进行变形，选择文字“博”，执行“文字 > 转换为形状”菜单命令，把文字转换为图形，使用“直接选择工具”拖动图形上的锚点以更改文字的外观。要注意的是，当文字转换为图形后，就不能再更改其字体等属性，所以在转换之前要确定好。双击变形后的文字图形，打开“图层样式”对话框，单击并设置“投影”样式，为文字图形添加投影，以增强其立体感，如下图所示。

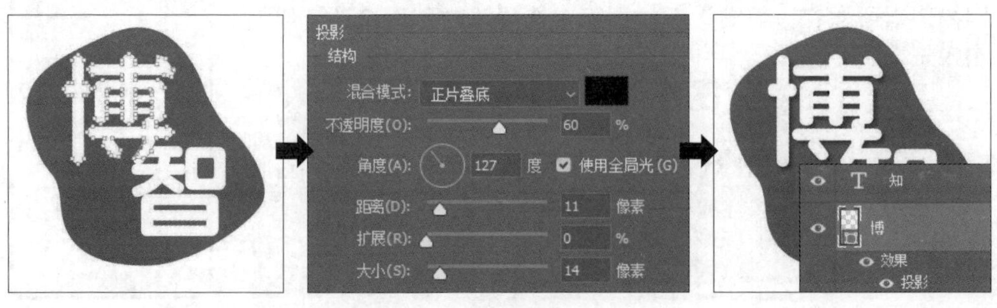

步骤 05 通过拷贝粘贴图层样式的方式将设置好的“投影”样式复制到文字“智”上，为文字“智”也添加上投影，统一样式效果，如下左图所示。使用“横排文字工具”在右侧区域输入图书名称，输入后调整文字的字体和颜色。这里字体选择工整的“方正黑体简体”，颜色选择代表知识、智慧的蓝色，如下右图所示。

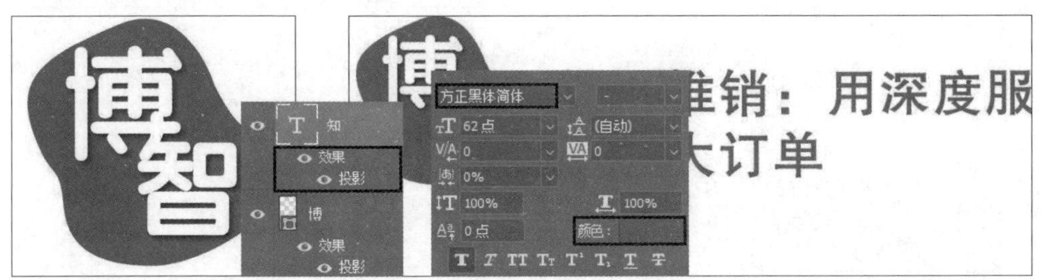

步骤 06 添加企业二维码，然后在二维码右侧及下侧区域输入图书作者简介及编辑推荐等内容。为突出书名，需要将书名文字的字号设置得更大一些，文字颜色统一设置为蓝色。执行“文件 > 置入嵌入对象”菜单命令，把对应的图书图像置入到编辑推荐信息下方，并对其进行栅格化处理，如下图所示。

绝不推销：用深度服务斩获大订单

本书作者是 PIE 公司的首席执行官。在过去的 20 年中，他的公司为《财富》500 强企业中的 350 家企业提供咨询服务。

《绝不推销：用深度服务斩获大订单》一书是首次公开分享培育服务意识和服务能力的一套完整解决方案，书中不但有真实的销售案例，而且有优秀的销售文案，能帮助 TOB 类企业的销售人员快速提升服务质量、斩获销售订单。

《绝不推销：用深度服务斩获大订单》一书是首次公开分享培育服务意识和服务能力的一套完整解决方案，书中不但有真实的销售案例，而且有优秀的销售文案，能帮助 TOB 类企业的销售人员快速提升服务质量、斩获销售订单。

步骤 07 使用形状工具在书籍图像下方绘制所需的装饰图形，然后在图形中间输入书籍内容介绍，如下图所示。选择“文件 > 置入嵌入对象”菜单命令，把出版社徽标图像置于文字下方，并将置入的图像设为水平居中对齐，放到中间位置，如右图所示。

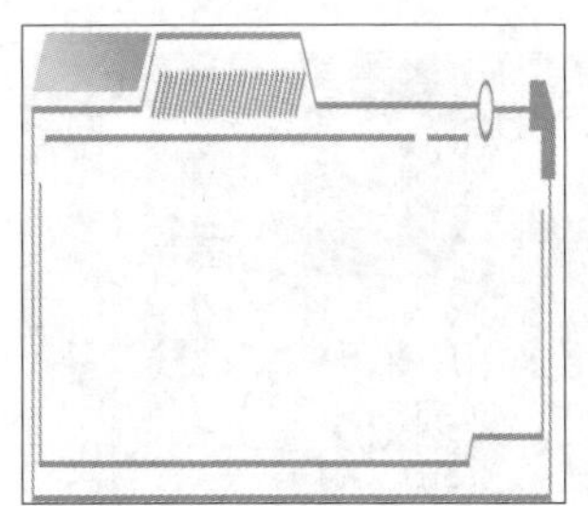

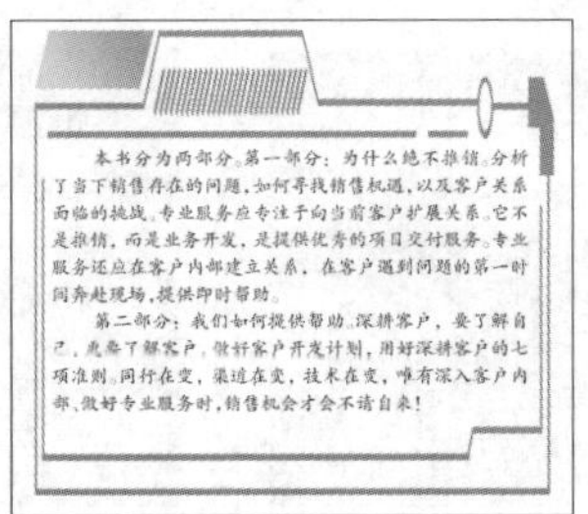

步骤 08 创建一个名为“推荐书单”的工作簿，在表格中输入要推荐的图书信息，并将其另存为 txt 文本文件，如下图所示。录入图书数据信息时，数据中不能包含引号，否则，Photoshop 在导入数据组时会提示“无法将文件内容作为数据组解析。数据组 × 不完整”。

	A	B	C	D	E
1	书名	作者简介	编辑推荐	内容介绍	图片
2	向上管理：不懂管理领导怎么拼职场	本书作者是著名的领导力专家，行动教练创始人，云学堂、书课及高维学堂特聘的主讲老师，著有《行动教练：把员工带成干将》一书。	《向上管理：不懂管理领导怎么拼职场》一书帮你树立正确的职场认知，迅速赢得领导信任、赢得组织资源、赢得公司支持和影响力。让你在职场中少走弯路、碰头路，让你在职场如鱼得水、如虎添翼。	所谓向上管理，就是你要正确认识领导的地位和作用，准确理解上司的想法和要求，积极主动地去和上司沟通，了解上司的工作方式，从而和上司快速达成共识、思想共鸣、行为共振、结果共赢。 本书透过118个真实职场案例示范说法，通过解读两个认知、六个原则、五个雷区、六个场景、七大难题，手把手教你如何正确地与你的领导互动、相处，从而建立高质量的上下级关系。 这是一本有关向上沟通、向上管理的操作手册，同时也是一本解读如何与领导相互成就的实践指南。	E:\实例文件\08\素材\书籍图片\向上管理：不懂管理领导怎么拼职场.jpg
3	绝不推销：用深度服务斩获大订单	本书作者是PIE公司的首席执行官。在过去的20年中，他的公司为《财富》500强企业中的350家企业提供咨询服务。	《绝不推销：用深度服务斩获大订单》一书是首次公开分享培育服务意识和服务能力的一套完整解决方案，书中不但有真实的销售案例，而且有优秀的销售文案，能帮助TOB 类企业的销售人员快速提升服务质量、斩获销售订单。	本书分为两部分。第一部分：为什么绝不推销。分析了当下销售存在的问题，如何寻找销售机遇，以及客户关系面临的挑战。专业服务应专注于向当前客户扩展关系。它不是推销，而是业务开发，是提供优秀的项目交付服务。专业服务还应在客户内部建立关系，在客户遇到问题的第一时间奔赴现场，提供即时帮助。 第二部分：我们如何提供帮助。深耕客户，要了解自己，更要了解客户，做好客户开发计划，用好深耕客户的七项准则。同行在变，渠道在变，技术在变，唯有深入客户内部、做好专业服务时，销售机会才会不请自来!	E:\实例文件\08\素材\书籍图片\绝不推销：用深度服务斩获大订单.jpg
4	硅谷秘密：创业成功的基因	本书作者是数字时代管理领域的国际专家，也是A.S.Management Insights AB研究公司的创始人和首席执行官。	《硅谷秘密：创业成功的基因》一书开创了一个全新的管理模式——硅谷模式。这是一种深受创业文化和IT技术影响的管理模式。这种模式的主要特点是创业精神，将创业精神与大公司的管理相结合，使公司看起来就像是一个庞大的创业公司。	作者在考察谷歌、特斯拉、脸书、领英和推特后，发现了他们的一个显著的趋同结果，即他们所采用的管理原则和方法高度相似，作者把它们的管理模式总结为硅谷模式。 硅谷模式的一个主要特点是创业精神，这些公司之所以能成功，关键在于它们将创业精神与大公司的管理相结合，从而使得这些公司看起来就像是一个庞大的创业公司。 作者指出，在当下的商业环境，这种模式并不只适用于硅谷企业、互联网企业和高科技企业，也适应于所有行业和所有公司，因为当下，数字化深刻影响改变了各行各业。硅谷模式应该在所有企业中得到推广和应用。	E:\实例文件\08\素材\书籍图片\硅谷秘密：创业成功的基因.jpg
5	成功法则：大师的人生哲学课	本书作者是现代成功学的奠基人。他的书全球销量以亿计，成为激励千万人追求成功与财富的教科书。	《成功法则：大师的人生哲学课》一书是开发个人潜能的高效方法论，是一套简单易学、广受欢迎的自我提升宝典。帮助你快速提升心智、壮大影响力，无论是现在，还是将来，你都能用得着。	拿破仑·希尔先生受卡内基先生的启发，得以发现、走近、考察500位睿智人士，提取他们毕生努力所取得的成就精髓。作者将这些精髓打造成一套完整的成功哲学体系课。 本书主要内容是：揭示你人生的真正目标•实现你设定的任何目标•培养令人愉悦的个性•提升领导力•获得积极的心态•吸引机会•培养热情•在逆境中学习•培养创造性的视野和想象力•保持健康。 拿破仑·希尔希望读者能透彻领悟他的这套哲学后建立一套自己的思考习惯和行为模式，并将它运用到日常生活、工作和人际交往中，这本书的价值、好处才会真正显现出来。	E:\实例文件\08\素材\书籍图片\成功法则：大师的人生哲学课.jpg

知识扩展 文本文件有多种不同的编码方式。本案例中选择的是“文本文件 (制表符分隔)(*txt)”保存类型，存储的文本文件采用的是 ANSI 编码方式，这种编码方式在 Photoshop 中导入数据时一般能够被自动识别。如果选择“Unicode 文本（*txt）”保存类型，则存储的文本文件采用的是 UTF-16 LE 编码方式，这种编码方式在 Photoshop 中大多不能被自动识别，因而需要在导入数据时手动选择与之对应的 UTF-16 编码。

步骤 09 返回 Photoshop，执行“图像 > 变量 > 定义”菜单命令，打开“变量”对话框，根据文本文件中的数据信息定义变量。定义变量时，变量名要与之前导出文件的列表相同。此外，如果要用图片替换的内容就勾选“像素替换”复选框，如果是用文本替换的内容则勾选“文本替换”复选框。本案例中，除了图书图片是用像素替换，其他的变量都用文本替换，如下图所示。

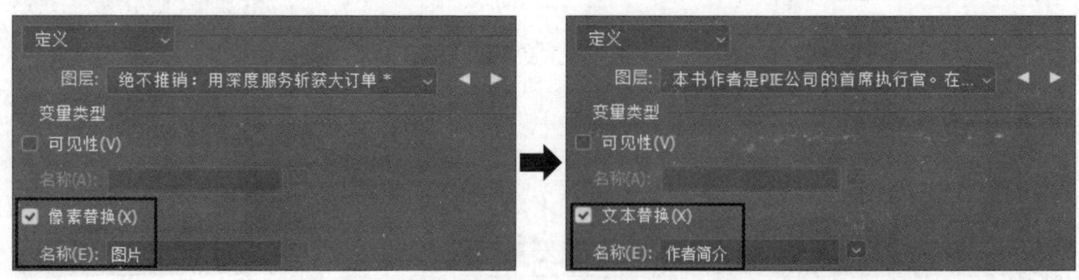

步骤 10　定义好变量后，接下来需要导入数据信息。在“变量”对话框左上角的列表中选择“数据组”，单击“导入 ...”按钮。打开“导入数据组”对话框，通过单击“选择文件 ...”按钮，选取之前保存的“推荐书单 .txt”文本文件，选择“自动”编码方式，单击“确定”按钮，导入数据组中的书名、作者简介等信息，如下图所示。

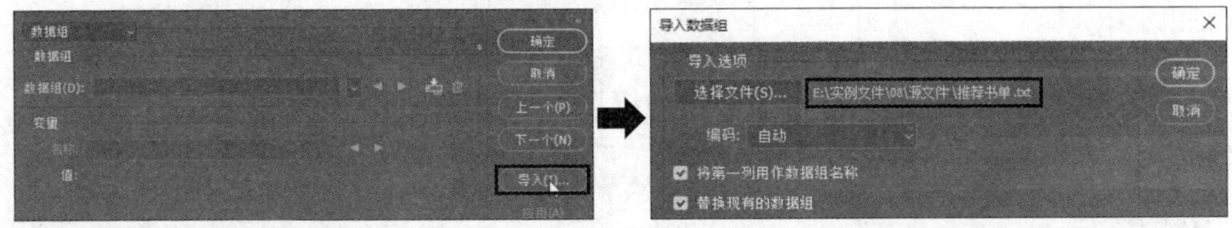

步骤 11　数据组导入成功后，勾选“预览”复选框，及时查看替换后的文本和图片效果，如有误可在文件或工作表中对数据进行修改，如下图所示。在 Photoshop 中，执行“文件 > 变量数据组”菜单命令，同样可打开“导入数据组”对话框，进行数据组的导入操作，但通过这种方式导入的数据组不能直接预览导入后的效果，所以不推荐这种方式。

步骤 12　执行“文件 > 导出 > 数据组作为文件”菜单命令，在打开的“将数据组作为文件导出”对话框中选择目标文件夹，然后单击“选择文件夹 ...”按钮，接着为生成的所有文件设计基本名称，这里以书名作为输出文件的名称，如有需要，也可以自行创建文件的命名方案。本案例中因为使用到了文本框来控制显示文字的区域，当替换的文本不能完全显示文字信息时，我们就可以在 Photoshop 中直接打开 PSD 文件进行简单的调整，直到全部无误后，再将其转换为可直接预览的 JPEG 文件，如下图所示。

[第 9 章]

电子证件照与邀请函设计

随着数字化时代的发展，很多传统纸质证件已经逐渐朝着电子化的方向发展，例如电子证件照和邀请函。在设计之前，我们先来介绍电子证件照和邀请函的一些设计规范。

一、证件照片尺寸

我们较为常用的证件照片尺寸是一寸、二寸、小二寸等，那么一寸、二寸、小二寸的照片尺寸具体是多少？在冲印照片之前，一般都需要对图片大小进行编辑，下表分别展示了不同证件照片的尺寸。

规格	尺寸（cm）	规格	尺寸（cm）
小一寸	2.2×3.2	五寸	8.9×12.7
一寸	2.5×3.5	六寸	10.2×15.2
大一寸	3.3×4.8	七寸	12.7×17.8
小二寸	3.5×4.5	八寸	15.2×20.3
二寸	3.5×5.3	十寸	20.3×25.4
三寸	5.5×8.4	小十二寸	20.3×30.5
四寸	6.3×8.9	十二寸	25.4×30.5

知识扩展 证件照背景色多为红、蓝、白三种。白色背景多用于护照、签证、身份证、驾驶证、黑白证件、医保卡、港澳通行证等；蓝色背景多用于毕业证、工作证、简历等；红色背景多用于保险、居住证等。

二、工作证设计规范

工牌是公司或单位的员工在正式工作后发放的证件，是员工工作时的一种身份证明。比较常见的工牌尺寸有 85.5 mm×54 mm、70 mm×100 mm 两种。其中，85.5 mm×54 mm 是工牌的标准尺寸。

除了以上两种尺寸外，一些公司会根据自身需要订做特定尺寸大小的工作证。

这些工作证根据外形又可分为横版和竖版两种版式，版式不同相对应的尺寸规格也有一定的差别。横式工作证一般有 A1、A2、A3、A6、A7 五种不同尺寸规格，竖版工作证一般有 B1、B2、B3、B4、B7 五种不同尺寸规格，具体参数如下表所示。

横版			竖版		
规格	卡套外框尺寸（mm）	内芯卡片尺寸（mm）	规格	卡套外框（mm）	内芯卡片尺寸（mm）
A1	75×100	55×90	B1	65×105	56×90
A2	106×82	95×68	B2	82×122	71×107
A3	92×115	72×105	B3	95×126	85×107
A6	148×105	128×95	B4	106×155	95×135
A7	82×122	70×105	B7	96×140	86×126

三、电子邀请函设计要求

随着互联网时代的发展，越来越多的人开始使用电子邀请函。电子邀请函的作用与传统纸质邀请函的作用相同，也是用于邀请用户参加某个活动或者大会。相比于传统纸质邀请函，电子邀请函成本低、更环保、更便捷、更高效。

我们经常在微信或其他平台上收到邀请函，也就是电子邀请函，可能是聚会、聚餐，也可能是各种活动的邀请。这些电子邀请函都是经过精心设计的，具体是如何制作的呢？

1．**吸引人的标题**。一个吸引人的标题是让受邀方打开邀请函的关键。如果邀请函的标题没有吸引力，或者标题信息点模糊，受邀方可能就无法快速获取关键信息，反而会误以为是广告而直接将其关闭。电子邀请函的标题可以直接是“邀请函”三个字，也可以是“活动名称 + 邀请函”等。

右侧两图所示为活动邀请函和面试邀请函，无论在哪个邀请函中，标题文字都是采用了较醒目的设计方式，让人一眼就能清楚地了解邀请函的主题。

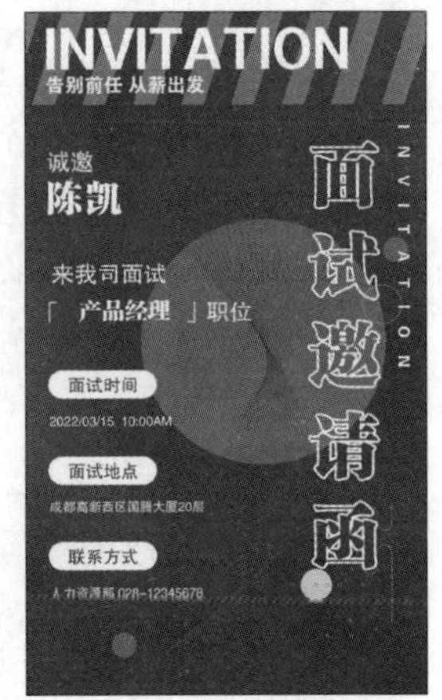

2．**合适的字体大小**。大多数人都是通过手机浏览电子邀请函，

合适的字号大小往往决定了受众对内容信息的接受程度，所以在制作电子邀请函时，需要权衡页面中的标题和内容的字号大小。如右图所示的婚礼邀请函中，在标题和内容的文字上就分别用了不同大小的字号，让画面的层次更加清晰。

3. **借助动态效果**。在设计电子邀请函时，可以适当借助一些动态效果来提高受众浏览页面的兴趣，增加其对电子邀请函的好感度。需要注意的是，应该根据画面内容适当、合理地添加动态效果，而不是随意加入各种不同种类的动态效果。

知识扩展 内容是电子邀请函的核心。在一份电子邀请函中，一定要把活动主题、举办时间、举办地点以及联系方式等重要信息描述清楚。

案例 01 普通照片批量生成一寸证件照

◎ 应用场景

小新：这里有一批生活照，我想要将这些生活照快速裁剪为一寸证件照，我尝试了应用“裁剪工具”录制一个批量裁剪一寸照片的动作来处理，但是这样裁剪出来的照片容易出现主体被裁掉、人物不在画面中间位置等情况。如果想要裁剪后的主体始终位于画面中间位置，应该怎么办呢？

大牛：这就需要在动作中应用“液化”滤镜和“减去”混合模式对人物五官进行一个错位，从而精准识别人物脸部，让裁剪出来的照片能够完整保留主体部分。下面就来讲解详细的制作过程。

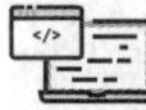

◎ 素材文件：实例文件\09\素材\生活照

◎ 源 文 件：实例文件\09\源文件\一寸照片

◎ 步骤解析

步骤 01 打开一张拍摄的生活照，单击“动作”面板中的“创建新组”按钮，打开“新建组”对话框，在对话框中输入动作组名称“证件照”，单击“确定”按钮，创建“证件照”动作组，如下图所示。

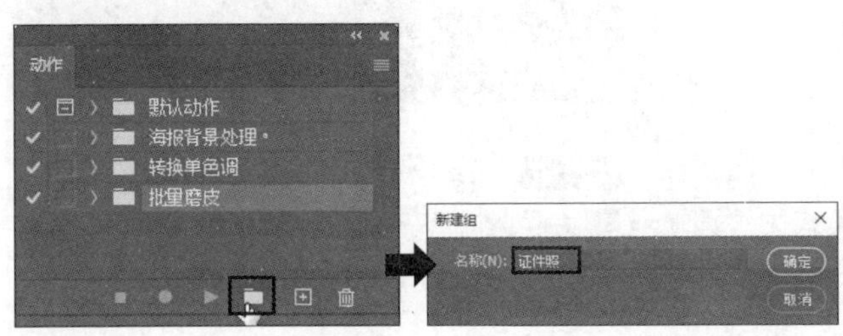

步骤 02 创建新动作组后，会默认选中新创建的动作组，此时，单击“动作”面板中的“创建新动作”按钮，打开“新建动作”对话框，在对话框中输入名称“一寸照片”，单击“记录”按钮，在动作组中创建新动作并开始记录动作，如下图所示。

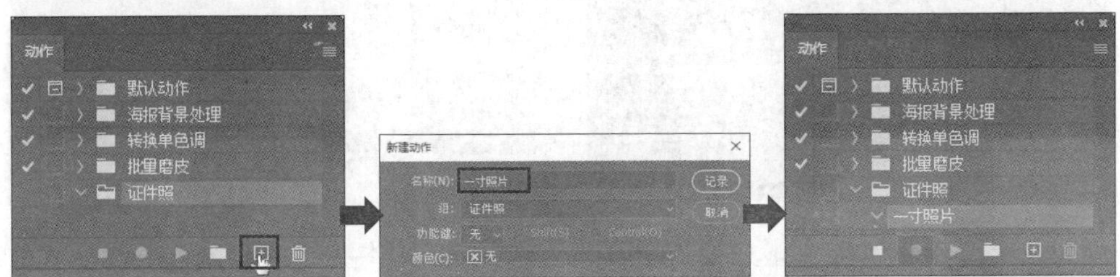

步骤 03 执行“图层 > 智能对象 > 转换为智能对象”菜单命令或者右击图层，在弹出的快捷菜单中单击“转换为智能对象”命令，将图层转换为智能对象，然后按下快捷键 Ctrl+J，复制该图层，得到“图层 0 拷贝”图层，如右图所示。

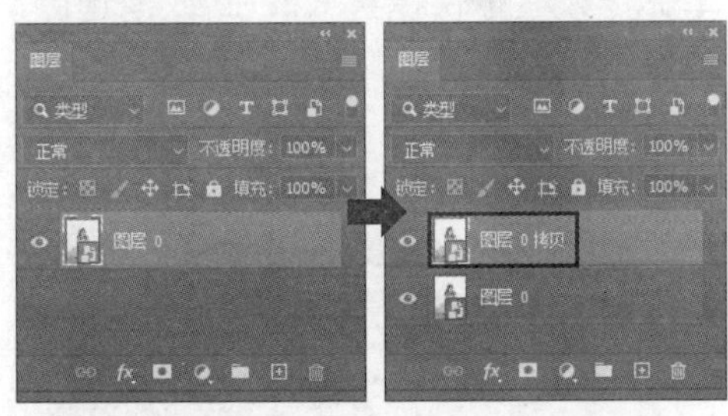

步骤 04 接着对面部进行液化处理，得到一个错位的效果。执行“滤镜 > 液化”菜单命令，打开“液化”对话框，使用“脸部工具”在人物眼睛位置拖动，将其放至最大，当然也可以通过拖动右侧“眼睛”选项组中的滑块进行调整，如右图所示。

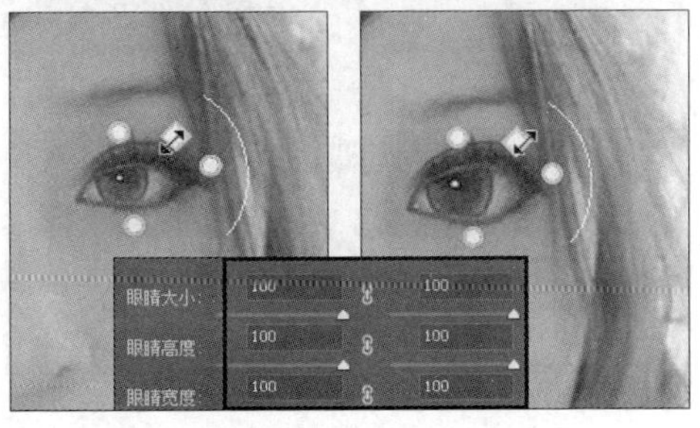

步骤 05 接下来对额头和下巴进行调整。先把鼠标指针移到额头位置，向下拖动，把前额拉到最低，再把鼠标指针移到下巴位置，将下巴也拉到最低，此时在窗口右侧的“脸部形状”选项卡中“前额”和“下巴高度”均为 –100，单击“确定”按钮，如右图所示。

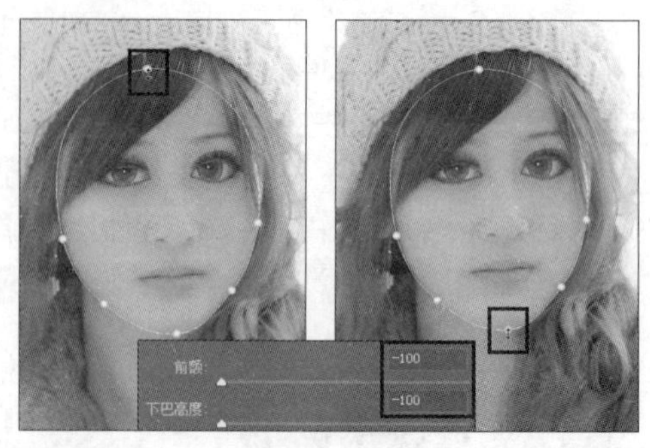

步骤 06 在“图层”面板中选中“图层 0 拷贝”图层，更改图层混合模式为“减去”，这时人物五官错位的部分就显示出来了，如下图所示。

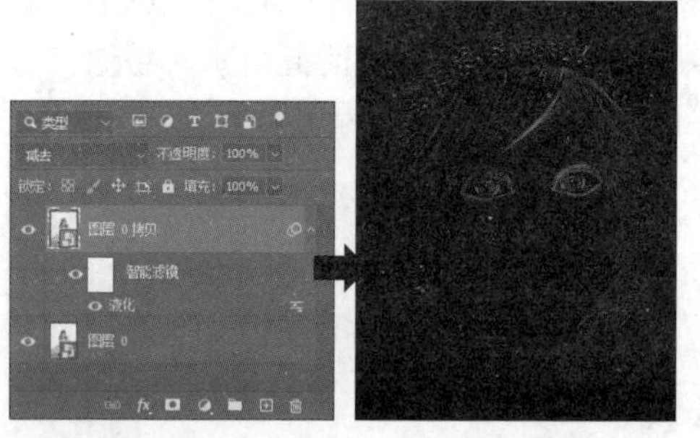

步骤 07 按下快捷键 Ctrl+Alt+2，载入高光选区，执行“图像 > 裁剪”菜单命令，裁剪图像，如下图所示。

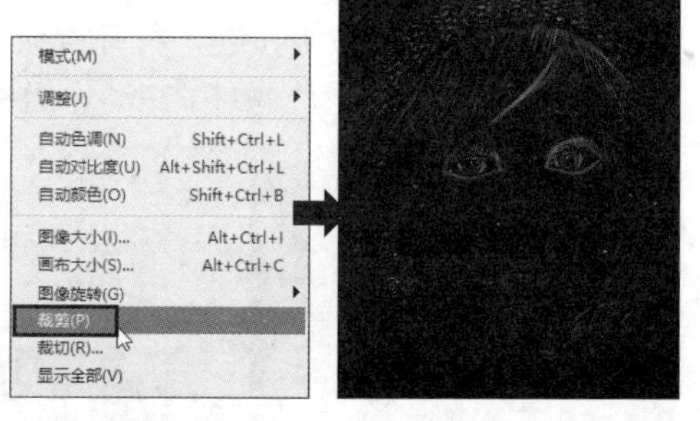

步骤 08 执行“选择 > 取消选择”菜单命令或按下快捷键 Ctrl+D 取消选区，再按下 Delete 键，删除当前选中的“图层 0 拷贝”图层，只保留“图层 0”图层，显示裁剪后的图像效果，能看到裁剪后的图像中，人物的头部没有显示完整，如下图所示。

步骤 09 执行“图像 > 画布大小”菜单命令，打开“画布大小”对话框，将“像素”单位更改为“百分比”，设置“宽度”为 150、“高度”为 130，按设置的百分比扩展画布，找回缺失的头部区域，如下图所示。如果按这个数值，图像显示还是不完整，可以尝试更大一些的值。

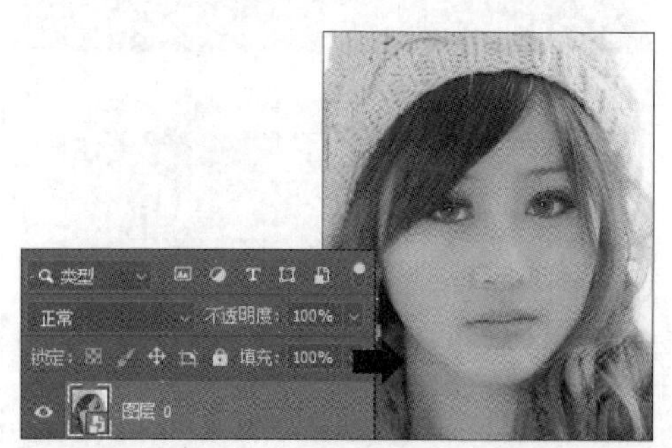

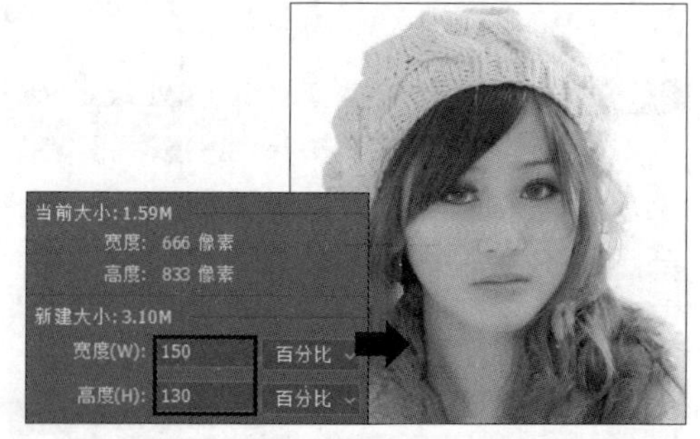

步骤 10 执行“图像 > 图像大小”菜单命令，打开“图像大小”对话框，因为要制作一寸照片，所以先更改“宽度”和“高度”的单位为“厘米”，然后根据一寸照片的宽度，在“宽度”右侧的文本框输入数值 2.5，再更改“分辨率”为 300 像素 / 英寸，单击“确定”按钮，如右图所示。若是要二寸大小，则将“宽度”设为 3.5 厘米。

步骤 11 执行“图像 > 画布大小”菜单命令，打开“画布大小”对话框，同样将“宽度”和“高度”的单位更改为“厘米”，此时看到“宽度”已为 2.5 厘米，这里就只需要把“高度”更改为一寸照片对应的高度，输入高度值 3.5，单击“确定”按钮，即可将照片裁剪为一寸大小，如右图所示。若是要二寸大小，则设置画布“高度”为 5.3 厘米。

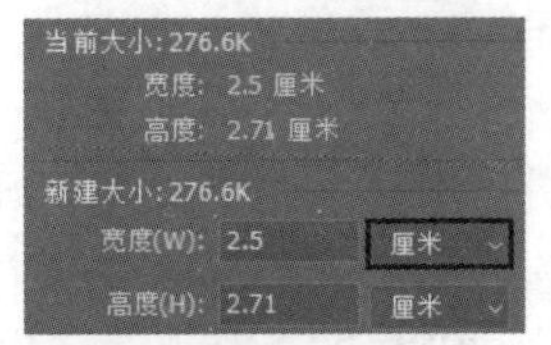

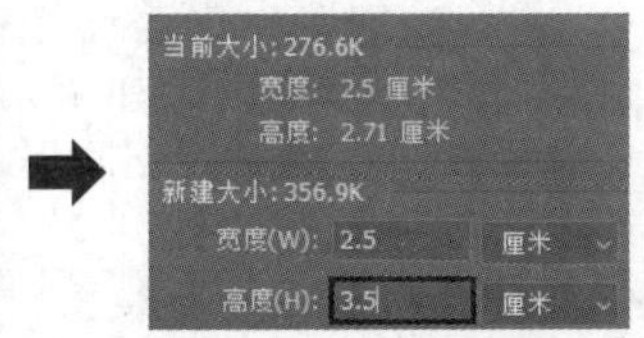

知识扩展 “画布大小”对话框中的“定位”用于决定画布向哪个方向扩展或收缩，默认位置为居中。如果想要让画布上边多出 1 厘米，那么在定位中可以单击下边中间的那个方框，然后更改高度，如下左图所示；如果想要让画布下方多出 1 厘米，那么在定位中单击上边中间的那个方框，然后更改高度，如下右图所示。裁剪证件照时，如果素材图像中人物没有位于画面中间，且未预留足够的背景区域，则通过画布大小裁剪后的图像边缘会出现透明背景，这时就可以根据图像要保留的区域，更改“画布大小”对话框中的定位。

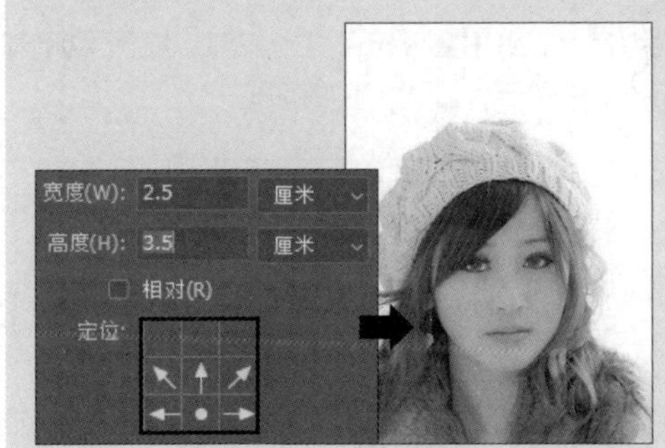

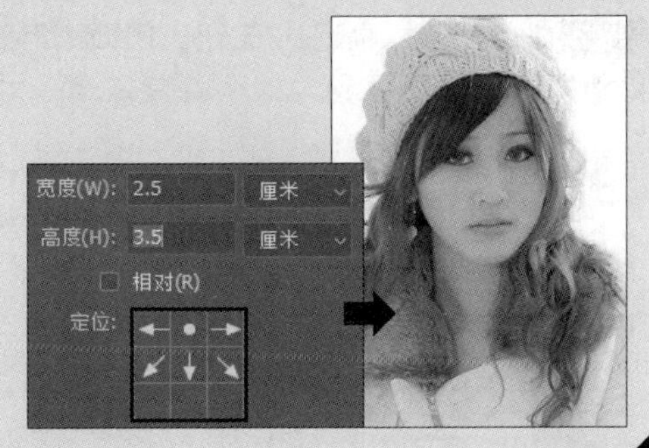

步骤 12 执行“文件 > 存储为”菜单命令，打开“另存为”对话框，指定文件的存储位置和保存类型，保存图像，如右图所示。单击“动作”面板中的“停止播放 / 记录”按钮，停止记录动作，如下图所示。

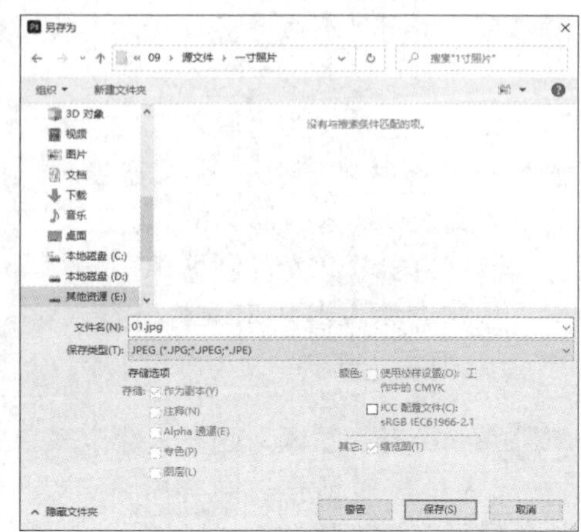

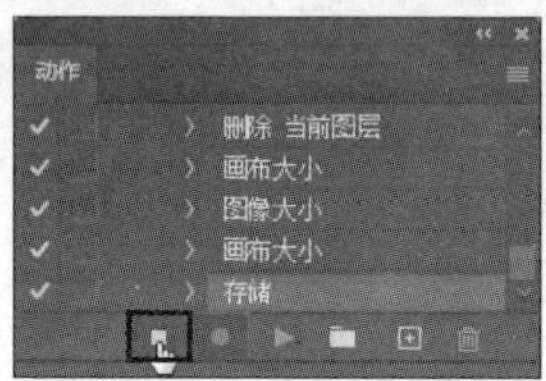

步骤 13 最后执行“文件 > 自动 > 批处理”菜单命令，打开“批处理”对话框，指定要处理的源文件夹和目标文件夹。因为在录制动作前，已经打开了素材照片，所以不需要勾选“源”选项组中的“覆盖动作中的‘打开’命令”，若是勾选该选项，Photoshop 会重复打开同一张照片进行编辑；而在保存时，如果要将批处理后的图像存储到动作指定的文件夹中，则需要勾选“覆盖动作中的‘存储为’命令”，如下图所示，若是不勾选该选项，Photoshop 在每次编辑完成后都会弹出“另存为”对话框，提示选择存储位置。

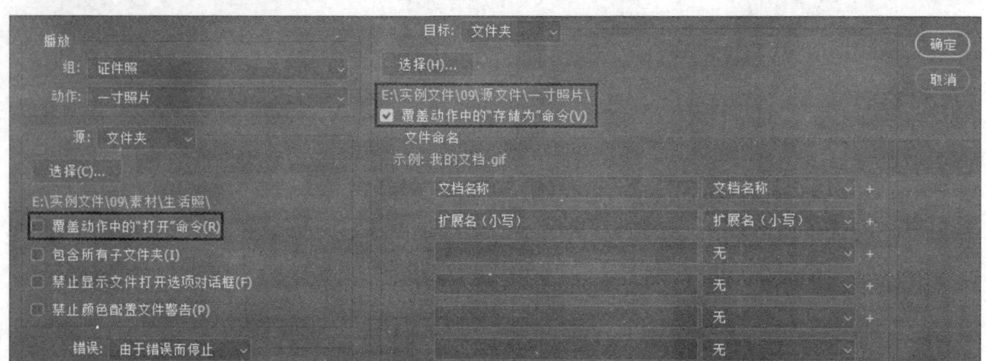

步骤 14 单击“确定”按钮。Photoshop 会自动应用创建的“一寸照片”动作，将指定的素材文件夹中的照片裁剪为一寸证件照片大小，如下图所示。

知识扩展 在执行批处理操作时，当运行到 Ctrl+Alt+2 载入高光选区这一步操作时，可能会弹出如右图所示的提示框。这是因为选择的区域比较小，此时虽然图像上不会显示选区边缘的蚂蚁线，但选区却是存在的，只需要单击提示框中的"确定"按钮，继续执行动作中记录的操作即可。

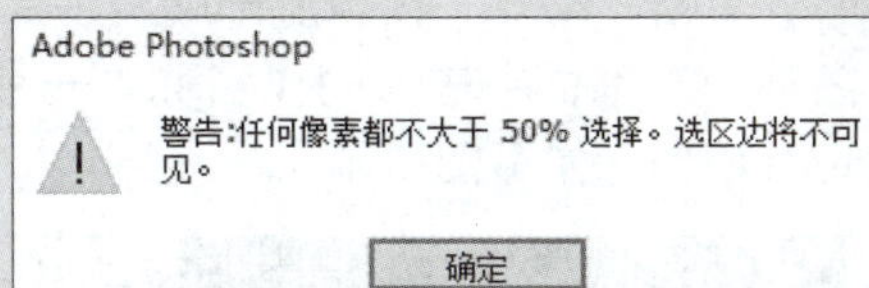

案例 02　电子证件照的排版设计

◎ 应用场景

打印输出证件照前，通常需要先对照片进行排版，以便在一张相纸上打印出多张一寸或两寸的照片，再裁剪开来使用。如果是单张证件照，倒是可以通过复制粘贴的方式来设置排版效果，但是，当我需要处理几十上百张的证件照时，应该怎么办呢？

想要完成大批量证件照的排版设计，可以利用 Photoshop 将照片排版的过程记录下来，然后通过批处理，应用录制的照片排版动作，就能快速、高效地完成多张证件照片的批量排版。

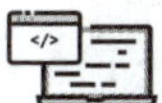

◎　素材文件：实例文件\09\源文件\一寸照片

◎　源 文 件：实例文件\09\源文件\一寸照片排版.psd、一寸照片排版

◎ 步骤解析

步骤 01 打开裁剪好的一张一寸照片，如右图所示。在开始排版之前，先创建一个动作组，用于存储照片排版动作。单击"动作"面板底部的"创建新组"按钮，打开"新建组"对话框，在"名称"文本框中输入动作组名称"证件照排版"，单击"确定"按钮，如下图所示。

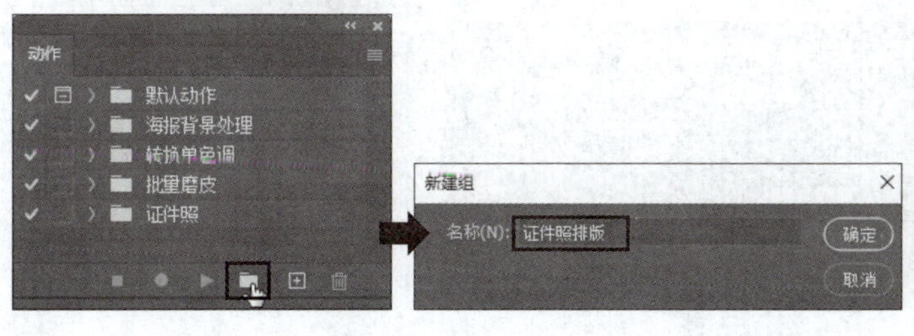

步骤 02 单击“动作”面板底部的“创建新动作”按钮，打开“新建动作”对话框，在“名称”文本框中输入动作名称“一寸照片排版”，单击“记录”按钮，创建并开始记录动作，如下图所示。

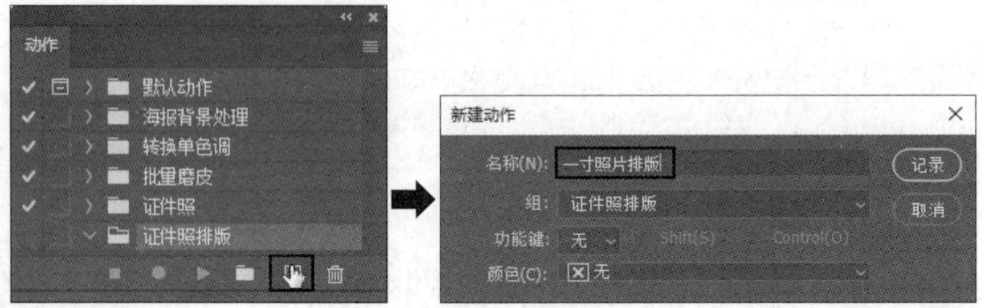

步骤 03 在排版的时候，通常会在照片与照片之间留适当间隙，便于后续切割，所以需要为每张照片添加上边框效果。按下快捷键 Ctrl+J，复制“背景”图层，得到“图层 1”图层，双击图层，在打开的“图层样式”对话框中单击“描边”样式，设置“大小”为 10 像素、“位置”为“内部”、“颜色”为白色，即可为图像添加白色边框，如下图所示。

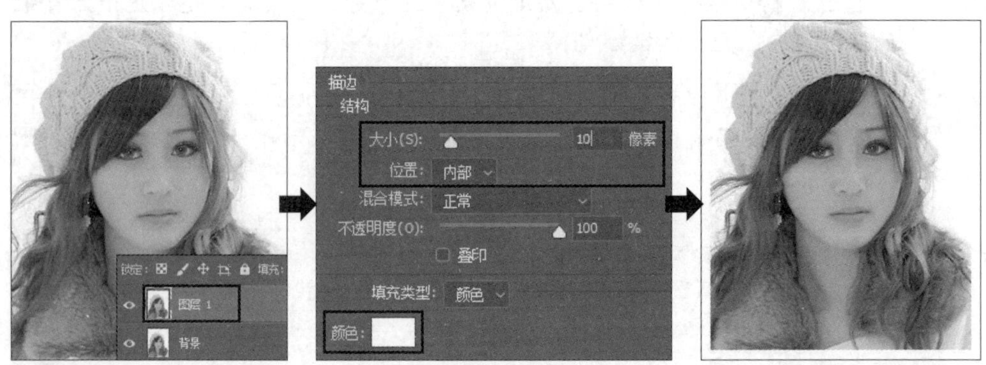

步骤 04 为便于后续能够准确切割照片，可以在照片的边缘添加一条黑色的切割辅助线。继续在“图层样式”对话框中进行描边样式的设置，单击“描边”样式右侧的“添加效果”按钮，添加一个“描边”样式，设置描边“大小”为 1 像素，“颜色”为黑色，单击“确定”按钮，如下图所示。

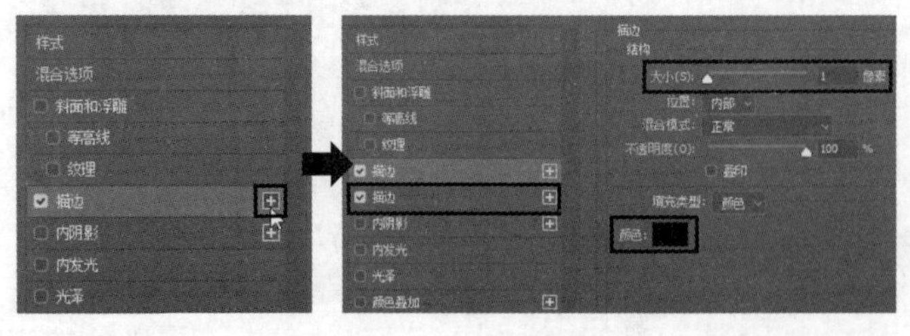

步骤 05　在对照片进行排版时，需要明确打印所用的相纸大小，因为所用相纸的大小决定了一张相纸上能打印出多少张证件照。以五寸的相纸为例，一张相纸上就可以排 8 张一寸照片。执行“图像 > 画布大小”菜单命令，打开“画布大小”对话框，设置“宽度”为 12.7 厘米、“高度”为 8.9 厘米，即五寸相纸大小，设置后单击“确定”按钮，扩展画布。选中“背景”图层，设置背景填充颜色为白色，如下图所示。

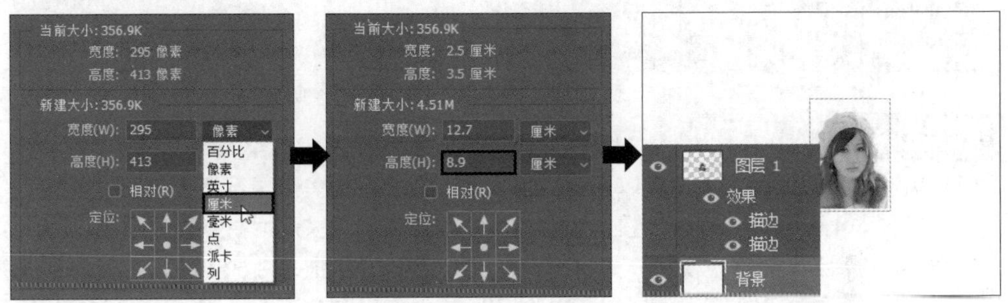

步骤 06　选中图层中的图像，将其移到画布左上方合适的位置，再按住 Alt 键不放并用鼠标向右拖动以复制图像，此时 Photoshop 会显示原始图层和复制图层之间的参考线及距离，我们可以借助这个参考线和距离来精准控制复制图像的位置，让它在水平方向上对齐原始图层中的图像。如果复制后的图像位置有些微偏差，还可以使用键盘上的方向键进行调整，如下图所示。

步骤 07　继续按住 Alt 键不放并用鼠标向右拖动，复制出另外两个图像，完成第一排照片的排版，这时“图层”面板中将会得到“图层 1”“图层 1 拷贝”“图层 1 拷贝 2”和“图层 1 拷贝 3”4 个图层。接下来复制这 4 个图层中的图像，进行第二排照片的排版，为避免因 Photoshop 不能准确识别到每个照片的位置，导致自动排版时部分照片的位置出错，先同时选中这 4 个图层，按下快捷键 Ctrl+E，合并图层，再按住 Alt 键并用鼠标向下拖动，复制出第二排照片，如下页图所示。

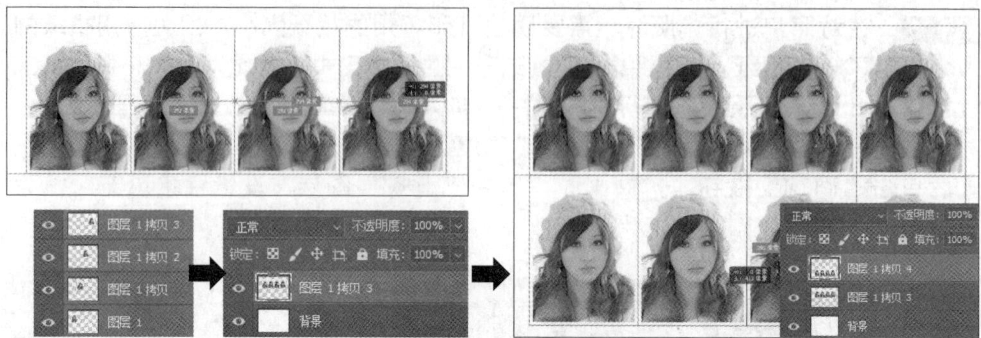

知识扩展 一张五寸的相纸上可以排 8 张一寸的照片，如果是排二寸的照片，因为单张照片的尺寸变大，所以排列的张数就会减少。大多数情况下一张五寸的相纸上可以排 4 张二寸的照片。在排版的时候，需要将照片按顺时针或逆时针方向旋转 90 度，将竖排更改为横排，这样才能在文档中排下 4 张二寸的照片，如下左图所示。若是不想旋转照片，那么也可以调整画布的宽度和高度，即把“宽度”设为 8.9 厘米，“高度”设为 12.7 厘米，排版效果如下右图所示。

步骤 08 选中“图层 1 拷贝 3”和“图层 1 拷贝 4”图层，单击“创建新组”按钮，创建“组 1”，并自动把这两个图层添加到该图层组中，再同时选中“组 1”图层组和“背景”图层，单击“移动工具”选项栏中的“水平居中对齐”和“垂直居中对齐”按钮，将排版后的照片移到文档中间位置，排版效果如下图所示。

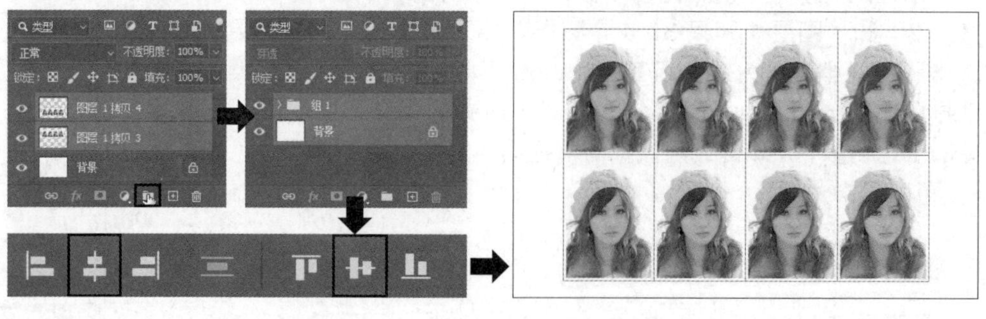

步骤 09　执行“文件 > 存储为”菜单命令，打开“另存为”对话框，指定处理后图像的存储位置和保存类型，单击“保存”按钮，存储图像，如右图所示。单击“动作”面板中的“停止播放 / 记录”按钮，如下图所示。

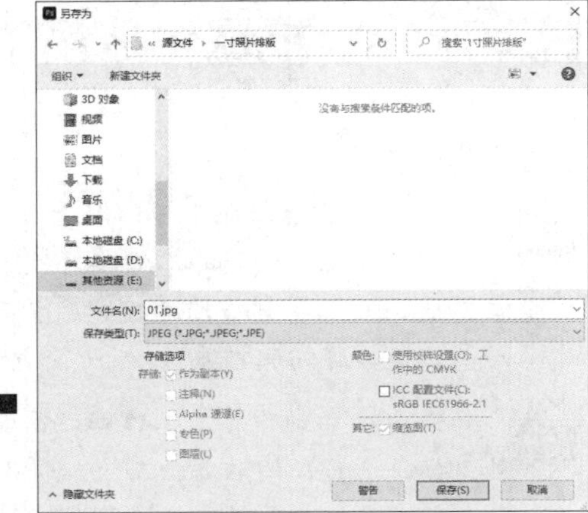

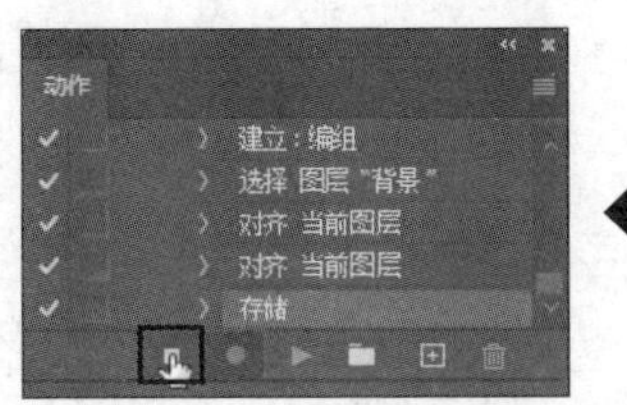

步骤 10　录制好动作后，就可以调用录制的动作对图像进行批处理。执行“文件 > 自动 > 批处理”菜单命令，打开“批处理”对话框，选择源文件夹和目标文件夹，单击“确定”按钮，如下图所示。

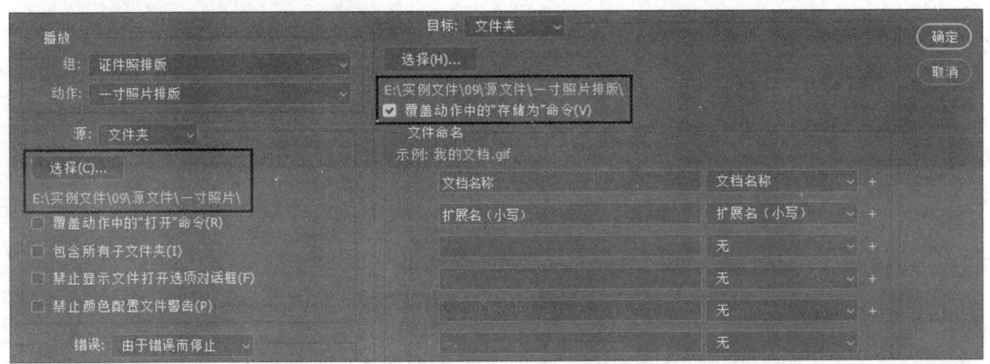

步骤 11　Photoshop 将自动打开源文件夹中的照片，通过播放录制的“一寸照片排版”动作，依次对文件夹中的照片进行排版，然后将排版后的文件以 JPEG 格式存储到步骤 10 中指定的目标文件夹中，排版效果如下图所示。

案例 03 批量生成员工工作牌

◎ 应用场景

我们公司最近新入职了一批员工，现在我需要为这批新员工制作工作牌，虽然可以在设计好的工作牌模板上逐个更改员工照片、姓名、职位等内容，但是，如果要制作的工作牌数量较多，有没有什么好的方法可以快速完成员工工作牌的制作呢？

如果要批量制作员工工作牌，需要先在 Excel 工作簿中编辑好对应的数据，包括每个员工的姓名、工号、职务、照片等，然后在 Photoshop 中定义好对应的变量，导入编辑好的 Excel 数据，就能快速生成不同的员工工作牌。

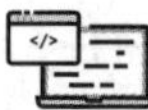

◎ 素材文件：实例文件\09\素材\职工照片、logo.png
◎ 源 文 件：实例文件\09\源文件\工作牌、员工工作牌.psd

◎ 步骤解析

步骤 01 制作员工工作牌之前，需先借助 Excel 来生成员工数据。创建一个名为“职工信息表”的 Excel 工作簿，然后在表格中输入每一列的列名，分别为“姓名”“部门”“职位”和“照片”，在每个列名下录入对应的员工数据信息，如下图所示。

	A	B	C	D
1	姓名	部门	职位	照片
2	张兰	市场部	产品主管	E:\实例文件\09\素材\职工照片\张兰.jpg
3	黄小琳	销售部	销售代表	E:\实例文件\09\素材\职工照片\黄小琳.jpg
4	陈娟	财务部	会计	E:\实例文件\09\素材\职工照片\陈娟.jpg
5	何欢	销售部	区域销售经理	E:\实例文件\09\素材\职工照片\何欢.jpg
6	胡晓琴	市场部	策划	E:\实例文件\09\素材\职工照片\胡晓琴.jpg
7	张子欣	财务部	审计主管	E:\实例文件\09\素材\职工照片\张子欣.jpg
8	赵佳艺	行政人事部	行政助理	E:\实例文件\09\素材\职工照片\赵佳艺.jpg

步骤 02 单击“文件”菜单命令，再单击“另存为”下的“浏览”按钮，打开“另存为”对话框，在对话框中先指定导出文件的存储位置，然后选择“保存类型”为“文本文件(制表符分隔)(*.txt)”，将表格中的数据导出为 txt 格式的文本文件，为后面导入数据做好准备，如右图所示。

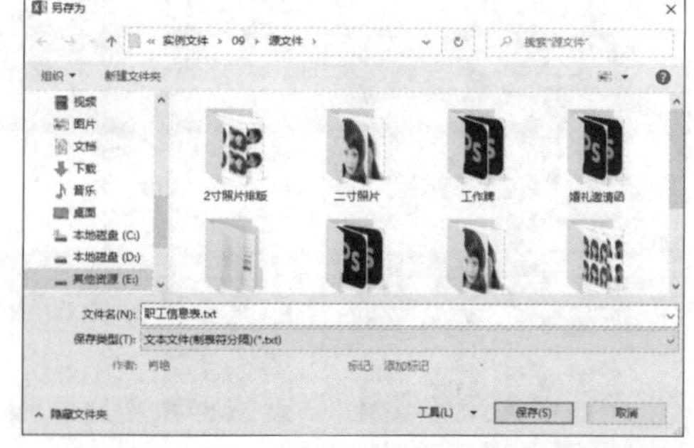

步骤 03 接下来要在 Photoshop 中设计员工工作牌模板。执行“文件 > 新建”菜单命令，打开“新建文档”对话框，根据工作牌设计规范，输入相应的宽度和高度值，因为制作的工作牌最终要印刷出来让员工佩戴，所以设置“分辨率”为 300 像素 / 英寸，如下图所示。使用“矩形选框工具”在新文档上方绘制矩形，并将矩形颜色填充为绿色，如右图所示。

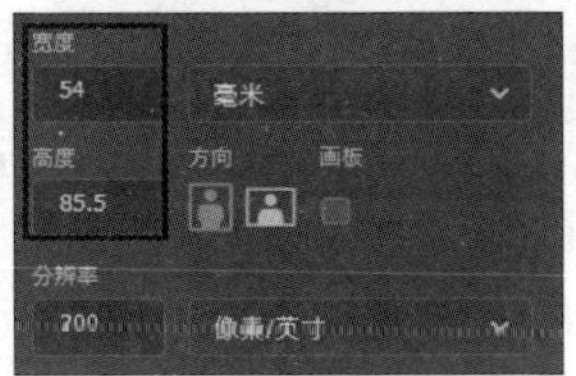

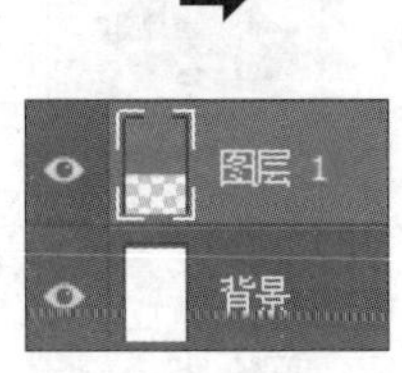

步骤 04 执行“文件 > 置入嵌入的对象”菜单命令，将公司徽标图像置入到文档中，并将其缩小后放到左上角的位置。使用“直排文字工具”在徽标图像右侧输入文字内容，并把文本图层的不透明度设为 55%，降低透明度，如右图所示。

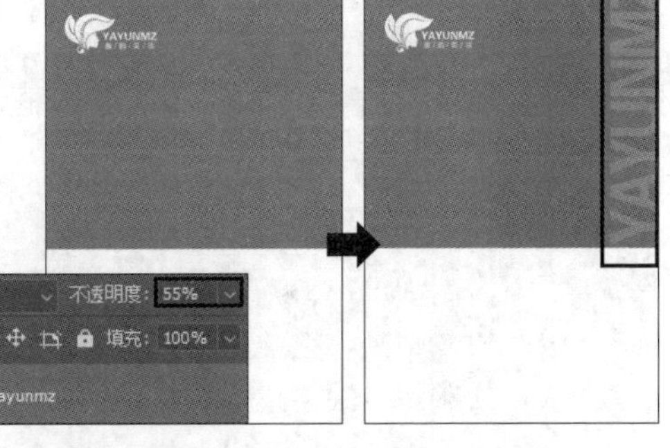

步骤 05 选择“椭圆工具”，按住 Shift 键，单击并拖动鼠标，在画面中间绘制一个圆形。执行“文件 > 置入嵌入的对象”菜单命令，把处理好的员工证件照置入到画面中，再对置入的图像进行缩放。这里需要将照片缩放到与下方圆形相同的宽度，所以先把图层的不透明度设为 50%，降低透明度，再对图像进行缩放以确定缩放的图像宽度，操作如下图所示。

步骤 06 将照片调至合适大小后，再将图层的不透明度恢复为 100%，执行“图层 > 创建剪贴蒙版”菜单命令，或按下快捷键 Ctrl+Alt+G，创建剪贴蒙版，隐藏圆形外的图像。选择“横排文字工具”，在画面中输入员工对应的“姓名”“部门”和“职位”信息，完成一个员工工作牌的设计，如右图所示。

步骤 07 接下来就可以通过定义变量来批量生成员工工作牌。执行“图像 > 变量 > 定义”菜单命令，打开“变量”对话框，在“图层”下拉按钮选取员工照片对应的图层，勾选“像素替换”复选框，输入变量名称“照片”，由于要让所有的证件照片保持相同的大小，所以选择“填充”方法，等比例缩放图像以使其完全填充定界框，如下左图所示。再选择其他需要变换的文本图层，如“部门”所在的文本图层，勾选“文本替换”复选框，输入变量名称“部门”，定义变量，如下右图所示。

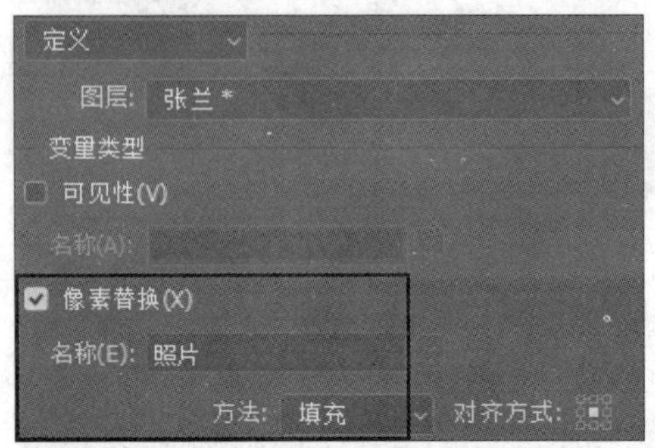

步骤 08 使用相同的方法，完成员工“姓名”“职位”等变量的定义。定义完变量之后，在“变量”对话框中选择“数据组”，单击右侧的“导入...”按钮，打开“导入数据组”对话框，单击“选择文件...”按钮，选择步骤 02 中存储的“职工信息表.txt”文件，再单击“载入”按钮，如右图所示。

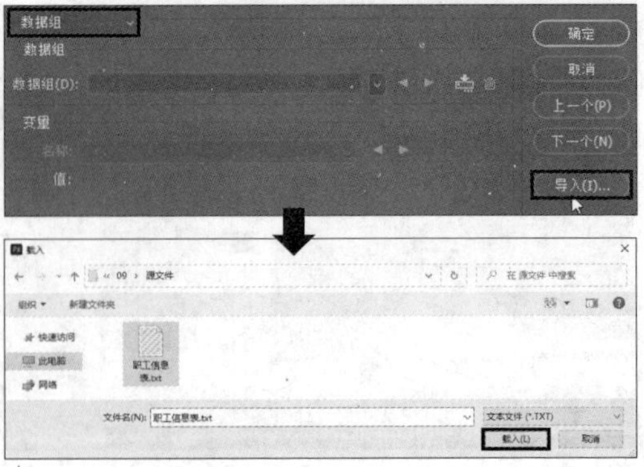

步骤 09 返回"导入数据组"对话框，单击"确定"按钮，导入文本文件中的数据信息。导入成功后在"变量"对话框下方会显示导入的数据信息，同时勾选"预览"按钮，并单击"转到上一个数据组"或"转到下一个数据组"按钮，转换数据组，即可在图像窗口中预览根据数据文件生成的员工工作牌效果，如下图所示。

步骤 10 如果数据信息确定无误就可以直接将这些数据文件以批处理的方式导出。执行"文件 > 导出 > 数据组作为文件"菜单命令，在打开的"将数据组作为文件导出"对话框中单击"选择文件夹..."按钮，设置导出文件的存储位置，再设置导入文件的命名方式，为便于区别每个文件，这里选择用"数据组名称"作为导出文件名，即用员工姓名作为导出的文件名，如下图所示。

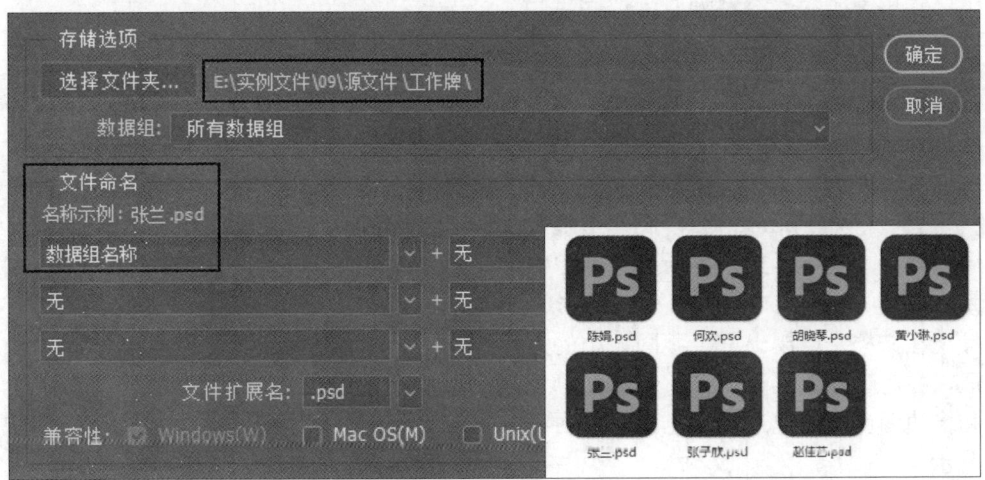

案例 04　替换嘉宾名字，批量制作婚礼邀请函

◎ 应用场景

每份婚礼邀请函除了上面嘉宾的名字不一样，其他内容都是一样的，而且受邀的人员也比较多。即使在有模板的情况下，一张张地制作也会耗费大量时间，有什么办法可以快速得到不同嘉宾名字的婚礼邀请函呢？

想要批量生成婚礼邀请函，可以先创建一个文本文件，录入受邀嘉宾的信息，然后在 Photoshop 中通过创建变量自动替换受邀嘉宾的名字和性别信息就能快速完成大批量婚礼邀请函的制作。

◎　素材文件：实例文件\09\素材\照片.jpg

◎　源 文 件：实例文件\09\源文件\婚礼邀请函、替换嘉宾名字批量制作婚礼邀请函.psd

◎ 步骤解析

步骤 01 制作婚礼邀请函之前，先要整理好受邀嘉宾的名单。因为名单比较简单，所以我们可以直接使用记事本创建一个新的文本文件，并输入婚礼受邀嘉宾的姓名和性别。由于 Photoshop 导入数据时，数据中不能有空格、引号等，所以在记事本中输入数据时不能用空格分隔数据，而是要用逗号（半角）分隔数据，如果觉得用逗号分隔数据不是很清楚，也可以在每个数据后按下 Tab 键，强制对齐数据，如右图所示。

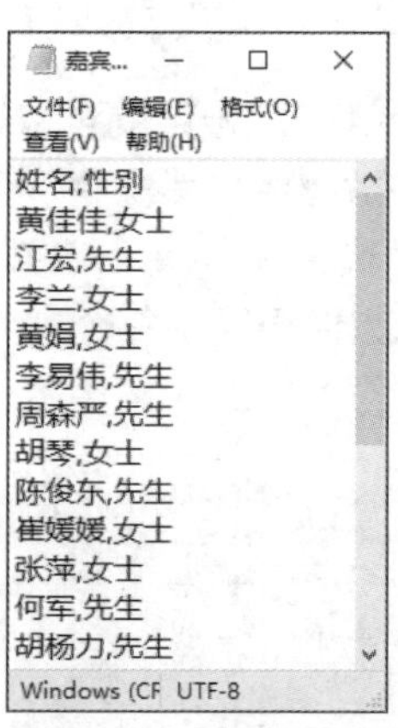

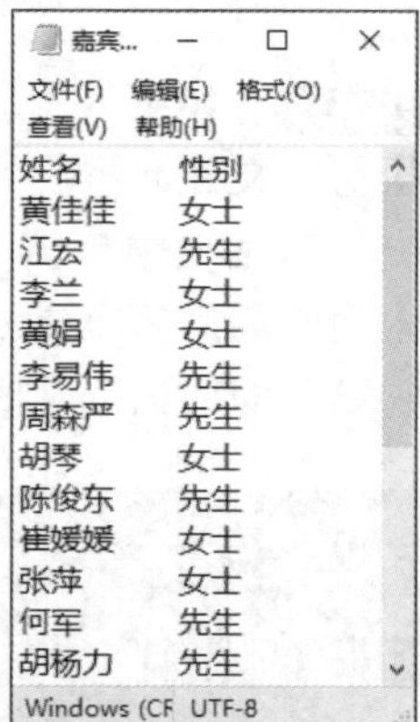

步骤 02 打开 Photoshop，制作婚礼邀请函模板。执行“文件 > 新建”菜单命令，创建一个新文档，选择“矩形工具”在文档中绘制出几个不同大小的矩形，并为这些矩形设置合适的填充颜色和描边颜色，这里选择浅色系，如右图所示。

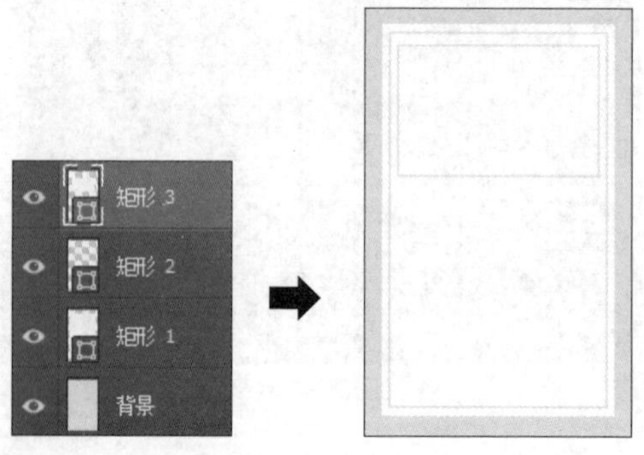

步骤 03　执行“文件 > 置入嵌入的对象”菜单命令，将拍摄的照片置入到文档上方的合适位置。这里只需要突出新娘、新郎牵着的手部，执行“图层 > 创建剪贴蒙版”菜单命令，或按下快捷键 Ctrl+Alt+G，创建剪贴蒙版，隐藏矩形外的图像，如右图所示。

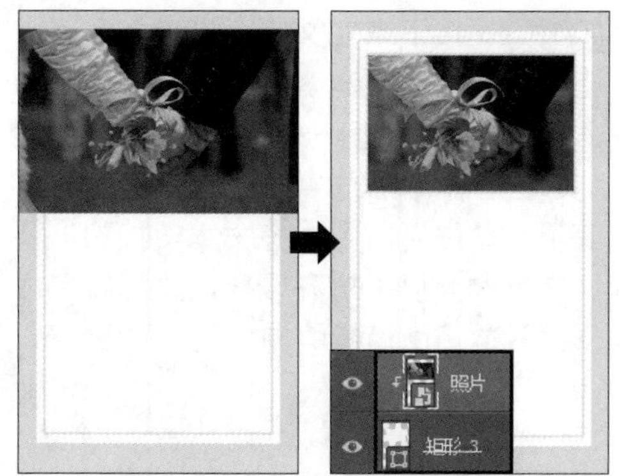

步骤 04　观察置入的图像，能看到画面色调给人感觉偏暗，需要将其提亮。按下快捷键 Ctrl+J，复制“照片”图层，得到“照片拷贝”图层，更改图层混合模式为“滤色”，提亮照片部分，如下左图所示。再使用“矩形工具”在图像边缘绘制一个矩形边框加以修饰，如下右图所示。

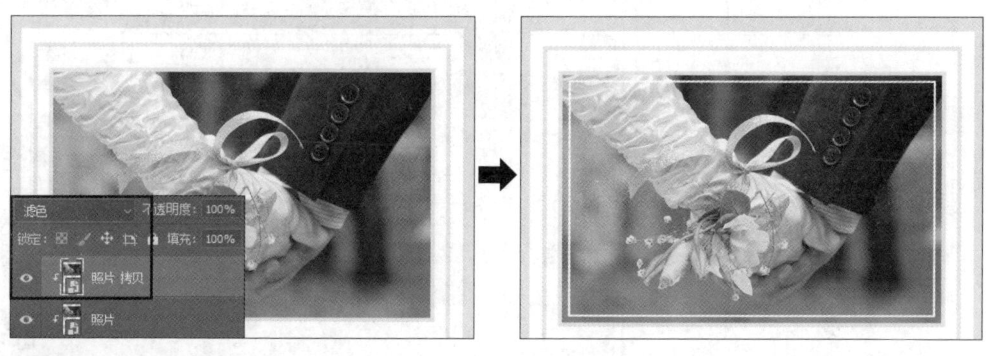

步骤 05　使用“横排文字工具”在照片下方输入标题“婚礼邀请函”及对应的英文。输入后在下方区域绘制装饰性元素，再使用“横排文字工具”输入新郎、新娘的姓名等信息，然后将输入的信息放到装饰元素的上下两侧。为让画面形成统一的视觉形象，在设置文字颜色时，最好采用同一色系，设计效果如下图所示。

步骤 06 接下来在文字“诚邀”和“女士”中间输入受邀嘉宾的名字，这里输入的是数据中第一个受邀嘉宾的名字“黄佳佳”。输入文字后，打开“段落”面板，单击“居中对齐文本”按钮，将文字更改为居中对齐效果，这样就完成了婚礼邀请函模板的制作，如右图所示。

知识扩展 Photoshop 中默认的文本对齐方式是左对齐，如果采用这种对齐方式，当我们通过定义变量替换受邀嘉宾名字时，若是嘉宾名字只有两个字，那么名字后面就会出现留白区域，且名字不在“诚邀”和“先生”中间的位置，如下左图所示。将对齐方式改为居中对齐后，即使替换后的受邀嘉宾名字只有两个字，这两个字也会处于“诚邀”和“先生”中间的位置，如下右图所示。

步骤 07 接下来就可以通过定义变量的方式，替换邀请函中受邀嘉宾的姓名和性别信息，自动生成多份婚礼邀请函。执行“图像 > 变量 > 定义”菜单命令，打开“变量”对话框。本案例中只需要定义文本变量。在“图层”下拉列表中分别选中受邀嘉宾的姓名和性别对应的图层，然后勾选“文本替换”复选框，输入变量名称“姓名”和“性别”，单击“确定”按钮，定义好两个变量，如下图所示。

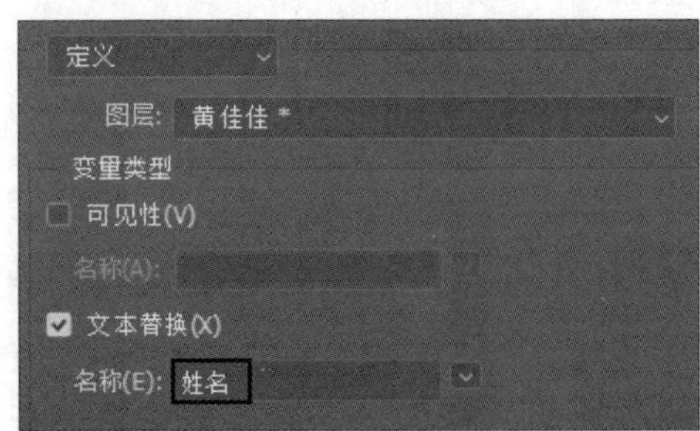

步骤 08　由于婚礼邀请函中要变换的内容都是一些文本信息，一般不易出错，所以可以直接通过“导入数据组”命令进行内容的替换。执行“文件 > 导入 > 变量数据组”菜单命令，在打开的“导入数据组”对话框中单击“选择文件 ...”按钮，导入步骤 01 中创建的“嘉宾名单 .txt”文本文件，再选择对应的编码，这里选择记事本默认的编码方式“UTF-8”，单击“确定”按钮，导入数据组中的数据信息，如右图所示。

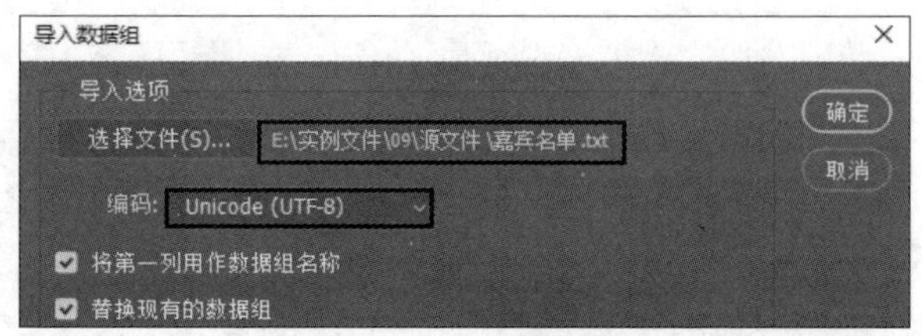

步骤 09　执行“文件 > 导出 > 数据组作为文件”菜单命令，在打开的“将数据组作为文件导出”对话框中单击“选择文件夹 ...”按钮，选择导出的数据组文件存储位置，读者根据实际需要选择即可。接下来设置导出文件的命名方式，选择以“数据组名称”命名，即用受邀嘉宾的名字作为导出文件的文件名称，单击“确定”按钮，如右图所示。

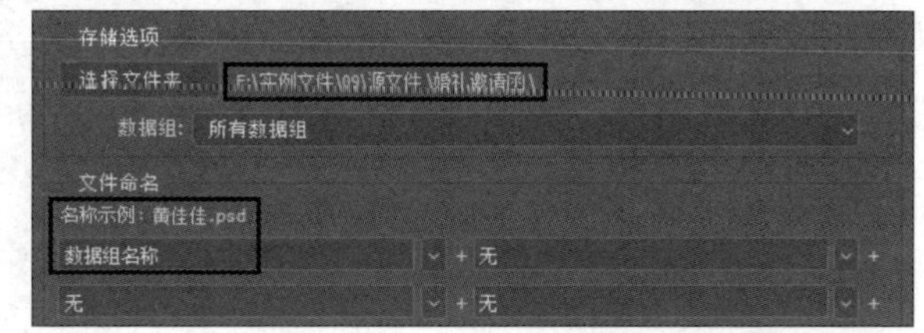

步骤 10　导出文件，此时导出的文件全部是 PSD 格式，需要再把它们转换为 JPEG 格式。执行“文件 > 脚本 > 图像处理器”菜单命令，打开“图像处理器”对话框。在对话框中先选择要处理的图像所在的源文件夹，这里为步骤 09 中选择的存储文件夹，在“文件类型”下勾选“存储为 JPEG”复选框，单击“运行”按钮，批量转换文件格式，如下图所示。

案例 05 获取姓名和职位信息，制作面试邀请函

◎ 应用场景

最近我们公司需要招聘一批员工，在招聘网站上也收到了不少求职者投递的简历，现在我需要制作一批面试邀请函，并通过邮件的方式将其发送给符合要求的求职者。牛老师，有没有什么好的方法可以批量生成面试邀请函呢？

如果需要制作大量的面试邀请函，因为每张面试邀请函中除了名字、部门、职位不同，其他的内容都是一样的，所以可以先设计好一个模板，然后再用 Photoshop 中的定义变量功能替换名称、职位等内容就能快速批量生成面试邀请函了。下面来看看具体的操作过程。

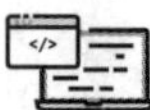

◎ 素材文件：实例文件\09\素材\邀请函背景.jpg、几何元素.png
◎ 源 文 件：实例文件\09\源文件\面试邀请函、获取姓名和职位信息制作面试邀请函.psd

◎ 步骤解析

步骤 01 执行“文件 > 新建”菜单命令，创建一个新文档，把邀请函背景图像置入到新文档中，然后把“几何元素 .png”素材文件复制到背景中，为让添加的几何图形与下方的背景融合更自然，可以为其添加图层蒙版，设置黑白渐变效果，更改图层混合模式为“变亮”、“不透明度”为 80%，如右图所示。

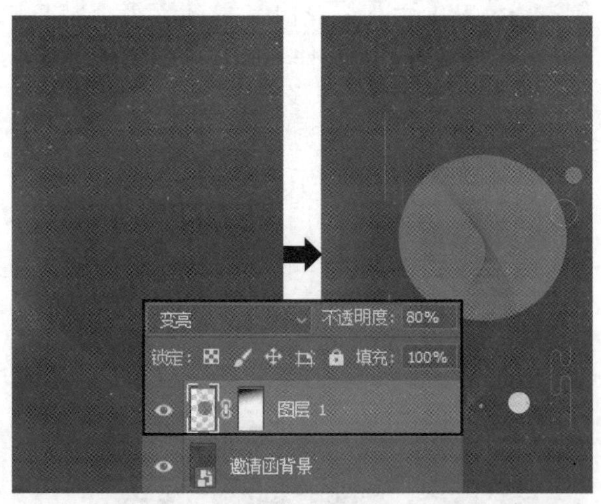

步骤 02 结合“横排文字工具”和“直排文字工具”在画面中输入标题及一些辅助信息。双击标题文字“面试邀请函”，打开“图层样式”对话框，单击并设置“描边”样式，为标题文字添加白色的描边效果。这里只需要在画面中显示文字描边的部分，因此在“图层”面板中将标题文本图层的“填充”值更改为 0，来隐藏中间黑色的字体，显示效果如下页图所示。

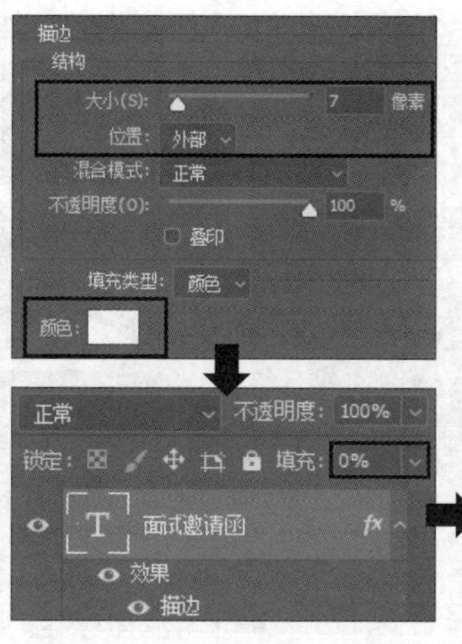

步骤 03 继续使用“横排文字工具”输入受邀人的信息。首先输入文字“诚邀”和“来我司面试「×××」职位”，然后再用单独的图层输入受邀人姓名以及职位信息，便于后续针对不同的图层来定义变量。此外，职位信息需要采用居中对齐的方式，置于括号中间的位置，以便替换后的所有职位信息都在括号中间的位置，如下图所示。

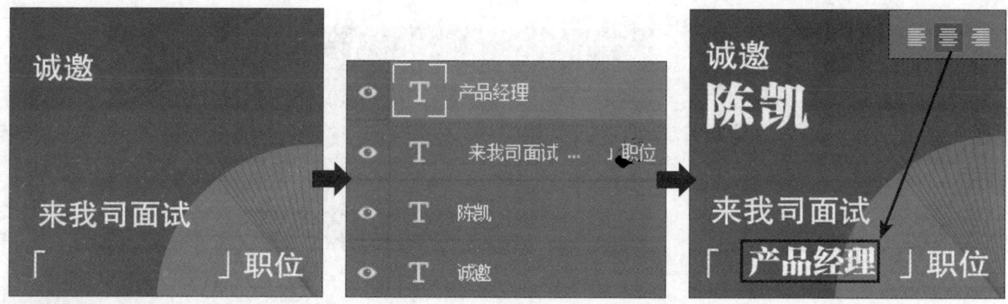

知识扩展 本案例中，在输入“来我司面试「×××」职位”时，需要在括号中间预留足够的空间（空格），防止当替换后的职位名称比模板中输入的职位名称字数更多时出现文字和括号重叠的情况。如右图所示，当职位名称为 5 个字时，由于预留的空间不足，文字和括号出现了重叠。

步骤 04 创建“面试时间”图层组，使用“圆角矩形工具”在左侧绘制一个圆角矩形，在圆角矩形上输入“面试时间”，然后在下方输入具体的面试时间，复制图层组，并移到适当位置，更改复制图层组名称为“面试地点”和“联系方式”，并根据内容修改其中的文字信息，完成面试邀请函模板的设计，如下页图所示。

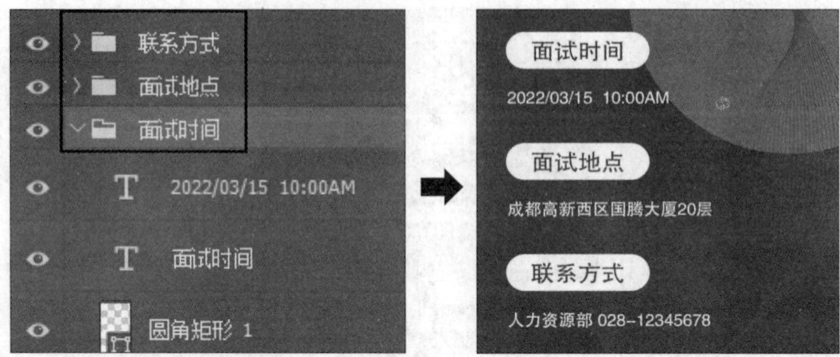

步骤 05 打开记事本，新建一个文本文件，在其中输入所有受邀面试人的名字及面试职位，并将文件命名为“面试名单”。输入完成后保存文件，如右图所示。返回 Photoshop，根据数据定义变量。执行“图像 > 变量 > 定义”菜单命令，在打开的“变量”对话框中的“图层”下拉列表中选择受邀面试人的名字和职位对应的图层，然后勾选“文本替换”复选框，输入文本文件中对应的列名，单击“确定”按钮，定义好变量，如下图所示。

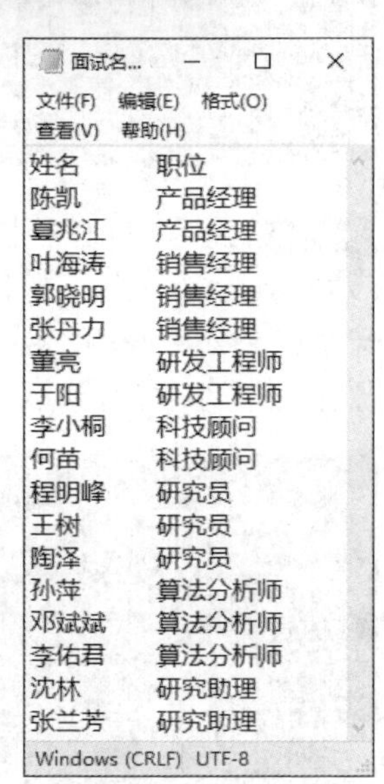

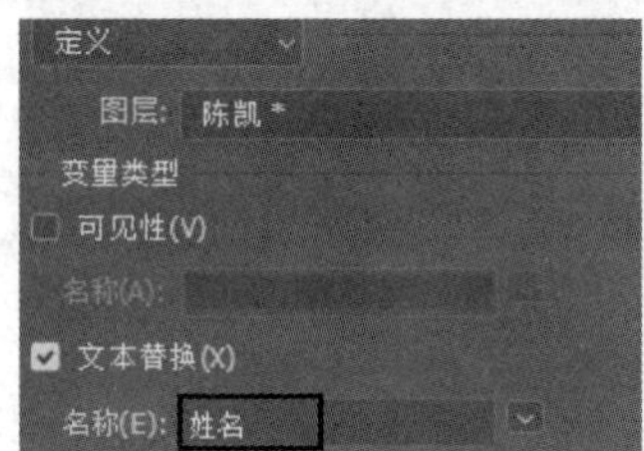

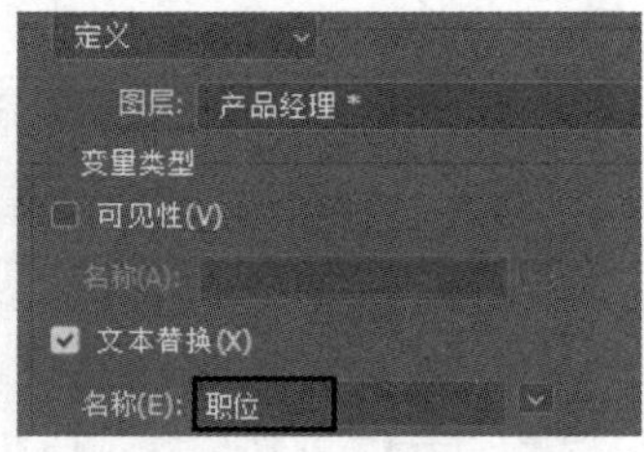

步骤 06 执行“文件 > 导入 > 变量数据组”菜单命令，打开“导入数据组”对话框。在对话框中通过单击“选择文件 ...”按钮，选择上一步中创建并输入好数据的“面试名单 .txt”文本文件，然后选择对应的编码方式，单击“确定”按钮，导入数据组，如下图所示。导入数据组后，可以执行“图像 > 应用数据组”菜单命令，打开“应用数据组”对话框，查看导入的数据组信息并预览导入数据组的效果，如右图所示。

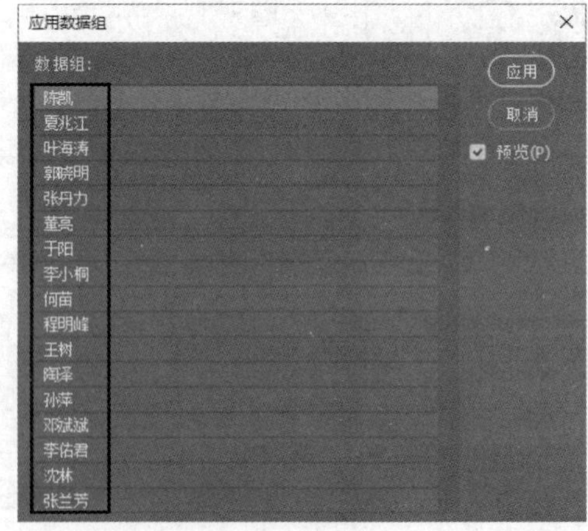

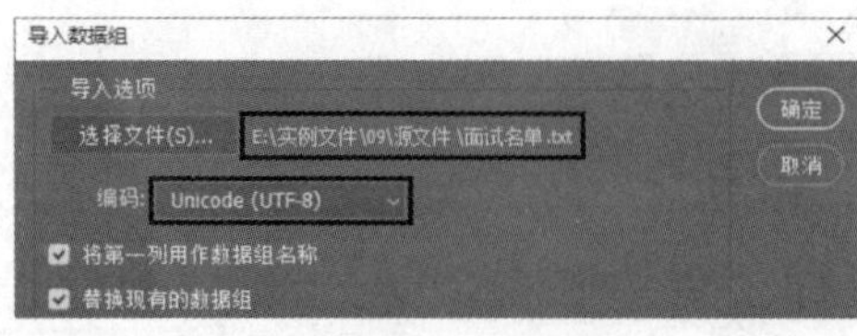

步骤 07 如果数据信息无误，就可以将这些数据组作为文件批量导出。执行“文件 > 导出 > 数据组作为文件”菜单命令，在打开的“将数据组作为文件导出”对话框中单击“选择文件夹 ...”按钮，选择导出的数据组文件存储位置，然后设置导出文件的命名方式，这里选择以“数据组名称”命名，即用受邀面试人的名字作为文件名，单击“确定”按钮，如下图所示。

步骤 08 最后还需要把PSD格式的邀请函转换为 JPEG 格式。执行“文件 > 脚本 > 图像处理器”菜单命令，打开“图像处理器”对话框。在对话框中选择要转换的图像所在的文件夹，这里选择上一步中设置的存储文件夹，然后勾选下方的“存储为 JPEG”复选框，设置转换后的品质为 12，如右图所示，单击“运行”按钮，批量转换文件格式，转换后效果如下图所示。

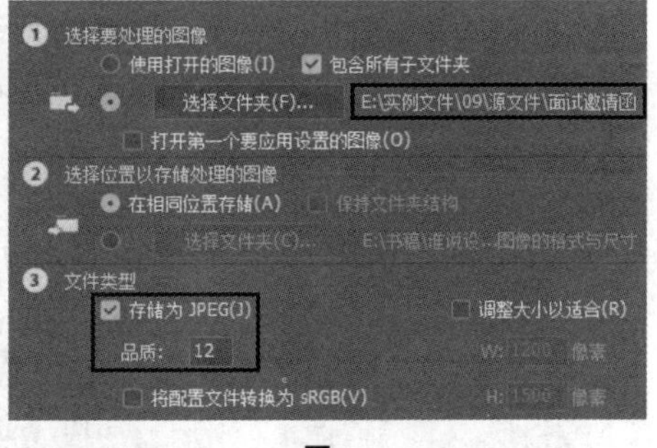

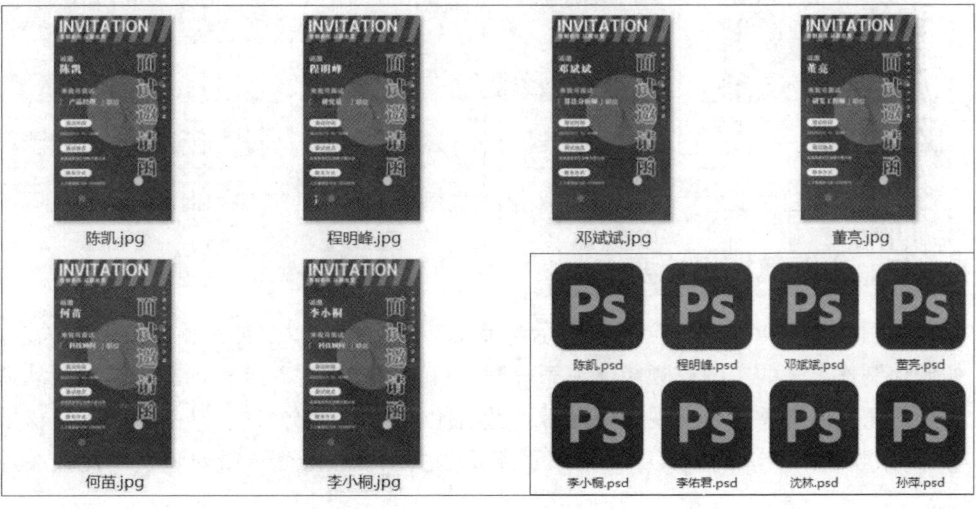

[第 10 章]

主图视频设计

当我们在电商平台输入关键字搜索商品时，出现在搜索结果页面中的图像就是商品主图。点击这个主图就会进入商品详情页面，在该页面左上角位置将显示与搜索结果一样的商品主图。如果商品主图包含视频效果，则会自动播放主图视频。

一、主图视频设计规范

主图视频支持 WMV、AVI、MOV、MP4 等多种格式，时长要控制在 60 秒之内，30 ～ 35 秒效果最佳。因为简短的视频一方面可以让消费者快速了解产品，另一方面还能节省消费者的时间和流量。

主图视频的比例可以选择 1∶1、16∶9 或 3∶4，目前主推的是更符合大众浏览习惯的 3∶4 比例。当然，也可以根据产品情况适当调整主图视频的比例。如果是需要展示模特整体效果的商品，如服装类，可以选择 3∶4 比例；如果是小商品，如儿童玩具等，想要突出主体，可以选择 1∶1 比例；如果是需要大场景展示的商品，如家具、家电等，则可以选择 16∶9 比例，不同比例的显示效果如下图所示。

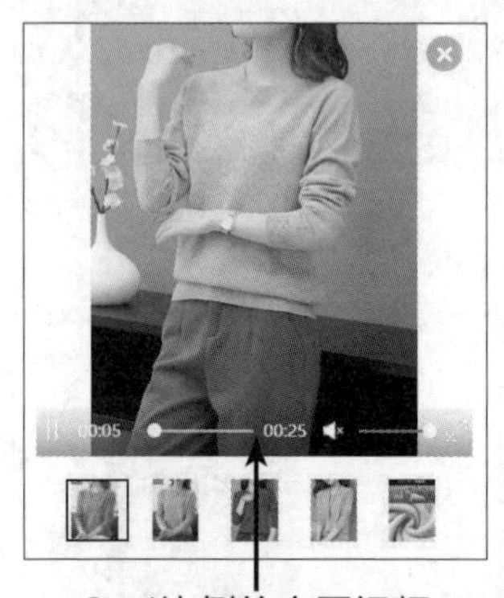

3∶4比例的主图视频

1∶1比例的主图视频

16∶9比例的主图视频

二、主图视频设计要点

主图视频可以快速、全面地展示商品细节及全貌，以获得更多的浏览和关注。如何让制作出来的主图视频能够在第一时间打动消费者呢？首先，主图视频要从消费者的角度来考虑，要在视频中展示消费者比较关心的部分（如产品的做工、材质等），以唤起消费者的购买欲。如下页所示的主图视频画面，就对消费者比较关注的开合方式、容量、肩带长短等进行了展示，再搭配简单的文字介绍，更容易打动消费者。

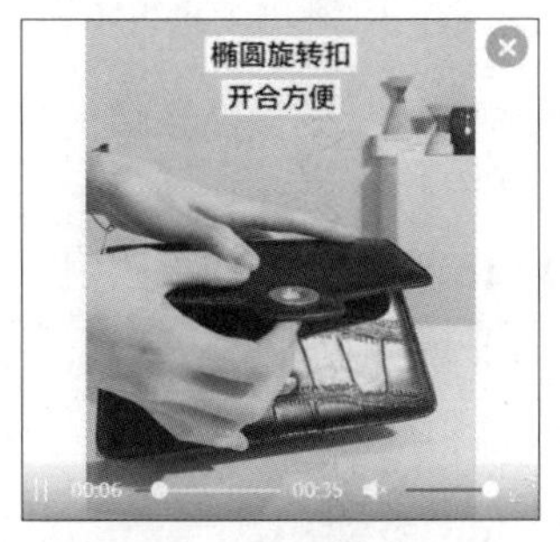

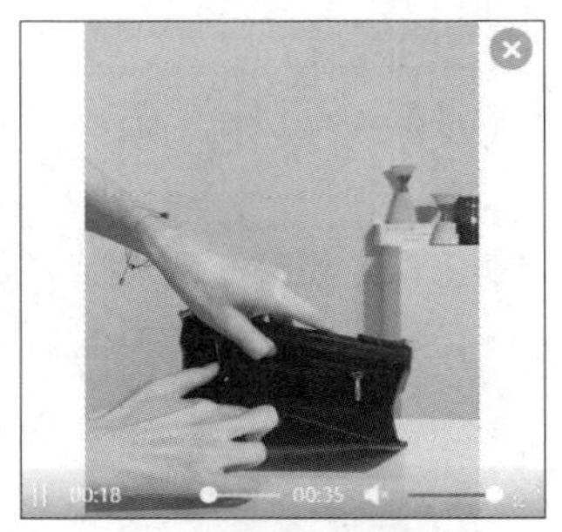
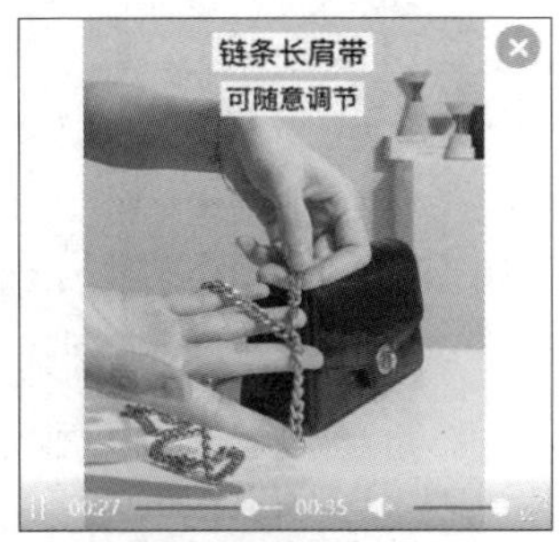

其次，因为主图视频时长有限，所以要在主图视频中快速展示商品细节并突出卖点，这样才能快速打动消费者，使其下单购买商品。

案例 01　设定符合要求的视频帧高度和帧宽度

◎ 应用场景

牛老师，下面一个视频是我为店铺中的一款无人机拍摄的视频。为了保证清晰的画质，我采用的是 4K 全高清拍摄，视频体积比较大，而一般网店用不到这么大尺寸的主图视频，所以我想要把视频的帧宽度和帧高度更改为主图视频常用尺寸，如 1280 像素 ×720 像素，应该怎么做呢？

在 Python 中，可以使用 MoviePy 模块的 resize() 函数调整视频的帧高度和帧宽度。resize() 函数既可以按比例调整视频帧宽度和帧高度，也可以设置特定的帧宽度和帧高度。下面就来看看具体的代码吧。

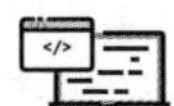

◎　素材文件：实例文件\10\素材\无人机.mp4
◎　源 文 件：实例文件\10\源文件\更改视频帧高度和帧宽度.mp4
◎　代码文件：实例文件\10\代码文件\更改视频帧高度和帧宽度.ipynb

◎ 实现代码

```
from moviepy.editor import VideoFileClip  # 导入MoviePy模块的子模块editor中的VideoFileClip类
from moviepy.video.fx.all import resize  # 导入MoviePy模块
```

```
  的子模块video.fx.all中的resize()函数
3 video_clip = VideoFileClip('E:\\实例文件\\10\\素材\\无人机.mp4')  # 读取要设置的视频
4 new_video = resize(video_clip, width=1280)  # 设置视频帧宽度为1280像素
5 new_video.write_videofile('E:\\实例文件\\10\\源文件\\更改视频帧宽度和帧高度.mp4')  # 导出设置帧宽度后的视频
```

◎代码解析

第 1 行代码用于导入 MoviePy 模块的子模块 editor，并导入该子模块中的 VideoFileClip 类。

第 2 行代码用于导入 MoviePy 模块的子模块 video.fx.all，并导入该子模块中的 resize() 函数。

第 3 行代码用于读取要调整的视频文件“无人机 .mp4”，该文件位于“E:\ 实例文件 \10\ 素材”文件夹中，读者可根据实际需求修改文件路径和视频文件名。

第 4 行代码用于调整视频的帧宽度，将视频的帧宽度更改为 1280 像素。使用 resize() 函数更改视频的帧宽度和帧高度时，只需要设置 height、width 两个参数中的一个，程序会自动计算另一个参数的值。如果同时设置帧宽度和帧高度值，程序则会以 height 的值为准。

第 5 行代码用于导出调整了帧宽度后的视频，该视频被保存为“E:\ 实例文件 \10\ 源文件”下的“更改视频帧宽度和帧高度 .mp4”。

运行代码，可在“E:\ 实例文件 \10\ 源文件”文件夹下看到导出的视频文件“更改视频帧宽度和帧高度 .mp4”，如下左图所示。右击该视频文件查看其属性，可以看到调整后的视频帧宽度为 1280 像素，帧高度为 720 像素，如下右图所示。

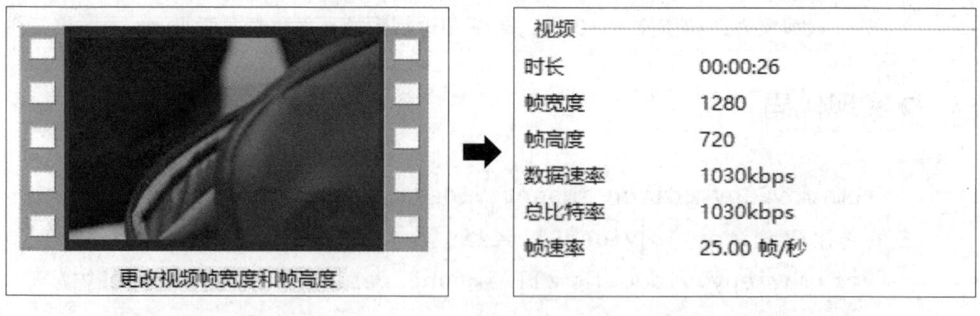

案例 02　添加边框，更改主图视频宽高比

◎ 应用场景

主图视频常用的宽高比有 1∶1、16∶9 和 3∶4，目前主推的是 3∶4 宽高比的主图视频，因为这个比例的视频更符合大众竖屏浏览的习惯。如果我为店铺商品拍摄的视频是 16∶9 的宽高比，现在想要在不裁剪视频画面的情况下，把视频宽高比更改为 3∶4，怎么做比较好呢？

要在不裁剪画面的情况下更改视频的宽高比，最简单的方法就是在视频上添加边框。在 Python 中，使用 MoviePy 模块中的 margin() 函数就可以轻松为视频添加边框。下面就来看看具体的代码吧。

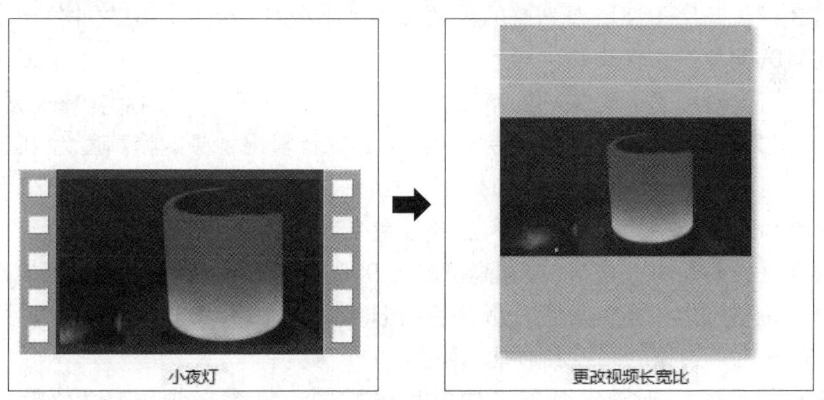

小夜灯　　更改视频长宽比

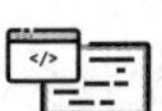

◎　素材文件：实例文件\10\素材\小夜灯.mp4
◎　源 文 件：实例文件\10\源文件\更改视频宽高比.mp4
◎　代码文件：实例文件\10\代码文件\更改视频宽高比.ipynb

◎ 实现代码

```
from moviepy.editor import VideoFileClip  # 导入MoviePy模块的子模块editor中的VideoFileClip类
from moviepy.video.fx.all import resize, margin  # 导入MoviePy模块的子模块video.fx.all中的resize()函数和margin()函数
clip_Video = VideoFileClip('E:\\实例文件\\10\\素材\\小夜灯.mp4')  # 读取要设置的视频
new_Video = resize(clip_Video, width=720)  # 设置视频帧宽度为720像素
```

```
5 new_Video = margin(new_Video, top=270,bottom=285,
  color=(200, 163, 128))  # 为调整后的视频添加边框
6 new_Video.write_videofile('E:\\实例文件\\10\\源文件\\更改视
  频宽高比.mp4')  # 导出添加边框后的视频
```

◎ 代码解析

第 1 行代码用于导入 MoviePy 模块的子模块 editor，并导入该子模块中的 VideoFileClip 类。

第 2 行代码用于导入 MoviePy 模块的子模块 video.fx.all，并导入该子模块中的 resize() 函数和 margin() 函数。

第 3 行代码用于读取要调整的视频文件“小夜灯 .mp4”，该文件位于“E:\ 实例文件 \10\ 素材”文件夹中。

第 4 行代码用于调整视频的帧宽度，根据 3∶4 主图视频的尺寸将视频的帧宽度更改为 720 像素，设置帧宽度后，程序会自动计算出视频的帧高度为 405 像素。

第 5 行代码用于为视频添加边框。由于 3∶4 主图视频大小为 720 像素 × 960 像素，因此分别为视频顶部和底部设置 270 像素和 285 像素的边框，这样加上视频素材的高度 405 像素，整体高度就为 960 像素。确定好上、下边框的高度后，接下来为边框设置相应的颜色，颜色值为 R200、G163、B128。读者也可根据实际需求修改上下边框的高度及边框的颜色。

第 6 行代码用于导出添加了边框后的视频，将该视频导出为“E:\ 实例文件 \10\ 源文件”下的“更改视频宽高比 .mp4”。

下左图所示为未添加边框时的视频播放效果。代码运行完成后，打开文件夹“E:\ 实例文件 \10\ 源文件”，播放导出的视频文件“更改视频宽高比 .mp4”，可以看到在视频上方和下方添加边框后的效果，如下右图所示。如果觉得纯色边框比较单一，也可以添加一些装饰元素或商品说明文字信息等。

案例 03　为主图视频添加标题信息

◎ 应用场景

一个好的标题不仅可以让观众快速了解视频内容，还能提高视频的播放量。牛老师，如果我想要在视频中添加简洁明了的标题文字，可不可以通过 Python 编程来实现呢？

使用 Python 是可以为视频添加标题的。相对于专业的视频编辑软件来讲，使用 Python 中的视频剪辑功能为视频添加标题更方便、快捷。下面我们就来看看具体的代码吧。

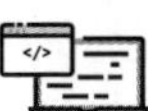

◎　素材文件：实例文件\10\素材\小夜灯.mp4
◎　源 文 件：实例文件\10\源文件\为主图视频添加标题.mp4
◎　代码文件：实例文件\10\代码文件\为主图视频添加标题信息.ipynb

◎ 实现代码

```
from moviepy.editor import VideoFileClip, TextClip, CompositeVideoClip  # 导入MoviePy模块的子模块editor中的VideoFileClip类,TextClip类和CompositeVideoClip类
video_clip = VideoFileClip('E:\\实例文件\\10\\素材\\小夜灯.mp4')  # 读取要设为标题文字的视频
text1 = TextClip(txt='智能触控小夜灯', fontsize=60, font='FZDHTJW.ttf', color='White', kerning=3)  # 设置主标题文字和字体格式
text1 = text1.set_position(('center'))  # 设置视频中主标题的位置
text1 = text1.set_duration(3)  # 设置主标题的持续时间
text2 = TextClip(txt='取之自然 用之于生活', fontsize=25, font='FZHTJW.ttf', color='White', kerning=3)  # 设置副标题文字和字体格式
text2 = text2.set_position(('center',420))  # 设置视频中副标题的位置
text2 = text2.set_duration(3)  # 设置副标题的持续时间
final_video = CompositeVideoClip([video_clip, text1, text2])  # 在视频中添加标题
```

```
10  final_video.write_videofile('E:\\实例文件\\10\\源文件\\为主图视频添加标题.mp4')  # 导出添加了标题的视频
```

◎代码解析

第 1 行代码用于导入 MoviePy 模块的子模块 editor，并导入该子模块中的 VideoFileClip 类、TextClip 类和 CompositeVideoClip 类。

第 2 行代码用于读取要添加标题的视频“小夜灯 .mp4”，该文件位于“E:\ 实例文件 \10\ 素材”文件夹中。

第 3 行代码用于设置视频中要添加的主标题。标题内容为“智能触控小夜灯”，字号大小为 60 磅，字体为“FZDHTJW.ttf”，即方正大黑简体，此字体较粗，更为醒目，文字颜色为白色，字间距为 3 磅。

知识扩展 TextClip 类参数 font 不支持使用中文格式的字体文件名称，需要在画面中显示中文字幕时，要先把字体文件拷贝到代码文件所在的文件夹下，并将字体文件名称更改为英文，然后把代码中 font 参数也修改为对应的英文字体名称。

第 4 行代码用于设置主标题文字的显示位置，这里设置为“center”，即让文字显示在视频画面的中心位置。

第 5 行代码用于设置主标题在视频中显示的持续时间，代码中括号里的“3”表示标题在视频中持续显示 3 秒，读者可根据实际需求修改持续时间。

第 6 行代码用于添加要在视频中显示的副标题。副标题的文字内容为“取之自然 用之于生活”，字号大小为 25 磅，字体为“FZHTJW.ttf”，即方正黑体简体，此字体比主标题的字体纤细一些，层次关系更清晰，文字颜色同样设为白色，字间距为 3 磅。

第 7 ～ 8 行代码用于设置副标题文字的显示位置和持续时间。副标题文字为水平居中显示，位于主标题下方，所以要更改 y 坐标值。

第 9 行代码用于在视频上添加设置好的标题文字“智能触控小夜灯”和“取之自然 用之于生活”。

第 10 行代码用于导出添加了标题的视频，将该视频导出为文件夹“E:\ 实例文件 \10\ 源文件”下的“为主图视频添加标题 .mp4”，读者可根据实际需求修改文件路径和视频文件名。

运行本案例的代码，可在“E:\ 实例文件 \10\ 源文件”文件夹下看到添加标题文字后生成的视频文件“为主图视频添加标题 .mp4”。播放该视频文件，可以看到在视频开始时显示并逐渐隐藏的标题文字，如下页左图所示；当播放至 3 秒以后，画面中间的标题文字全部隐藏了，如下页右图所示。

知识扩展　如果想要更改标题文字的位置，可以使用 set_position() 函数。set_position() 函数用于将多个对象合到一个视频里时，设置被调用的每个对象在合成视频中的位置。set_position() 函数包括 position 和 relative 两个参数。其中，参数 position 用于指定视频要放置的位置，常用的有以下 3 种取值方式：

1. (x,y)：x,y 分别对应叠加的视频左上角在合成视频的坐标位置；

2. ('center','top')：设置水平位置居中，垂直位置到顶部，类似的设置还有 'bottom'、'right' 和 'left'。例如设置参数值 ('left', 'top')，就是将图形放到左上角，如下左图所示；设置参数值 ('right', 'bottom')，就是将图形放到右下角，如下右图所示。

set_position(('left', 'top'))

智能触控小夜灯

set_position(('right', 'bottom'))

3. (factorX,factorY)：基于合成后视频的大小，设置相对位置，其中 factorX 和 factorY 两个参数值为 (0, 1) 之间的浮点数，计算位置时是以 factorX 乘以合成视频的帧宽度，factorY 乘以合成视频的帧高度来得到相应的位置。如果使用 factorX 或 factorY 来表示位置时，函数的参数 relative 的值就要设置为 True，即设置为相对位置。

在设置位置时，可以单独选择以上 3 种取值方式中的一种，也可以是任意两种的组合。例如本案例在设置副标题文字位置时，就是采用了第 1 种和第 2 种组合取值的方式，如右图所示。

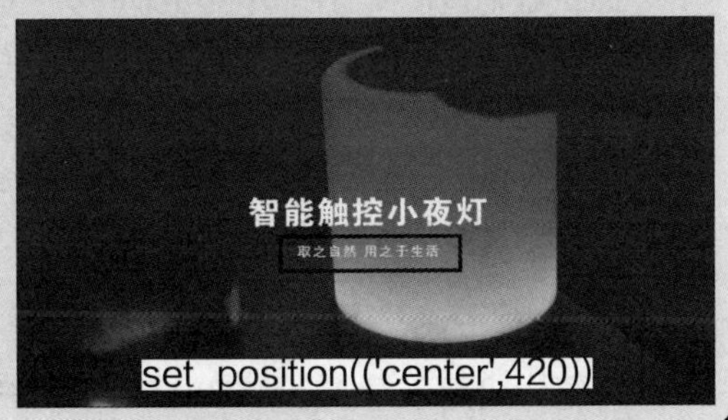

案例 04　用图片自动生成主图视频

◎ 应用场景

牛老师，我为店铺中的一款商品拍摄了一组图片，如下图所示，能不能用这些图片合成一个视频呢？

图片1

图片2

图片3

图片4

图片5
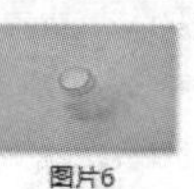
图片6
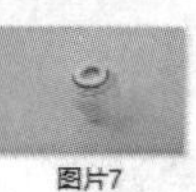
图片7

图片8

当然是可以的。在 Python 中，只需要使用 MoviePy 模块中的 ImageSequenceClip() 函数就能轻松将多张图片合成为一个视频。下面我们就来看看具体的代码吧。

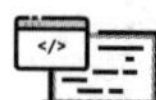

- ◎ 素材文件：实例文件\10\素材\保温杯图片
- ◎ 源 文 件：实例文件\10\源文件\保温杯主图视频.mp4
- ◎ 代码文件：实例文件\10\代码文件\用图片自动生成主图视频.ipynb

◎ 实现代码

```
1 from pathlib import Path  # 导入pathlib模块中的Path类
2 from moviepy.editor import ImageSequenceClip  # 导入MoviePy模块的子模块editor中的ImageSequenceClip()函数
3 src_folder = Path('E:\\实例文件\\10\\素材\\保温杯图片')  # 指定要合成为视频的图片的文件夹路径
4 file_list = list(src_folder.glob('*.jpg'))  # 获取文件夹下所有扩展名为“.jpg”的图片的路径列表
5 duration_list = [3] * len(file_list)  # 设置每张图片在视频中显示的持续时间
6 video_clip = ImageSequenceClip(src_folder, durations=duration_list)  # 将多张图片合成为一个视频
7 video_clip.write_videofile('E:\\实例文件\\10\\源文件\\保温杯主图视频.mp4', fps=25)  # 导出视频
```

◎ 代码解析

第 1 行代码用于导入 pathlib 模块中的 Path 类。

第 2 行代码用于导入 MoviePy 模块的子模块 editor，并导入该子模块中的 ImageSequenceClip() 函数。

第 3 行代码用于指定要合成为视频的图片所在的文件路径，这里指定“E:\ 实例文件 \10\ 素材 \ 保温杯图片”文件夹下的图片。

第 4 行代码用于在“E:\ 实例文件 \10\ 素材 \ 保温杯图片”文件夹下查找扩展名为“.jpg”的图片，并将查找到的图片路径转换为一个列表。

第 5 行代码生成了一个列表，该列表的元素个数为文件夹“保温杯图片”中图片的张数，每个元素值都为 3，表示每张图片显示的持续时间为 3 秒。如果要修改视频中每张图片显示的持续时间，将代码中的“3”更改为相应的数值即可。

第 6 行代码应用 ImageSequenceClip() 函数将列表中的图片合成为一个视频，视频时长为图片数量乘以每张图片持续的时间 3 秒。

第 7 行代码用于导出合成的视频，该视频保存为文件夹“E:\ 实例文件 \10\ 源文件”下的“保温杯主图视频 .mp4”，读者可根据实际需求修改存储路径和视频文件名。

运行本案例的代码，可在文件夹“E:\ 实例文件 \10\ 源文件”下看到裁剪视频指定区域后生成的视频文件“保温杯主图视频 .mp4”，打开该视频文件，可以看到由素材文件夹中的图片生成的视频效果，如下图所示。

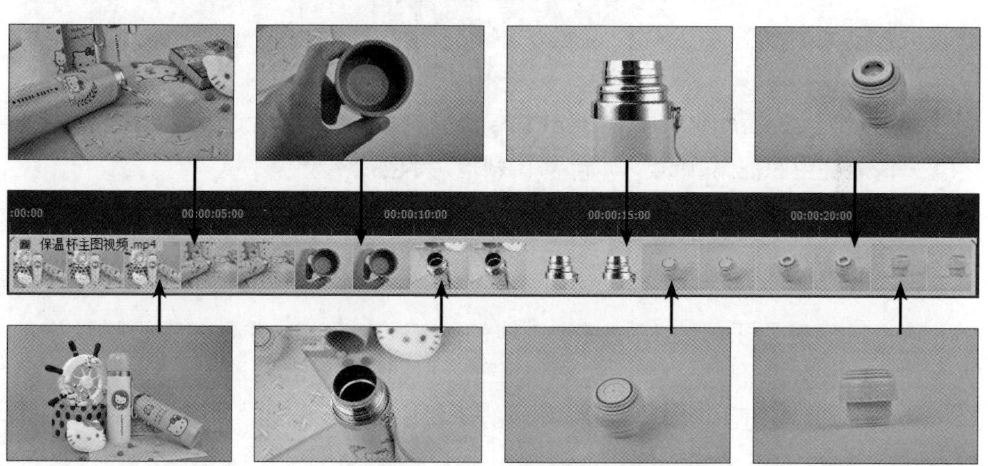

案例 05　将主图视频裁剪为 1：1 方形效果

◎ 应用场景

使用 ImageSequenceClip() 函数合成视频时，合成的视频会保留原图像的宽高比，如果我想要将视频按照 1：1 的宽高比裁剪为方形效果，要怎么做？

想要把视频裁剪为 1 : 1 的方形效果，可以使用 MoviePy 模块中的 crop() 函数，将宽度和高度设为相同的参数值，对视频画面进行裁剪。下面就一起来看看具体的代码吧。

◎ 素材文件：实例文件\10\素材\保温杯主图视频.mp4
◎ 源 文 件：实例文件\10\源文件\1：1保温杯主图视频.mp4
◎ 代码文件：实例文件\10\代码文件\裁剪为1：1方形主图视频.ipynb

◎ 实现代码

```
1 from moviepy.editor import VideoFileClip  # 导入MoviePy模块的子模块editor中的VideoFileClip类
2 from moviepy.video.fx.all import crop  # 导入MoviePy模块的子模块video.fx.all中的crop()函数
3 video_clip = VideoFileClip('E:\\实例文件\\10\\素材\\保温杯主图视频.mp4')  # 读取需要裁剪为正方形的视频
4 x = video_clip.w / 2  # 计算视频水平中心点x坐标
5 y = video_clip.h / 2  # 计算视频垂直中心点y坐标
6 final_video = crop(video_clip, width=720, height=720, x_center=x, y_center=y)  # 将视频裁剪至720像素×720像素大小
7 final_video.write_videofile('E:\\实例文件\\10\\源文件\\1：1保温杯主图视频.mp4')  # 导出裁剪后的视频
```

◎ 代码解析

第 1 行代码用于导入 MoviePy 模块的子模块 editor，并导入该子模块中的 VideoFileClip 类。

第 2 行代码用于导入 MoviePy 模块的子模块 video.fx.all，并导入该子模块中的 crop() 函数。

第 3 行代码用于读取要裁剪为正方形的视频“保温杯主图视频 .mp4”，该视频位于“E:\ 实例文件 \10\ 素材”文件夹中。这里使用的是上一个案例中用图片合成的视频，读者可根据实际需求设置相应的视频文件路径。

第 4 行代码用于计算视频画面中心点所对应的 *x* 坐标。代码中的 w 是 MoviePy 模块中的属性，用于获取视频的宽度。用视频的宽度除以 2，得到的参数值就是水平中心点的位置，即 *x* 坐标值。

第 5 行代码用于计算视频画面中心点所对应的 y 坐标。代码中的 h 是 MoviePy 模块中的属性，用于获取视频的高度。用视频的高度除以 2，得到的参数值则是垂直中心点的位置，即 y 坐标值。

第 6 行代码按照计算的坐标数据裁剪视频，这里根据主图视频要求，将被裁剪视频的宽度和高度都设置为 720 像素。

第 7 行代码用于导出裁剪后的视频，该视频保存在文件夹“E:\ 实例文件 \10\ 源文件”下的“1：1 保温杯主图视频 .mp4”中，读者可根据实际需求修改存储路径和视频文件名。

下左图所示为应用图片直接生成的视频文件播放效果。运行本案例的代码，可在“E:\ 实例文件 \10\ 源文件”文件夹下看到裁剪后导出的新视频文件“1：1 保温杯主图视频 .mp4”，播放该视频文件，视频效果如下右图所示。

案例 06　将视频片头设为主图效果

◎ 应用场景

一个精彩的、内容丰富的主图视频，离不开一个精彩的片头。如果我想要使用设计好的主图作为视频的片头，如下页图所示，该如何实现呢？

要用设计的主图作为视频片头，首先需要应用 ImageClip 类读取主图图片，并设置好位置和播放的持续时间，然后应用 VideoFileClip 类读取要设置片头的视频，最后应用 concatenate_videoclips() 函数合并主图图片与视频。下面就一起来看看具体的代码吧。

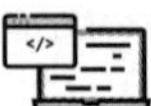

◎ 素材文件：实例文件\10\素材\视频主图.jpg、硅谷秘密：创业成功的基因.mp4
◎ 源 文 件：实例文件\10\源文件\将视频片头设为主图效果.mp4
◎ 代码文件：实例文件\10\代码文件\将视频片头设为主图效果.ipynb

◎ 实现代码

```
from moviepy.editor import ImageClip, VideoFileClip, concatenate_videoclips  # 导入MoviePy模块的子模块editor中的ImageClip类、VideoFileClip类和concatenate_videoclips()函数
from moviepy.video.fx.all import fadeout, fadein  # 导入MoviePy模块的子模块video.fx.all中的fadeout()函数和fadein()函数
pic_clip = ImageClip('E:\\实例文件\\10\\素材\\视频主图.jpg', duration=3)  # 读取要添加到视频开始位置的图片，并设置图片显示的持续时间
pic_clip = fadeout(pic_clip, duration=1, final_color=(255, 255, 255))  # 设置视频颜色淡出效果
video_clip = VideoFileClip('E:\\实例文件\\10\\素材\\硅谷秘密：创业成功的基因.mp4')  # 读取要设置片头的主图视频
video_clip = fadein(video_clip, duration=1, initial_color=(255, 255, 255))  # 设置视频颜色淡入效果
final_video = concatenate_videoclips([pic_clip, video_clip])  # 拼接图片和主图视频
final_video.write_videofile('E:\\实例文件\\10\\源文件\\将视频片头设为主图效果.mp4')  # 导出视频
```

◎ 代码解析

第 1 行代码用于导入 MoviePy 模块的子模块 editor，并导入该子模块中的 ImageClip 类、VideoFileClip 类和 concatenate_videoclips() 函数。

第 2 行代码用于导入 MoviePy 模块的子模块 video.fx.all，并导入该子模块中的 fadeout() 函数和 fadein() 函数。

第 3 行代码用于读取要添加到视频开始位置的图片，并设置图片显示的持续时间为 3 秒。读者可根据实际需求修改图片的持续时间。

第 4 行代码用于设置视频颜色淡出效果，因为在片头显示的图片持续时间为 3 秒，所以设置片头淡出的持续时间为 1 秒，淡出后显示为白色。读者可根据实际需求修改参数 duration 的值以及参数 final_color 的值，其中参数 duration 的值不能大于片头图片的持续时间。

第 5 行代码用于读取要添加片头的视频文件“硅谷秘密：创业成功的基因 .mp4”，该文件位于文件夹“E:\ 实例文件 \10\ 素材”中，读者可根据实际需求修改文件路径和视频文件名。

第 6 行代码用于设置视频颜色淡入效果，这里设置颜色淡入的持续时间为 1 秒，淡入前显示为白色，读者可根据实际需求修改参数 duration 的值。

第 7 行代码用于将设置后的图片和视频按 concatenate_videoclips() 函数参数列表中的顺序拼接为一个视频，这里要将图片放到视频之前，所以要将 pic_clip 剪辑放在 video_clip 剪辑之前。

第 8 行代码用于导出添加主图片头后的视频，将该视频导出为文件夹“E:\ 实例文件 \10\ 源文件”下的“将视频片头设为主图效果 .mp4”。

运行本案例的代码，可在文件夹“E:\ 实例文件 \10\ 源文件”下看到“将视频片头设为主图效果 .mp4”视频文件，打开该视频文件，可以看到视频开始时显示设置的图片效果，如下图所示。

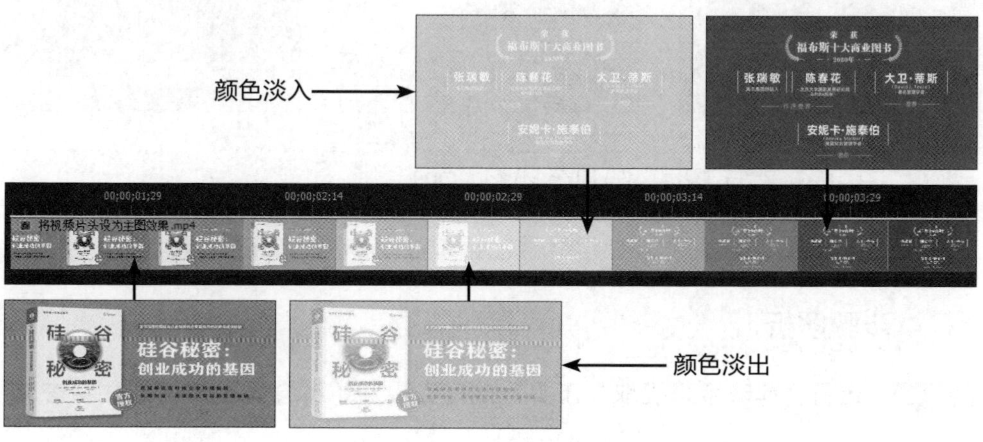

案例 07　根据配音为主图视频加字幕

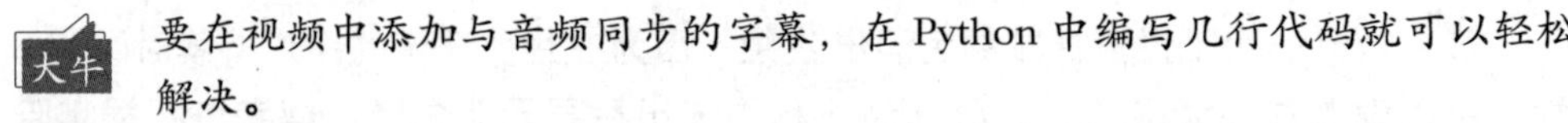

◎ 应用场景

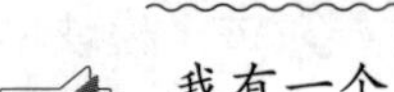

小新　我有一个已经完成配音的主图视频，现在我想要根据配音在这个视频上添加与声音同步的字幕，但是手动添加字幕需一边听音频一边卡准时间输入文字，操作尤为烦琐。牛老师，你有什么好的方法推荐呢？

大牛　要在视频中添加与音频同步的字幕，在 Python 中编写几行代码就可以轻松解决。

小新　但是使用 Python 为视频添加同步的字幕，需要先准备一个包括字幕内容、字幕开始时间和结束时间的 srt 字幕文件，要怎么获取这个字幕文件呢？

大牛　srt 字幕文件可以使用具有自动识别语音功能的软件来获取，我推荐使用剪映。剪映具备较为智能化的识别技术，能够快捷高效识别视频文件中的音频内容并生成相应的 srt 字幕文件，大大节约了手动编辑字幕的时间。首先应用剪映的自动语音识别功能，根据视频中的配音识别出字幕内容，再使用剪映字幕提取工具把认别到的字幕内容转换为 Python 可以读取的 srt 字幕文件。下面就来看看具体的操作方法吧。

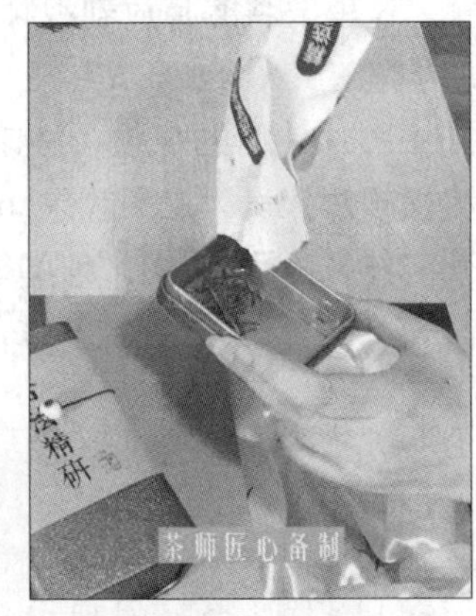

- ◎ 素材文件：实例文件\10\素材\茶叶.mp4
- ◎ 源 文 件：实例文件\10\源文件\添加与音频同步的字幕.mp4
- ◎ 代码文件：实例文件\10\代码文件\添加与音频同步的字幕.ipynb

◎ 步骤解析

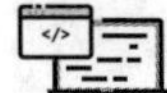

步骤 01　运行“剪映字幕提取”工具，此时在界面中不会显示任何的文字信息，

如右图所示。由于打开并运行“剪映字幕提取”时可能会被计算机判断为木马而自动删除，为了避免这种情况，在运行之前需要先关闭计算机中的杀毒软件。

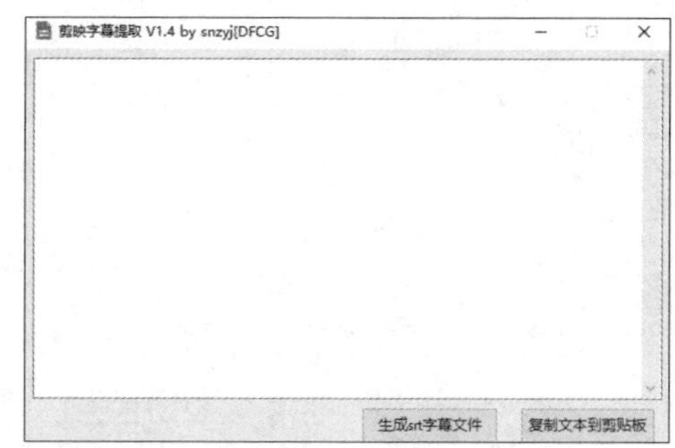

步骤 02 接下来打开计算机中安装的“剪映专业版”软件，单击“导入”按钮，导入需要提取字幕内容的视频文件，将导入的视频文件拖动到界面下方的时间轴上，如下图所示。

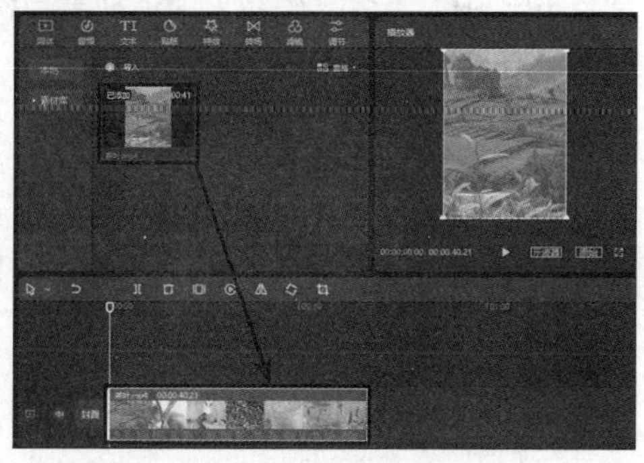

步骤 03 单击“文本”按钮，再单击左侧的“智能字幕”标签，在展开的选项卡中单击“开始识别”按钮，识别成功后，时间轴上会显示识别出来的字幕，如下图所示。如果视频中已有字幕，则需要勾选“同时清空已有字幕”复选框，清除视频中已有的字幕后，再进行识别操作，避免出现字幕重复或错误的情况。

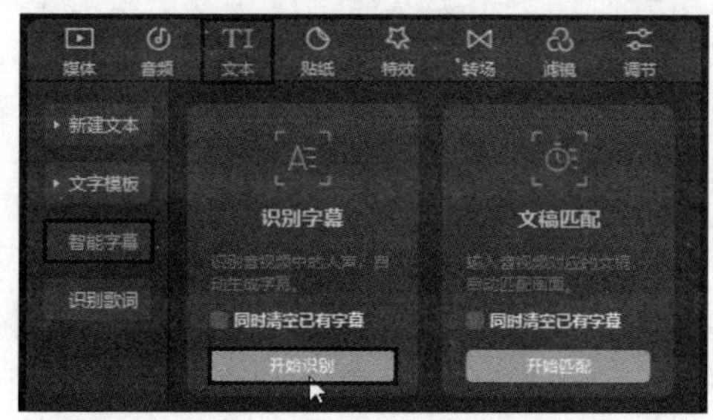

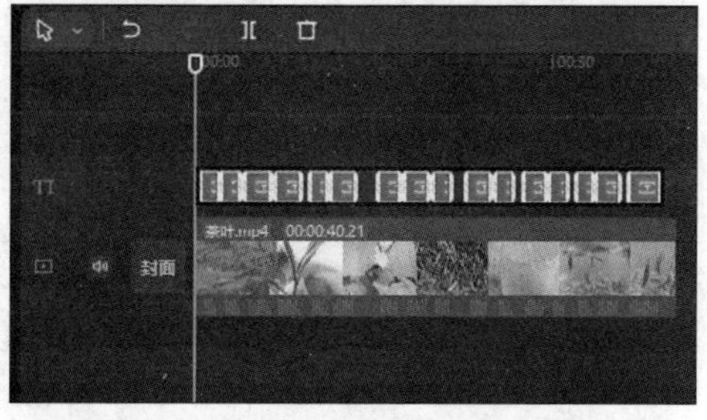

步骤 04 同时在“剪映字幕提取”软件上也会显示识别到的字幕。如果识别出的字幕有误，可以在“剪映字幕提取”工具中修改识别错误的字幕，例如本案例中就将音频中的“嫩毫披覆”识别为了“嫩好披肤”，对其进行修改后单击“生成 srt 字幕文件”按钮，如下页图所示。

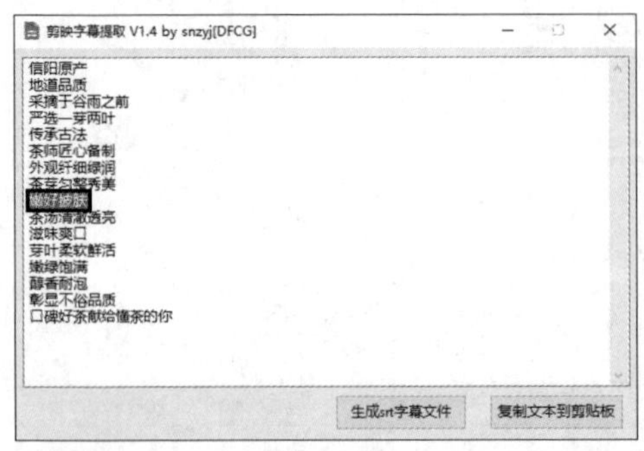

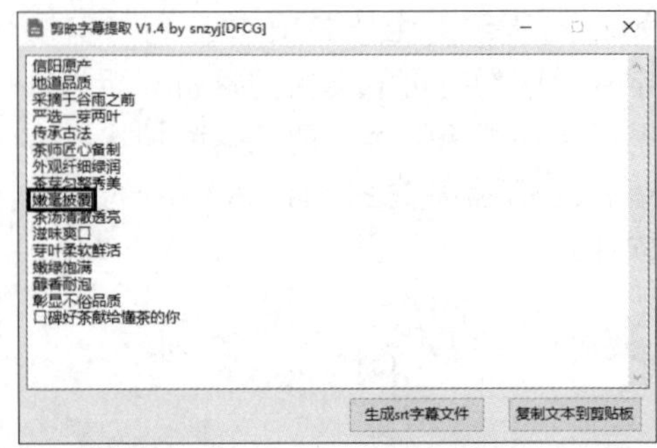

步骤 05 单击“生成 srt 字幕文件”按钮后将自动打开“记事本”。由于 MoviePy 模块中的 SubtitlesClip() 函数只能识别 ANSI 编码格式的 srt 字幕文件，所以需要执行“文件 > 另存为”菜单命令，在打开的“另存为”对话框中将文件扩展名“.txt”更改为“.srt”，再在“编码”下拉列表中选择“ANSI”编码格式，单击“保存”按钮，如下图所示。

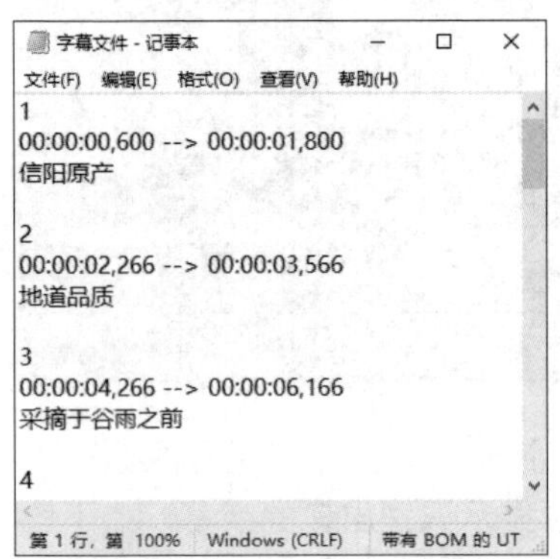

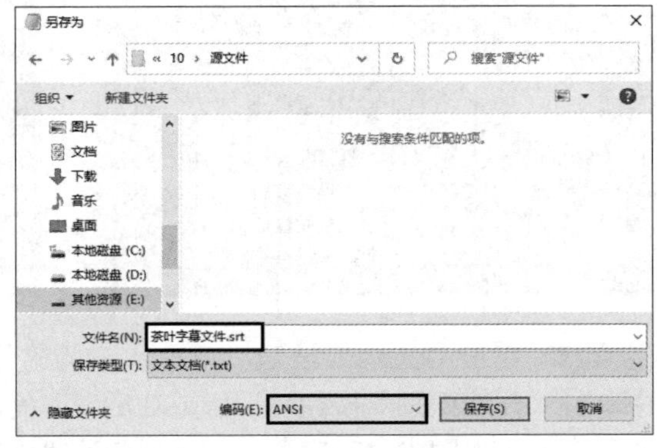

处理好字幕文件之后，下面通过 Python 编写代码，自动生成与视频中音频同步的字幕。生成字幕时，需要先定义字幕生成器，在字幕生成器中设置好字幕的字体、字号和颜色等，再应用 MoviePy 模块下的 SubtitlesClip() 函数传入字幕文件，生成字幕。具体代码如下。

◎ 实现代码

```
from moviepy.editor import VideoFileClip, TextClip, CompositeVideoClip  # 导入MoviePy模块的子模块editor中的VideoFileClip类、TextClip类和CompositeVideoClip类
from moviepy.video.tools.subtitles import SubtitlesClip  # 导入MoviePy模块的子模块video.tools.subtitles中的SubtitlesClip()函数
```

```
3 video_clip = VideoFileClip('E:\\实例文件\\10\\素材\\茶叶.mp4') # 读取要添加字幕的视频
4 generator = lambda txt:TextClip(txt, font='FZYTK.ttf', fontsize=50, color='white', bg_color='orange') # 定义字幕生成器
5 subtitles = SubtitlesClip('E:\\实例文件\\10\\源文件\\茶叶字幕文件.srt', make_textclip=generator) # 传入字幕文件
6 subtitles = subtitles.set_position(('center', 840)) # 设置字幕的显示位置
7 new_video = CompositeVideoClip([video_clip, subtitles]) # 合并视频和字幕
8 new_video.write_videofile('E:\\实例文件\\10\\源文件\\添加与音频同步的字幕.mp4') # 导出添加了字幕的视频
```

◎ 代码解析

第 1 行代码用于导入 MoviePy 模块的子模块 editor，并导入该子模块中的 VideoFileClip 类、TextClip 类和 CompositeVideoClip 类。

第 2 行代码用于导入 MoviePy 模块的子模块 video.tools.subtitles，并导入该子模块中的 SubtitlesClip() 函数。

第 3 行代码用于读取要添加字幕的视频文件“茶叶 .mp4”，该文件位于“E:\ 实例文件 \10\ 素材”文件夹。

第 4 行代码用于定义一个字幕生成器。在字幕生成器中需要设置好字幕的字体、字号及颜色。这里设置字幕的字体为“FZYTK.ttf”，即方正姚体，字号大小为 50 磅，颜色为白色。由于白色的文字不太明显，所以使用 TextClip 类的参数 bg_color 将文字剪辑的背景颜色设置为醒目的橘色，读者也可以根据实际需求设置相应的颜色。

第 5 行代码用于将字幕文件“茶叶字幕文件 .srt”中的文本依次传入到定义的字幕生成器中，从而生成字幕。

第 6 行代码用于调整字幕的显示位置，这里表示将字幕显示在视频画面中间靠近底部的位置。如果需要设置为其他位置，只需要更改 set_position() 函数里的参数值。

第 7 行代码用于合并视频与生成的字幕，从而得到一个添加了字幕的新视频。

第 8 行代码用于导出添加了字幕的视频，该视频保存为“E:\ 实例文件 \10\ 源

文件”文件夹下的“添加与音频同步的字幕 .mp4”。

运行本案例的代码，可在“E:\ 实例文件 \10\ 源文件”文件夹下看到新生成的视频文件“添加与音频同步的字幕 .mp4”，播放该视频，可在视频画面靠近底部的中间位置看到与音频同步的字幕效果，如下图所示。

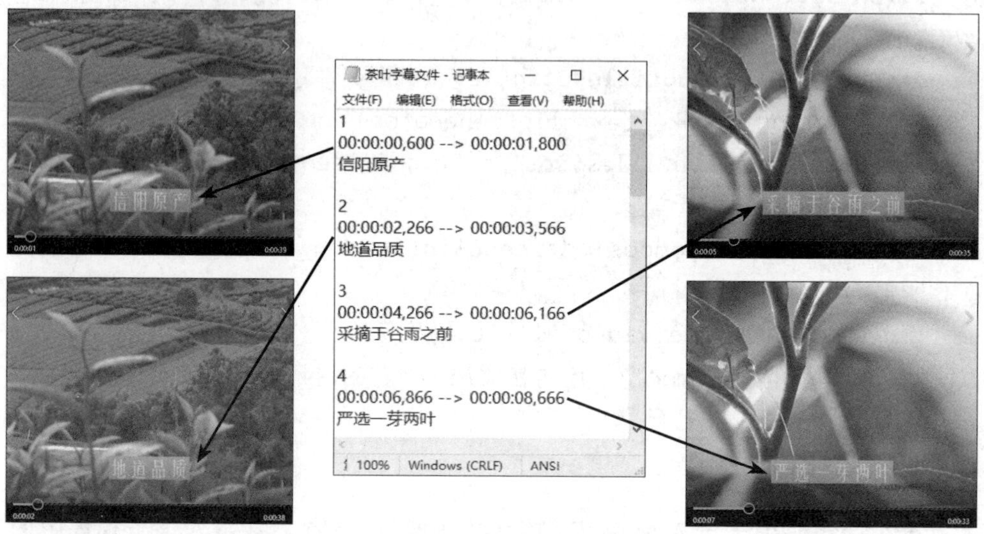

案例 08 在视频中叠加音乐，设置混音效果

◎ 应用场景

小新：我已经按照上一个案例中讲解的操作方法为视频添加了与音频同步的字幕，但是感觉视频中没有背景音乐，整体效果不佳。如果我想把其他视频中的背景音乐提取出来并添加到这个视频中，能否实现呢？

大牛：当然可以实现。在 Python 中，可以先使用 AudioFileClip 类读取视频文件中的背景音乐，然后使用 CompositeAudioClip() 函数将提取的背景音乐与原视频中的声音叠加合并为一个音频，使用 set_audio() 函数把合并后的新音频写入到你要添加的视频中就可以了。

小新：牛老师，还有一个问题，如果提取出来的音频比视频的持续时间短，添加到视频中后，超过音频持续时间的部分就没有声音了，要怎么处理呢？

大牛：如果提取的音频时长短于视频的时长，可以使用 audio_loop() 函数让音频循环播放，循环播放时长设为与视频时长相同即可。下面一起来看看具体的代码吧。

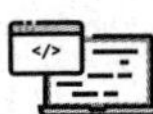

◎ 素材文件：实例文件\10\素材\添加与音频同步的字幕.mp4、陶瓷功夫茶具.mp4
◎ 源 文 件：实例文件\10\源文件\叠加音乐的茶叶视频.mp4
◎ 代码文件：实例文件\10\代码文件\添加背景音乐设置混音.ipynb

◎ 实现代码

```
1  from moviepy.editor import VideoFileClip, AudioFileClip, CompositeAudioClip  # 导入MoviePy模块的子模块editor中的VideoFileClip()函数、AudioFileClip类和CompositeAudioClip()函数
2  from moviepy.audio.fx.all import audio_loop  # 导入MoviePy模块的子模块audio.fx.all中的audio_loop()函数
3  video_clip = VideoFileClip('E:\\实例文件\\10\\素材\\添加与音频同步的字幕.mp4')  # 读取需要添加背景音乐的视频
4  video_audio = video_clip.audio  # 提取视频对应的音频
5  audio_clip = AudioFileClip('E:\\实例文件\\10\\素材\\陶瓷功夫茶具.mp4')  # 读取视频中的背景音乐
6  audio_clip = audio_clip.volumex(0.4)  # 设置背景音乐的音量
7  audio_clip = audio_loop(audio_clip, duration=video_clip.duration)  # 设置背景音乐循环，时间与视频时间一致
8  final_clip = CompositeAudioClip([video_audio,audio_clip])  # 叠加视频声音和背景音乐
9  final_video = video_clip.set_audio(final_clip)  # 在视频中写入背景音乐
10 final_video.write_videofile('E:\\实例文件\\10\\源文件\\叠加音乐的茶叶视频.mp4')  # 导出写入背景音乐后的视频
```

◎ 代码解析

第 1 行代码用于导入 MoviePy 模块的子模块 editor，并导入该子模块中的 VideoFileClip 类、AudioFileClip 类和 CompositeAudioClip() 函数。

第 2 行代码用于导入 MoviePy 模块的子模块 audio.fx.all，并导入该子模块中的 audio_loop() 函数。

第 3 行代码用于读取需要添加背景音乐的视频文件“添加与声音同步的字幕 .mp4”。这里我们使用的是上一个案例中添加字幕后的视频文件，因为这个视频文件恰好只有配音而没有背景音乐。

第 4 行代码用于提取视频“添加与音频同步的字幕 .mp4”中的音频部分。

第 5 行代码用于读取视频文件“陶瓷功夫茶具 .mp4”中的背景音乐，该文件位于“E:\ 实例文件 \10\ 素材”文件夹中。读者可根据实际需求更改路径和视频文件名，选用其他视频中的背景音乐。

第 6 行代码用于调整背景音乐的音量，为避免因背景音乐音量过大而导致听不清楚视频中的字幕解说，需要适当降低背景音乐部分的音量，这里的 0.4 就表示将背景音乐的音量调整至原有音量的 0.4 倍。如果要提高视频中背景音乐的音量，可在括号里设置大于 1 的数值。

第 7 行代码用于设置背景音乐循环。提取出来的背景音乐持续时间为 29 秒，而视频画面时长为 40 秒，要让超出背景音乐时长的视频画面也有背景音乐，就需要通过设置循环播放，让背景音乐持续时间与视频持续时间一致。

第 8 行代码使用 CompositeAudioClip() 函数把原视频中的音频与背景音乐叠加在一起。

第 9 行代码用于将叠加的音频写入到视频中。

第 10 行代码用于导出添加背景音乐后的视频，将该视频导出为“E:\ 实例文件 \10\ 源文件”文件夹下的“叠加音乐的茶叶视频 .mp4”。

[第 11 章]

详情视频设计

商品详情页面是吸引消费者决定下单购买的一个重要因素，商家们都十分重视商品详情页面的设计。为了丰富商品详情页面，很多商家会在商品详情页面中添加视频。详情视频大多出现在商品详情页面中的商品详情介绍上方，主要用于介绍商品的功效、使用方法等。

一、详情视频设计规范

详情视频宽高比为 16：9，建议采用 1280 像素 ×720 像素的尺寸。网店详情视频设计不同于主图视频，对视频大小的要求是不超过 300 MB，视频时长在 10 分钟以内，内容可以是产品宣传片、使用操作说明等。

二、制作详情视频的注意事项

详情视频可以呈现商品更真实、最自然的状态，拒绝弄虚作假，带给消费者更好的体验，让消费者真切地感受到产品的优点和特点。制作详情视频时，需要注意以下几点。

1. **清晰的画面**。在制作详情视频时要注意画面的清晰度，清晰的画质不仅能够提升消费者的观看体验，还能够更加精准地展现出商品的设计亮点，从而吸引消费者的目光，使其产生购买欲望。如下图所示的详情视频就是通过清晰的视频画面展示了多功能修剪器的组装方法，为消费者答疑解惑，从而进一步激发消费者的购买欲望。

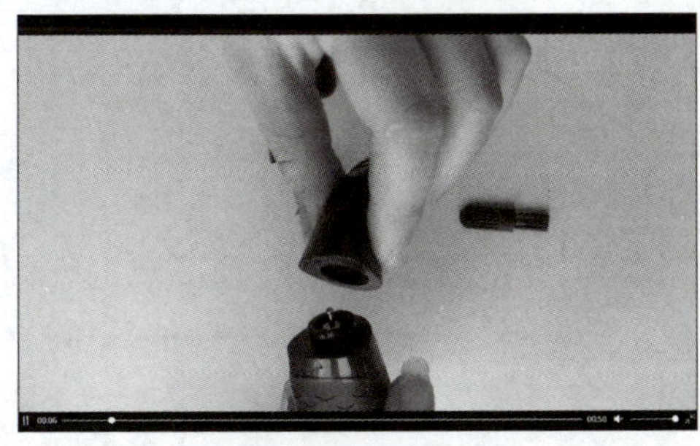

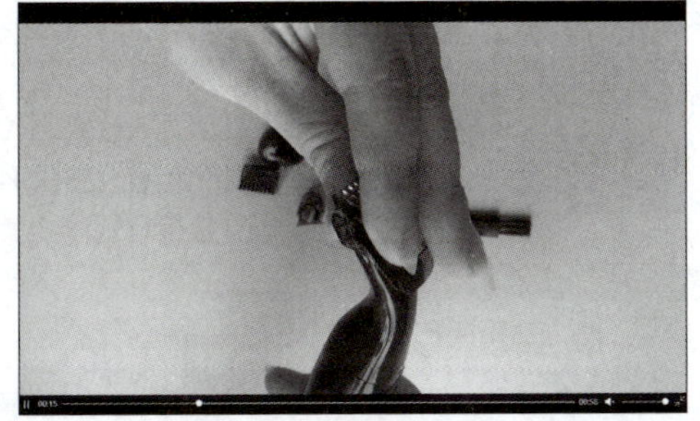

2. **卖点明确**。详情视频同样需要重点展示商品卖点，要将本销售商品与其他品牌或同类商品的不同之处表现出来，让消费者能从众多同类商品中选择购买本销售商品。

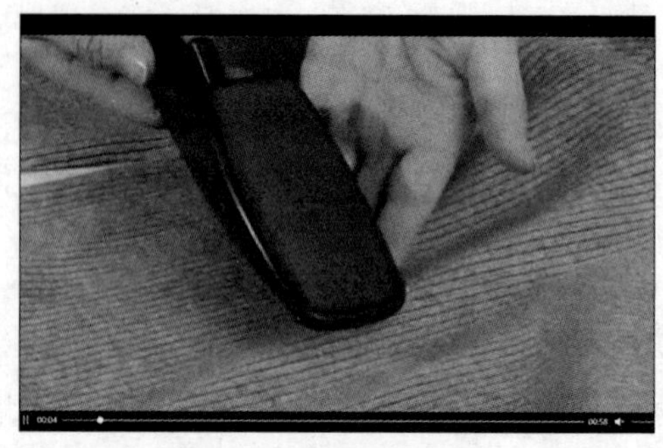

如右图所示的详情视频画面中，为了突出产品不起球的特点，在视频中添加了一段使用毛刷反复刷产品的片段，这样的表现方式往往比使用文字说明更加直观，也更有说服力。

3. **画面的美观度**。虽然详情视频的重点是展示商品的特点及其使用方法等，但是在制作时还是要适当考虑画面的美观性，只有美观的画面效果才能吸引受众保持继续观看视频的想法。

案例 01　拼接多个片段，合成详情视频

◎ 应用场景

最近我们店铺上架了一款 VR 眼镜，我已经拍摄好了几段展示这款 VR 眼镜的视频，如下图所示。现在我需要把这几段视频拼接合成为一个完整的视频，如果使用视频剪辑软件来处理，需要先把这些视频逐个拖动到时间轴上，操作相对烦琐。牛老师，有没有什么办法能够快速地拼接多段视频呢？

想要快速拼接视频可以使用 Python 来实现。在 Python 中，先创建一个空列表，然后构建一个循环，依次把指定文件夹下的视频文件添加到列表中，再使用 concatenate_videoclips() 函数拼接列表中的视频就可以了。下面就一起来看看具体的代码吧。

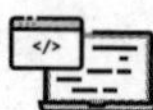

◎ 素材文件：实例文件\11\素材\VR眼镜
◎ 源 文 件：实例文件\11\源文件\VR眼镜视频.mp4
◎ 代码文件：实例文件\11\代码文件\拼接多个片段合成详情视频.ipynb

◎ 实现代码

```
from pathlib import Path  # 导入pathlib模块中的Path类
from moviepy.editor import VideoFileClip, concatenate_videoclips
```

```
# 导入MoviePy模块的子模块editor中的VideoFileClip类和concatenate_videoclips()函数
3 from moviepy.video.fx.all import resize, speedx  # 导入MoviePy模块的子模块video.fx.all中的resize()函数和speedx()函数
4 src_folder = Path('E:\\实例文件\\11\\素材\\VR眼镜')  # 指定要合成到详情视频中的视频素材的存储路径
5 lists = []  # 创建一个空列表
6 file_list = src_folder.glob('*')  # 获取文件夹下所有视频文件的路径
7 for i in file_list:  # 遍历获取的文件夹路径
8     old_video = VideoFileClip(str(i))  # 读取视频
9     new_video = resize(old_video, width=1280)  # 设置视频帧宽度为1280像素
10    new_video = speedx(new_video, factor=2)  # 设置视频以2倍的速率播放
11    lists.append(new_video)  # 将视频添加到列表中
12 final_video = concatenate_videoclips(lists)  # 合并列表中的视频
13 final_video.write_videofile('E:\\实例文件\\11\\源文件\\VR眼镜视频.mp4')  # 导出合并后的新视频
```

◎代码解析

第 1 行代码用于导入 pathlib 模块中的 Path 类。

第 2 行代码用于导入 MoviePy 模块的子模块 editor，并导入该子模块中的 VideoFileClip 类和 concatenate_videoclips() 函数。

第 3 行代码用于导入 MoviePy 模块的子模块 video.fx.all，并导入该子模块中的 resize() 函数和 speedx() 函数。

第 4 行代码用于指定要合成的视频素材所在的文件夹路径，这里指定“E:\ 实例文件 \11\ 素材 \VR 眼镜”文件夹下的所有视频文件。

第 5 行代码用于创建一个空列表，用于存储编辑后的视频。

第 6 行代码用于在“E:\ 实例文件 \11\ 素材 \VR 眼镜”文件夹下查找所有视频文件的路径。

第 7 ～ 11 行代码使用 for 语句构造了一个循环，用于从指定的文件夹中导入

视频，调整视频尺寸和播放速度后，将其加入到之前创建的列表中。第 8 行代码用于从指定的文件夹中导入视频；第 9 行代码用于将视频的帧宽度设为 1280 像素；第 10 行代码用于调整视频的播放速度，让每段视频以 2 倍的速率播放；第 11 行代码用于将调整后的视频添加到列表中。

知识扩展 speedx() 函数用于调整视频的播放速度，让视频呈现快速播放或慢速播放的效果。函数参数 factor 用于指定视频的播放倍数，取值大于 0 小于 1，表示将视频设置为慢速播放；取值大于 1，表示将视频设置为快速播放。参数 final_duration 用于指定视频的持续时间，它与参数 factor 只需要出现一个即可。假设本案例中要求合成的视频中每个片段的持续时间统一为 5 秒，使用参数 final_duration，更改第 10 行代码即可，具体代码如下。

```
new_video = speedx(new_video, final_duration=5)
```

第 12 行代码使用 concatenate_videoclips() 函数把列表中的所有视频合成为一个新视频。

第 13 行代码用于导出合并后的新视频，将该视频导出为“E:\ 实例文件 \11\ 源文件”文件夹下的“VR 眼镜视频 .mp4”。

运行本案例的代码，可在文件夹“E:\ 实例文件 \11\ 源文件”下看到合成的“VR 眼镜视频 .mp4”，播放该视频文件，可以看到由素材文件夹中的视频片段合成的视频效果，如下图所示。

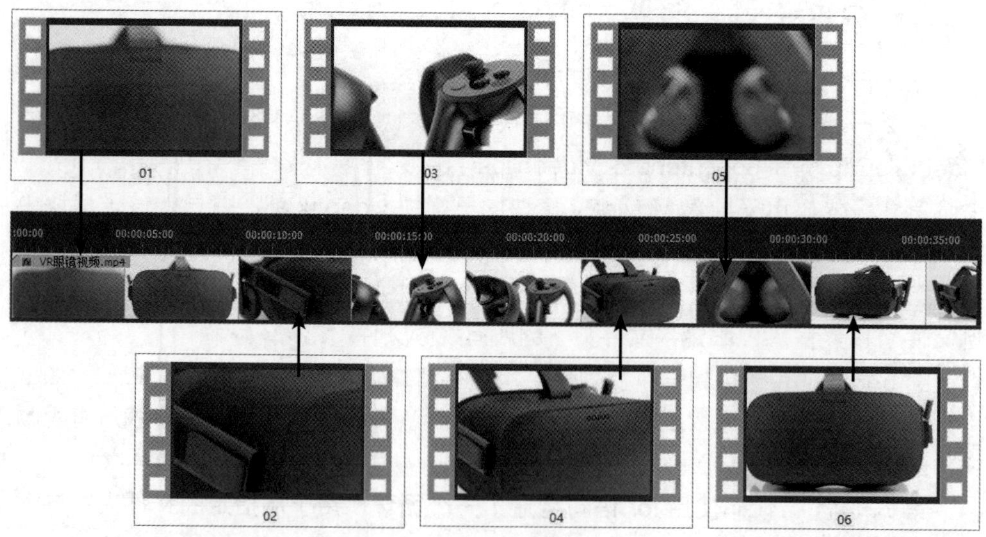

案例 02　添加转场使视频过渡更自然

◎ 应用场景

在上一个案例合成的视频中，上一个镜头画面的结尾与下一个镜头画面的开头之间没有添加转场，这种硬切的方式比较适合画面节奏较强的详情视频。接下来我们要做的是关于橙子的详情视频，会选用如下图所示的几个视频片段，如果要在两个镜头画面之间添加叠加转场效果，又要怎么做呢？

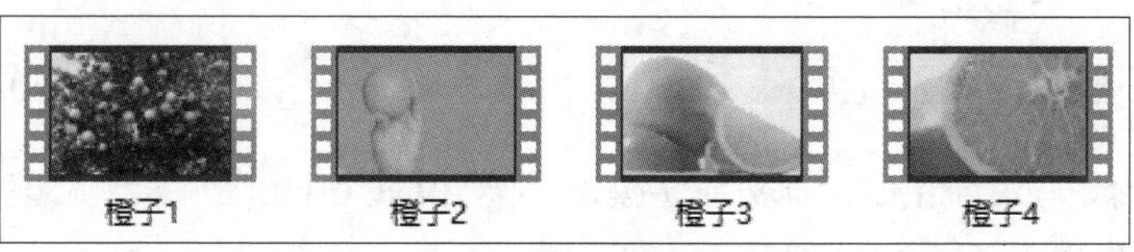

在 Python 中，应用 MoviePy 模块中的 crossfadein() 函数可以比较快速地在两段视频之间添加转场过渡效果，并且还可以根据实际需求调整参数 t 的值以控制每个转场过渡的时间。下面一起来看看具体的代码吧。

◎　素材文件：实例文件\11\素材\橙子1.mov、橙子2.mp4、橙子3.mov、橙子4.mov

◎　源 文 件：实例文件\11\源文件\橙子详情视频.mp4

◎　代码文件：实例文件\11\代码文件\添加转场使视频过渡更自然.ipynb

◎ 实现代码

```
from moviepy.editor import VideoFileClip, CompositeVideoClip  # 导入MoviePy模块的子模块editor中的VideoFileClip类和CompositeVideoClip类
from moviepy.video.fx.all import resize  # 导入MoviePy模块的子模块video.fx.all中的resize()函数
clip1 = VideoFileClip('E:\\实例文件\\11\\素材\\橙子1.mov').subclip(0, 7)  # 读取要叠加的第1个视频，并截取视频的0～7秒
clip2 = VideoFileClip('E:\\实例文件\\11\\素材\\橙子2.mp4').subclip(0, 7) .resize(clip1.size)  # 读取要叠加的第2个视频，截取视频的0～7秒并调整尺寸
clip3 = VideoFileClip('E:\\实例文件\\11\\素材\\橙子3.mov').subclip(0, 7)  # 读取要叠加的第3个视频，并截取视频的0～7秒
```

```
6 clip4 = VideoFileClip('E:\\实例文件\\11\\素材\\橙子4.mov').subclip(0, 6)  # 读取要叠加的第4个视频，并截取视频的0～6秒
7 final_clip = CompositeVideoClip([clip1, clip2.set_start(6).crossfadein(1), clip3.set_start(12).crossfadein(1), clip4.set_start(18).crossfadein(1)])  # 拼接4个视频，并设置1秒叠化转场效果
8 final_clip.write_videofile('E:\\实例文件\\11\\源文件\\橙子详情视频.mp4')  # 导出拼接后的新视频
```

◎ 代码解析

第 1 行代码用于导入 MoviePy 模块的子模块 editor，并导入该子模块中的 VideoFileClip 类和 CompositeVideoClip 类。

第 2 行代码用于导入 MoviePy 模块的子模块 video.fx.all，并导入该子模块中的 resize() 函数。

第 3 行代码用于读取拍摄的第 1 段视频"橙子 1.mov",该视频文件位于"E:\ 实例文件 \11\ 素材"文件夹中。因为本案例中需要保证每段视频的持续时间均为 6 秒，并且在每两段视频之间还要有 1 秒的转场，所以需截取的视频时长为 7 秒，而不能为 6 秒。如果截取时长设置为 6 秒，会因为截取的视频时长太短，两段视频过渡时不会产生画面叠加效果。

第 4 行代码用于读取并截取拍摄的第 2 段视频，因为第 2 段视频的尺寸与其他 3 段视频的尺寸不同，为了保证拼接后的视频画面效果流畅，在截取视频之后还要使用 resize() 函数将视频尺寸设置为与第 1 段视频相同的尺寸。

第 5 行代码用于读取拍摄的第 3 段视频"橙子 3.mov"，同样使用 subclip() 函数截取视频的 0 ～ 7 秒这一部分。

第 6 行代码用于读取拍摄的第 4 段视频"橙子 4.mov"。因为第 4 段视频为合成视频中的最后一段视频，不需要添加 1 秒的转场，所以截取的视频时长为 6 秒。

第 7 行代码用于叠加读取的 4 段视频，然后设置每段视频素材在合成视频中开始播放的时间点，设置第 1 段视频从默认的第 0 秒开始播放、第 2 段视频从第 6 秒开始播放、第 3 段视频从第 12 秒开始播放、第 4 段视频从第 18 秒开始播放。需要注意的是，叠加视频中的后一段视频的播放开始时间不能超过前一段视频的时长，不然两段视频中间就会出现空白的视频片段。

第 8 行代码用于导出合成后的新视频，将该视频导出为"E:\ 实例文件 \11\ 源文件"文件夹下的"橙子详情视频 .mp4"。

运行本案例的代码，可在“E:\ 实例文件 \11\ 源文件”文件夹下看到视频文件“橙子详情视频 .mp4”，播放该视频，可看到当视频播放到第 6 秒、第 12 秒和第 18 秒时，两段视频之间渐隐的转场过渡效果，如下图所示。

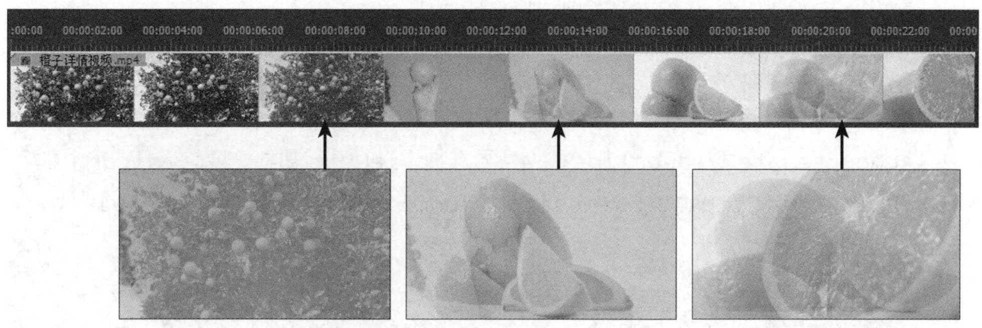

案例 03　分屏展示更多的产品细节

◎ 应用场景

分屏效果在短视频平台上比较火爆，我们在制作商品详情视频的时候，能不能也借鉴这种分屏效果呢？

当然是可以的。在详情视频中采用分屏效果，有助于在一个视频画面中同时展示商品的多个部位，让消费者更全面地了解商品。

牛老师，下图所示为我拍摄的 3 个展示相机镜头的视频文件缩略图，我需要将这 3 个视频合成到一个视频中，并在合成视频的开头先播放“相机镜头”视频，然后再采用左右分屏的方式同时播放“镜头细节 1”和“镜头细节 2”视频，如何才能得到这样的效果呢？

想要得到你所说的这种效果，可以先用 CompositeVideoClip 类叠加“镜头细节 1”和“镜头细节 2”两个视频来设置左右分屏的效果，再用 concatenate_videoclips() 函数将设置分屏后的视频与“相机镜头”视频拼接起来。需要注意的是，拼接视频时要确保用于拼接的所有视频的尺寸相同。下面一起来看看具体的代码吧。

◎ 素材文件：实例文件\11\素材\相机镜头.mp4、镜头细节1.mov、镜头细节2.mov
◎ 源 文 件：实例文件\11\源文件\数码相机镜头视频.mp4
◎ 代码文件：实例文件\11\代码文件\分屏展示更多的产品细节.ipynb

◎ 实现代码

```
from moviepy.editor import VideoFileClip, CompositeVideoClip, concatenate_videoclips  # 导入MoviePy模块的子模块editor中的VideoFileClip类、CompositeVideoClip类和concatenate_videoclips()函数
from moviepy.video.fx.all import resize, speedx  # 导入MoviePy模块的子模块video.fx.all中的resize()函数和speedx()函数
video_clip1 = VideoFileClip('E:\\实例文件\\11\\素材\\相机镜头.mp4').subclip(0, 16)  # 读取第1个视频，并截取视频的0～16秒
video_clip1 = resize(video_clip1, height=720)  # 调整截取视频的帧高度
video_clip1 = speedx(video_clip1, factor=4)  # 调整视频的播放速度
video_clip2 = VideoFileClip('E:\\实例文件\\11\\素材\\镜头细节1.mov').subclip(0, 8).resize(newsize=0.3)  # 读取第2个视频，并调整视频的尺寸
video_clip3 = VideoFileClip('E:\\实例文件\\11\\素材\\镜头细节2.mov').subclip(0, 8).resize(newsize=0.3)  # 读取第3个视频，并调整视频的尺寸
merge_clip = CompositeVideoClip([video_clip2.set_position((40, 'center')),video_clip3.set_position((660, 'center'))], size=(1280,720))  # 叠加第2和第3两个视频，并调整视频的位置以及合成视频的大小
final_clip = concatenate_videoclips([video_clip1, merge_clip])  # 拼接第1个视频和合成的新视频
final_clip.write_videofile('E:\\实例文件\\11\\源文件\\数码相机镜头视频.mp4')  # 导出拼接后的视频
```

◎代码解析

第 1 行代码用于导入 MoviePy 模块的子模块 editor，并导入该子模块中的 VideoFileClip 类、CompositeVideoClip 类和 concatenate_videoclips() 函数。

第 2 行代码用于导入 MoviePy 模块的子模块 video.fx.all 中的 resize() 函数和 speedx() 函数。

第 3 行代码用于读取第 1 个视频，这个视频用于展示相机镜头的正面效果，文件位于“E:\ 实例文件 \11\ 素材”文件夹中。在读取的视频中，只需要相机镜头从左移入的部分，因此使用 subclip() 函数截取该视频 0 ～ 16 秒的内容。

第 4 行代码用于调整视频的尺寸，因为视频素材宽高比为 16∶9，所以不用裁剪，直接保留宽高比，设置视频的帧高度为 720 像素，更改帧高度后程序会自动将视频的帧宽度调整为 1280 像素。

第 5 行代码用于调整视频的播放速度，让每段视频以 4 倍的速率播放。

第 6、7 行代码用于读取要分屏展示相机镜头细节的两个视频文件，视频文件位于“E:\ 实例文件 \11\ 素材”文件夹中。由于要在一个画面中同时显示两个视频，需要使用 resize() 函数对视频进行缩放，具体的参数值可以根据实际需求进行适当调整，要缩小就把参数设为小于 1 的值，要放大就将参数设为大于 1 的值。

第 8 行代码用于将读取并调整后的第 2 个视频和第 3 个视频叠加到一个新的视频中，然后设置合成视频的帧宽度为 1280 像素、帧高度为 720 像素，再使用 set_position() 函数把第 1 个视频移到合成视频画面左侧的位置，将第 2 个视频移到合成视频画面右侧的位置。

知识扩展　本案例在合成视频时使用的背景颜色为默认黑色，如果想要更改背景颜色，需要使用 CompositeVideoClip 类的参数 bg_color。bg_color 的参数值为一个代表 RGB 颜色的 3 个元素的数组，例如 (255,255,255) 就表示白色。如果要将背景色设为白色，就可以对第 8 行代码进行更改，更改后的代码如下。

```
merge_clip = CompositeVideoClip([video_clip2.set_po-
sition((40, 'center')),video_clip3.set_position((660,
'center'))], size=(1280,720), bg_color=(255,255,255))
```

第 9 行代码用于将第 1 个视频与叠加得到的新视频拼接为一个视频。

第 10 行代码用于导出拼接后的视频，将该视频导出为“E:\ 实例文件 \11\ 源文件”文件夹中的“数码相机镜头视频 .mp4”。

运行本案例的代码，可在文件夹“E:\ 实例文件 \11\ 源文件”下看到拼接后的

新视频文件“数码相机镜头视频 .mp4”，播放该视频文件，可以看到拼接视频中第 1 部分显示的镜头正面效果，而第 2 部分采用左右分屏的方式展示了镜头细节，如下图所示。

案例 04　在主图视频中添加店铺徽标

◎ 应用场景

为详情视频添加品牌专属的徽标，不仅有利于品牌的推广，还能让消费者直观地感受到我们的产品可信度高且专业性强。我想要将品牌徽标添加到商品详情视频的右上角位置，用什么方法比较快捷呢？

最简单的方法就是通过 Python 实现。在 Python 中，先使用 MoviePy 模块中的 ImageClip 类创建一个图片剪辑，将品牌徽标图片加载进来，再使用 CompositeVideoClip 类将徽标图片叠加到视频上面即可。下面来看看具体的代码吧。

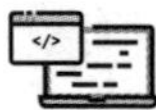

◎ 素材文件：实例文件\11\素材\咖啡豆视频.mp4、店铺logo.png
◎ 源 文 件：实例文件\11\源文件\添加徽标的咖啡豆视频.mp4
◎ 代码文件：实例文件\11\代码文件\在详情视频中添加品牌徽标.ipynb

◎ 实现代码

```
from moviepy.editor import VideoFileClip, ImageClip, Com-
positeVideoClip   # 导入MoviePy模块的子模块editor中的Video-
```

```
FileClip类、ImageClip类和CompositeVideoClip类
2 video_clip = VideoFileClip('E:\\实例文件\\11\\素材\\咖啡豆视频.mp4')  # 读取要添加徽标图片的视频
3 pic = ImageClip('E:\\实例文件\\11\\素材\\店铺logo.png', duration=video_clip.duration)  # 读取要添加到视频中的店铺徽标图片，并设置图片的显示时长
4 pic = pic.resize(0.3)  # 设置徽标图片的大小
5 pic = pic.set_position((0.75, 0.1), relative=True)  # 设置徽标图片在视频中的显示位置
6 pic = pic.set_opacity(0.8)  # 设置徽标图片的透明度
7 new_video = CompositeVideoClip([video_clip, pic])  # 在视频中添加徽标图片
8 new_video.write_videofile('E:\\实例文件\\11\\源文件\\添加徽标的咖啡豆视频.mp4')  # 导出添加了品牌徽标的视频
```

◎ 代码解析

第 1 行代码用于导入 MoviePy 模块的子模块 editor，并导入该子模块中的 VideoFileClip 类、ImageClip 类和 CompositeVideoClip 类。

第 2 行代码用于读取要添加品牌徽标的视频文件“咖啡豆视频 .mp4”，该文件位于文件夹“E:\ 实例文件 \11\ 素材”中，读者可根据实际需求修改文件路径和视频文件名。

第 3 行代码用于读取要添加到视频中的品牌徽标图片，并设置品牌徽标图片的显示时长为视频时长。读者可根据实际需求修改品牌徽标图片的显示时长。

第 4 行代码用于设置品牌徽标图片的大小，这里表示将品牌徽标图片调整至原图的 0.3 倍，即缩小图片。如果在添加品牌徽标之前已经将图片调整至合适的大小，则可以省略此行代码。

第 5 行代码用于设置徽标图片的显示位置，这里表示以视频的左下角为原点，在 0.75 倍视频的帧宽度、0.1 倍视频的帧高度的相对位置放置品牌徽标图片。读者可以根据实际需要修改图片位置的参数值，例如 set_position('center') 是将图片放置在视频画面的中心位置，set_position('center','top') 是将图片放置在视频画面顶部水平居中的位置。

第 6 行代码用于设置品牌徽标图片的透明度，0.8 表示将图片设置为半透明效果，值越小，徽标图片显示越透明。

第 7 行代码用于将设置好的品牌徽标图片叠加到视频上。

第 8 行代码用于导出添加徽标图片后的视频，将该视频导出为“E:\ 实例文件 \11\ 源文件”文件夹下的“添加徽标的咖啡豆视频 .mp4”，读者可根据实际需求修改文件路径和视频文件名。

运行本案例的代码，可在文件夹“E:\ 实例文件 \11\ 源文件”下看到视频文件“添加徽标的咖啡豆视频 .mp4”，播放该视频文件，可在视频的右上角看到添加的徽标图片，如右图所示。

知识扩展 除了可以直接将品牌徽标图片叠加到视频画面中，也可以将品牌徽标图片添加到视频开始或结束的位置，作为视频的片头或片尾，只需要使用 concatenate_videoclips() 函数拼接品牌徽标图片和视频就可以实现。这里以将品牌徽标图片添加到视频结束位置为例，具体代码如下。

```
from moviepy.editor import VideoFileClip, ImageClip, concatenate_videoclips
video_clip = VideoFileClip('E:\\实例文件\\11\\素材\\咖啡豆视频.mp4')
pic_clip = ImageClip('E:\\实例文件\\11\\素材\\店铺logo.png', duration=3)
pic_clip = pic_clip.set_position('center')
final_video = concatenate_videoclips([video_clip, pic_clip], method="compose", bg_color=(255, 255, 255))  # 拼接视频和徽标图片
final_video.write_videofile('E:\\实例文件\\11\\源文件\\在视频结尾添加徽标.mp4')
```

运行代码，在文件夹“E:\ 实例文件 \11\ 源文件”中可看到导出的视频文件“在视频结尾添加徽标 .mp4”，播放该视频文件，可看到当视频画面播放完后，在画面中间显示的品牌徽标，如右图所示。

案例 05　在视频中添加随机显示的字幕

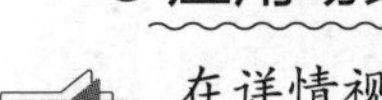

◎ 应用场景

小新：在详情视频中添加一些辅助性的说明文字可以帮助消费者更快理解并获取视频中的信息，也更利于消费者了解视频中所展示的商品特点。牛老师，如果我想要在视频中添加字幕，使用 Python 是否可以实现呢？

大牛：当然是可以实现的。在 Python 中，只需要使用 MoviePy 模块中的 TextClip 类创建好对应的文本剪辑，然后使用 CompositeVideoClip 类将文本剪辑与视频合并就可以了。

小新：一般字幕出现的位置是相对固定的，如果想让字幕随机出现，如下图所示，该如何设置呢？

大牛：要让字幕随机显示在视频画面中，需要使用 random 模块中的 randint() 函数分别设置字幕水平和垂直显示的 x、y 坐标范围。下面就一起来看看具体的代码吧。

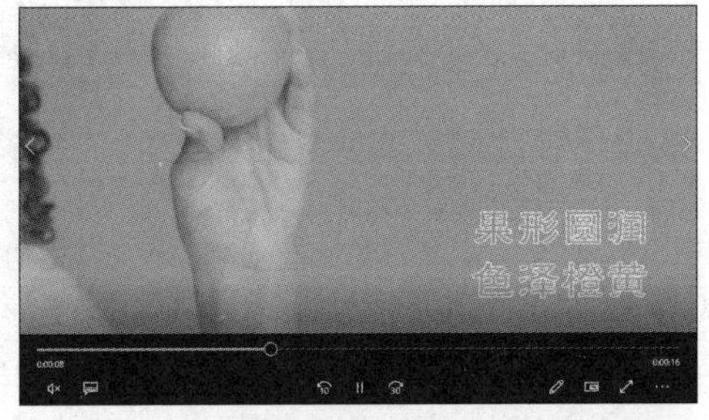

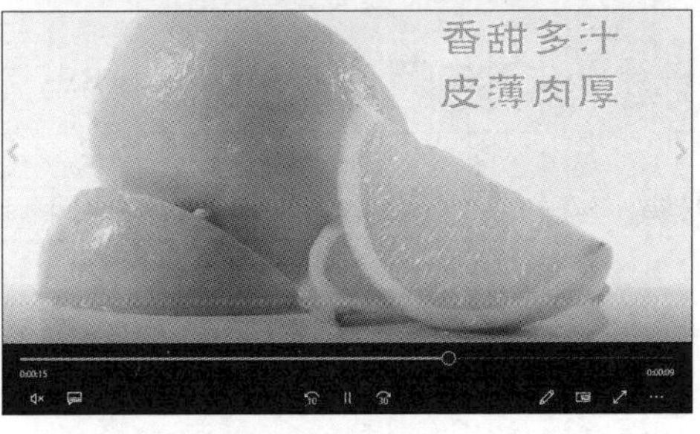

◎ 素材文件：实例文件\11\素材\橙子详情视频.mp4
◎ 源 文 件：实例文件\11\源文件\橙子视频加字幕.mp4
◎ 代码文件：实例文件\11\代码文件\在视频中添加随机显示的字幕.ipynb

◎实现代码

```
from moviepy.editor import VideoFileClip, TextClip, CompositeVideoClip  # 导入MoviePy模块的子模块editor中的VideoFileClip类、TextClip类和CompositeVideoClip类
from moviepy.video.fx.all import resize  # 导入MoviePy模块的子模块video.fx.all中的resize()函数
from random import randint  # 导入random模块中的randint()函数
text1 = TextClip(txt='新鲜现摘\n果园直发', fontsize=85, font='FZHLJW.ttf', color='#ff6d00', stroke_color='White', stroke_width=2)  # 创建文本剪辑“新鲜现摘果园直发”并设置文本格式
text1 = text1.set_position((randint(100, 850), randint(80, 480)))  # 在指定范围内随机显示文本“新鲜现摘果园直发”
text1 = text1.set_start(1).set_end(4)  # 设置文本剪辑持续时间从第1秒至第4秒
text2 = TextClip(txt='果形圆润\n色泽橙黄', fontsize=85, font='FZHLJW.ttf', color='#ff6d00', stroke_color='White', stroke_width=2)  # 创建文本剪辑“果形圆润色泽橙黄”并设置文本格式
text2 = text2.set_position((randint(100, 850), randint(80, 480)))  # 在指定范围内随机显示文本“果形圆润色泽橙黄”
text2 = text2.set_start(8).set_end(11)  # 设置文本剪辑持续时间从第8秒至第11秒
text3 = TextClip(txt='香甜多汁\n皮薄肉厚', fontsize=85, font='FZHLJW.ttf', color='#ff6d00', stroke_color='White', stroke_width=2)  # 创建文本剪辑“香甜多汁皮薄肉厚”并设置文本格式
text3 = text3.set_position((randint(100, 850), randint(80,
```

```
480)))  # 在指定范围内随机显示文本“香甜多汁皮薄肉厚”
12 text3 = text3.set_start(15).set_end(18)  # 设置文字持续时间从第15秒至第18秒
13 text4 = TextClip(txt='果肉晶莹\n颗颗饱满', fontsize=85, font='FZHLJW.ttf', color='#ff6d00', stroke_color='White', stroke_width=2)  # 添加文本剪辑“果肉晶莹颗颗饱满”，并设置文本格式
14 text4 = text4.set_position((randint(100, 850), randint(80, 480)))  # 在指定范围内随机显示文本“果肉晶莹颗颗饱满”
15 text4 = text4.set_start(20).set_end(23)  # 设置文本剪辑持续时间从第20秒至第23秒
16 video_clip = VideoFileClip('E:\\实例文件\\11\\素材\\橙子详情视频.mp4').resize(width=1280)  # 读取要添加字幕的视频，并调整视频尺寸
17 final_clip = CompositeVideoClip([video_clip, text1, text2, text3, text4])  # 在视频中添加字幕
18 final_clip.write_videofile('E:\\实例文件\\11\\源文件\\橙子视频加字幕.mp4')  # 导出添加了字幕的视频
```

◎代码解析

第 1 ～ 3 行代码用于导入需要用到的模块以及模块中的函数。

第 4 ～ 6 行代码用于创建文本剪辑“新鲜现摘果园直发”，并设置文本剪辑放置的范围及显示的时间段，文字显示的时间为第 1 ～ 4 秒。这里因为要让文字分为两行显示，所以在中间添加了换行符“\n”，要注意的是，换行符只有在引号内才起作用。

第 7 ～ 9 行代码用于创建文本剪辑“果形圆润色泽橙黄”，并设置文本剪辑放置的范围及显示的时间段，文字显示的时间更改为第 8 秒到第 11 秒。

第 10 ～ 12 行代码用于创建文本剪辑“香甜多汁皮薄肉厚”，并设置文本剪辑放置的范围及显示的时间段，文字显示的时间更改为第 15 秒到第 18 秒。

第 13 ～ 15 行代码用于创建文本剪辑“果肉晶莹颗颗饱满”，并设置文本剪辑放置的范围及显示的时间段，文字显示的时间更改为第 20 秒到第 23 秒。

第 16 行代码用于导入需要添加字幕的视频文件“橙子详情视频 .mp4”，该文件位于“E:\ 实例文件 \11\ 素材”文件夹中。为了让视频符合电商平台的详情视频尺寸要求，在加载视频时会使用 resize() 函数将视频尺寸调小，将其设置为 1280

像素 ×720 像素。

第 17 行代码应用 CompositeVideoClip 类合并文本剪辑和视频剪辑。

第 18 行代码用于导出添加字幕后的视频，该视频导出为“E:\ 实例文件 \11\ 源文件”文件夹下的“橙子视频加字幕 .mp4”。

知识扩展 因为本案例要添加的字幕并不多，所以分别创建了 4 个文本剪辑，并将创建的文本剪辑叠加到视频上。但是，我们会发现每创建一个文本剪辑都需要设置相同的文本格式，如果要添加的字幕较多，代码量会比较大，因此，为了适当减少代码量，可以使用记事本来编写 srt 字幕文件。

手动编写 srt 字幕文件时，第 1 行为字幕序号；第 2 行为字幕显示的时间段，如果不确定微秒数，直接用 0 占位；第 3 行是要显示的字幕内容，每个字幕内容下方需要有一行空行，表示本字幕段的结束，最后一段字幕内容下方则需要两行空行，如下左图所示。编写好字幕后，执行“文件 > 另存为”菜单命令，在打开的“另存为”对话框中将文件命名为“字幕文件”，将扩展名更改为“.srt”，编码格式更改为“ANSI”，如下右图所示，这样程序才能加载字幕。

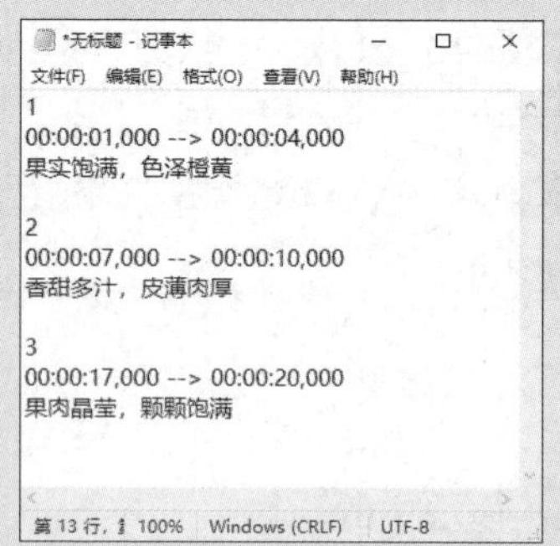

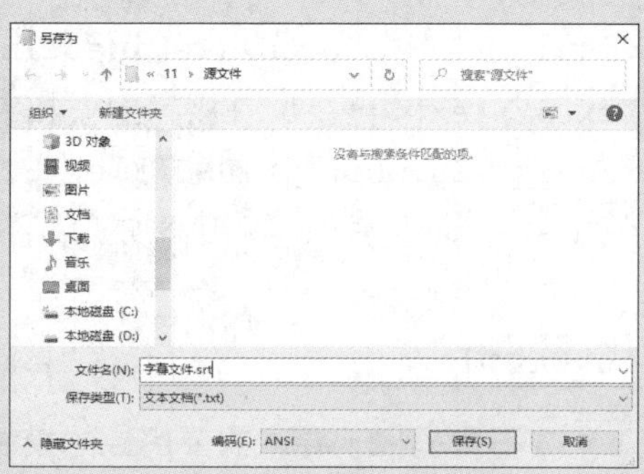

编写好 srt 字幕文件后，需要在程序中定义一个字幕生成器，并在这个字幕生成器中设置好字幕的字体、字号及颜色等，然后把字幕文件中的文本传入到定义好的字幕生成器中，自动生成字幕，具体代码如下。

```
from moviepy.editor import VideoFileClip, TextClip, CompositeVideoClip
from moviepy.video.tools.subtitles import SubtitlesClip  # 导入MoviePy模块的子模块video.tools.subtitles中的SubtitlesClip()函数
from moviepy.video.fx.all import resize
from random import randint
generator = lambda txt:TextClip(txt, fontsize=85, font='FZHLJW.ttf', color='#ff6d00', stroke_color='White',
```

```
stroke_width=2)  # 定义字幕生成器
subtitles = SubtitlesClip('E:\\实例文件\\11\\素材\\字幕文件.srt' , make_textclip=generator)  # 从字幕文件传入文本
subtitles = subtitles.set_position(('center', 610))
# 设置字幕文本位置
video_clip = VideoFileClip('E:\\实例文件\\11\\素材\\橙子详情视频.mp4').resize(width=1280)
final_video = CompositeVideoClip([video_clip, subtitles])
final_video.write_videofile('E:\\实例文件\\11\\源文件\\用字幕文件加字幕.mp4')
```

通过创建文本剪辑的方式可以让每个字幕随机出现在指定区域范围内，如下上方图像所示，而使用字幕文件生成字幕，字幕的位置以第一个字幕的位置为准，后面的所有字幕都出现在同一位置，如下下方图像所示。

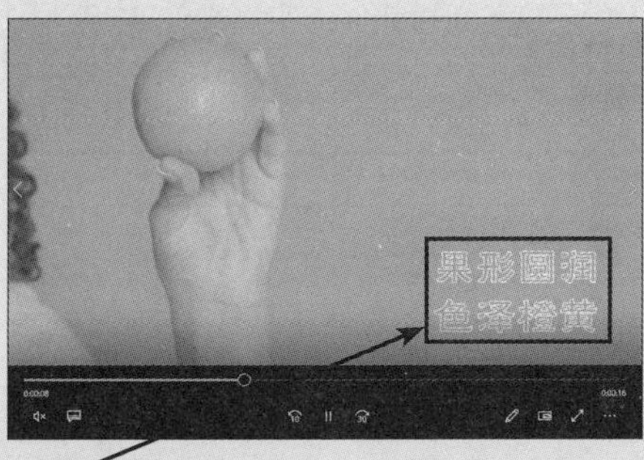

文字位置随机

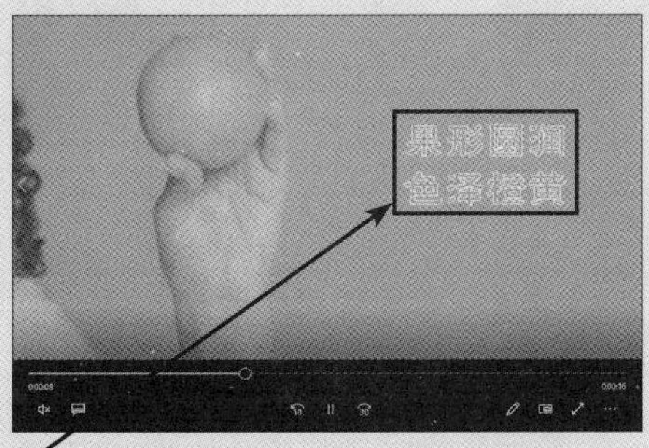

文字位置固定

案例 06　批量为详情视频添加片尾

◎ 应用场景

牛老师，下面是我们店铺中几款商品的详情视频，现在我想要在这些视频的结尾部分都添加上店铺的名称和广告语，该如何实现呢？

低精小麦粉

蜂蜜

可可粉

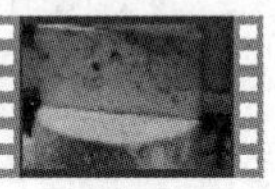
无盐植物黄油

芝士碎

根据你所描述的，你是想要在这些视频后统一添加片尾，这就需要使用 for 循环语句依次读取素材文件夹中需要添加片尾的视频，然后应用 TextClip 类创建文本剪辑，文本剪辑的内容即为店铺名和广告语，分别设置店铺名和广告语的位置和持续时间，最后应用 concatenate_videoclips() 函数把文本拼接到视频画面后面。下面一起来看看具体的代码吧。

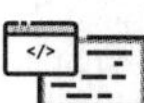

◎　素材文件：实例文件\11\素材\加片尾之前
◎　源 文 件：实例文件\11\源文件\加片尾之后
◎　代码文件：实例文件\11\代码文件\批量为详情视频添加片尾.ipynb

◎ 实现代码

```
from pathlib import Path  # 导入pathlib模块中的Path类
from moviepy.editor import VideoFileClip, TextClip, CompositeVideoClip, concatenate_videoclips  # 导入MoviePy模块的子模块editor中的VideoFileClip类、TextClip类、CompositeVideoClip()函数和concatenate_videoclips()函数
src_folder = Path('E:\\实例文件\\11\\素材\\加片尾之前')  # 指定要添加片尾的视频的存储路径
des_folder = Path('E:\\实例文件\\11\\源文件\\加片尾之后')  # 指定添加片尾后的视频的存储路径
if not des_folder.exists():  # 判断添加滚动字幕后的视频的文件夹路径是否存在
    des_folder.mkdir(parents=True)  # 创建新文件夹
```

```
7  file_list = src_folder.glob('*')  # 获取文件夹下所有的视频文件路径
8  for i in file_list:  # 遍历获取到的文件路径
9      video_clip = VideoFileClip(str(i))  # 读取要添加片尾的视频
10     text1 = TextClip(txt='蜜糖烘焙坊', fontsize=140, font='FZZYJW.ttf', color='#E45235')  # 创建文本剪辑“蜜糖烘焙坊”，并设置文本格式
11     text1 = text1.set_position(('center', 420)).set_duration(3)  # 设置文字的位置和持续时间
12     text2 = TextClip(txt='即享烘焙美味  共度美好时光', fontsize=60, font='FZXDXJW.ttf', color='#171717')  # 创建文本剪辑“即享烘焙美味  共度美好时光”，并设置文本格式
13     text2 = text2.set_position(('center', 600)).set_duration(3)  # 设置文字的位置和持续时间
14     final_text = CompositeVideoClip([text1, text2], size=video_clip.size)  # 叠加文本并设置剪辑尺寸
15     final_video = concatenate_videoclips([video_clip, final_text.crossfadein(1.5)], method='compose', bg_color=(255, 255, 255))  # 拼接视频和文字，并设置背景颜色
16     final_video.write_videofile(str(des_folder/i.name), codec='mpeg4', bitrate='4000k')  # 导出添加片尾后的视频
```

◎代码解析

第 1 行代码用于导入 pathlib 模块中的 Path 类。

第 2 行代码用于导入 MoviePy 模块的子模块 editor，并导入该子模块中的 VideoFileClip 类、TextClip 类、CompositeVideoClip 类和 concatenate_videoclips() 函数。

第 3 行代码用于指定要添加片尾的视频的存储路径，这里指定的是位于“E:\ 实例文件 \11\ 素材 \ 加片尾之前”文件夹中的视频。

第 4 行代码用于指定添加滚动片尾后的视频的存储路径，这里指定为“E:\ 实

例文件 \11\ 源文件 \ 加片尾之后”文件夹，读者可根据实际需求修改目标文件夹。

第 5 ～ 6 行代码用于判断第 4 行代码指定的文件夹路径是否存在，如果不存在，则新建该文件夹路径。

第 7 行代码用于查找“E:\ 实例文件 \11\ 素材 \ 加片尾之前”文件夹下所有的视频文件。

第 8 ～ 16 行代码用 for 语句构造了一个循环，用于为视频添加片尾。其中，第 9 行代码用于读取要添加片尾的视频；第 10 行和第 11 行代码用于创建文本剪辑“蜜糖烘焙坊”，并设置文本剪辑的格式、位置及持续时间；第 12 行和第 13 行代码用于创建文本剪辑“即享烘焙美味　共度美好时光”，并设置文本剪辑的格式、位置及持续时间；第 14 行代码用于叠加两个文本剪辑；第 15 行代码用于拼接视频和文本剪辑，合成为一个新视频；第 16 行代码用于导出添加了片尾的视频，该视频被保存在“E:\ 实例文件 \11\ 源文件 \ 加片尾之后”文件夹中，文件名为原有的视频文件名。

知识扩展 如果是为单个视频添加片尾，在输出的时候不需要设置输出视频的比特率，即码率（kbps），程序会自动匹配适合的比特率。若是为多个视频批量添加片尾，因为需要处理的每个视频的比特率都不相同，所以在使用 write_videofile() 函数输出视频时，需要设置参数。

参数 bitrate 用来指定输出视频的比特率。比特率决定了视频的大小和质量，比特率越高，视频质量越好，文件大小也就越大。如果不设置参数 bitrate，程序在输出视频时会导致图像质量下降，如下所示的两图就是未设置与设置参数 bitrate 的效果对比。

write_videofile(str(des_folder/i.name), codec='mpeg4')

蜜糖烘焙坊
即享烘焙美味　共度美好时光

write_videofile(str(des_folder/i.name), codec='mpeg4', bitrate='4000k')

蜜糖烘焙坊
即享烘焙美味　共度美好时光

为了使视频稳定地传输，视频分辨率必须与正确的视频比特率匹配。对于标准分辨率的全高清视频，可将比特率设置在 3500 ～ 5000 kbps 之间；对于标准分辨率的普通高清视频，可将比特率设置在 2500 ～ 4000 kbps 之间；对于高分辨率的全高清视频，可将比特率设置在 4500 ～ 6000 kbps 之间；对于高分辨率的普通高清视频，可将比特率设置在 3500 ～ 5000 kbps 之间。

案例 07　截取音频为详情视频添加背景音乐

◎ 应用场景

我需要将现有的一段音频的一部分截取出来，然后将其应用到已经剪辑好的商品详情视频当中，要怎么实现呢？

在 Python 中，使用 MoviePy 模块中的 subclip() 函数可以从音频素材中截取想要的音频部分。

但是将从音频素材中截取的片段添加到视频中进行播放时，总是感觉声音突然出现，最后又戛然而止。牛老师，如何才能让添加到视频中的音频过渡得更加自然一些呢？

可以使用 audio_fadein() 函数和 audio_fadeout() 函数先在截取的音频片段上设置淡入、淡出的效果，再使用 set_audio() 函数把音频片段添加到视频中，此时的声音就会有一个渐进的效果。下面一起来看看具体的代码吧。

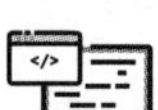

◎　素材文件：实例文件\11\素材\VR眼镜视频.mp4、背景音乐.mp3
◎　源 文 件：实例文件\11\源文件\VR眼镜视频加背景音乐.mp4
◎　代码文件：实例文件\11\代码文件\截取音频为详情视频添加背景音乐.ipynb

◎ 实现代码

```
from moviepy.editor import VideoFileClip, AudioFileClip  # 导入MoviePy模块的子模块editor中的VideoFileClip类和AudioFileClip类
from moviepy.audio.fx.all import audio_fadein, audio_fadeout  # 导入MoviePy模块的子模块audio.fx.all中的audio_fadein()函数和audio_fadeout()函数
video_clip = VideoFileClip('E:\\实例文件\\11\\素材\\VR眼镜视频.mp4')  # 读取要添加背景音乐的视频文件
audio_clip = AudioFileClip('E:\\实例文件\\11\\素材\\背景音乐.mp3')  # 读取要添加到视频中的音频文件
audio_clip = audio_clip.subclip(30, 30 + video_clip.duration)  # 截取音频片段
audio_clip = audio_fadein(audio_clip, 2)  # 设置2秒音频淡入
```

```
效果
7 audio_clip = audio_fadeout(audio_clip, 2)  # 设置2秒音频淡出效果
8 final_video = video_clip.set_audio(audio_clip)  # 为视频添加添加音频
9 final_video.write_videofile('E:\\实例文件\\11\\源文件\\VR眼镜视频加背景音乐.mp4')  # 导出添加了背景音乐的视频文件
```

◎代码解析

第 1 行代码用于导入 MoviePy 模块的子模块 editor，并导入该子模块中的 VideoFileClip 类和 AudioFileClip 类。

第 2 行代码用于导入 MoviePy 模块的子模块 audio.fx.all，并导入该子模块中的 audio_fadein() 函数和 audio_fadeout() 函数。

第 3 行代码用于读取要添加片尾的视频“VR 眼镜视频 .mp4”，该文件位于“E:\ 实例文件 \11\ 源文件”文件夹中。这里我们使用的是前面案例中已经剪辑好的视频，读者也可以使用其他的视频文件。

第 4 行代码用于读取要添加到视频中的音频文件“背景音乐 .mp3”，该文件位于“E:\ 实例文件 \11\ 素材”文件夹中。

第 5 行代码用于截取音频的片段。从音频的第 30 秒开始，截取一段与视频时长相同的音频素材。

第 6 行和第 7 行代码用于为截取的音频片段设置淡入和淡出效果，淡入和淡出效果的持续时间均为 2 秒，读者可根据实际需求修改淡入和淡出效果的持续时间。

第 8 行代码用于将截取并设置了淡入和淡出效果的音频片段添加到视频中。

第 9 行代码用于导出添加了背景音乐的视频，将该视频导出为“E:\ 实例文件 \11\ 源文件”文件夹下的“VR 眼镜视频加背景音乐 .mp4”。

[第 12 章]

营销推广视频设计

视频营销，简单来说就是指企业将各种视频短片以各种形式放到互联网上，以达到一定宣传目的的营销手段。目前网络视频营销的主要模式有视频贴片广告、UGC 营销和视频互动等。

视频营销具有互动性、主动传播性、快速传播性等特点，能够给人带来更加直观的视觉和听觉感受、更加全面的信息展示。营销推广视频的基本制作流程包括剪辑视频素材、添加转场、添加字幕和处理音频。

1. **剪辑视频素材**。在拍摄完视频素材后，根据需要对各个镜头的画面进行选择、整理和修剪，这个过程就被称之为剪辑。简单来说，剪辑就是把视频素材中不需要的内容剪掉。在剪辑视频素材时，需要先弄清楚自己想要表达的内容，再从素材中剪掉与要表达内容无关的部分。

2. **添加转场**。剪辑视频素材之后，第二步就是要将这些剪辑过的视频素材进行排列组合得到一个新的视频。拼接视频时，为给观众带来更舒适、流畅的观看体验，需要在视频画面切换时添加上转场效果。视频转场的选择要结合视频表达的内容和应用转场的目的等多方面来考虑。如下图所示的视频画面，就是在两个片段间添加了转场，可以看到视频画面间的过渡变得更柔和了。

3. **添加字幕**。字幕可以对视频画面起到强调、提示、补充或说明等作用。合理地运用字幕可以增加画面的信息量，促进观众对画面内容的理解。添加字幕时，首先，要保证字幕的准确性，一定不要出现错别字、病句等。其次，要从字体、字号、字间距等多方面来考虑，保证字幕的清晰，只有清晰的字幕才能让人更清楚要说明的内容。如下页图所示的视频画面，为了突出画面中的字幕，在字幕下方用白色的背景加以突出展示。最后，还要注意字幕在视频画面中停留的时长，尽量不要出现一闪而过的情况，要给观众留出阅读、理解的时间。

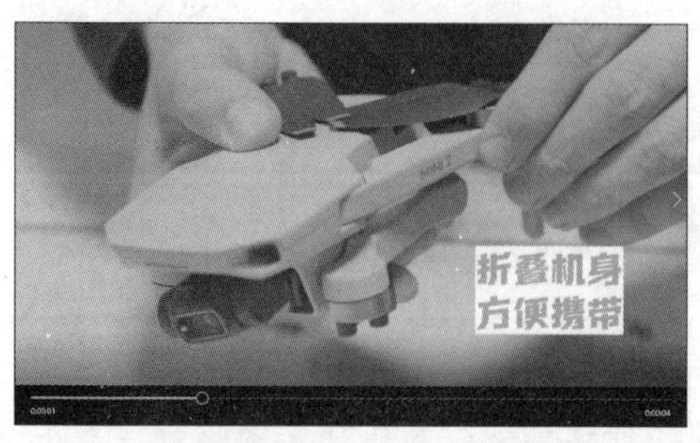

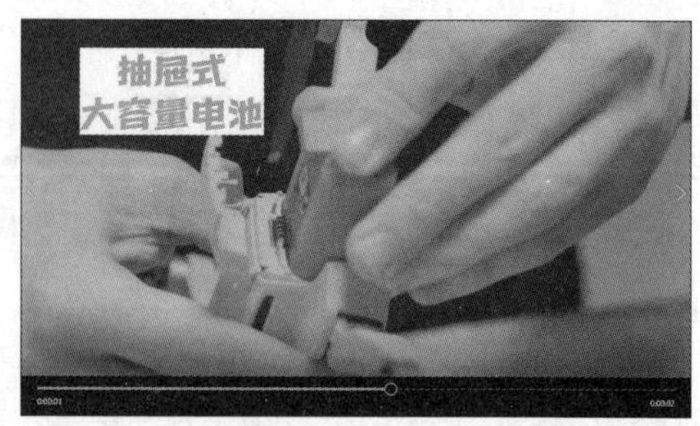

4. **处理音频**。大部分视频作品的情绪都是由视频中的音频带动的。与视频内容相符的音乐和逼真的音效能让作品呈现出更出彩的效果，带给消费者更为舒适的观看体验。需要注意的是，要根据视频表现的主题及整体的情感基调对视频中的音频进行适当处理。

案例 01 打造快节奏旅游宣传短片

◎ 应用场景

牛老师，我拍摄了如下图所示的几段视频，现在想要通过剪辑将这几段视频的时长调整至 8 秒左右，然后再把剪辑后的视频合成为一个简短的城市旅游宣传片，要怎么做才能实现呢？

在制作这类视频的时候，可以通过循环依次加载视频素材，然后用条件判断语句判断添加视频后的时长，如果时长超出设置的时长，就用 subclip() 函数对视频进行剪辑，当剪辑好所有视频片段后，再用 concatenate_videoclips() 函数将这些视频拼接起来。

如果我想要在拼接的视频前面添加一个标题，又应该怎么处理？

标题的添加比较简单，如果是图片可以使用 ImageClip 类加载图片，如果是文字则用 TextClip 类创建文本剪辑，设置好文本内容及字体、字号等，最后用 CompositeVideoClip 类把它们叠加在视频画面上就可以了。下面就来看一看具体的代码吧。

◎　素材文件：实例文件\12\素材\旅游视频素材、矩形框.png、旅游音频素材.mp3
◎　源 文 件：实例文件\12\源文件\旅游宣传片.mp4
◎　代码文件：实例文件\12\代码文件\打造快节奏旅游宣传短片.ipynb

◎ 实现代码

```
from pathlib import Path  # 导入pathlib模块中的Path类
from moviepy.editor import VideoFileClip, ImageClip, TextClip, concatenate_videoclips, CompositeVideoClip, AudioFileClip  # 导入MoviePy模块的子模块editor中的VideoFileClip类、ImageClip类、TextClip类、concatenate_videoclips()函数、CompositeVideoClip类和AudioFileClip类
from moviepy.video.fx.all import resize, speedx  # 导入MoviePy模块的子模块video.fx.all中的resize()函数和speedx()函数
from moviepy.audio.fx.all import audio_fadein, audio_fadeout  # 导入MoviePy模块的子模块audio.fx.all中的audio_fadein()函数和audio_fadeout()函数
src_folder = Path('E:\\实例文件\\12\\素材\\旅游视频素材')  # 指定要使用的视频所在的文件夹路径
lists = []  # 创建一个空列表
file_list = src_folder.glob('*')  # 获取文件夹下所有的视频文件路径
for i in file_list:  # 遍历获取到的文件路径
    video_clip = VideoFileClip(str(i),audio=False)  # 读取要合成的视频文件
    if video_clip.duration > 9:  # 判断读取视频持续时间是否超过9秒
        video_clip = video_clip.subclip(2,10)  # 如果视频持续时间超过9秒，就从视频中剪辑第2秒至第10秒的内容
    new_video = resize(video_clip, width=1280)  # 将视频帧宽度设为1280像素
    new_video = speedx(new_video, factor=2)  # 以2倍速率播放视频
    lists.append(new_video)  # 将视频添加到列表中
merge_video = concatenate_videoclips(lists)  # 拼接列表中的
```

```
所有视频
16 pic_clip = ImageClip('E:\\实例文件\\12\\素材\\矩形框.png', duration=4)  # 创建图片剪辑，并设置剪辑的时长为4秒
17 pic_clip = pic_clip.set_position('center')  # 设置图片的位置
18 pic_clip = pic_clip.set_opacity(0.4)  # 设置图片不透明度为40%
19 pic_clip = pic_clip.crossfadein(1)  # 添加1秒淡入效果
20 text_clip = TextClip(txt='美丽三亚\n欢迎您', fontsize=100, font='FZZYJW.ttf', color='white', kerning=5)  # 创建文本剪辑，并设置文本的格式
21 text_clip = text_clip.set_position('center').set_start(1).set_end(4)  # 设置文本位置和显示时间段
22 text_video = CompositeVideoClip([merge_video, pic_clip, text_clip])  # 将图片、文本叠加到视频中
23 audio_clip = AudioFileClip('E:\\实例文件\\12\\素材\\旅游音频素材.mp3')  # 读取要添加的音频素材
24 audio_clip = audio_clip.subclip(0, merge_video.duration)  # 从剪辑开始位置截取一段与视频时长相同的背景音乐
25 audio_clip = audio_fadein(audio_clip, 2)  # 添加2秒音频淡入效果
26 audio_clip = audio_fadeout(audio_clip, 2)  # 添加2秒音频淡出效果
27 final_video = text_video.set_audio(audio_clip)  # 将音频写入到视频中
28 final_video.write_videofile('E:\\实例文件\\12\\源文件\\旅游宣传片.mp4', codec='mpeg4', bitrate='20000k')  # 导出剪辑完成的新视频
```

◎代码解析

第 1 ～ 4 行代码用于导入需要用到的模块及模块中的函数。

第 5 行代码用于指定要使用的视频所在的文件夹路径，这里指定“E:\ 实例文件 \12\ 素材 \ 旅游视频素材”文件夹下的视频文件。

第 6 行代码用于创建一个空列表，用于存储编辑后的视频。

第 7 行代码用于在“E:\ 实例文件 \12\ 素材 \ 旅游视频素材”文件夹下查找所

有视频文件的路径。

第 8 ～ 14 行代码使用 for 语句构造了一个循环，用于从指定的文件夹中导入视频，调整视频尺寸和播放速度后，将其加入到第 6 行代码创建的列表中。第 9 行代码用于从文件夹中导入视频。第 10 行代码用于判断视频持续时间是否超过 9 秒，如果超过 9 秒就执行第 11 行代码，截取第 2 秒至第 10 秒视频片段。第 12 行代码用于统一设置视频的帧宽度为 1280 像素。第 13 行代码用于统一调整视频以 2 倍速率快速播放。第 14 行代码用于将调整后的视频添加到列表中。

第 15 行代码用于将“旅游视频素材”文件夹下的多段视频拼接为一个新视频。如果直接拼接所有视频，拼接后的视频总时长会比较长，而且视频的节奏感也不强，所以为增强视频节奏感，这里分别调整了每段视频的播放速度，使其快速播放，拼接出来的新视频总时长为 38 秒，如右图所示。

第 16 行代码用于读取要设置为标题文字背景的图片，并设置图片的持续时间为 4 秒。读者可根据实际需求设置图片的持续时间，但最好不超过第一个镜头画面的持续时间。

第 17 ～ 18 行代码用于设置图片的显示位置以及透明度，这里将图片放在画面中间位置并以半透明效果显示。

第 19 行代码用于在图片上添加 1 秒的淡入效果，让图片逐渐显示出来。

第 20 ～ 21 行代码用于添加文字信息，显示“美丽三亚”和“欢迎您”两行标题文字。将标题文字放在画面中间位置，文字显示的时间段为第 1 ～ 4 秒。

第 22 行代码用 CompositeVideoClip 类将图片和文字信息叠加到合成的视频上。此时，这段视频的播放效果为：视频开始播放时中间只显示一个半透明的矩形，如下左图所示；当播放到第 1 秒时才会在画面中间显示设置的标题文字“美丽三亚欢迎您”，如下右图所示。

第 23 ～ 24 行代码用于从音频文件中加载音频，然后用 subclip() 函数从加载的音频中截取与视频时长相同的音频片段。

第 25 ～ 26 行代码分别用 audio_fadein() 函数和 audio_fadeout() 函数在截取的音频上设置 2 秒的淡入效果和 2 秒的淡出效果，让音频过渡更自然。

第 27 ～ 28 行代码先将设置好的背景音乐添加到视频中，最后将添加了背景音乐的视频导出，完成本案例的制作。

案例 02　创意美食推广视频设计

◎ 应用场景

我经常在网络上刷到各式各样的美食推荐视频。我经营的是一家咖啡店，现在想利用如下图所示的几段视频素材制作一个营销推广视频。牛老师，你有什么好的建议吗？

美食推广视频的设计一般比较注重视频画面的节奏感，建议使用 crossfadein() 函数在两个镜头画面之间添加转场，实现画面之间的柔和过渡。另外，在背景音乐上，可以选择轻柔、舒缓一些的音乐，并用 subclip() 函数从中剪出需要的部分，将其添加到视频中。

牛老师，我还有一个问题。我拍摄的这几段视频的时长都不一样，如果想要以其中最短的一段视频为基础，把其他的几段视频裁剪为相同的时长后再拼接起来，该怎么做呢？

可以通过循环来找出这几段视频中最短的一段视频，再用 subclip() 函数对另外几段视频进行剪辑，最后用 concatenate_videoclips() 函数进行拼接。下面就来看一看具体的代码吧。

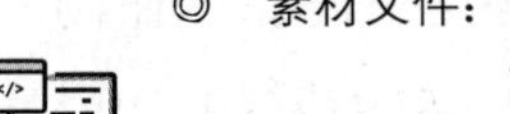

◎ 素材文件：实例文件\12\素材\美食视频素材、标题.png、咖啡字幕.srt、美食音频素材.mp3
◎ 源 文 件：实例文件\12\源文件\美食推广视频.mp4
◎ 代码文件：实例文件\12\代码文件\创意美食推广视频设计.ipynb

◎ 实现代码

```
from pathlib import Path  # 导入pathlib模块中的Path类
from moviepy.editor import VideoFileClip, ImageClip, TextClip, CompositeVideoClip, concatenate_videoclips, AudioFileClip  # 导入MoviePy模块的子模块editor中的VideoFileClip类、ImageClip类、TextClip类、CompositeVideoClip类、concatenate_videoclips()函数和AudioFileClip类
from moviepy.video.fx.all import fadein  # 导入MoviePy模块的子模块video.fx.all中的fadein()函数
from moviepy.video.tools.subtitles import SubtitlesClip  # 导入MoviePy模块的子模块video.tools.subtitles中的SubtitlesClip()函数
from moviepy.audio.fx.all import audio_fadeout  # 导入MoviePy模块的子模块audio.fx.all中的audio_fadeout()函数
src_folder = Path('E:\\实例文件\\12\\素材\\美食视频素材')  # 指定要使用的视频的存储路径
file_list = list(src_folder.glob('*'))  # 获取文件夹下所有文件的存储路径
d_list = []  # 创建一个空列表
for file in file_list:  # 遍历获取的文件夹路径
    d_list.append(VideoFileClip(str(file)).duration)  # 将视频时长添加到列表中
d_min = min(d_list)
video_list = []
for idx, file in enumerate(file_list):
    if idx == 0:  # 读取视频
        video_clip = VideoFileClip(str(file)).subclip(0, d_min)  # 读取视频并剪辑视频
    else:
```

```
        video_clip = VideoFileClip(str(file)).subclip(0, d_min).set_start(idx * (d_min - 1)).crossfadein(1)  # 读取视频并剪辑视频
    video_list.append(video_clip)  # 将视频添加到列表中
merge_video = CompositeVideoClip(video_list)  # 合并列表中的视频
title_clip = ImageClip('E:\\实例文件\\12\\素材\\标题.png', duration=3)  # 读取视频标题图片，并设置图片持续时间
title_clip = title_clip.set_position('center')  # 设置图片的位置
title_clip = title_clip.crossfadeout(1)  # 设置1秒的图片淡出效果
generator = lambda txt:TextClip(txt, font='FZHTJW.ttf', fontsize=60, color='white')  # 定义字幕生成器
subtitles = SubtitlesClip('E:\\实例文件\\12\\素材\\咖啡字幕.srt', make_textclip=generator)  # 传入字幕文本
subtitles = subtitles.set_position(('center', merge_video.h-100))  # 指定字幕的位置
new_video1 = CompositeVideoClip([merge_video, title_clip, subtitles])  # 合并视频、标题和字幕
end_clip = ImageClip('E:\\实例文件\\12\\素材\\标题.png', duration=3)  # 读取视频标题图片，并设置图片持续时间
end_clip = end_clip.set_position('center')  # 设置图片的位置
end_clip = fadein(end_clip, duration=2)  # 设置2秒的图片淡入效果
new_video2 = concatenate_videoclips([new_video1, end_clip], method='compose')  # 拼接视频和片尾标题图片
audio_clip = AudioFileClip('E:\\实例文件\\12\\素材\\美食音频素材.mp3')  # 加载音频
audio_clip = audio_clip.subclip(0, new_video2.duration)  # 剪辑音频至视频时长
audio_clip = audio_fadeout(audio_clip,1)  # 设置音频的淡出效果
final_video = new_video2.set_audio(audio_clip)  # 为视频添加设置好的音频
```

```
35 final_video.write_videofile('E:\\实例文件\\12\\源文件\\美食推广视频.mp4')  # 导出制作的美食推广视频文件
```

◎代码解析

第 1 ～ 5 行代码用于导入需要用到的模块及模块中的函数。

第 6 行代码用于指定要使用的视频的存储路径，这里指定“E:\ 实例文件 \12\ 素材 \ 美食视频素材”文件夹下的视频文件，读者可以根据实际需要修改路径。

第 7 行代码用于在“E:\ 实例文件 \12\ 素材 \ 美食视频素材”文件夹下查找所有文件的存储路径。

第 8 行代码用于创建一个空列表，用于存储获取到的视频文件的时长。

第 9 ～ 10 行代码使用 for 语句构造了一个循环，用于从指定的文件夹中导入视频，并使用 append() 函数将导入视频的时长加入到第 8 行代码创建的列表中。本案例中，“美食视频素材”文件夹下共有 7 段视频，运行代码后，在列表中存储的每段视频的时长具体如下：

```
[25.48, 5.72, 16.63, 15.35, 12.93, 37.56, 26.84]
```

第 11 行代码使用 min() 函数从列表中找出最小值，即找出几段视频中最短的一段视频，得到的结果如下：

```
5.72
```

第 12 行代码用于创建一个空列表，用于存储编辑后的视频。

第 13 ～ 18 行代码使用 for 语句再次构造了一个循环，用于从指定的文件夹中导入视频，使用 subclip() 函数对加载视频以第 11 行代码中找出的最小值为标准进行剪辑，然后将剪辑后的视频添加到第 12 行代码创建的列表中。第 13 行代码中的 enumerate() 函数可以把列表元素的索引号和元素本身打包成一个个元组，所以这里的变量 idx 代表元素的索引号（0，1，2……），变量 file 代表列表的元素，即视频文件的存储路径。第 14 行代码用于判断视频是否为第 1 个视频，如果为第 1 个视频，则执行第 15 行代码，加载并剪辑视频；如果不是第 1 个视频，则执行第 17 行代码，在剪辑视频后，为每段视频指定开始播放的时间，并设置 1 个时长为 1 秒的叠加转场效果。第 18 行代码用于将剪辑后的视频添加到列表中。

第 19 行代码用 CompositeVideoClip 类将列表中的所有视频合成为一个新的视频。

运行代码，使用“美食视频素材”文件夹下的多段视频拼接为一个新视频。因为是以几段视频中时长最短的一段视频为基础，所以合成 7 段视频后的新视频总时长为 34 秒，如右图所示。

合并新视频

第 20 ～ 22 行代码用于为视频添加标题。使用 ImageClip 类创建一个图片剪辑，读取设计好的标题图片，设置图片显示时长为 3 秒，显示的位置在视频画面的中间位置，再使用 crossfadeout() 函数为标题设置一个渐隐的效果。

运行代码，合成并导出添加标题后的视频。视频在开始播放时会显示添加的标题，如下左图所示；从第 2 秒开始呈现渐隐的效果，如下右图所示。当播放至第 4 秒的时候，添加的标题会被隐藏起来。

第 23 ～ 24 行代码用于定义一个字幕生成器，设置字幕的字体、字号、颜色，然后通过 SubtitlesClip() 函数从 srt 字幕文件中传入字幕文本，对传入的文本应用字幕生成器指定的字体、字号和颜色。字幕文件的具体内容如下图所示。

咖啡字幕 - 记事本
文件(F) 编辑(E) 格式(O) 查看(V) 帮助(H)

1
00:00:05,500 --> 00:00:08,500
精选上等咖啡豆

2
00:00:10,100 --> 00:00:13,500
每一颗都是手工采摘，确保最佳品质

3
00:00:15,100 --> 00:00:18,500
当豆子被细细研磨，变成细微的粉末

100% Windows (CRLF) ANSI

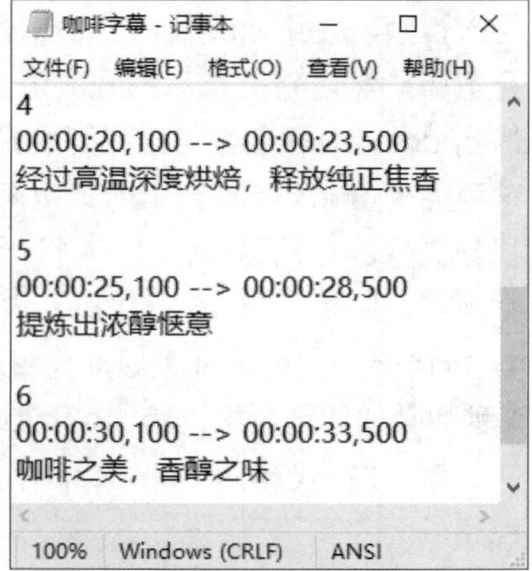
咖啡字幕 - 记事本
文件(F) 编辑(E) 格式(O) 查看(V) 帮助(H)

4
00:00:20,100 --> 00:00:23,500
经过高温深度烘焙，释放纯正焦香

5
00:00:25,100 --> 00:00:28,500
提炼出浓醇惬意

6
00:00:30,100 --> 00:00:33,500
咖啡之美，香醇之味

100% Windows (CRLF) ANSI

第 25 行代码用于调整字幕的位置，这里将字幕设置在画面底部居中的位置。由于视频中的原点位于画面的左上角，所以在设置垂直坐标值时，直接读取视频的高度再减去 100 像素，即将字幕文字放在视频底部上移 100 像素的位置。

第 26 行代码使用 CompositeVideoClip 类合并视频、标题和字幕。

运行代码，合并并导出添加字幕后的视频。在字幕文件指定的时间段内，视频画面底部会显示出对应的字幕文字，如下图所示。

知识扩展　在本案例中，因为剪辑后的每段视频时长相同，所以我们能够大致估算出每段视频中要显示字幕的时间段，并且字幕的位置也是固定的，因此使用了字幕文件来为视频添加字幕。在字幕文件中，只需要根据每段视频的显示时间段设置字幕的显示时间段及内容，在程序中直接从字幕文件传入内容即可。但是，如果每段视频的时长不同，那么在导出视频前就不好估算字幕的显示时间段，这种情况下也就不宜采用通过字幕文件的方式添加字幕。

第 27 ～ 29 行代码用于为视频添加片尾，即再次读取设计好的标题图片，将图片放在视频画面中间的位置，设置显示时长为 3 秒。然后使用 fadein() 函数为图片设置 2 秒的淡入效果，让“标题”图片从黑色的背景中逐渐显示出来。

第 30 行代码使用 concatenate_videoclips() 函数拼接视频、标题，在视频结束位置添加片尾效果。

运行代码，合成并导出添加片尾后的视频。当视频内容播放完毕后，开始逐渐显示添加的片尾效果，如下图所示。

第 31 ～ 32 行代码用于加载音频文件，根据合成视频的长度，从音频开始位置截取与视频时长相同的音频片段。

第 33 ～ 34 行代码使用 audio_fadeout() 函数在截取的音频上设置 1 秒的淡出效果，然后将设置后的背景音乐添加到视频中。

第 35 行代码用于导出添加了背景音乐的视频，完成本案例的制作。

案例 03　动感无人机广告设计

◎ 应用场景

小新：无人机的视角能够让我们看到更为开阔、壮观的景色。随着无人机性价比的持续提高，越来越多的人产生了购买无人机的想法。牛老师，我们公司最近也在销售无人机，下图是我为其中一款无人机拍摄的几段视频，分别展示了该款无人机的多个细节。现在想要在 Python 中用这几段视频快速制作一个无人机广告，应该怎么做呢？

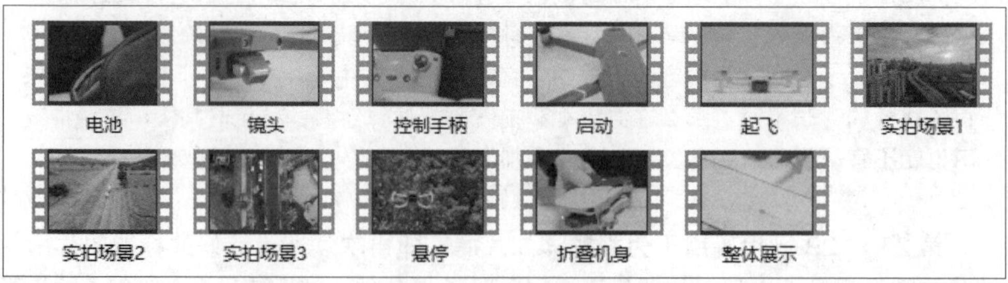

大牛：因为这几段视频展示了该款无人机的多个卖点，所以建议分别对每段视频进行剪辑，并使用 TextClip 类分别在每段视频的画面中加上简单的文字说明，标注清楚要展示的内容，最后使用 concatenate_videoclips() 函数拼接这

些剪辑好的视频。另外，无人机广告视频需要有较强的节奏感，所以还要用 set_audio() 函数为拼接好的视频添加一段动感的背景音乐。下面看看具体的代码吧。

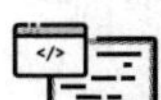

◎　素材文件：实例文件\12\素材\无人机、无人机音频素材.mp3
◎　源 文 件：实例文件\12\源文件\无人机广告.mp4
◎　代码文件：实例文件\12\代码文件\动感无人机广告设计.ipynb

◎ 实现代码

```
from moviepy.editor import VideoFileClip, TextClip, CompositeVideoClip, concatenate_videoclips, AudioFileClip  # 导入MoviePy模块的子模块editor中的VideoFileClip类、TextClip()函数、CompositeVideoClip类、concatenate_videoclips()函数和AudioFileClip类
from moviepy.video.fx.all import speedx, fadein, crop  # 导入MoviePy模块的子模块video.fx.all中的speedx()函数、fadein()函数和crop ()函数
from moviepy.audio.fx.all import audio_fadeout  # 导入MoviePy模块的子模块audio.fx.all中的audio_fadeout()函数
clip1 = VideoFileClip('E:\\实例文件\\12\\素材\\无人机\\整体展示.mp4').subclip(0,6)  # 读取第1个视频并截取视频片段
clip1 = speedx(clip1, factor=2)  # 设置以2倍速率播放视频
clip1 = fadein(clip1, duration=1)  # 设置视频的淡入效果
text1 = TextClip(txt='大疆DJI\n智能无人机', fontsize=70, font='FZChaoLTJW.ttf', color='DarkOrange2', bg_color='white')  # 创建文本剪辑“大疆DJI智能无人机”
text1 = text1.set_position((130, 370)).set_start(1).set_end(3)  # 设置文本剪辑的显示位置、开始和结束时间
video1 = CompositeVideoClip([clip1, text1])  # 合并第1个视频和文本剪辑
clip2 = VideoFileClip('E:\\实例文件\\12\\素材\\无人机\\折叠机身.mp4').subclip(0,15)  # 读取第2个视频并截取视频片段
clip2 = speedx(clip2, factor=3)  # 设置以3倍速率播放视频
text2 = TextClip(txt='折叠机身\n方便携带', fontsize=70, font='FZChaoLTJW.ttf', color='DarkOrange2', bg_color='white')
```

```
# 创建文本剪辑“折叠机身方便携带”
text2 = text2.set_position((880, 450)).set_duration(3) # 设置文本剪辑的位置和持续时间
video2 = CompositeVideoClip([clip2, text2])  # 合并第2个视频和文本剪辑
clip3 = VideoFileClip('E:\\实例文件\\12\\素材\\无人机\\控制手柄.mp4')  # 读取第3个视频
clip3 = speedx(clip3, factor=2)  # 设置以2倍速率播放视频
text3 = TextClip(txt='充电遥控\n可重复使用', fontsize=70, font='FZChaoLTJW.ttf', color='DarkOrange2', bg_color='white')  # 创建文本剪辑“充电遥控可重复使用”
text3 = text3.set_position((770, 105)).set_duration(3) # 设置文字的位置和持续时间
video3 = CompositeVideoClip([clip3, text3])  # 合并第3个视频和文字信息
clip4 = VideoFileClip('E:\\实例文件\\12\\素材\\无人机\\电池.mp4').subclip(3,13)  # 读取第4个视频并截取视频片段
clip4 = speedx(clip4, factor=3)  # 设置以3倍速率播放视频
text4 = TextClip(txt='抽屉式\n大容量电池', fontsize=70, font='FZChaoLTJW.ttf', color='DarkOrange2', bg_color='white')  # 创建文本剪辑“抽屉式大容量电池”
text4 = text4.set_position((110, 80)).set_duration(3) # 设置文字的位置和持续时间
video4 = CompositeVideoClip([clip4, text4])  # 合并第4个视频和文字信息
clip5 = VideoFileClip('E:\\实例文件\\12\\素材\\无人机\\实拍场景1.mp4').subclip(3,13)  # 读取第5个视频并截取视频片段
clip5 = speedx(clip5, factor=3)  # 设置以3倍速率播放视频
text5 = TextClip(txt='35分钟超强续航，让飞行更有趣 ', fontsize=48, font='FZQiMTJW.ttf', color='DarkOrange2', bg_color='white')  # 创建文本剪辑“35分钟超强续航，让飞行更有趣”
text5 = text5.set_position(('center', 630)).set_duration(clip5.duration - 1)  # 设置文字的位置和持续时间
video5 = CompositeVideoClip([clip5, text5])  # 合并第5个视
```

```
频和文字信息
clip6 = VideoFileClip('E:\\实例文件\\12\\素材\\无人机\\镜头.mp4').subclip(4,12)  # 读取第6个视频并截取视频片段
clip6 = speedx(clip6, factor=2)  # 设置以2倍速率播放视频
text6 = TextClip(txt='电调摄像头\n随心调节', fontsize=70, font='FZChaoLTJW.ttf', color='DarkOrange2', bg_color='white')  # 创建文本剪辑“电调摄像头随心调节”
text6 = text6.set_position((750, 420)).set_duration(3)  # 设置文字的位置和持续时间
video6 = CompositeVideoClip([clip6, text6])  # 合并第6个视频和文字信息
clip7 = VideoFileClip('E:\\实例文件\\12\\素材\\无人机\\实拍场景2.mp4')  # 读取第7个视频
x = clip7.w/2  # 计算第7段视频中心点的x坐标
y = clip7.h/2  # 计算第7段视频中心点的y坐标
clip7 = crop(clip7, width=640, height=720, x_center=x, y_center=y)  # 以视频画面中心为基准点裁剪第7段视频
text7 = TextClip(txt='30度拍摄', fontsize=48, font='FZQiMTJW.ttf', color='DarkOrange2', bg_color='white')  # 创建文本剪辑“30度拍摄”
text7 = text7.set_position(('center', 640)).set_duration(clip7.duration - 2)  # 设置文字的位置和持续时间
video7 = CompositeVideoClip([clip7, text7])  # 合并第7个视频和文字信息
clip8 = VideoFileClip('E:\\实例文件\\12\\素材\\无人机\\实拍场景3.mp4').set_duration(clip7.duration)  # 读取第8个视频并设置视频持续时间
x = clip8.w/2  # 计算第8段视频中心点的x坐标
y = clip8.h/2  # 计算第8段视频中心点的y坐标
clip8 = crop(clip8, width=640, height=720, x_center=x, y_center=y)  # 以视频画面中心为基准点裁剪第8段视频
text8 = TextClip(txt='90度拍摄', fontsize=48, font='FZQiMTJW.ttf', color='DarkOrange2', bg_color='white')  # 创建文本剪辑“90度拍摄”
```

```
text8 = text8.set_position((855, 640)).set_duration(clip8.duration - 1)  # 设置文字的位置和持续时间
video8 = CompositeVideoClip([clip8, text8])  # 合并第8个视频和文字信息
new_clip = CompositeVideoClip([video7.set_position(('left', 'center')), video8.set_position(('right', 'center'))], size=(1280,720))  # 叠加第7个和第8个视频并设置两段视频的位置
new_clip = speedx(new_clip, factor=2)  # 设置以2倍速率播放视频
clip9 = VideoFileClip('E:\\实例文件\\12\\素材\\无人机\\启动.mp4').subclip(1,5)  # 读取第9个视频并截取视频片段
clip9 = speedx(clip9, factor=2)  # 设置以2倍速率播放视频
text9 = TextClip(txt='一键启动\n轻松掌握', fontsize=70, font='FZChaoLTJW.ttf', color='DarkOrange2', bg_color='white')  # 创建文本剪辑“一键启动轻松掌握”
text9 = text9.set_position((100, 420)).set_duration(2)  # 设置文字的位置和持续时间
video9 = CompositeVideoClip([clip9, text9])  # 合并第9个视频和文字信息
clip10 = VideoFileClip('E:\\实例文件\\12\\素材\\无人机\\起飞.mp4').subclip(3.05,5.50)  # 读取第10个视频并截取视频片段
video10 = speedx(clip10, factor=0.5)  # 设置以0.5倍速率播放视频
clip11 = VideoFileClip('E:\\实例文件\\12\\素材\\无人机\\悬停.mp4')  # 读取第11个视频
clip11 = speedx(clip11, factor=3)  # 设置以3倍速率播放视频
text10 = TextClip(txt='超强抗风性\n平稳悬停', fontsize=70, font='FZChaoLTJW.ttf', color='DarkOrange2', bg_color='white')  # 创建文本剪辑“超强抗风性平稳悬停”
text10 = text10.set_position((820, 440)).set_duration(3)  # 设置文字的位置和持续时间
video11 = CompositeVideoClip([clip11, text10])  # 合并第11个视频和文字
```

```
63 merge_clip = concatenate_videoclips([video1, video2, video3, video4, video5, video6, new_clip, video9, video10, video11]) # 拼接添加文字后的多个视频
64 audio = AudioFileClip('E:\\实例文件\\12\\素材\\无人机音频素材.mp3').set_duration(merge_clip.duration)  # 读取音频文件并设置音频的持续时间
65 audio = audio_fadeout(audio, 3)  # 为音频设置淡出效果
66 final_video = merge_clip.set_audio(audio)  # 为视频添加音频
67 final_video.write_videofile('E:\\实例文件\\12\\源文件\\无人机广告.mp4')  # 导出制作的无人机广告视频文件
```

◎ 代码解析

第 1 ～ 3 行代码用于导入需要用到的模块以及模块中的函数。

第 4 ～ 6 行代码用于导入第 1 段视频“整体展示 .mp4”，并截取视频前 6 秒的内容。随后使用 speedx() 函数调整视频的播放速度，让视频以 2 倍速率快速播放，再使用 fadein() 函数设置视频的淡入效果持续时间为 1 秒。

第 7 行代码用于添加第 1 段视频中要显示的文字信息“大疆 DJI\n 智能无人机”，其中“\n”用于换行，设置字号大小为 70 磅、字体为“FZChaoLTJW”，即方正超值体，文字颜色为深橙色、背景颜色为白色。可根据实际需求修改字体和字号大小等。

第 8 行代码用于将设置好的文本剪辑置于画面左下方，设置显示时间段为从第 1 秒到第 3 秒。

第 9 行代码使用 CompositeVideoClip 类合并第 1 段视频和添加的文字内容。

导出添加文字内容后的第 1 段视频。在视频开始时，视频画面会有 1 秒的由黑色淡入的效果，如下左图所示；当淡入效果结束后，在视频画面左下方会显示文字信息“大疆 DJI 智能无人机”，如下右图所示。

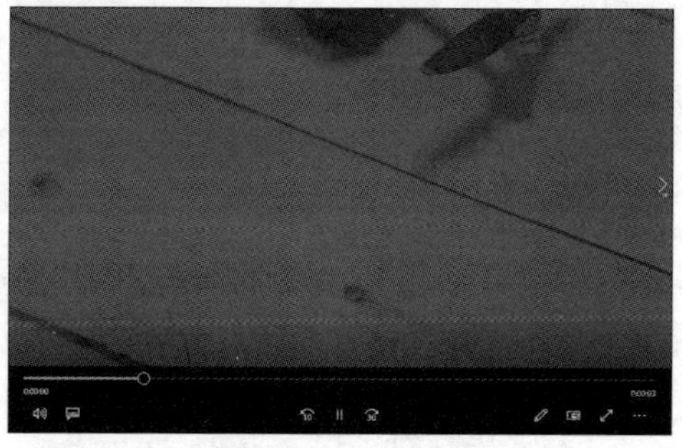

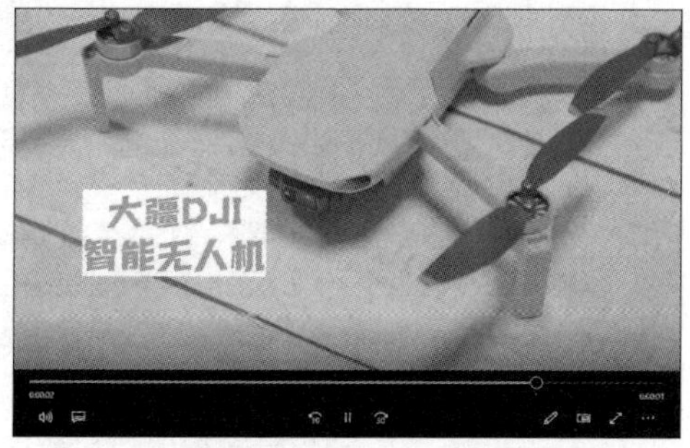

第 10 ～ 11 行代码用于导入第 2 段视频“折叠机身 .mp4”，并截取视频前 15 秒的内容。随后使用 speedx() 函数调整视频的播放速度，让视频以 3 倍速率快速播放。

第 12 ～ 13 行代码用于添加并设置第 2 段视频中要显示的文字信息“折叠机身 方便携带”。将添加的文字信息放置于视频画面右下方，文字显示的持续时间为 3 秒。

第 14 行代码使用 CompositeVideoClip 类合并第 2 段视频和添加的文字内容。

第 15 ～ 16 行代码用于导入第 3 段视频“控制手柄 .mp4”。随后使用 speedx() 函数调整视频的播放速度，让视频以 2 倍速率快速播放。

第 17 ～ 18 行代码用于添加并设置第 3 段视频中要显示的文字信息“充电遥控 可重复使用”。将添加的文字信息放在视频画面中的右上方，文字显示的持续时间为 3 秒。

第 19 行代码使用 CompositeVideoClip 类合并第 3 段视频和添加的文字内容。

运行代码，分别导出编辑后的第 2 段和第 3 段视频，预览视频效果，可以看到在第 2 段视频画面右下方显示文字信息“折叠机身 方便携带”，如下左图所示；在第 3 段视频画面右上方显示文字信息“充电遥控可重复使用”，如下右图所示。

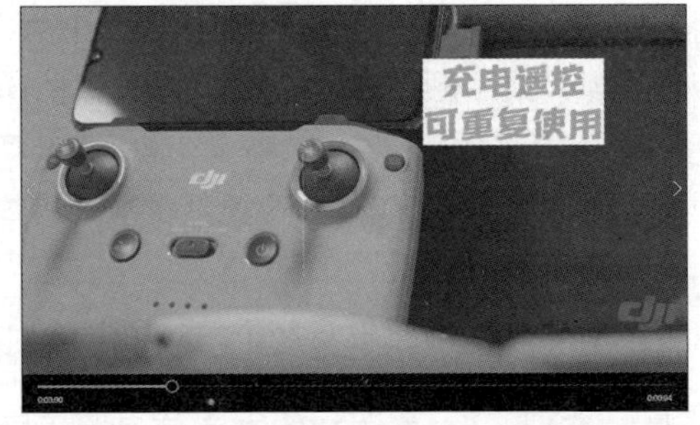

第 20 ～ 21 行代码用于导入第 4 段视频“电池 .mp4”，并截取第 3 秒到第 13 秒的视频片段。随后使用 speedx() 函数调整视频的播放速度，让视频以 3 倍速率快速播放。

第 22 ～ 23 行代码用于添加并设置第 4 段视频中要显示的文字信息“抽屉式 大容量电池”。将添加的文字信息置于视频画面中的左上方，文字显示的持续时间为 3 秒。

第 24 行代码使用 CompositeVideoClip 类合并第 4 段视频和添加的文字内容。

第 25 ～ 26 行代码用于导入第 5 段视频“实拍场景 1.mp4”，截取第 3 秒到第

13 秒的视频片段。随后使用 speedx() 函数调整视频的播放速度，让视频以 3 倍速率快速播放。

第 27 ～ 28 行代码用于添加第 5 段视频中要显示的文字信息“35 分钟超强续航，让飞行更有趣”，并设置字号大小为 48 磅、字体为“FZQiMTJW”，即方正奇妙体，文字颜色为深橙色、背景颜色为白色。将添加的文字信息置于画面底部水平居中的位置，文字显示的持续时间为第 5 段视频的时长减去 1 秒。读者可以根据实际需求更改文字显示的持续时间。

第 29 行代码应用 CompositeVideoClip 类合并第 5 段视频和添加的文字内容。

运行代码，分别导出编辑后的第 4 段和第 5 段视频，预览视频效果，可以看到在第 4 段视频画面的左上方显示文字信息“抽屉式 大容量电池”，如下左图所示；在第 5 段视频画面底部水平居中的位置显示文字信息“35 分钟超强续航，让飞行更有趣”，如下右图所示。

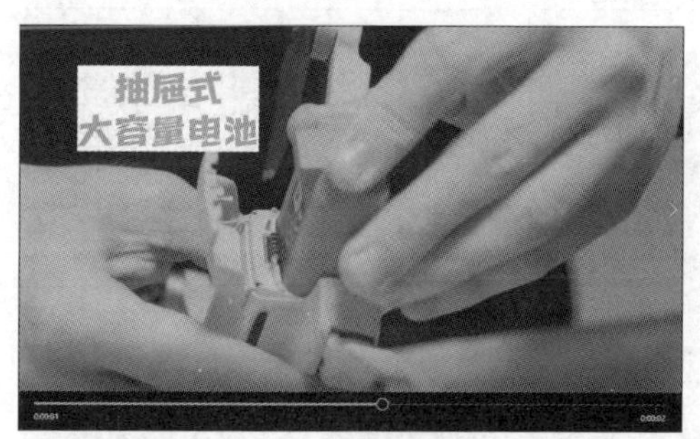

第 30 ～ 31 行代码用于导入第 6 段视频“镜头 .mp4”，并截取第 4 秒到第 12 秒的视频片段。随后使用 speedx() 函数调整视频的播放速度，让视频以 2 倍速率快速播放。

第 32 ～ 33 行代码用于添加第 6 段视频中要显示的文字信息“电调摄像头 随心调节”。将添加的文字信息置于画面右下方的位置，文字显示的持续时间为 3 秒。

第 34 行代码使用 CompositeVideoClip() 函数合并第 6 段视频和添加的文字内容。

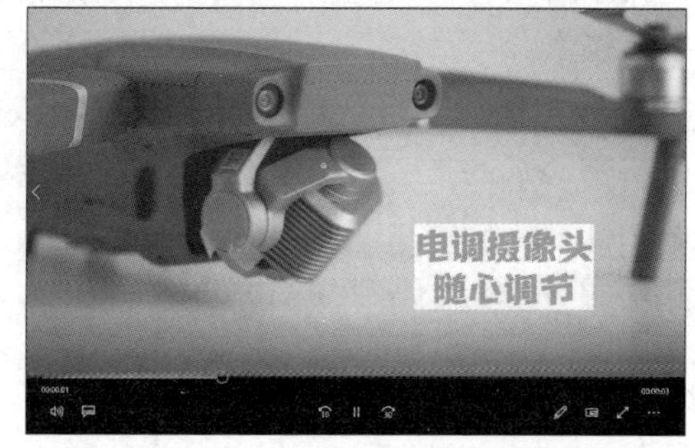

运行代码，导出编辑后的第 6 段视频，播放该视频，可以看到当视频开始播放时，在画面右侧显示的文字信息“电调摄像头 随心调节”，文字显示的持续

时间为 3 秒。

第 35 行代码用于导入第 7 段视频“实拍场景 2.mp4”。

第 36 ~ 38 行代码分别用于计算出第 7 段视频中心点的 *x*、*y* 坐标，然后使用 crop() 函数按计算出的中心点裁剪视频。裁剪后的视频宽度为原宽度 1280 像素的一半，即 640 像素，视频高度仍然为 720 像素。

第 39 ~ 40 行代码用于添加第 7 段视频中要显示的文字信息“30 度拍摄”。将添加的文字信息置于视频画面底部居中的位置，文字显示时长比第 7 段视频时长少 2 秒。

第 41 行代码用 CompositeVideoClip 类合并裁剪后的视频和添加的文字内容。

下左图所示为第 7 段视频的原始效果。运行代码，合成并导出视频，播放导出的视频，可以看到经过裁剪的视频画面及画面下方添加的文字效果，如下右图所示。

第 42 行代码用于导入第 8 段视频“实拍场景 3.mp4”，并将视频时长调整为与第 7 段视频相同的时长。

第 43 ~ 45 行代码用于计算出第 8 段视频中心点的 *x*、*y* 坐标，然后使用 crop() 函数将视频宽度裁剪为原视频宽度的一半，即 640 像素，视频高度仍然为 720 像素。

第 46 ~ 47 行代码用于添加第 8 段视频中要显示的文字信息“90 度拍摄”。同样将添加的文字信息置于视频画面底部居中的位置，文字显示的时间为视频时长减去 1 秒，即最后 1 秒时隐藏文字。

第 48 行代码应用 CompositeVideoClip 类合并裁剪后的视频和添加的文字内容。

下页左图所示为第 8 段视频的原始效果。运行代码，合成并导出视频，播放该视频，可以看到经过裁剪的视频画面及画面下方添加的文字效果，如下页右图所示。

第 49 行代码应用 CompositeVideoClip 类合并裁剪后的第 7 段视频和第 8 段视频。将第 7 段视频置于合并视频的左侧，第 8 段视频置于合并视频的右侧，合并后的视频宽度为 1280 像素，高度为 720 像素。

第 50 行代码用于调整视频的播放速度，将合并的视频以 2 倍速率快速播放。

运行代码，导出合并后的视频，播放该视频，可以看到视频画面左右两侧分别播放着不同角度拍摄的画面效果，并在画面下方显示了对应的“30 度拍摄”和“90 度拍摄”辅助说明文字，如右图所示。

第 51 ～ 52 行代码用于导入第 9 段视频“启动 .mp4”，截取第 1 秒到第 5 秒的视频片段；随后使用 speedx() 函数调整视频的播放速度，让视频以 2 倍速率快速播放。

第 53 ～ 54 行代码用于添加第 9 段视频中要显示的文字信息“一键启动 轻松掌握”。将添加的文字信息置于画面左下方的位置，文字显示时间为 2 秒。

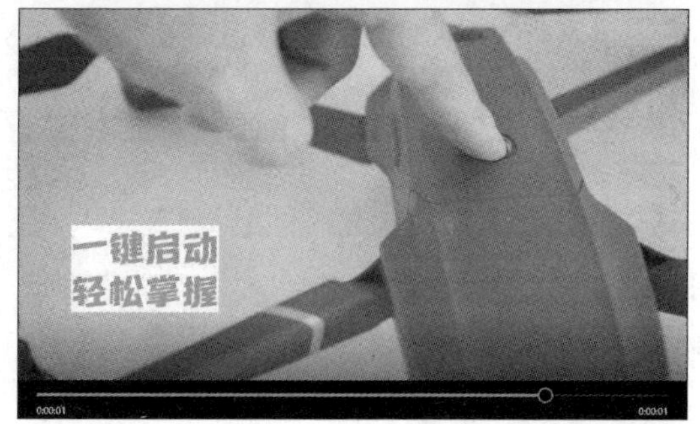

第 55 行代码应用 CompositeVideoClip() 函数合并第 9 段视频和添加的文字内容。

运行代码，导出编辑后的第 9 段视频，播放该视频，可以看到视频画面左侧显示的文字信息“一键启动 轻松掌握”，文字显示的时间为 2 秒，如上图所示。

第 56 ～ 57 行代码用于导入第 10 段视频“起飞 .mp4”，并截取第 3.05 秒到

第 5.50 秒的视频片段。随后使用 speedx() 函数调整视频的播放速度，让视频以 0.5 倍速率慢速播放。

第 58 ~ 59 行代码用于导入第 11 段视频“悬停 .mp4”。随后使用 speedx() 函数调整视频的播放速度，让视频以 3 倍速率快速播放。

第 60 ~ 61 行代码用于添加第 11 段视频中要显示的文字信息“超强抗风性 平稳悬停”。将添加的文字信息置于画面右下方位置，文字显示的时间为 3 秒。

第 62 行代码应用 CompositeVideoClip 类合并第 11 段视频和添加的文字内容。

运行代码，导出编辑后的第 11 段视频，播放该视频，可以看到当视频开始播放时，在画面右侧显示的文字信息“超强抗风性平稳悬停”。文字显示的时间为 3 秒，如右图所示。

第 63 行代码应用 concatenate_videoclips() 函数将处理后的多段视频按参数列表中的排列顺序合成为一个视频。

第 64 行代码用于导入并设置音频。导入背景音乐时，设置音频的持续时间与合并视频的持续时间一致。

第 65 ~ 66 行代码使用 audio_fadeout() 函数在音乐结尾处设置 3 秒的声音淡出效果，然后将设置好的背景音乐添加到视频中。

第 67 行代码用于导出添加了背景音乐的视频，至此，完成本案例的制作。